U0022708

D M
Deep Mind
Deepen Your Mind

# [ 前言 ]

物聯網、人工智慧、機器學習和雲端技術，在過去幾年中一直是高科技領域最重要的應用技術。

2019 年以來，全球物聯網裝置連接數保持強勁增長，裝置連線量超 84 億，產業滲透率持續提高，智慧城市、工業物聯網應用場景快速拓展。

在可預見的未來，物聯網將取代行動網際網路，成為資訊產業的主要驅動力。但是許多初學者在剛接觸物聯網時，往往因為物聯網龐大的架構系統、各種複雜的網路拓樸技術，使人感到神秘而艱難。

本書將從物聯網的框架及相關技術、網路通訊協定、嵌入式開發等方面，系統性地說明物聯網開發必備的知識。讓讀者讀完本書後對物聯網有清晰的了解。同時本書以實際專案開發為出發點，從零開發，透過一行一行程式實現物聯網專案。力求輕鬆活潑，避免晦澀難懂。講解形式圖文並茂，由淺入深。充分分析原理，最後透過實驗加深讀者的瞭解。透過閱讀本書，讀者會少走很多彎路，會覺得物聯網開發沒有想像中那麼難。

## ✤ 本書特點

(1) 理論與實踐並重。理論部分適合想了解物聯網發展及技術的管理人員閱讀，同時書中後半部分將技術落實到實際應用。

(2) 零基礎入門。本書使用 STM32F407 晶片，程式配有詳細註釋，讓大家讀完此書，也能自己動手實現一個屬於自己的物聯網專案。

(3) 內容豐富，由淺入深，循序漸進。本書內容涉及嵌入式、微處理器、即時操作系統、網路通訊協定、雲端平台等。

（4）詳細的開發指導，通俗的理論講解，即使是在校大學生也能讀懂。適合想快速進入物聯網產業的大專院校學生、技術人員閱讀。

（5）書中所有的原始程式均為開放原始碼，方便讀者閱讀和實踐。

## ✤ 本書內容及系統結構

本書的內容大致分為 3 部分：

（1）基礎部分 ( 第 1~5 章 )：第 1~3 章系統性地說明物聯網的發展歷史，以及對物聯網產業的未來預測，同時對物聯網的技術進行詳細、通俗的講解，即使是從未接觸過物聯網產業的讀者讀完此書，也能對物聯網產業有一定的認知，為後續打下理論基礎。第 4、5 章系統地性講解微處理器的開發和嵌入式網路開發，讀者讀完後，能獨立進行簡單的物聯網專案開發，同時也具備物聯網企業人才所需求的基本技能。

（2）提高部分 ( 第 6~9 章 )：嵌入式即時操作系統是開發中非常關鍵的核心技術，尤其是工業控制的物聯網。第 6、7 章從零基礎開始學習嵌入式即時系統，以 RT Thread 為例，介紹驅動開發、應用程式開發、網路開發 3 大模組，讓讀者讀完這兩章後具備一定的嵌入式即時操作系統開發能力。第 8 章介紹市場上主流的雲端平台開發技巧，包括阿里雲物聯網平台、OneNET 等。第 9 章介紹目前主流的物聯網模組，包括 2G、4G、WiFi、NB-IoT 等。

（3）實戰部分 ( 第 10、11 章 )：第 10 章會從零開始實現一個實用的物聯網專案──環境資訊擷取系統。第 11 章則帶領大家從零開始實現第二個實戰專案──智慧保全系統。這兩章涉及溫濕度感測器、無線

433MHz、馬達等綜合知識。讀者讀完這兩章後也能自己動手開發，讓讀者具備一定的物聯網專案開發實戰經驗。特別是對於在校大學生，以及其他產業想進入物聯網的讀者，能透過這個實戰專案，快速進入物聯網領域。

## ✤ 本書適合讀者群

（1）想要學習物聯網的大專院校學生和研究所學生；
（2）沒有微處理器基礎的入門新手；
（3）相關教育訓練機構的學員；
（4）物聯網同好。

## ✤ 致謝

感謝中煤科工集團瀋陽研究院丁遠參與本書第 3 章、第 5 章和第 7 章的編寫；感謝 RT-Thread 官方團隊朱天龍、李想對本書 RT-Thread 部分章節的審核。也感謝本人的大學老師尹海昌老師、黃進財老師的教導及對本書內容的審核。

由於筆者水準有限，書中難免存在不妥之處，希望讀者不吝賜教。

連志安

# [ 目錄 ]

## 01 物聯網概述



## 02 物聯網系統架構



## 03 TCP/IP 網路通訊協定

# 04 微處理器開發

# 05 LwIP



# 06 RT-Thread 開發

## 07 RT-Thread 網路開發



## 08 物聯網雲端平台

## 09 IoT 模組開發



## 10 實戰專案：環境資訊擷取系統



## 11 實戰專案：智慧保全系統



## 參考文獻

Chapter

# 01

# 物聯網概述

## 1.1 物聯網產業的發展

物聯網英文名字為 Internet of Things (IoT)，就是物物相連的網際網路。還有另外一種說法就是：萬物互聯。物聯網被譽為資訊科技產業的第三次革命，是指透過資訊傳感裝置，按約定的協定，將任何物體與網路相連接，物體透過資訊傳播媒介進行資訊交換和通訊，以實現智慧化辨識、定位、追蹤、監管等功能。

### 1.1.1 發展歷程

物聯網發展歷史最早可以追溯到 1990 年，全錄公司推出的網路可樂售賣機——Networked Coke Machine。這是物聯網最早的實踐。

同時，在 20 世紀 90 年代，麻省理工學院教授凱文·艾什頓在寶潔公司做品牌經理時，為了解決一款棕色的口紅在貨架上總是缺貨，但實際上庫存裡卻還有不少貨的問題，提出：如果在口紅的包裝中內建一種應用了無線射頻辨識技術 (RFID) 的無線通訊晶片，並且有一個無線網路能隨時接收晶片傳來的資料，那麼零售商們就可以隨時知道貨架上有哪些商品，並且及時補貨。「物聯網」這個概念由此提出，凱文 · 艾什頓也因此被稱為「物聯網之父」。

1999 年，美國麻省理工學院建立了「自動辨識中心 (Auto-ID)」，提出「萬物皆可透過網路互聯」，闡明了物聯網的基本含義。

2005 年，國際電信聯盟 (ITU) 在突尼西亞舉行的資訊社會世界高峰會 (WSIS) 上提出「物聯網 IoT」的概念，並發佈《ITU 網際網路報告 2005：物聯網》。

2006 年，韓國確立了 u-Korea 計畫，該計畫旨在建立無所不在的社會 (ubiquitous society)，在民眾的生活環境裡建設智慧型網路 ( 如 IPv6、BcN、USN) 和各種新型應用 ( 如 DMB、Telematics、RFID)，讓民眾可以隨時隨地享受科技智慧服務。

2009 年，Google 啟動了自動駕駛汽車測試專案，聖裘德醫療中心發佈了連網心臟起搏器。

2013 年，Google 眼鏡 (Google Glass) 發佈了，這是物聯網和可穿戴技術的革命性進步。

2014 年，亞馬遜發佈了 Echo 智慧揚聲器，為進軍智慧家居中心市場清除了障礙。在其他新聞中，工業物聯網標準聯盟的成立證明了物聯網有可能改變製造和供應鏈流程的執行方式。

2016 年，通用汽車、Lyft、特斯拉和 Uber 都在測試自動駕駛汽車。

2019 年，Vodafone 發佈了「2019 年物聯網報告」。調查發現：超過 1/3 的公司正在使用物聯網。

2020 年，隨著 5G 網路的慢慢普及，物聯網將迎來一波爆發。對於國家、企業、個人而言，如何在 5G 和物聯網的風口中尋找到突破點，是重中之重。

如今物聯網的發展趨勢已經勢不可擋，隨著智慧聯網裝置的不斷增加，可以說未來是物聯網的時代。

## 1.1.2 規模與滲透度 [1]

規模：全球物聯網產業規模自 2008 年約 500 億美金增長至 2018 年約 1510 億美金，年均複合增速達 11.7%，如圖 1.1 所示。

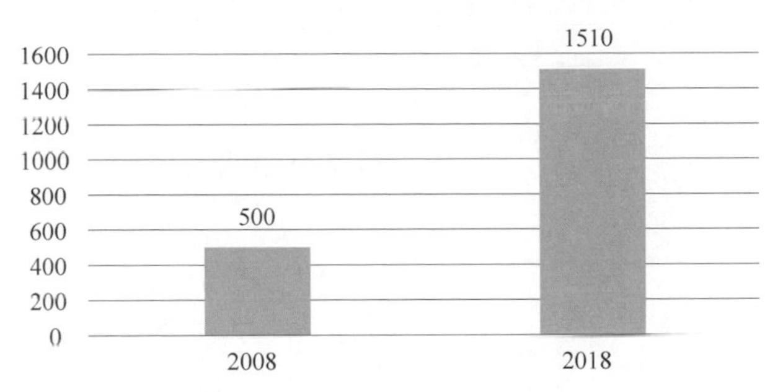


圖 1.1 全球物聯網規模（億美金）

滲透：全球物聯網產業滲透率於 2013、2017 年分別達 12%、29%，提升一倍多，預計 2020 年有超過 65% 企業和組織將應用物聯網產品和方案。

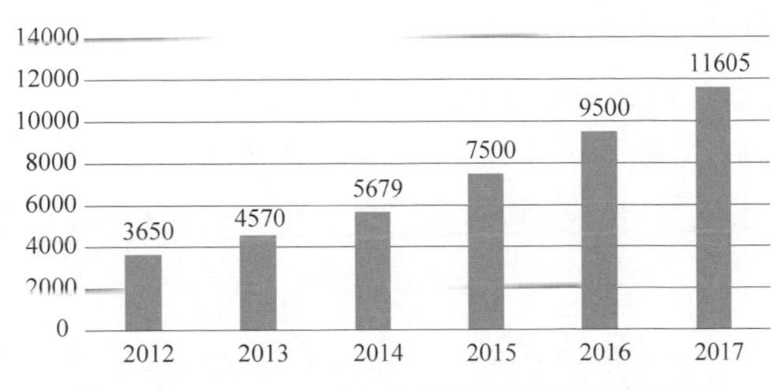


圖 1.2 2012—2017 年中國大陸物聯網市場規模

# 1.2 物聯網的核心技術

物聯網是透過把網路技術運用於萬物，達到萬物互聯。其中的核心技術有：感測器技術、網路拓樸技術、嵌入式技術、雲端運算。

## 1.2.1 感測器技術

感測器是指能感受規定的被測量，並按照一定的規律轉換成可用輸出訊號的元件或裝置。感測器作為資訊獲取的重要手段，讓物體有了「觸覺」、「味覺」和「嗅覺」等感官，讓物體慢慢變得「活」了起來。通常根據其基本感知功能分為熱敏元件、光感元件、氣敏元件、力敏元件、磁感元件、濕敏元件、聲敏元件等。

我們可以將感測器的功能與人類 5 大感覺器官做比較。

光感感測器——視覺。
聲敏感測器——聽覺。
氣敏感測器——嗅覺。
化學感測器——味覺。
壓敏、溫敏、流體感測器——觸覺。

## 1.2.2 網路拓樸技術

網路拓樸技術包括短距離無線通訊技術和遠端通訊技術。短距離無線通訊技術包括 NFC、藍牙、WiFi、ZigBee、RFID 等；遠端通訊技術包括網際網路、2G/3G/4G/5G 行動通訊網路、NB-IoT、LoRa、衛星通訊網路等。

萬物透過各種網路拓樸技術組成一個龐大的網路，這正是物聯網的本質。

### 1.2.3 嵌入式系統技術

嵌入式是一門綜合了電腦軟硬體、感測器技術、積體電路技術、電子應用技術為一體的複雜技術。經過幾十年的演變，以嵌入式系統為特徵的智慧終端機產品隨處可見。如果把物聯網用人體做一個簡單比喻，感測器相當於人的眼睛、鼻子、皮膚等感官，嵌入式系統則是人的大腦，在接收到資訊後要進行分類處理。這個例子很形象地描述了感測器、嵌入式系統在物聯網中的位置與作用。

### 1.2.4 雲端運算

雲端運算是實現物聯網的核心。運用雲端運算模式，使物聯網中數以兆計的各類物品的即時動態管理和智慧分析變得可能。可以使物體具備一定的智慧性，能夠主動或被動地實現與使用者的溝通。從物聯網的結構看，雲端運算將成為物聯網的重要環節。

例如我們身邊常見的智慧喇叭，之所以智慧喇叭能聽懂我們的話，是因為智慧喇叭將收集到的人聲資料上傳到雲端服務器進行雲端運算，透過雲端服務器強大的運算能力進行語音辨識。

可以說，沒有了雲端運算，物聯網將不再那麼智慧。

## 1.3 物聯網產業展望

### 1.3.1 產業驅動

可預見的未來，物聯網將取代行動網際網路，成為資訊產業的主要驅動。物聯網將改變以下幾大產業。

### 1. 智慧物流

智慧物流是一種以資訊技術為支撐，在物流的運輸、倉儲、包裝、裝卸搬運、流通加工、配送、資訊服務等各個環節實現系統感知。全面分析、及時處理及自我調整功能，實現物流規整智慧、發現智慧、創新智慧和系統智慧的現代綜合性物流系統。智慧物流能大大降低製造業、物流業等各產業的成本，從根本上提高企業的利潤，生產商、批發商、零售商三方透過智慧物流相互協作，以及資訊共用，這樣物流企業便能更節省成本。

### 2. 智慧醫療

在醫療衛生領域中，物聯網是透過感測器和行動裝置來對生物的生理狀態進行捕捉。如心跳頻率、體力消耗、葡萄糖攝取、血壓高低等生命指數。把它們記錄到電子健康檔案裡面。方便個人或醫生進行查閱。還能夠監控人體的健康狀況，再把檢測到的資料傳送到通訊終端上，在醫療開支上可以節省費用，使得人們生活更加輕鬆。

### 3. 智慧家庭

在家庭日常生活中，物聯網的迅速發展使人能夠在更加便捷、更加舒適的環境中生活。人們可以利用無線機制來操作大量電器的執行狀態，還可實現迅速定位家庭成員位置等功能，因此，利用物聯網可以對家庭生活進行控制和管理。

### 4. 可穿戴裝置

數百年來，人們一直在使用可穿戴裝置，但直到最近十年，它們才真正變得「聰明」起來。據國際資料中心 (IDC) 稱，智慧手錶在性能和爆炸性增長方面均處於領先地位，預計 2021 年將售出 1.495 億台 (2017 年為 6150 萬台 )。它們中的大多數仍然是純粹的功能性裝置，但許多時尚品牌和傳統手錶製造商也開始在他們的手錶中建立連接。也許到目前為止，它們與卡地亞手錶還不屬於同一類別，但它們很可能滲透到我們生活的所有領域，包括奢侈品牌。

**5. G 的崛起**

5G 網路是蜂巢行動通訊發展的下一步，它們不僅表示智慧型手機更快的網路連線速度，而且還表示為物聯網提供了許多新的可能性，從而實現先前標準無法實現的連接程度。透過它們，資料可以被即時收集、分析和管理，幾乎沒有延遲，極大地拓寬了潛在的物聯網應用，並為進一步創新開闢了道路。

## 1.3.2 產業資料預測 [1]

（1）**全球**：2017 全球消費級 IoT 硬體銷售額達 4859 億美金，相較去年增長 29.5%，2015—2017 年複合增速達 26.0%。2022 年銷售額望達 15502 億美金，2017—2022 年均複合增速預計達 26.1%。全球消費級 IoT 市場規模呈現進一步加速的趨勢，如圖 1.3 所示。

圖 1.3 全球消費級 IoT 硬體銷售額（億美金）

（2）**連接裝置**：全球消費級 IoT 終端數量 2017 年達 49 億個，2015—2017 年均複合增速達 27.7%，預計 2022 年達 153 億個，2017—2022 年均複合增速預計達 25.4%。

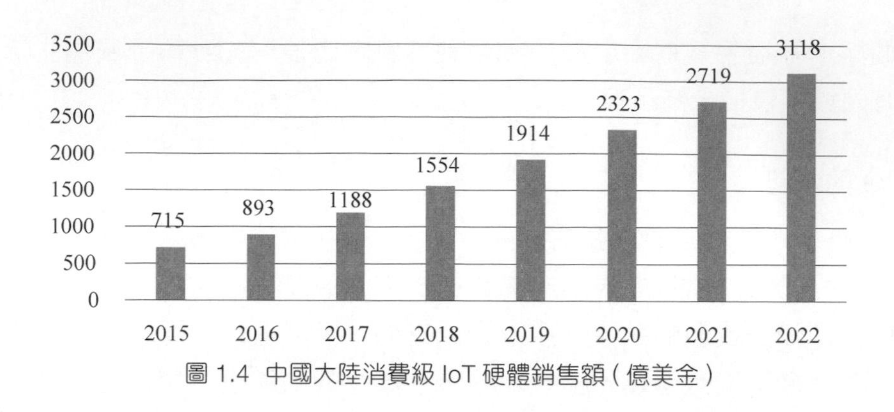


圖 1.4 中國大陸消費級 IoT 硬體銷售額 ( 億美金 )

圖 1.5 全球及中國大陸 IoT 終端數量

## 1.3.3 物聯網產業佈局

由於物聯網的市場非常巨大，潛力無限，因此吸引著越來越多企業向物聯網轉型。其中主要分為兩大陣營：網際網路公司和傳統硬體、工業產業。

### 1. 網際網路企業

網際網路產業是近幾十年來發展最快的產業，也是紅利最高的產業，它們實際上早就開始佈局從網際網路到物聯網的轉變。網際網路巨頭們的加入，給整個物聯網從業者帶來了士氣的提升，同時也為物聯網的商業模式、合作方式注入新的力量。

對於傳統的網際網路產業，目前進入物聯網的切入點大部分集中在雲端平台。例如阿里雲 IoT 事業部、騰訊的 QQ 物聯、百度等。都是形成自己的通訊協定、雲端平台並提供對應的雲端運算能力等。這就需要我們掌握巨量資料、Web、前後端開發等。

### 2. 傳統企業

這些公司有紮實的硬體基礎，但是大部分缺少網際網路思維，而以往的產品都是以單機形式執行。很顯然，物聯網的崛起將對它們造成衝擊，如果不再轉變很可能被時代所拋棄。

目前市場上，大部分傳統企業已選擇進入物聯網產業，如智慧家居、智慧社區等領域迎來了大量房地產、物業、商業樓宇、公寓電信業者等群眾，它們作為下游使用者也在積極參與相關標準制定、產品研發，主動與上游物聯網企業推動物聯網在自身領域的落地。

而傳統的硬體產業在嵌入式開發的基礎上整合各種物聯網技術，帶來了一個又一個的物聯網產品，也越來越需求物聯網相關人才。這就要求我們需要掌握一定的嵌入式開發能力及物聯網技術。包括有：嵌入式開發、網路通訊協定、藍牙、WiFi、ZigBee、無線 433MHz、2.4GHz 無線通訊等。

## 1.3.4 產業圖譜

目前整個物聯網產業公司種類繁多，分工明確。有些企業主要做消費者應用，例如智慧家居、智慧醫療等。也有從事物聯網相關晶片研發，例如藍牙、WiFi、ZigBee 等。

根據產業的垂直維度，可以分為用、雲、邊、管、端五大部分。而每個部分又可以進行水平細分，如圖 1.6 所示。

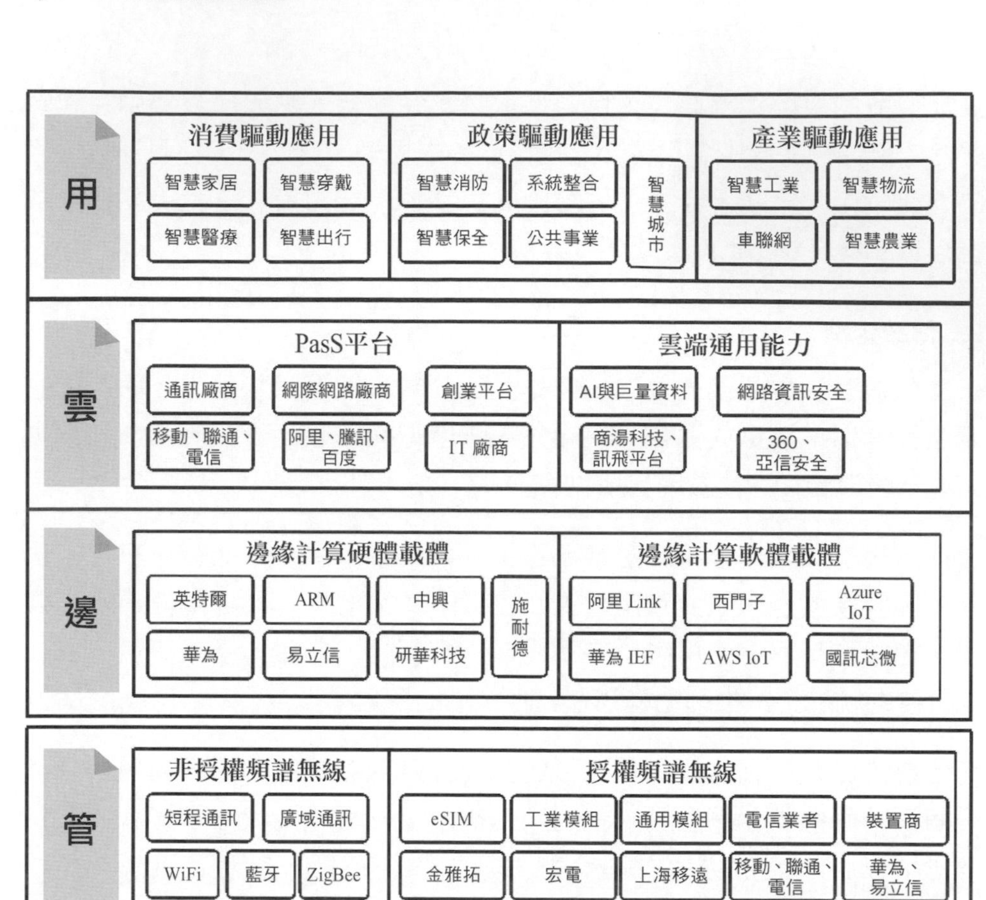
用
消費驅動應用
智慧家居
智慧穿戴
智慧醫療
智慧出行
政策驅動應用
智慧消防
系統整合
智慧保全
公共事業
智慧城市
產業驅動應用
智慧工業
智慧物流
車聯網
智慧農業
雲
PasS平台
通訊廠商
網際網路廠商
創業平台
移動、聯通、電信
阿里、騰訊、百度
IT 廠商
雲端通用能力
AI與巨量資料
網路資訊安全
商湯科技、訊飛平台
360、亞信安全
邊
邊緣計算硬體載體
英特爾
ARM
中興
施耐德
華為
易立信
研華科技
邊緣計算軟體載體
阿里 Link
西門子
Azure IoT
華為 IEF
AWS IoT
國訊芯微
管
非授權頻譜無線
短程通訊
廣域通訊
WiFi
藍牙
ZigBee
授權頻譜無線
eSIM
工業模組
通用模組
電信業者
裝置商
金雅拓
宏電
上海移遠
移動、聯通、電信
華為、易立信
端
晶片
廣程通訊晶片
AI 晶片
短程通訊晶片
控制晶片
感知技術
感測器
語音辨識
生物辨識
射頻辨識
作業系統
ARM Mbed
華為 Lite OS
Alios Things
RT-Thread
螢幕
天線
電源

圖 1.6 物聯網產業圖譜

# 1.4 物聯網面臨的挑戰

## 1.4.1 資訊安全

在物聯網加速融入人們的生產和生活時，當前不少物聯網裝置生產廠商偏重追求新功能，對安全重視嚴重不足。針對消費物聯網的安全威脅事件日益增多。

英國某醫療公司推出的可攜式胰島素泵就被駭客遠端控制，駭客完全可以控制注射劑量，而這直接影響使用者的生命安全。

作為全球最火的家庭保全硬體產品之一，亞馬遜旗下的 Ring 曝出安全性漏洞，駭客可以監控使用者家庭，而且 Ring 還會曝露使用者的 WiFi 密碼。大量使用者客訴自己的私生活被駭客傳到網上，甚至還有駭客透過 Ring 攝影機跟搖籃裡的嬰兒打招呼。

U-tec 製造的智慧門鎖 Ultraloq 出現故障，攻擊者可以追蹤該裝置的使用地點並完全控制該鎖。

2017 年 8 月，浙江某地警方破獲一個犯罪案件，犯罪集團在網上製作和傳播家庭攝影機破解入侵軟體。查獲被破解入侵家庭攝影機 IP 近萬個，涉及浙江、雲南、江西等多個省份。

自動駕駛車輛或利用物聯網服務的車輛也處於危險之中。智慧車輛可能被來自偏遠地區的熟練駭客綁架，一旦他們綁架成功，他們就可以控制汽車，這對乘客來說非常危險。自動駕駛車輛或利用物聯網服務的車輛也處於危險之中。

一方面，物聯網裝置數量龐大，價格低廉，很多裝置和硬體製造商缺乏安全意識和人才。

另一方面，廠商強調智慧化的功能設計，求新求快是物聯網產業中的主流，安全反倒是可有可無的選項。

### 1.4.2 雲端運算的可靠性問題

從資料收集和網路的角度來看，連接的裝置生成的資料量太大，無法處理。通常我們需要把巨量的資料上傳到雲端服務上進行雲端運算。

但是，使用雲端運算會有一點風險，一旦雲端服務器出現當機或連接失敗，會使整個物聯網系統崩潰，而無法正常執行。這對於醫療保健、金融服務、電力和運輸產業等大型企業非常重要。

因而，雲端運算的可靠性問題是物聯網發展中急需解決的問題。

### 1.4.3 協定問題

物聯網是網際網路的延伸，物聯網核心層面是以 TCP/IP 協定為基礎的，但在連線層面，協定類別五花八門，可以透過 GPRS/CDMA、簡訊、感測器、有線等多種通道連線。

在智慧家居方面，目前市場上有許多家企業進入這個領域，例如格力、海信、TCL、小米等。但是由於利益等原因，每家的協定互不相容，裝置之間無法真正做到萬物互聯。需要更多廠商共同制定統一的通用標準協定。

### 1.4.4 能源問題

物聯網從一個利基市場 ( 小眾市場 ) 不斷發展成為一個幾乎將我們生活各方面都連接在一起的龐大網路。據相關資料預測，到 2020 年會有 500 億台裝置互相連網，其中大概 100 億台是 PC 和伺服器等裝置，其餘是其他的可運算裝置。面對如此廣泛的應用，功耗是非常重要的。

在物聯網領域中，許多聯網元件配備有擷取資料節點的微處理器(MCU)、感測器、無線裝置和制動器。在大部分的情況下，這些節點將由電池供電執行，或根本就沒有電池，而是透過能量擷取來獲得電能。特別是在工業裝置中，這些節點往往被放置在很難接近或無法接近的區域。這表示它們必須在單一紐扣電池供電的情況下實現長達數年的運作和資料傳輸。

Chapter

# 02

# 物聯網系統架構

## 2.1 物聯網基本架構

我們以目前市場上流行的智慧喇叭為例，透過分析智慧喇叭的技術實現原理，來簡單了解物聯網的系統架構。

智慧喇叭可以透過藍牙、WiFi 等方式和手機進行連接，從而達到手機可以控制喇叭的目的。同時，使用者可以透過説話來和智慧喇叭實現互動，以此控制喇叭。

例如人説了一句「請播放下一曲」，智慧喇叭的話筒會將人的説話聲轉換成數位訊號，然後將這段人聲資料透過網路傳輸到雲端服務器；雲端服務器利用雲端運算的能力，使用語音辨識技術將人聲資料進行分析處理，最後可以分析出這段人聲資料是「請播放下一曲」的意思；雲端服務器將結果返回智慧喇叭，喇叭收到資料回饋後，切換下一曲，如圖 2.1 所示。

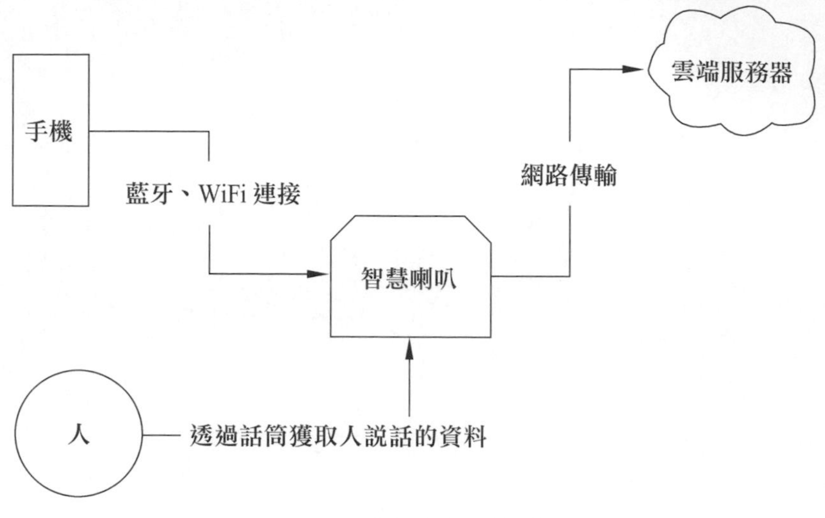


圖 2.1 智慧喇叭示意圖

在這個過程中，話筒相當於感測器 ( 人耳的功能 )，獲取人聲資料；藍牙、WiFi、網路傳輸則是網路連接技術；雲端服務器提供雲端運算的能力。這與我們接下來要講的 USN 和 M2M 架構基本是一致的。

## 2.1.1 USN 架構

研究人員在描述物聯網的系統框架時，多採用國際電信聯盟 ITU-T 的無處不在感應器網路架構作為基礎。該系統結構分為感測器網路層、無處不在感測器網路連線層、骨幹網路層、網路中介軟體層和 USN 網路應用層。

一般感測器網路層和無處不在感測器網路連線層合併成為物聯網的感知層，主要負責擷取現實環境中的資訊資料。

骨幹網路層在物聯網的應用中是網際網路，將被下一代網路 NGN 所取代。

物聯網的應用層則包含了無處不在感測器網路中介軟體層和 USN 網路應用層，主要實現物聯網的智慧計算和管理。

## 2.1.2 M2M 架構

歐洲電信標準化協會 M2M 技術委員會列出的簡單 M2M 架構，是 USN 的簡化版本。在這個架構當中，從上至下網路分為應用層、網路層和感知層三層系統結構，與物聯網結構相對應。此外，物聯網結構還會有一個公共技術層。公共技術層包括標示辨識、安全技術、網路管理等普遍技術，它們同時被應用在物聯網技術架構的其他三個層次，如圖 2.2 所示。

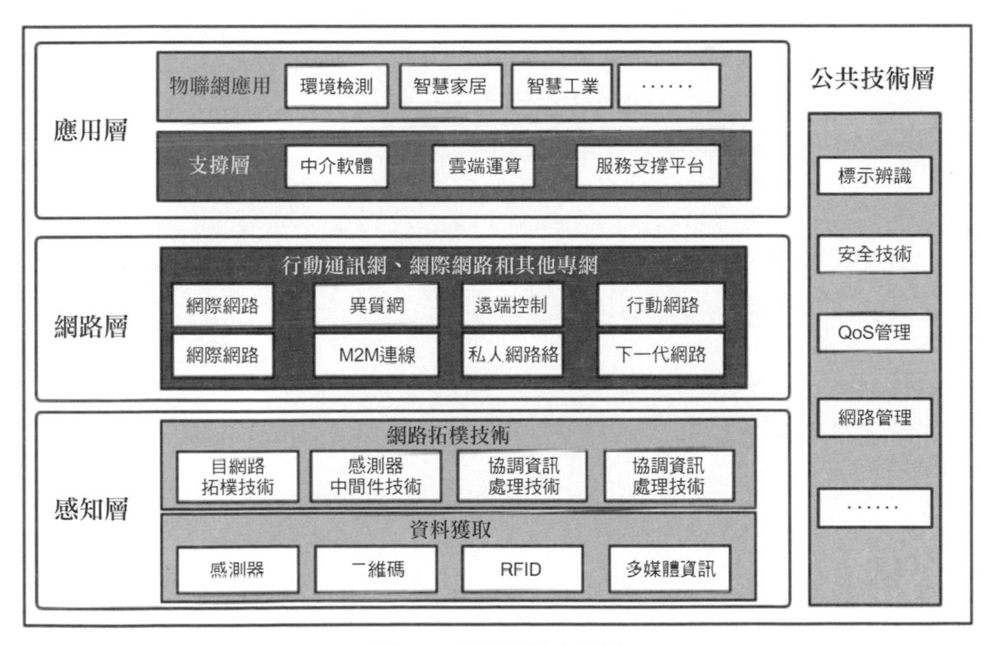


圖 2.2 物聯網基本架構

## 2.1.3 感知層

感知層處於物聯網的最底層，是整個物聯網的基礎，它由感測器系統、標示系統、衛星定位、嵌入式技術、網路裝置等組成。其功能主要是擷取各類物理量、標示、音訊和視訊等資料。

然而，廣義上的感知層不僅具備資料獲取、資訊感知的能力，還具有資料計算處理和資料輸出能力。這就需要在裝置中運用嵌入式技術，使感知層的裝置具備計算的大腦。廣義的感知層裝置的結構大致如下。

（1）資料登錄：由各種感測器、RFID、音視訊擷取等技術組成，實現資料獲取、環境感知能力。

（2）網路拓樸技術：提供裝置網路拓樸能力，使裝置具有網路通訊功能，是物聯網裝置必需的一項技術。

（3）存放裝置：用以存放裝置的資料資訊和裝置設定資訊等。後者資訊中最重要的就是裝置的 ID 資訊，在巨量裝置資訊擷取的過程中，裝置 ID 有著區分裝置的作用。

（4）資料處理：物聯網裝置還應當具備一定的資料處理能力，一方面可以減少雲端平台計算的壓力，另一方面在網路通訊不佳的情況下，物聯網裝置應該能獨立處理突發情況。

（5）資料輸出：一個僅有感知能力和資料上傳能力的裝置是無法應對日常場景的需求的。我們還要物聯網裝置必須具有結果輸出的能力。例如音視訊輸出和開關動作等。

### 2.1.4 網路層

網路層由各種私有網路、網際網路、有線網路、無線網路、網路管理系統等組成，在物聯網中起資訊傳輸的作用，實現感知層和應用層之間的資料資訊傳遞，是整個物聯網的橋樑。網路層相當於人的中樞神經系統，負責將感知層獲取的資訊，安全可靠地傳輸到應用層。

物聯網網路層涉及多種關鍵性技術，例如網際網路、行動通訊網，以及無線感測器網路等。

**1. 網際網路**

網際網路幾乎包含了人類所有的資訊。在相關網路通訊協定的作用下，網際網路將巨量資料整理、整理和儲存，實現資訊資源的有效利用和共用。

網際網路是物聯網最重要的資訊傳輸網路之一，要實現物聯網，就需要網際網路適應更大的資料量，提供更多的終端。而傳統的 IPv4 所支持 IP 位址只有大約 43 億個，根本無法滿足物聯網的巨量終端。目前，IPv6 技術是解決這個問題的關鍵技術。IPv6 擁有的 IP 位址數量是 2 的 128 次方個。這個資料有多大呢？ IPv6 可以給地球上的每粒沙子都分配一個 IP 位址，並且還有剩餘。

**2. 行動通訊網**

行動通訊是移動體之間的通訊，移動體可以是人，也可以是汽車、飛機等。行動通訊技術經過第 1 代、第 2 代、第 3 代、第 4 代技術的發展，目前已經邁入了第 5 代發展的時代 (5G 行動網路 )。

**3. 無線感測器網路**

無線感測器網路的英文簡稱是 WSN，即在許多感測器之間建立一種無線自組網路，並利用這種無線自組網路實現感測器之間的資訊傳輸。

無線感測器網路封包含多種技術，有現代網路技術、無線通訊技術、嵌入式計算技術，以及感測器技術等。閘道節點、傳輸網路、感測器節點和遠端監控共同組成了無線感測器網路。

## 2.1.5 應用層

物聯網的應用層主要解決計算、處理和決策的問題。其中，雲端運算是物聯網的重要組成部分。

物聯網應用層利用經過分析處理的資料，提供給使用者豐富的特定服務，涉及智慧製造領域、物流領域、醫療領域、農業領域、智慧家居等領域。

## 2.2 嵌入式技術應用

嵌入式技術是整個物聯網的核心技術之一，是萬物互聯中物的基礎。任何物體若要連線物聯網都需要借助嵌入式技術。在物聯網專案中，微處理器一般作為嵌入式裝置的大腦，負責簡單處理各種資料和執行任務。本書也將重點講解物聯網中的嵌入式開發技巧。

嵌入式開發包含非常多的基礎知識，從底層裸機原理到作業系統，從藍牙到 WiFi、ZigBee。不同的劃分原則可以劃分出不同的領域。

根據晶片執行的作業系統區分，我們可以簡單地分為微處理器開發、RTOS 開發、嵌入式 Linux 開發三大部分。

根據通訊場景又可分為：近距離通訊 ( 藍牙、WiFi、ZigBee 等 )、遠距離通訊 (GSM、NB-IoT 等 )。

### 2.2.1 微處理器技術

微處理器是一種積體電路晶片，在晶片內部整合了 CPU、RAM、ROM、IO、計時器等功能。微處理器的使用領域已十分廣泛，如智慧型儀器表、即時工控、通訊裝置、導航系統、家用電器等。

微處理器擁有以下幾種應用特點：

（1）擁有良好的整合度。

（2）自身體積較小。

（3）擁有強大的控制功能，同時執行電壓比較低。
（4）擁有方便攜帶等優勢，同時性價比較高。

本書中的微處理器開發特指裸機開發，即在微處理器上不執行作業系統，而直接執行使用者程式。這樣開發難度比較低，只需要讀者掌握微處理器開發技巧和物聯網網路拓樸技術即可。

## 2.2.2 嵌入式 RTOS

在嵌入式應用領域，很多場合對系統的即時性要求嚴格，在這樣的場合下，我們需要在微處理器的基礎上，增加即時作業系統，即 RTOS。

一般在即時作業系統中，使用者程式是以執行緒 ( 任務 ) 的形式存在的，每個執行緒 ( 任務 ) 都存在優先順序。即時作業系統會保證高優先順序的執行緒 ( 任務 ) 具有優先執行權，從而保證整個系統的即時回應能力。

目前市場上的 RTOS 非常多，本書大致列出以下幾種：RT-Thread、FreeRTOS、μC/OS 家族、RTX。

### 1. RT-Thread

RT-Thread 有兩個版本：RT-Thread Nano 和 RT-Thread IoT。

RT-Thread Nano 是一個精簡的硬即時核心，支持多工、號誌等。核心佔用 ROM 僅為 2.5KB，RAM 佔用 1KB，適合初學者用來學習 RTOS，也適用於家電、醫療、工控等 32 位元入門級 MCU 領域。

RT-Thread IoT 是 RT-Thread 的全功能版本，由核心層、元件、IoT 框架層組成，重點突出安全、聯網、低功耗和智慧化等特點。它支持豐富的網路通訊協定，如 HTTPS、MQTT、WebSocket、LWM2M 等，支援連接不同的雲端廠商裝置，是學習物聯網的最佳入門選擇。

根據官方資料顯示：RT-Thread 系統完全開放原始碼，3.1.0 及以前的版本遵循 GPL V2 + 開放原始碼授權合約。從 3.1.0 以後的版本遵循 Apache License 2.0 開放原始碼授權合約，可以免費在商業產品中使用，並且不需要公開私有程式。

本書將採用 RT-Thread 作為 RTOS 的學習入門。

### 2. FreeRTOS

FreeRTOS 是專為小型嵌入式系統設計的可拓展即時核心，並且開放原始碼免版稅，設計小巧，簡單好用。通常 FreeRTOS 核心二進位檔案的大小在 4KB 到 9KB。

2017 年底，FreeRTOS 的作者加入亞馬遜，擔任首席工程師，FreeRTOS 也由亞馬遜管理。亞馬遜同時修改了使用授權，FreeRTOS 變得更加開放和自由。背靠亞馬遜，相信未來 FreeRTOS 會更加穩定可靠。此外，以前價格不菲的《即時核心指南》和《參考手冊》也免費開放下載，這使得學習更加容易。

### 3. μC/OS 家族

μC/OS 家族包含 μC/OS-I、μC/OS-II、μC/OS-III，由 Micrium 公司提供，是一個可移植、可固化、可裁剪、佔先式多工即時核心，適用於多種微處理器、微處理器和數位處理晶片 ( 已經移植到超過 100 種以上的微處理器應用中 )。同時，該系統原始程式碼開放、整潔、一致，註釋詳盡，適合系統開發。μC/OS-II 已經透過聯邦航空局 (FAA) 商用航行器認證，符合航空無線電技術委員會 (RTCA)DO-178B 標準。

雖然 μC/OS 原始程式開放原始碼，網上資料非常多，適合用來學習，但是使用 μC/OS 商業化則需要交版權費，故而本書未採用 μC/OS 作為學習入門。

**4.** RTX

Keil RTX 是為 ARM 和 Cortex-M 裝置設計的免版稅的即時作業系統。它允許創建同時執行多個功能的程式，並幫助創建更好的結構和更容易維護的應用程式。

具有原始程式碼的免版權、靈活的排程等特點。但是由於 RTX 是執行在 Cortex-M 裝置上，不具有可攜性，故而本書未做深入介紹。

### 2.2.3 嵌入式 Linux

嵌入式 Linux 是嵌入式作業系統的新成員，其最大的特點是原始程式碼公開並且遵循 GPL 協定，近幾年來已成為研究熱點。目前正在開發的嵌入式系統中，有近 50% 的專案選擇 Linux 作為嵌入式作業系統。

由於嵌入式 Linux 對晶片資源要求比較高，在一些成本敏感的場合，目前使用的還是微處理器 +RTOS 為主。而在一些對性能要求比較高、需要多媒體網路等複雜功能的場景，嵌入式 Linux 可以說是最佳的選擇，例如路由器、家庭智慧閘道、人機互動等。

## 2.3 網路拓樸技術

物聯網的另外一個核心技術就是網路拓樸技術。目前市場上的網路拓樸技術非常多，從傳統的藍牙、WiFi、ZigBee 到 Lora、NB-IoT、4G、5G 技術等。本節將分析這些網路拓樸技術的特點和應用場景，方便讀者了解。

## 2.3.1 藍牙

藍牙技術 (Bluetooth) 是由世界著名的 5 家大公司──易立信 (Ericsson)、諾基亞 (Nokia)、東芝 (Toshiba)、國際商用機器公司 (IBM) 和英特爾 (Intel)，於 1998 年 5 月聯合發佈的一種無線通訊新技術。

藍牙能在包括行動電話、PDA、無線耳機、電腦、相關外接裝置等許多裝置之間進行無線資訊交換。利用藍牙技術，能夠有效地簡化行動通訊終端裝置之間的通訊。

目前藍牙技術在物聯網中使用得不是很多，因其主要有以下缺點：

(1) 藍牙的功耗問題。為了及時回應連接請求，在等待過程中的輪詢存取是十分耗能的。

(2) 藍牙的連接過程煩瑣。藍牙在連接過程中涉及多次資訊傳遞與驗證，反覆的資料加解密和每次連接都需進行的身份驗證，對於裝置運算資源是一種極大的浪費。

(3) 藍牙的安全性問題。藍牙的第一次配對需要使用者透過 PIN 碼驗證，PIN 碼一般僅由數字組成，且位數很少，一般為 4~6 位。PIN 碼在生成之後，裝置會自動使用藍牙附帶的 E2 或 E3 加密演算法來對 PIN 碼進行加密，然後傳輸並進行身份認證。在這個過程中，駭客很有可能透過攔截資料封包，偽裝成目標藍牙裝置進行連接或採用「暴力攻擊」的方式來破解 PIN 碼。

## 2.3.2 WiFi

WiFi 的英文全稱為 Wireless Fidelity，在無線區域網的範圍指「無線相容性認證」，實質上是一種商業認證，同時也是一種無線網路的技術。以前透過網線連接電腦聯網，而現在則是透過無線電波來聯網。常見的一種是無線路由器，在無線路由器電波覆蓋的有效範圍內都可以採用 WiFi 連接方式進行聯網，如果無線路由器連接了一條 ADSL 線路或其他的上網線路，則又被稱為熱點。

WiFi 的發明人是雪梨大學工程系畢業生 Dr. John O'Sullivan 領導的一群由雪梨大學工程系畢業生組成的研究小組。

IEEE 曾請求澳洲政府放棄其無線網路專利，讓世界免費使用 WiFi 技術，但遭到拒絕。澳洲政府隨後在美國透過勝訴的官司或庭外和解，收取了世界上絕大多數電器電信公司 ( 包括蘋果、英特爾、聯想、戴爾、AT&T、索尼、東芝、微軟、宏碁、華碩等 ) 的專利使用費。2010 年我們每購買一台含有 WiFi 技術的電子裝置的時候，我們所付的費用就包含了交給澳洲政府的 WiFi 專利使用費。

### 1. 應用

絕大多數智慧型手機、平板電腦和筆記型電腦支援 WiFi 上網，是當今使用最廣的一種無線網路傳輸技術。手機如果有 WiFi 功能，在有 WiFi 無線訊號的時候就可以不通過移動、聯通或電信的網路上網，省掉了流量費。

在物聯網應用中，如果裝置需要連上網際網路，通常需要使用 WiFi、4G 或有線網路。可以說，WiFi 是物聯網裝置連上網路的最常見的技術之一。

### 2. 組成結構

一般架設無線網路的基本配備就是無線網路卡及一台 AP。AP 為 Access Point 的簡稱，一般翻譯為「無線網路存取點」或「橋接器」。它主要在媒體存取控制層 MAC 中作為無線工作站及有線區域網路的橋樑。有了 AP，就像有線網路的 Hub 一般，無線工作站可以快速且輕易地與網路相連。特別是對於寬頻的使用，WiFi 更顯優勢。有線寬頻網路 (ADSL、社區 LAN 等 ) 到戶後，連接到一個 AP，然後在電腦中安裝一片無線網路卡即可連網。普通的家庭有一個 AP 已經足夠，甚至使用者的鄰里得到授權後，無須增加通訊埠，也能以共用的方式上網。

### 2.3.3 ZigBee

ZigBee，也稱紫蜂，是一種低速短距離傳輸的無接線上協定，底層採用 IEEE 802.15.4 標準規範的媒體存取層與物理層。主要特色有低速、低耗電、低成本、支持大量網上節點、支持多種網上拓撲、低複雜度、快速、可靠、安全。

ZigBee 的結構分為 4 層：分別是物理層、MAC 層、網路 / 安全層和應用 / 支援層。其中應用 / 支持層與網路 / 安全層由 ZigBee 聯盟定義，而 MAC 層和物理層由 IEEE 802.15.4 協定定義，以下為各層在 ZigBee 結構中的作用：

**物理層**：作為 ZigBee 協定結構的最底層，提供了最基礎的服務，為上一層 MAC 層提供服務，如資料的介面等。同時也有著與現實 ( 物理 ) 世界互動的作用。

**MAC 層**：負責不同裝置之間無線資料連結的建立、維護、結束以及確認的資料傳送和接收。

**網路 / 安全層**：保證資料的傳輸和完整性，同時可對資料進行加密。

**應用 / 支援層**：根據設計目的和需求使多個元件之間進行通訊。

（1）低功耗：在低耗電待機模式下，2 節 5 號乾電池可支援 1 個節點工作 6~24 個月，甚至更長。這是 ZigBee 的突出優勢。相比之下藍牙可以工作數周，WiFi 可以工作數小時。

（2）低成本：透過大幅簡化協定降低成本 ( 不足藍牙的 1/10)，也降低了對通訊控制器的要求。按預測分析，以 8051 的 8 位元微處理器測算，全功能的主節點需要 32KB 程式，子功能節點少至 4KB 程式，而且 ZigBee 的協定專利免費。

(3) 低速率：ZigBee 工作在 250kb/s 的通訊速率，滿足低速率傳輸資料的應用需求。

(4) 近距離：傳輸範圍一般在 10~100m，在增加 RF 發射功率後，亦可增加到 1~3km，這指的是相鄰節點間的距離。如果透過路由和節點間通訊的接力，傳輸距離可以更遠。

(5) 短延遲：ZigBee 的回應速度較快，一般從睡眠轉入工作狀態只需 15ms，節點連接進入網路只需 30ms，進一步節省了電能。相較之下，藍牙需要 3~10s、WiFi 需要 3s。

(6) 高容量：ZigBee 可採用星狀和網狀網路結構，由一個主節點管理許多子節點，最多一個主節點可管理 254 個子節點，同時主節點還可由上一層網路節點管理，最多可組成 65000 個節點的大網。

(7) 高安全：ZigBee 提供了三級安全模式，包括無安全設定、使用連線控制清單 (ACL) 防止非法獲取資料，以及採用進階加密標準 (AES128) 的對稱密碼，以靈活確定其安全屬性。

(8) 免執照頻段：採用直接序列擴頻工作於工業科學醫療 2.4GHz( 全球 ) 頻段。

## 2.3.4 3G/4G/5G

3G/4G/5G 技術主要用於裝置上網，適合無人值守或偏遠地區，沒有有線網路但是資料又需要傳輸到網際網路的單一裝置或少量裝置場景。例如街邊的無人販賣機、蜂巢儲物櫃等。

但是通常使用 3G/4G/5G 技術的裝置需要使用 SIM 卡，需要付給電信業者流量費。

## 2.3.5 NB-IoT

窄頻物聯網 (Narrow Band Internet of Things,NB-IoT) 建構於蜂巢網路，只消耗大約 180kHz 的頻寬，可直接部署於 GSM 網路或 LTE 網路，實現平滑升級。

NB-IoT 支援低功耗裝置在廣域網路的蜂巢資料連接，也被叫作低功耗廣域網路 (LPWAN)。NB-IoT 支持待機時間長、對網路連接要求較高的裝置的高效連接。

NB-IoT 聚焦於低功耗廣覆蓋 (LPWA) 物聯網 (IoT) 市場，是一種可在全世界廣泛應用的新興技術，具有覆蓋廣、連接多、成本低、功耗低、架構優等特點，但其通訊速率較低。

## 2.3.6 LoRa

LoRa 是 Semtech 公司提出的低功耗區域網無線標準，它最大特點就是在同樣的功耗條件下比其他無線方式傳播的距離更遠，在同樣的功耗下比傳統的無線射頻通訊距離擴大 3~5 倍，實現了低功耗和遠距離的統一。

LoRa 的特性：

（1）傳輸距離：城鎮可達 2~5km，郊區可達 15km。

（2）工作頻率：ISM 頻段包括 433、868、915MHz 等。

（3）標準：IEEE 802.15.4g。

（4）調解方式：以擴頻技術為基礎，是線性調解擴頻 (CSS) 的變種，具有前向校正 (FEC) 能力，是 Semtech 公司私有專利技術。

（5）容量：一個 LoRa 閘道可以連接成千上萬個 LoRa 節點。

（6）電池壽命：長達 10 年。

（7）安全：AES128 加密。

（8）傳輸速率：幾百到幾十千位元每秒，速率越低傳輸距離越長。這很像一個人挑東西，挑得多走不太遠，而挑得少了卻可以走遠。

### 2.3.7 各種網路拓樸技術比較

目前主流的網路拓樸技術可以透過傳輸距離、規模、功耗、成本等幾個方面做比較，如表 2.1 所示。

表 2.1 網路拓樸技術比較

| 組網技術 | 傳輸距離 | 組網規模 | 功耗 | 能否連 Internet | 成本 |
|---|---|---|---|---|---|
| 藍牙 | 10m 左右 | 小 | 高 | 否 | 中 |
| WiFi | 10~50m | 小 | 高 | 能 | 中 |
| 3G/4G/5G | 廣域網路 | 小 | 高 | 能 | 高，需要流量卡 |
| ZigBee | 區域網 | 大 | 低 | 否 | 中 |
| NB-IoT | 廣域網路 | 小 | 低 | 能 | 高，需要流量卡 |
| LoRa | 2~5km | 大 | 低 | 否 | 中 |

讀者可以根據自己的應用場景，選擇合適的網路拓樸方式。

## 2.4 學習路線

由於物聯網是一個複雜系統，其中的技術種類繁多。對於初學者，筆者建議從嵌入式開發入門學習，由下至上，學習瞭解整個物聯網系統。學習路線如圖 2.3 所示：網路通訊協定基礎知識→微處理器相關知識→ RTOS 知識→網路應用程式開發→藍牙、ZigBee 等網路拓樸技術→雲端平台協定對接→物聯網應用程式開發。

| 物聯網應用程式開發 |
| --- |
| 雲端平台協定對接 |
| 藍牙、ZigBee 等網路拓樸技術 |
| 網路應用程式開發 |
| RTOS 知識 |
| 微處理器相關知識 |
| 網路通訊協定基礎知識 |

圖 2.3 物聯網學習路線

Chapter 03

# TCP/IP 網路通訊協定

## 3.1 OSI 七層模型

TCP/IP 即傳輸控制 / 網路通訊協定，也叫作網路通訊協定。它是在網路的使用中的最基本的通訊協定。

| OSI七層模型 | 每一層的含義 |
|---|---|
| 應用層 | 為應用程式提供網路服務 |
| 展現層 | 資料格式化轉換、加密 |
| 會談層 | 建立、管理維護階段 |
| 傳輸層 | 建立、管理點對點的連接 |
| 網路層 | IP 位址、路由選擇 |
| 資料連結層 | 提供媒體存取、鏈路管理 |
| 物理層 | 物理層 |

圖 3.1 OSI 七層模型

針對 TCP/IP 的標準化，國際標準組織 (ISO) 制定的用於電腦或通訊系統間互聯的標準系統，一般稱為 OSI(Open System Interconnection) 參考模型或七層模型。它從低到高分別是：物理層、資料連結層、網路層、傳輸層、會談層、展現層和應用層，如圖 3.1 所示。

其中每一層的作用如下：

### 1. 物理層

定義一些電器、機械、過程和規範，如集線器。利用傳輸媒體為資料連結層提供物理連接，實現位元流的透明傳輸。

物理層的作用是實現相鄰電腦節點之間位元流的透明傳送，盡可能隱藏掉具體傳輸媒體和物理裝置的差異。使其上面的資料連結層不必考慮網路的具體傳輸媒體是什麼。最常見的裝置是集線 HUB，它將一些機器連接起來組成一個區域網，從而實現區域網通訊的可能。

### 2. 資料連結層

定義如何格式化資料，支援錯誤檢測。典型協定有：乙太網和框架轉送 ( 古董級 VPN)。該層的主要功能是：透過各種控制協定，將有差錯的物理通道變為無差錯的、能可靠傳輸資料幀的資料連結。該層通常又被分為媒體存取控制 (MAC) 和邏輯鏈路控制 (LLC) 兩個子層。

- MAC 子層的主要任務是解決共用型網路中多使用者對通道競爭的問題，完成網路媒體的存取控制。
- LLC 子層的主要任務是建立和維護網路連接，執行差錯驗證、流量控制和鏈路控制。

最常見的裝置是乙太網交換機。交換機是一種以 MAC 位址辨識為基礎，能完成封裝轉發資料封包功能的網路裝置。交換機可以「學習」MAC 位址，並將其存放在內部位址表中，透過在資料幀的始發者和目標接收者之間建立臨時的交換路徑，使資料幀直接由來源位址到達目的位址。

### 3. 網路層

作用：定義一個邏輯的定址，選擇最佳路徑傳輸路由資料封包。典型協定：IP、IPX、ICMP、ARP(IP → MAC)、IARP 等。主要任務是：透過路由選擇演算法，為封包或分組透過通訊子網選擇最適當的路徑。該層控制資料連結層與傳輸層之間的資訊轉發，建立、維持和終止網路的連接。

最常見的裝置是路由器。

### 4. 傳輸層

作用：提供可靠和儘量而為的傳輸。典型協定有：TCP、UDP、SPX、EIGR、OSPF 等。

傳輸層的主要功能如下：

- 傳輸連接管理：提供建立、維護和拆除傳輸連接的功能。傳輸層在網路層的基礎上為高層提供「連線導向」和「針對無接連」這兩種服務。
- 處理傳輸差錯：提供可靠的「連線導向」和不太可靠的「針對無連接」的資料傳輸服務、差錯控制和流量控制。在提供「連線導向」服務時，透過這一層傳輸的資料將由目標裝置確認，如果在指定的時間內未收到確認資訊，資料將被重發。

### 5. 會談層

作用：負責階段建立，提供包括存取驗證和階段管理在內的建立和維護應用之間通訊的機制。如伺服器驗證使用者登入便是由會談層完成的。
典型協定有：NFS、SQL、ASP、PHP、JSP、RSVP（資源來源預留協定）。

### 6. 展現層

作用：格式化資料，轉為適合於 OSI 系統內部使用的傳送語法。即提供格式化的表示和轉換資料服務。資料的壓縮和解壓縮，加密和解密等工作都由展現層負責。

典型協定有 ASCII、JPEG、PNG、MP3、WAV、AVI。

**7. 應用層**

作用：應用層為作業系統或網路應用程式提供存取網路服務的介面，完成使用者希望在網路上完成的各種工作。

典型協定有 TELNET、SSH、HTTP、FTP、SMTP、RIP。

**8. 拓展知識部分**

OSI 七層模型 ( 開放式系統互聯模型 ) 是一個參考標準，解釋協定相互之間應該如何相互作用。但實際上現在網路通訊使用的協定是 TCP/IP。

其歷史原因大致有以下幾點：

(1) TCP/IP 的出現比 OSI 七層模型更早。TCP/IP 在 1974 年 12 月由卡恩和卡恩約瑟夫正式發表。而 OSI 參考模型則是在 TCP/IP 成熟後，於 1979 年才正式發佈。

(2) OSI 參考模型是一種接近完美的理論，但是沒有從技術的角度出發考慮。

所以目前網際網路還是 TCP/IP 的天下。同時 TCP/IP 很容易和 OSI 七層模型對應。

# 3.2 TCP/IP

## 3.2.1 TCP/IP 具體含義

由於歷史原因，目前網際網路使用的都是 TCP/IP。該協定將網路分為 5 層。與 OSI 七層模型的比較如圖 3.2 所示，我們可以看到 TCP/IP 把應用層、展現層、會談層合併為應用層，其他幾層都差不多。

| OSI 七層模型 |
| --- |
| 應用層 |
| 展現層 |
| 會談層 |
| 傳輸層 |
| 網路層 |
| 資料連結層 |
| 物理層 |

| TCP/IP 架構 |
| --- |
| 應用層 (各類應用協定：FTP、HTTP 等) |
| 運輸層 (TCP/UDP) |
| 網路 IP 層 |
| 物理層 |

五層協定架構

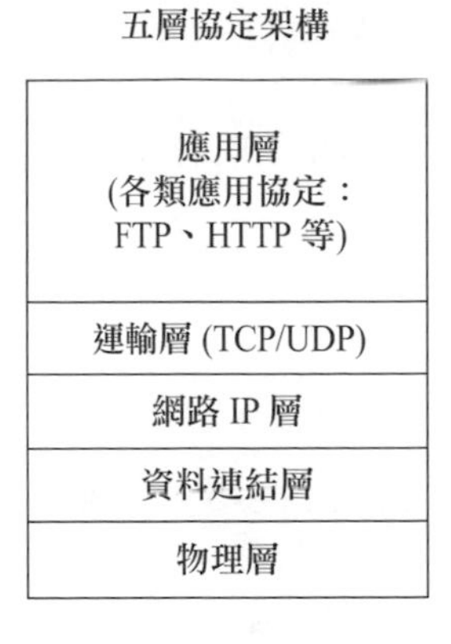


圖 3.2　TCP/IP

一般來說，目前 TCP/IP 是 4 層架構，但是在某些場合，會把物理層拆分成資料連結層和物理層，從而變成 5 層架構。

從字面上瞭解，可能會有人認為 TCP/IP 是指 TCP 和 IP 兩種。實際上，TCP/IP 更多地是指以 IP 進行通訊時必須用到的協定群統稱，包含 IP、ICMP、TCP、UDP、FTP、HTTP 等。有時我們也稱為 TCP/IP 群，如圖 3.3 所示。

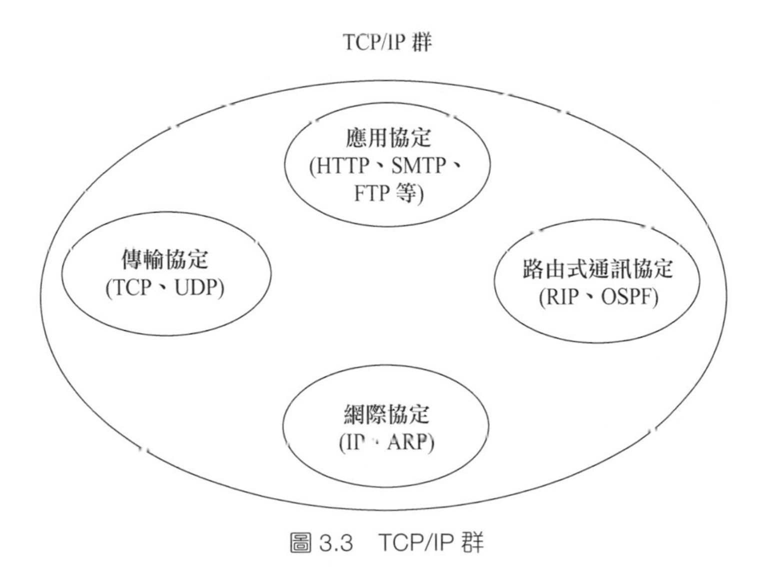


圖 3.3　TCP/IP 群

## 3.2.2 IP

IP(Internet Protocol) 又稱網際協定，它負責 Internet 上網路之間的通訊，並規定了將資料從一個網路傳輸到另一個網路應遵循的規則，是 TCP/IP 的核心。

IP 是在我們日常生活中最常見的協定，每個電腦都必須有一個 IP 位址才能連接上網路。目前 IP 又分為 IPv4 和 IPv6 兩個版本。

### 1. IPv4

網際協定第 4 版 (Internet Protocol version 4，IPv4) 使用 32 位元來表示電腦的 IP 位址。為了直觀點，更多的時候是用 4 組數字來表示，每一組數字在 0 到 255。例如：192.160.1.60。

網路中通訊的主機都必須有一個唯一的 IP 位址，而網路資料封包也是透過 IP 位址來實現資料準確地發送到目標主機。但是由於 IPv4 採用 32 位元來表示 IP 位址，其最大的 IP 位址數量有 40 多億個。在早期的網路中，主機數量比較少，IPv4 可以滿足網路需求。但是隨著網際網路的壯大，連線的裝置越來越多，IPv4 的位址數量已經不夠分配了。2019 年 11 月 26 日，負責英國、歐洲、中東和部分中亞地區網際網路資源設定的歐洲網路協調中心宣佈，全球所有 43 億個 IPv4 位址已全部分配完畢，這表示沒有更多的 IPv4 位址可以分配給 ISP( 網路服務提供商 ) 和其他大型網路基礎設施提供商。

### 2. IPv6

作為 IPv4 的「繼任者」，IPv6 發展計畫早在 1994 年就在 IETF 會議上被正式提出。相比 IPv4，IPv6 最顯著的變化是位址長度由 32 位元增長到了 128 位元。假如地球表面 ( 含陸地和水面 ) 都覆蓋著電腦，那 IPv6 允許每平方公尺擁有 7 乘 10 的 23 次方個 IP 位址。這也表示，IPv6 能為物聯網的巨量裝置提供足夠的 IP 位址支援。

IPv6 位址的 128 位元 (16 位元組 ) 可以寫成 8 個 16 位元的不帶正負號的整數，每個整數用 4 個十六進位位元表示，這些數之間用冒號 (:) 分開，例如：

686E：8C64：FFFF：FFFF：0：1180：96A：FFFF

**3. 通訊埠編號**

事實上通訊埠編號並不屬於 IP，但是通常通訊埠編號和 IP 位址是成對出現的。單純討論 IP 位址而不討論通訊埠編號是沒有實際意義的。

在網路中的主機擁有唯一的 IP 位址，但是一台電腦上可以同時提供很多個服務，如資料庫服務、FTP 服務、Web 服務等，我們就透過通訊埠編號來區別相同電腦所提供的這些不同的服務，如常見的通訊埠編號 21 表示的是 FTP 服務，通訊埠編號 23 表示的是 Telnet 服務，通訊埠編號 25 指的是 SMTP 服務等。通訊埠編號一般習慣使用 4 位整數表示，在同一台電腦上通訊埠編號不能重複，否則就會產生通訊埠編號衝突這樣的情況。

故而在網路通訊中，我們不僅需要知道對方主機的 IP 位址，還需要知道對方提供服務的通訊埠編號。

## 3.2.3 TCP 和 UDP

傳輸控制協定 (TCP，Transmission Control Protocol) 是一種連線導向的、可靠的、以位元組流為基礎的傳輸層通訊協定。

使用者資料封包通訊協定 (UDP，User Datagram Protocol) 是一種為應用程式提供無須建立連接就可以發送封裝的 IP 資料封包的協定。

TCP 和 UDP 是網路通訊協定傳輸層的兩種重要協定，互為補充，通常只是用來實現網路資料傳輸的功能。它們位於 IP 層之上，並利用 IP 實現網路資料傳輸，同時為應用層的各種協定 (HTTP、FTP 等 ) 提供服務。

## 1. TCP

TCP 是一種針對廣域網路的通訊協定，目的是在跨越多個網路通訊時，為兩個通訊端點提供一條具有下列特點的通訊方式：

（1）以流為基礎的方式。

（2）連線導向。

（3）可靠通訊方式。

（4）在網路狀況不佳的時候儘量降低系統由於重傳帶來的頻寬負擔。

（5）通訊連接維護是針對通訊的兩個端點的，而不考慮中間網段和節點。

如果希望透過網路傳輸的資料是可靠的，且發出去的資料能得到對方的回應，那麼應該使用 TCP 傳輸。

TCP 一般分伺服器和用戶端，通訊流程如圖 3.4 所示。

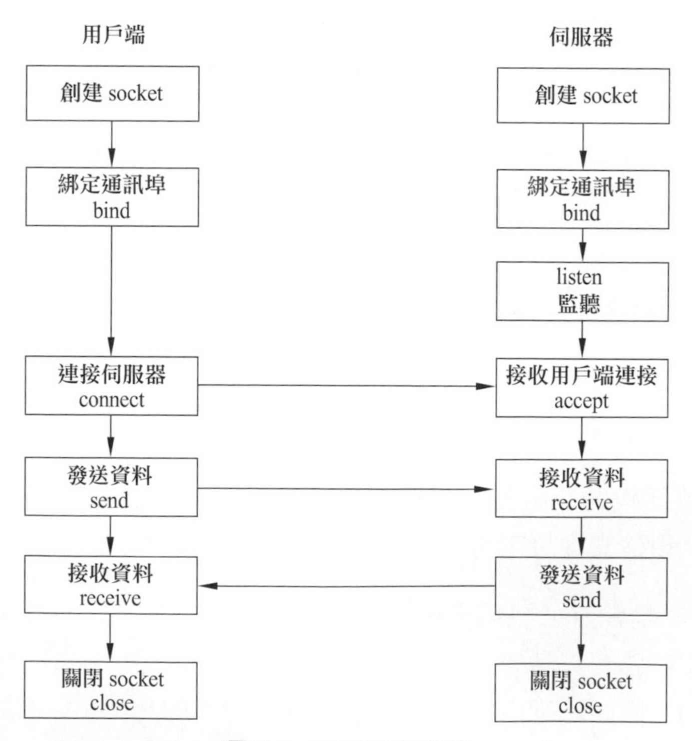


圖 3.4　TCP 通訊流程

### 2. UDP

UDP 是一個無連線協定，傳輸資料之前來源端和終端不建立連接，當它想傳送時就簡單地去抓取來自應用程式的資料，並盡可能快地把它扔到網路上。

在發送端，UDP 傳送資料的速度僅受應用程式生成資料的速度、電腦的能力和傳輸頻寬的限制；在接收端，UDP 把每個訊息段放在佇列中，應用程式每次從佇列中讀取一個訊息段。

UDP 沒有用戶端和伺服器的概念，兩個節點之間通訊也不需要建立連接，如圖 3.5 所示。

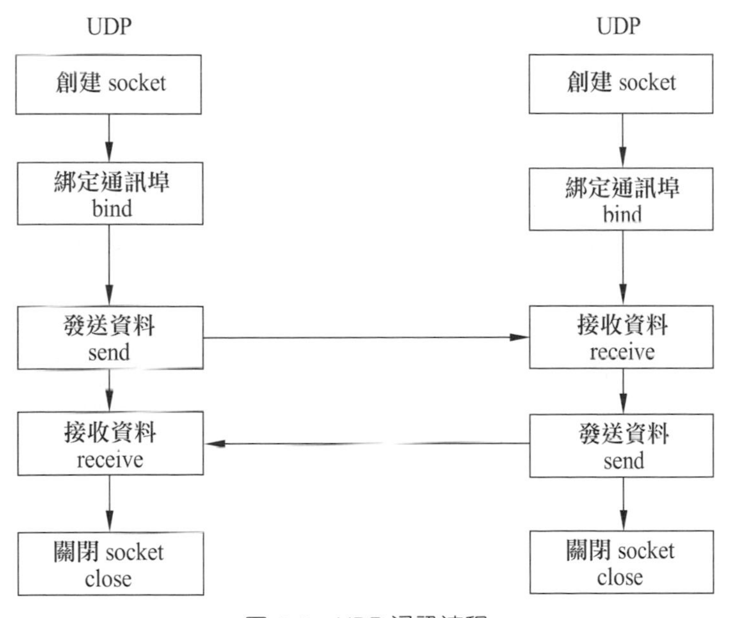


圖 3.5　UDP 通訊流程

### 3. TCP 和 UDP 的比較

UDP 和 TCP 的主要區別是兩者在如何實現資訊的可靠傳遞方面不同。

TCP 中包含了專門的傳遞保證機制，當資料接收方收到發送方傳來的資訊時，會自動向發送方發出確認訊息；發送方只有在接收到該確認訊息之後才繼續傳送其他資訊，否則將一直等待直到收到確認資訊為止。

與 TCP 不同，UDP 並不提供資料傳送的保證機制。如果在從發送方到接收方的傳遞過程中出現資料封包遺失，協定本身並不能做出任何檢測或提示。因此，通常人們把 UDP 稱為不可靠的傳輸協定。

通常 TCP 應用得比較廣泛，但是在一些即時性要求比較高的場合，例如視訊通話之類，一般使用 UDP。

同時，在物聯網應用中，對網路頻寬需求較小，而對即時性要求高，大部分應用無須維持連接，需要低功耗，因此更多地選擇 UDP。

## 3.2.4 HTTP

HTTP 位於應用層，是一個簡單的請求一回應協定，它通常執行在 TCP 之上。它指定了用戶端可能發送給伺服器什麼樣的訊息及得到什麼樣的回應。是用於從 WWW 伺服器傳輸超文字到本地瀏覽器的傳輸協定。

HTTP 是典型的 CS 通訊模型，由用戶端主動發起連接，向伺服器請求 XML 或 JSON 資料，目前在 PC、手機、Pad 等終端上應用廣泛。但是 HTTP 並不適用於物聯網，主要有三大弊端：

（1）由於必須由裝置主動向伺服器發送資料，所以難以主動向裝置推送資料。對於頻繁操控的場景難以滿足需求。

（2）安全性不高。HTTP 是明文傳輸，在一些安全性要求高的物聯網場景並不適合。

（3）HTTP 需要佔用過多的資源，對於一些小型嵌入式裝置而言，是難以實現 HTTP 的。

## 3.2.5 MQTT

MQTT 全稱為 Message Queuing Telemetry Transport( 訊息佇列遙測傳輸 ) 是一種以發佈 / 訂閱範式為基礎的二進位「羽量級」訊息協定，由 IB 公司發佈。針對網路受限和嵌入式裝置而設計的一種資料傳輸協定。MQTT 最大優點在於，可以以極少的程式和有限的頻寬，為連接遠端裝置提供即時可靠的訊息服務。身為低負擔、低頻寬佔用的即時通訊協定，其在物聯網、小型裝置、行動應用程式等方面有較廣泛的應用。MQTT 模型如圖 3.6 所示。

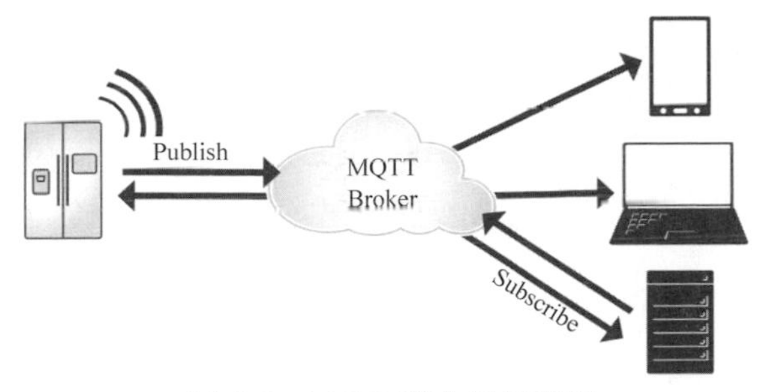


圖 3.6　MQTT 發佈訂閱模型

其中，MQTT 分為伺服器和用戶端兩種角色。

### 1. MQTT 用戶端

- 發佈其他用戶端可能會訂閱的資訊。
- 訂閱其他用戶端發佈的訊息。
- 退訂或刪除應用程式的訊息。
- 斷開與伺服器連接。

### 2. MQTT 伺服器

- 接受來自客戶的網路連接。
- 接受客戶發佈的應用資訊。
- 處理來自用戶端的訂閱和退訂請求。
- 向訂閱的客戶轉發應用程式訊息。

### 3.2.6 MAC 位址

MAC 位址 ( 英文：Media Access Control Address)，直譯為媒體存取控制位址，也稱為區域網位址 (LAN Address)、MAC 位址、乙太網位址 (Ethernet Address) 或物理位址 (Physical Address)，它是一個用來確認網路裝置位置的位址。

IP 位址位於網路層，而 MAC 位址位於資料連結層。每個網路卡都必須有唯一的 MAC 位址。IP 位址是以邏輯為基礎的，比較靈活，不受硬體的限制，使用者可以自由更改。而 MAC 位址是以物理為基礎的，與網路卡進行綁定，能夠標識具體的網路節點。

如果在網際網路通訊中，僅使用 IP 位址來標識每個主機，就會出現 IP 位址失竊用的問題。由於 IP 位址只是邏輯上的標識，任何人都能隨意修改，因此不能用來具體標識一個使用者。而 MAC 位址則不然，它是固化在網路卡裡面的，除非盜取硬體即網路卡。

在具體的通訊過程中，ARP 把 MAC 位址和 IP 位址一一對應。當有發送給本地區域網內一台主機的資料封包時，交換機首先將資料封包接收下來，然後把資料封包中的 IP 位址按照交換表中的對應關係映射成 MAC 位址，然後將資料封包轉發到對應的 MAC 位址的主機上去。這樣一來，即使某台主機盜用了這個 IP 位址，但由於此主機沒有對應的 MAC 位址，因此也不能收到資料封包，發送過程和接收過程類似。

### 3.2.7 NAT

NAT 全稱是 Network Address Translation，又叫網路位址編譯。

我們前面講了，IPv4 大約有 43 億個 IP 位址，而每個主機想要在網路上進行通訊就必須有唯一的 IP 位址。而目前連線網際網路的主機數量已經遠遠超過 43 億個，這其中就是使用 NAT 技術解決 IP 位址不夠用的問題。

NAT 的實現原理是把整個網際網路劃分為公網和區域網兩部分。公網上的每一台主機都分配有唯一的 IP 位址，而區域網內的主機想要存取網際網路，就必須借用路由器進行位址轉換，把區域網的 IP 位址轉換成公網 IP 位址，如圖 3.7 所示。

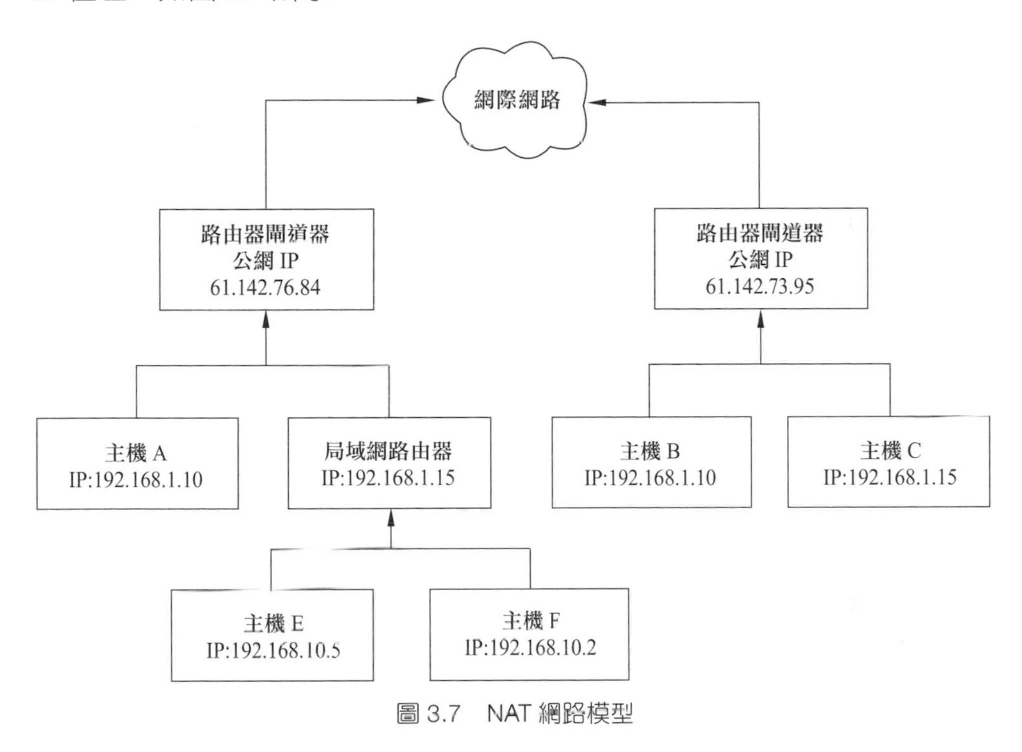


圖 3.7　NAT 網路模型

因此，我們只需要保證公網的 IP 位址是唯一的，每個區域網內的 IP 位址也是唯一的即可。而不同區域網之間則可以使用相同的 IP 位址而不互相干擾。例如主機 A 和主機 B 的 IP 位址都是 192.168.1.10。但是由於它們處於各自的區域網中，所以通訊的時候不會產生衝突。

但是 NAT 也會帶來一些問題，那就是不同區域網內的主機沒辦法直接通訊，必須借由路由器進行轉發。

# 3.3 網路通訊過程

## 3.3.1 發送過程

為了更進一步地瞭解 TCP/IP 每一層的作用，我們來看一下網路通訊的整個過程。我們假設區域網內有一個主機 A，在上面執行了 QQ 程式。使用者透過 QQ 發送一段訊息給他的好友。整個資料封包在 TCP/IP 堆疊中的發送過程如下：

(1) 應用層：資料封包會先在 QQ 這個應用層進行資料封裝。

(2) 傳輸層：接下來，資料封包會經過傳輸層，一般 QQ 的資料採用 UDP 作為傳輸層的協定，有時候也使用 TCP。在傳輸層，QQ 還會使用一個通訊埠編號，且每個應用都有自己唯一的通訊埠編號，用來區分資料。資料封包在傳輸層會被追加 TCP 表頭資訊或 UDP 表頭資訊，這取決於應用層指定使用哪一種傳輸協定。

(3) IP 層：資料封包在 IP 層會被追加 IP 表頭資訊。IP 表頭資訊包含很多控制資訊，其中包括來源 IP 和目標 IP。來源 IP 指電腦本身的 IP 位址，對於有多個網路卡的電腦，會利用路由表判斷使用哪個網路卡進行發送。目標 IP 是指資料要發送到哪個 IP 位址，目標 IP 有應用程式提供。

(4) 資料連結層：資料封包在資料連結層會被追加 MAC 表頭資訊。MAC 表頭資訊包含一個關鍵的欄位資訊——MAC 位址。MAC 位址主動 MAC 位址和目標 MAC 位址兩個。來源 MAC 指電腦本身的 MAC 位址，由網路卡決定，應用程式一般無法更改。目標 MAC 位址指資料封包發送的對方的 MAC 位址。一般來說，區域網內的電腦是不知道公網的電腦 MAC 位址，所以電腦發送資料封包的時候使用的目標 MAC 一般是路由器的 MAC 位址，由路由器進行轉發，而路由器的 MAC 位址可以由 ARP 查詢獲得。

（5）物理層：物理層會將資料封包轉換成位元流電訊號在網線或 WiFi 媒體中傳輸。

整個資料封包在 TCP/IP 中的傳輸過程如圖 3.8 所示。

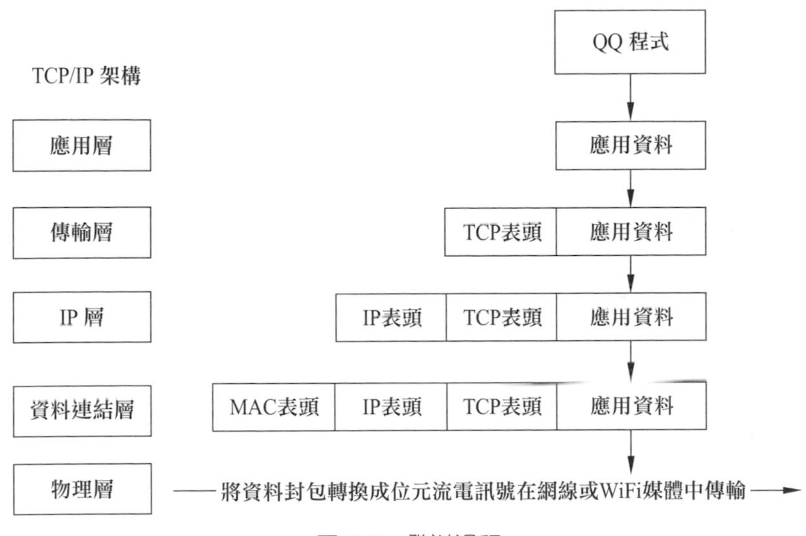


圖 3.8　發送過程

## 3.3.2 接收過程

網路資料封包的接收過程剛好和發送過程相反。

（1）物理層：將位元流電訊號轉換成資料封包，然後傳遞到資料連結層。

（2）資料連結層：根據 MAC 位址進行處理，如果目標 MAC 位址是自己，則去掉 MAC 表頭資訊，將剩下的資料繼續往上傳輸到 IP 層。

（3）IP 層：由 IP 位址判斷資料封包是轉發還是發送給自己。如果是發送給自己，則去掉 IP 表頭資訊，繼續往上傳輸到傳輸層。

（4）傳輸層：去掉 TCP 表頭資訊，並根據 TCP 表頭資訊中的通訊埠編號，區分資料封包是發送給具體哪個應用，繼續傳遞到應用層。

（5）應用層：應用層收到資料封包後，根據應用本身的協定再進行解析處理。

整個資料封包的接收過程如圖 3.9 所示。

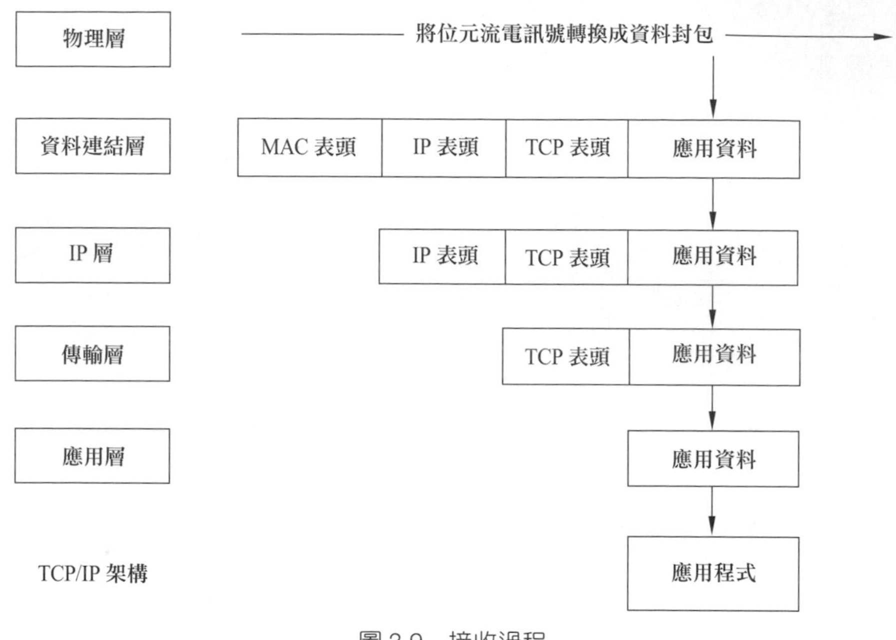


圖 3.9　接收過程

## 3.4 socket 通訊端

socket 的中文名叫通訊端，是 UNIX 系統開發的網路通訊介面，也是在 Internet 上進行應用程式開發時最為通用的 API。

### 3.4.1 socket 和 TCP/IP 的關係

TCP/IP 屬於協定層，它描述了在網路傳輸過程中，每一層應該做什麼。但是沒有說程式具體怎樣實現。而 socket 通訊端最初是在 UNIX 系統上執行的程式，它實現了 TCP/IP 的功能，使得最初裝有 UNIX 系統的電腦能使用 TCP/IP 連線 Internet。

在 UNIX 系統中，socket 位於應用層和傳輸層之間。socket 提供一個統一的介面，應用程式可以直接透過 socket 進行網路通訊，然後由 socket 將資料傳遞到傳輸層。這樣做的好處是 socket 可以像檔案一樣，使用打開、讀寫、關閉等操作去實現網路通訊，表現了 UNIX 萬物皆檔案的思想，同時標準化的 socket 介面使得應用程式有良好的可攜性。socket 在 UNIX 系統的位置如圖 3.10 所示。

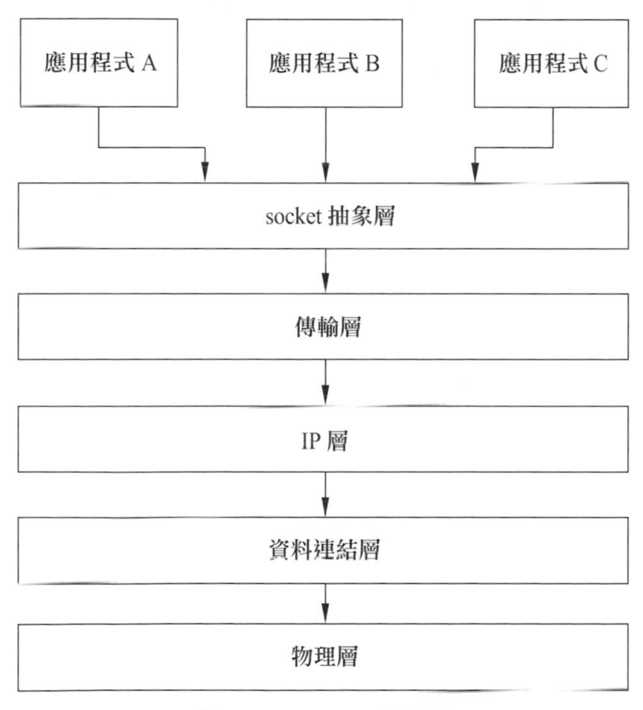


圖 3.10　socket 的位置

## 3.4.2 創建 socket 通訊端

socket 提供一套 API 方便應用程式使用。本書這裡介紹幾個比較重要的函數。

```
int socket(int protofamily,int type,int protocol);
```

函數返回：int 類型的數值，我們通常稱之為 socket 描述符號。它非常重要，後面所有的 socket 操作要以 socket 描述符號為基礎。

參數列表：

（1）protofamily：即協定域，又稱為協定簇 (family)。常用的協定簇有：AF_INET(IPv4)、AF_INET6(IPv6)、AF_LOCAL( 或稱 AF_UNIX，UNIX 域 socket)、AF_ROUTE 等。協定簇決定了 socket 的網址類別型，在通訊中必須採用對應的位址，如 AF_INET 決定了要用 IPv4 位址 (32 位元的 ) 與通訊埠編號 (16 位元的 ) 的組合、AF_UNIX 決定了要用一個絕對路徑名稱作為位址。

（2）type：指定 socket 類型。常用的 socket 類型有：SOCK_STREAM、SOCK_DGRAM、SOCK_RAW、SOCK_PACKET、SOCK_SEQPACKET 等。

（3）protocol：指定協定。常用的協定有：IPPROTO_TCP、IPPROTO_UDP、IPPROTO_SCTP、IPPROTO_TIPC 等，它們分別對應 TCP 傳輸協定、UDP 傳輸協定、SCTP 傳輸協定、TIPC 傳輸協定。

**注意**

並不是上面的 type 和 protocol 可以隨意組合的，如 SOCK_STREAM 不可以跟 IPPROTO_UDP 組合。當 protocol 為 0 時，會自動選擇 type 類型對應的預設協定。當我們呼叫 socket 創建一個 socket 時，返回的 socket 描述字描述它存在於協定簇 (address family，AF_XXX) 空間中，但沒有一個具體的位址。如果想要給它設定值一個位址，就必須呼叫 bind() 函數，否則當呼叫 connect()、listen() 時系統會自動隨機分配一個通訊埠。

## 3.4.3 bind 函數

正如 3.2.2 小節所述，每個應用程式想要使用網路功能，都需要指定唯一的通訊埠編號。同樣，socket 通訊端也可以使用 bind 函數來為 socket 通訊端綁定一個通訊埠編號。需要注意的是，bind 函數不是必需的，當應用程式沒有使用 bind 指定通訊埠編號時，系統會自動分配一個隨機通訊埠編號。

```
int bind(int sockfd, const struct sockaddr *addr, socklen_t addrlen);
```

函數返回：

int 類型的數值。返回值為 0 則表示 bind 成功。返回 EADDRINUSE 則表示通訊埠編號已經被其他應用程式佔用。

參數列表：

（1）sockfd：socket 描述符號，也就是上文創建 socket 通訊端時的返回值。

（2）addr：一個 const struct sockaddr* 指標，指向要綁定給 sockfd 的協定位址。這個位址結構根據位址創建 socket 時的位址協定簇的不同而不同，如 IPv4 對應的是：

```
struct sockaddr_in {
   sa_family_tsin_family;     /* address family:AF_INET */
   in_port_tsin_port;         /* port in network byte order */
   struct in_addrsin_addr;    /* internet address */};

/* Internet address. */
struct in_addr {
   uint32_t s_addr;           /*address in network byte order */
};
```

IPv6 對應的是：

```
struct sockaddr_in6 {
    sa_family_t      sin6_family;     /*AF_INET6 */
    in_port_t        sin6_port;       /*port number */
    uint32_t         sin6_flowinfo;   /* IPv6 flow information */
    struct in6_addr  sin6_addr;       /* IPv6 address */
    uint32_t         sin6_scope_id;   /* Scope ID (new in 2.4) */
};

struct in6_addr {
    unsigned char s6_addr[16];        /* IPv6 address */
};
```

UNIX 域對應的是：

```
#define UNIX_PATH_MAX 108

struct sockaddr_un {
    sa_family_t   sun_family;               /* AF_UNIX */
    char          sun_path[UNIX_PATH_MAX];  /* pathname */
};
```

（3）addrlen：對應的是位址的長度。

### 3.4.4 connect 函數

通常在使用 TCP 的時候，用戶端需要連接到 TCP 伺服器，連接成功後才能繼續通訊。連接函數如下：

```
int connect(int sockfd, const struct sockaddr *addr, socklen_t addrlen);
```

函數返回：

int 類型的數值。返回值為 0 則表示 connect 成功，其中錯誤返回有以下幾種情況。

（1）ETIMEDOUT：TCP 用戶端沒有收到 SYN 分節回應。

（2）ECONNREFUSED：伺服器主機在我們指定的通訊埠上沒有處理程序在等待與之連接，屬於硬錯誤 (hard error)。

（3）EHOSTUNREACH 或 ENETUNREACH：用戶端發出的 SYN 在中間某個路由器上引發一個 "destination unreachable"( 目標地不可抵達 ) ICMP 錯誤，是一種軟錯誤 (soft error)。

參數列表：

（1）sockfd：socket 描述符號。

（2）addr：一個 const struct sockaddr* 指標，指向要綁定給 sockfd 的協定位址。

（3）addrlen：對應的是位址的長度。

## 3.4.5 listen 函數

作為伺服器，在呼叫 socket()、bind() 後，就會呼叫 listen() 來監聽這個 socket，如果有用戶端呼叫 connect() 發起連接請求，伺服器就會接收到這個請求。

```
int listen(int sockfd, int backlog);
```

函數返回：

int 類型的數值，0 則表示成功，-1 則表示出錯。

參數列表：

（1）sockfd：socket 描述符號。

（2）backlog：為了更進一步地瞭解 backlog，我們需要知道核心為任何一個指定的監聽 socket 通訊端維護兩個佇列。

未完成連接佇列：用戶端已經發出連接請求，而伺服器正在等待完成回應的 TCP 三次握手過程。

已完成連接佇列：已經完成了三次握手連接成功了的用戶端。

backlog 通常表示這兩個佇列的總和的最大值。當伺服器一天需要處理幾百萬個連接時，此時 backlog 則需要定義成一個較大的數值。指定一個比核心能夠支持的最大值還要大的數值也是允許的，因為核心會自動把指定的偏大值改成自身支持的最大值，而不返回錯誤。

## 3.4.6 accept 函數

accept 函數由伺服器呼叫，用於處理從已完成連接佇列列首返回下一個已完成連接。如果已完成連接佇列為空，則處理程序會休眠。

```
int accept(int sockfd, struct sockaddr *addr, socklen_t *addrlen);
```

函數返回：

int 類型的數值。如果伺服器與客戶已經正確建立了連接，此時 accept 會返回一個全新的 socket 通訊端，伺服器透過這個新的通訊端來完成與客戶的通訊。

參數列表：

（1）sockfd：socket 描述符號。

（2）addr：一個 const struct sockaddr* 指標，指向要綁定給 sockfd 的協定位址。

（3）addrlen：對應的是位址的長度。

## 3.4.7 read 和 write 函數

read 函數負責從網路中接收資料，write 負責把資料發送到網路中，通常有下面幾組。

```
ssize_t read(int fd,void *buf,size_t count);
ssize_t write(int fd,const void *buf,size_t count);

ssize_t send(int sockfd,const void *buf,size_t len,int flags);
ssize_t recv(int sockfd,void *buf,size_t len,int flags);

ssize_t sendto(int sockfd,const void *buf,size_t len,int flags,
               const struct sockaddr *dest_addr,socklen_t addrlen);
ssize_t recvfrom(int sockfd,void *buf,size_t len,int flags,
                 struct sockaddr *src_addr,socklen_t *addrlen);

ssize_t sendmsg(int sockfd,const struct msghdr *msg,int flags);
ssize_t recvmsg(int sockfd,struct msghdr *msg,int flags);
```

read 函數負責從 fd 中讀取內容。當讀取成功時，read 返回實際所讀取的位元組數，如果返回的值是 0，表示已經讀到檔案的尾端了，小於 0 表示出現了錯誤。如果錯誤為 EINTR，說明讀取是由中斷引起的，如果是 ECONNREST，表示網路連接出了問題。

write 函數將 buf 中的 nbytes 位元組內容寫入檔案描述符號 fd。成功時返回寫的位元組數。失敗時返回 -1，並設定 errno 變數。在網路程式中，當我們向通訊端檔案描述符號寫入時有兩種可能。第一種可能，write 的返回值大於 0，表示寫了部分或是全部的資料。第二種可能，返回的值小於 0，此時出現了錯誤。我們要根據錯誤類型來處理。如果錯誤為 EINTR，表示在寫入的時候出現了中斷錯誤。如果為 EPIPE，表示網路連接出現了問題 ( 對方已經關閉了連接 )。

## 3.4.8 close 函數

通常使用 close 函數來關閉通訊端，並終止 TCP 連接。

```
int close(int fd);
```

close 一個 TCP socket 的預設行為時把該 socket 標記為已關閉，然後立即返回到呼叫處理程序。該描述字不能再由呼叫處理程序使用，也就是說不能再作為 read 或 write 的第一個參數。

**注意**

close 操作只是使對應 socket 描述字的引用計數 -1，只有當引用計數為 0 的時候，才會觸發 TCP 用戶端向伺服器發送終止連接請求。

Chapter

# 04

# 微處理器開發

嵌入式技術是整個物聯網系統的關鍵核心技術之一。它相當於感知層大腦，將感知層的感測器部分統一起來，實現具體的功能，是整個物聯網的底層基礎部分。

嵌入式的開發，最核心部分是晶片的開發。目前嵌入式開發主要有微處理器、嵌入式 Linux 等。其中微處理器以其功能強大、性價比高，在物聯網這一產業中佔據了半壁江山。

## 4.1 初識 STM32F407 晶片

### 4.1.1 微處理器介紹

本節介紹微處理器和 STM32F407 晶片。微處理器又稱單片微處理器，它不是完成某一個邏輯功能的晶片，而是把一個電腦系統整合到一個晶片上。相當於一個微型的電腦，和電腦相比，微處理器只缺少了 I/O 裝置。概括地講：一塊晶片就成了一台電腦。它的體積小、品質輕、價格便宜，為學習、應用和開發提供了便利條件。

## 4.1.2 STM32F407 晶片

本書選用 ST( 意法半導體 ) 推出的 STM32F407 系列晶片，如圖 4.1 所示。它是 ST 推出的基於 ARM Cortex-M4 為核心的高性能微處理器，其採用了 90nm 的 NVM 製程和 ART( 自我調整即時記憶體加速器，Adaptive Real-Time Memory Accelerator)。

根據市場相關統計，2017 年 STM32 系列晶片出貨量為 10 億顆。作為全球最大的半導體公司之一，ST 擁有廣泛的產品線，感測器、功率元件、汽車電子產品和嵌入式處理器解決方案，在物聯網生態中具有重要作用。而其中 MCU 是最重要的業務之一，官方資料顯示，2017 年 ST 在通用微處理器市佔率約為 19%，公司擁有超過 800 款 STM32 產品，超過 50000 個客戶。

圖 4.1　STM32F407 晶片

使用 STM32F407 作為開發主要是基於以下幾點理由。

（1）性價比高。STM32F407VET6 型號單顆採購價為 13 元 ( 本書提及的價錢皆為人民幣 ) 左右，批次價格會更低一點。

（2）市場大，開發資料多：作為全球最受歡迎的晶片，目前市場上絕大部分公司採用以 STM32 系列為基礎的晶片做開發，企業應徵也基本要求會使用 STM32 進行開發。同時網上有很多成熟解決方案，以及相關討論區。

（3）性能強大。STM32F407 提供了工作頻率為 168 MHz 的 Cortex-M4 核心 ( 具有浮點單元 ) 的性能。在 Flash 記憶體執行時，STM32F407/417 能夠提供 210 DMIPS/566 CoreMark 性能，並且利用意法半導體的 ART 加速器實現了 Flash 零等候狀態。DSP 指令和浮點單元擴大了產品的應用範圍。

（4）外接裝置資源豐富。

2 個 USB OTG( 其中一個支持 HS)。

音訊：專用音訊 PLL 和 2 個全雙工 $I^2S$。

通訊介面多達 15 個 ( 包括 6 個速度高達 11.25Mb/s 的 USART、3 個速度高達 45Mb/s 的 SPI、3 個 $I^2C$、2 個 CAN 和 1 個 SDIO)。

模擬：2 個 12 位元 DAC、3 個速度為 2.4 MSPS 或 7.2 MSPS( 交錯模式 ) 的 12 位元 ADC。

計時器多達 17 個：頻率高達 168 MHz 的 16 和 32 位元計時器。

可以利用支援 Compact Flash、SRAM、PSRAM、NOR 和 NAND 記憶體的靈活靜態記憶體控制器輕鬆擴充儲存容量。

以模擬電子技術為基礎的真隨機數發生器。

# 4.2 架設開發環境

開發環境主要分為硬體平台和軟體開發環境兩部分。

## 4.2.1 硬體平台

開發 STM32F407，我們需要準備以下硬體平台，如圖 4.2 所示。

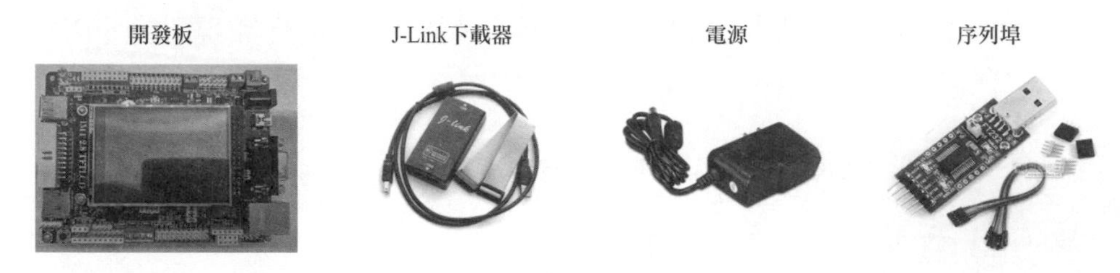


圖 4.2　硬體平台

（1）裝有 Windows 作業系統的電腦一台。

（2）STM32F407ZTG6 開發板一個。本書所有的程式將在 STM32F407 開發板上執行。

（3）J-Link 一個。主要用於下載程式使用。

（4）路由器一個、網線兩根。後面網路通訊實驗需要用到。

（5）電源線和序列埠各一個，提供供電、序列埠偵錯。

## 4.2.2 軟體開發環境

（1）Windows 作業系統。

（2）Keil MDK 軟體。用於程式編寫、編譯、下載、模擬偵錯等。

（3）J-Link 驅動。用於安裝 J-Link 驅動時使用，以便 J-Link 能正常執行。

(4) 電腦序列埠偵錯軟體。用來和開發板進行通訊。
(5) TCPUDP 測試工具。用於網路通訊偵錯使用。

以上開發軟體的下載可以見附錄資料部分，提供本書所有使用到的軟體。方便讀者安裝到自己的電腦上。

## 4.2.3 Keil MDK 軟體的安裝

Keil MDK，也稱 MDK-ARM、Realview MDK、I-MDK、μVision4 等。Keil MDK 由三家代理商提供技術支援和相關服務。

MDK-ARM 軟體以 Cortex-M、Cortex-R4、ARM7、ARM9 處理器裝置為基礎，提供了一個完整的開發環境。MDK-ARM 專為微處理器應用而設計，不僅易學好用，而且功能強大，能夠滿足大多數苛刻的嵌入式應用。它提供了包括 C 編譯器、巨集組譯、連結器、函數庫管理和一個功能強大的模擬偵錯器等在內的完整開發方案，透過一個整合式開發環境 (μVision) 將這些部分集合在一起。

**1. 下載**

Keil MDK 的下載可到官網下載：http://www2.keil.com/mdk5/。

**2. 安裝**

下載後，我們會得到一個 mdk514.exe 的可執行檔，其中 514 是版本編號。雙擊該檔案，出現如圖 4.3 所示的介面，點擊 Next 按鈕。

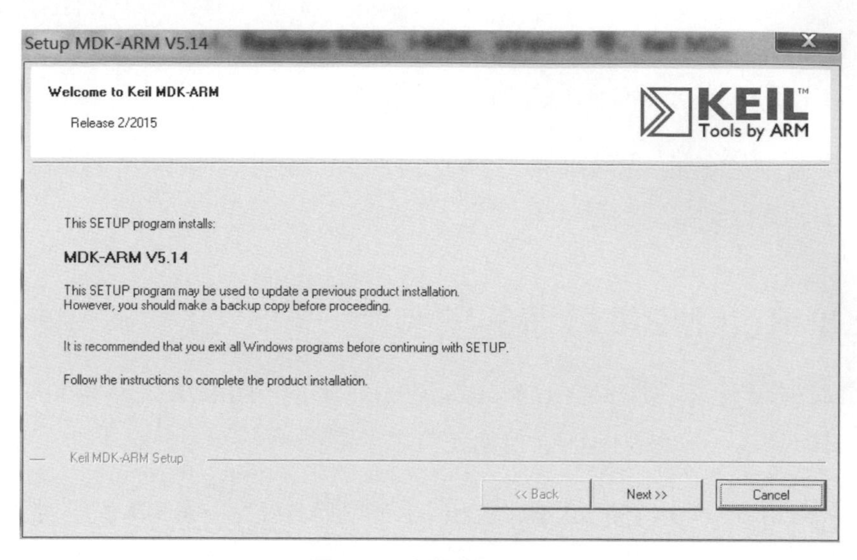


圖 4.3　安裝啟動介面

進入使用者協定介面，選取 I agree to all the terms of the preceding License Agreement，點擊 Next 按鈕，如圖 4.4 所示。

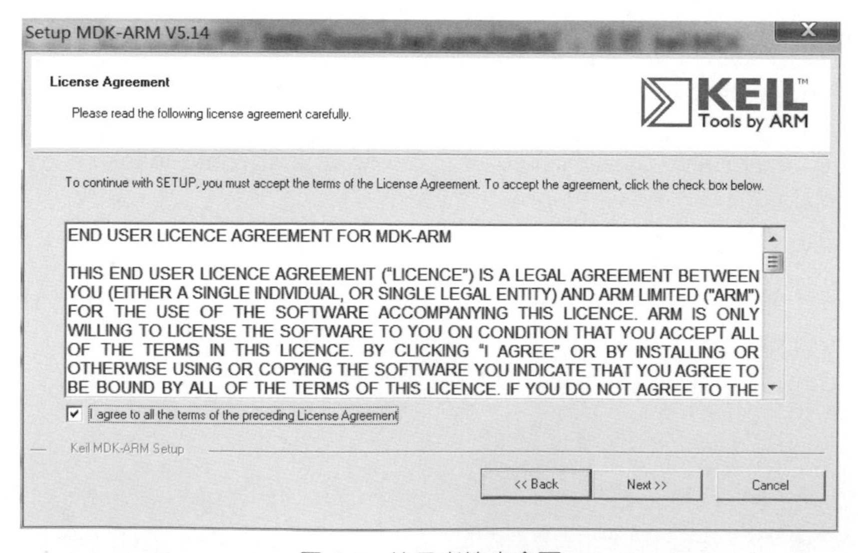


圖 4.4　使用者協定介面

這裡選擇好軟體的安裝路徑，點擊 Next 按鈕，如圖 4.5 所示。

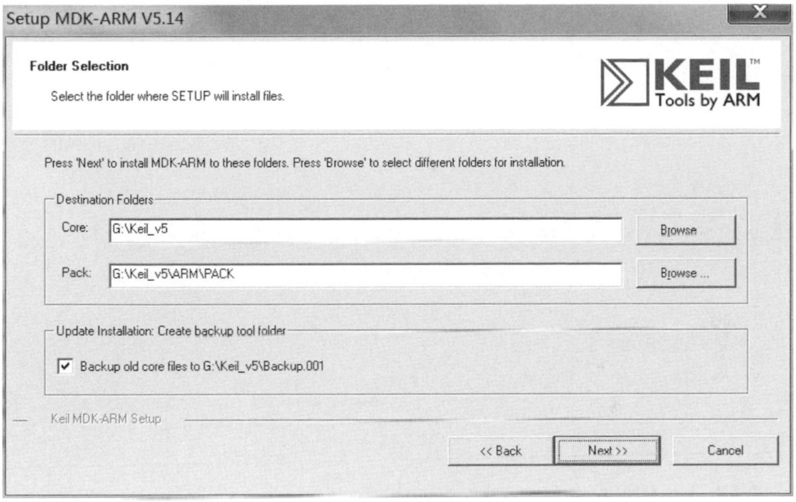

Setup MDK-ARM V5.14

Folder Selection

Select the folder where SETUP will install files.

KEIL Tools by ARM

Press 'Next' to install MDK-ARM to these folders. Press 'Browse' to select different folders for installation.

Destination Folders

Core: G:\Keil_v5 Browse

Pack: G:\Keil_v5\ARM\PACK Browse ...

Update Installation: Create backup tool folder

Backup old core files to G:\Keil_v5\Backup.001

Keil MDK-ARM Setup

<< Back Next >> Cancel

圖 4.5　安裝路徑選擇介面

輸入使用者資訊，包含 First Name、Last Name、Company Name 和 E-mail，如圖 4.6 所示。

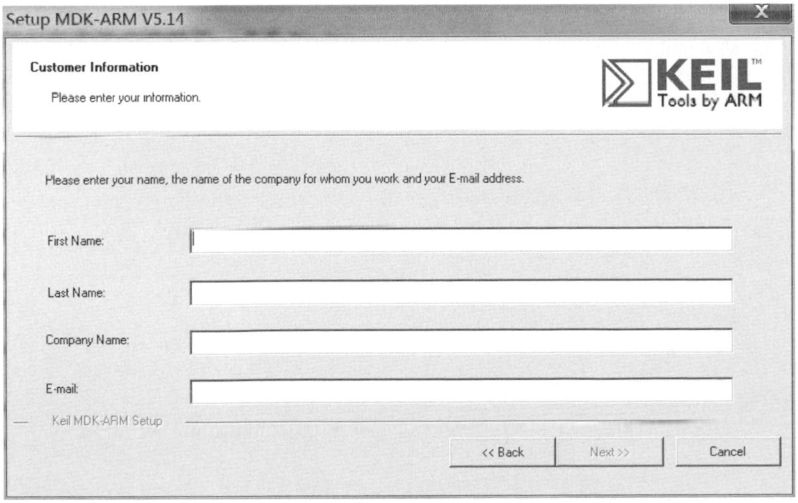

Setup MDK-ARM V5.14

Customer Information

Please enter your information.

KEIL Tools by ARM

Please enter your name, the name of the company for whom you work and your E-mail address.

First Name:

Last Name:

Company Name:

E-mail:

Keil MDK-ARM Setup

<< Back Next >> Cancel

圖 4.6　使用者資訊介面

輸入資訊後，點擊 Next 按鈕進入安裝介面，等待安裝完成即可，如圖 4.7 所示。

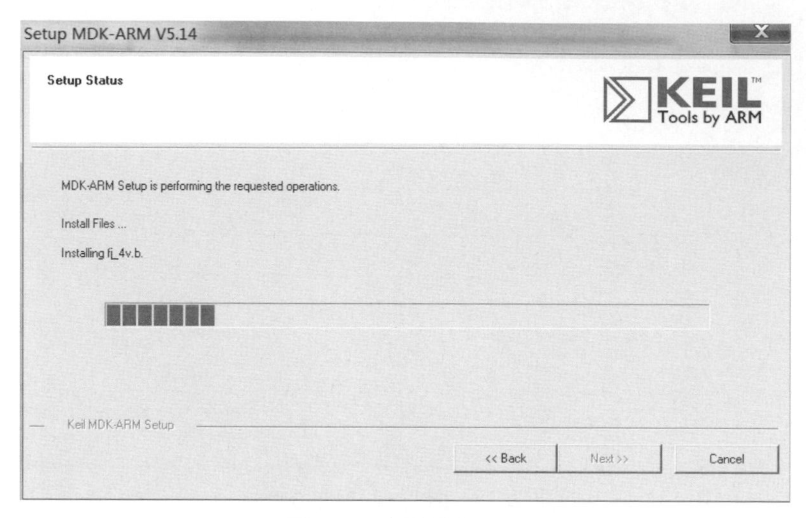


圖 4.7　安裝過程介面

安裝完成後，會彈出如圖 4.8 所示的提示框，不要選取 Show Release Notes。點擊 Finish 按鈕即可。

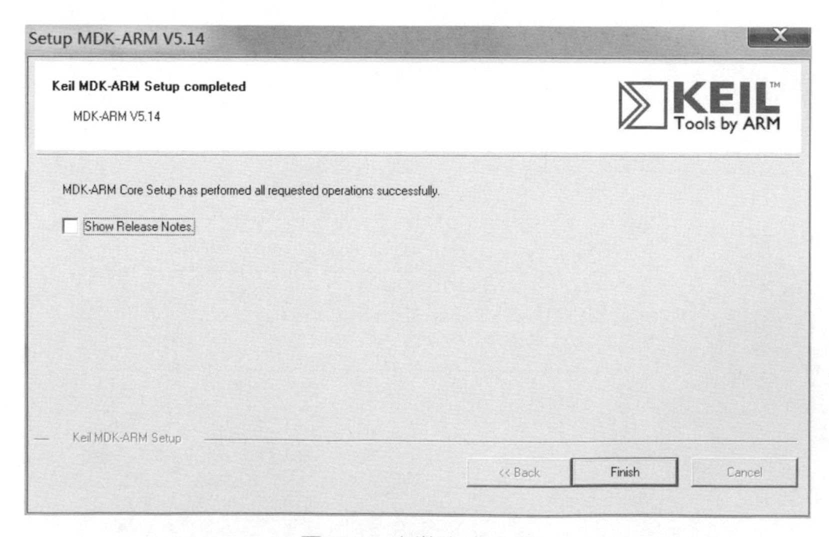


圖 4.8　安裝完成介面

安裝完成後，找到安裝路徑 G:\Keil_v5\UV4，點擊 UV4.exe 執行，啟動介面如圖 4.9 所示。

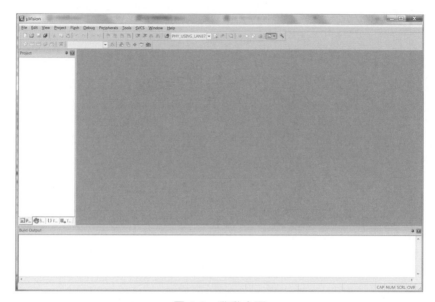

圖 4.9　啟動介面

## 4.2.4 Keil MDK 新建專案

安裝完 Keil MDK 後，下面來新建一個專案。

### 1. 安裝 STM32F407 pack 套件

點擊方框內的圖示，如圖 4.10 所示。

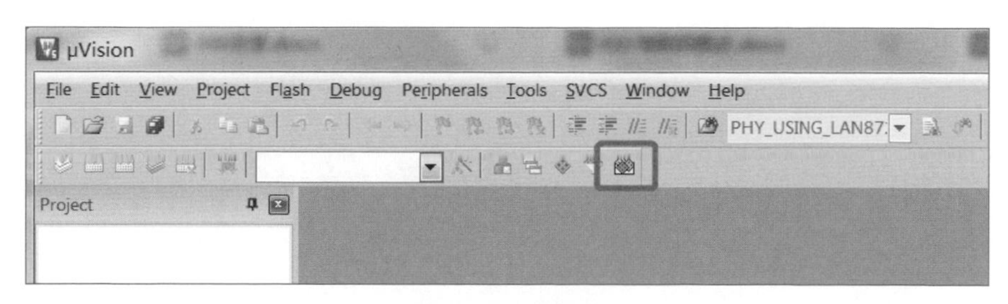


圖 4.10　主介面

如圖 4.11 所示，選擇 File → Import…，匯入 Keil.STM32F4xx_DFP.2.13.0.pack。該檔案可以去官網下載。

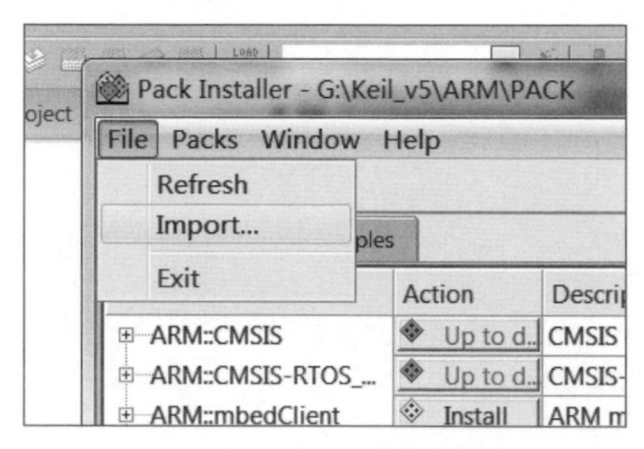


圖 4.11　Pack 匯入視窗

選擇該檔案，點擊「打開」按鈕，如圖 4.12 所示。

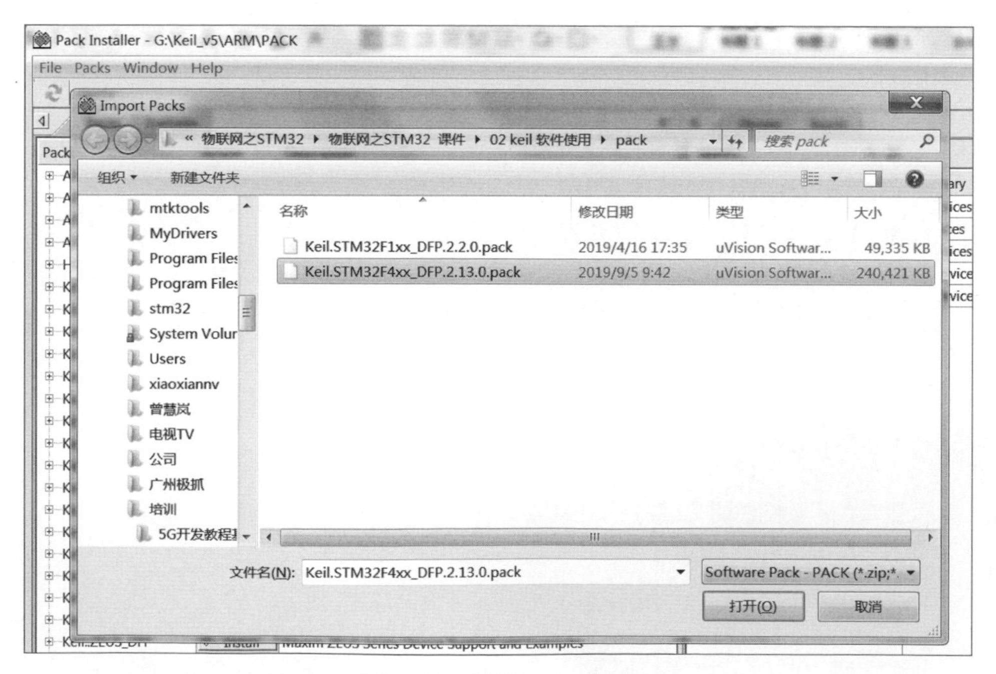


圖 4.12　選擇 Pack 介面

## 2. 新建專案

點擊 Project → New μVision Project，如圖 4.13 所示。

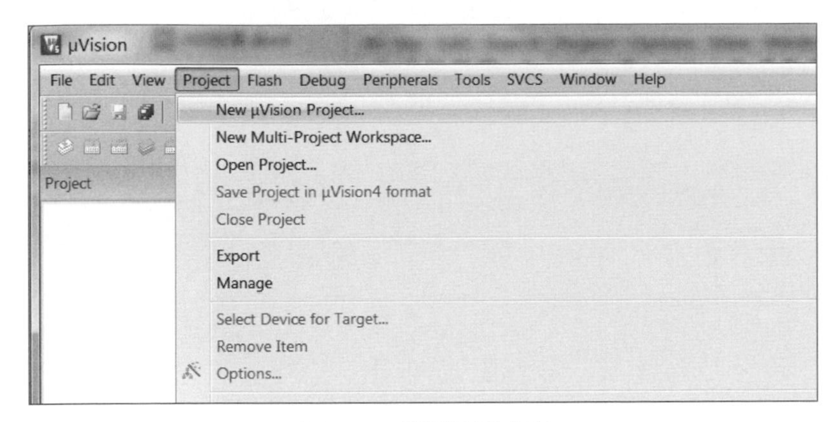


圖 4.13 新建專案介面

選擇專案路徑，然後輸入檔案名稱 demo01，點擊「保存」按鈕，如圖 4.14 所示。

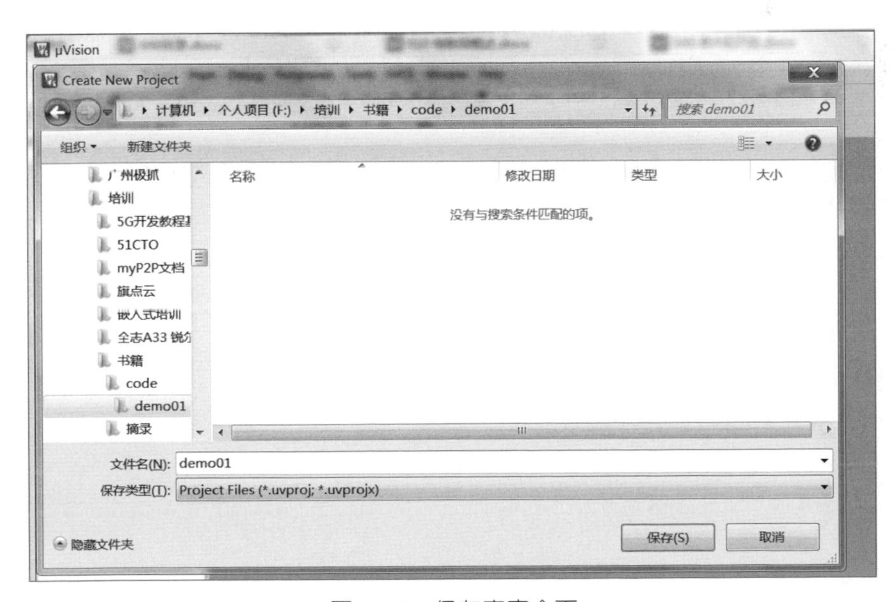


圖 4.14 保存專案介面

保存專案後彈出 Select Device for Target 'Target 1' …，由於本書選擇的開發板晶片型號是 STM32F407ZGT6，故而我們在 Search 中輸入 STM32F407ZGT，如圖 4.15 所示。輸入晶片型號後，Search 下面的方框會自動展開，點擊 STM32F407ZGTx 選項。讀者也可根據自己的開發板晶片型號選擇。選擇好晶片後點擊 OK 按鈕。

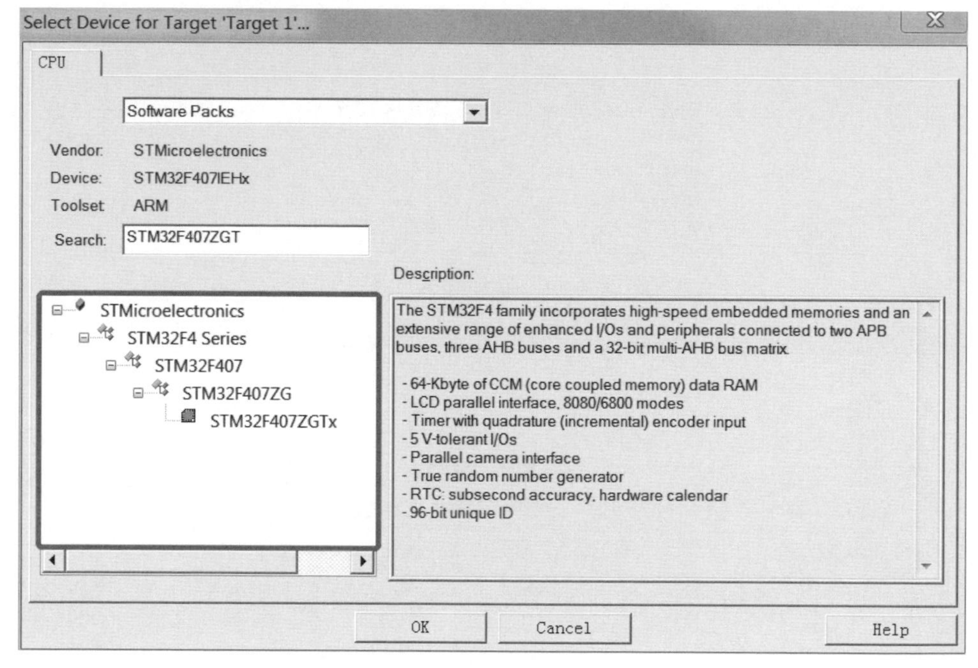


圖 4.15 晶片型號選擇介面

之後彈出 Manage Run-Time Environment（MRTE）介面，點擊 OK 按鈕，如圖 4.16 所示。

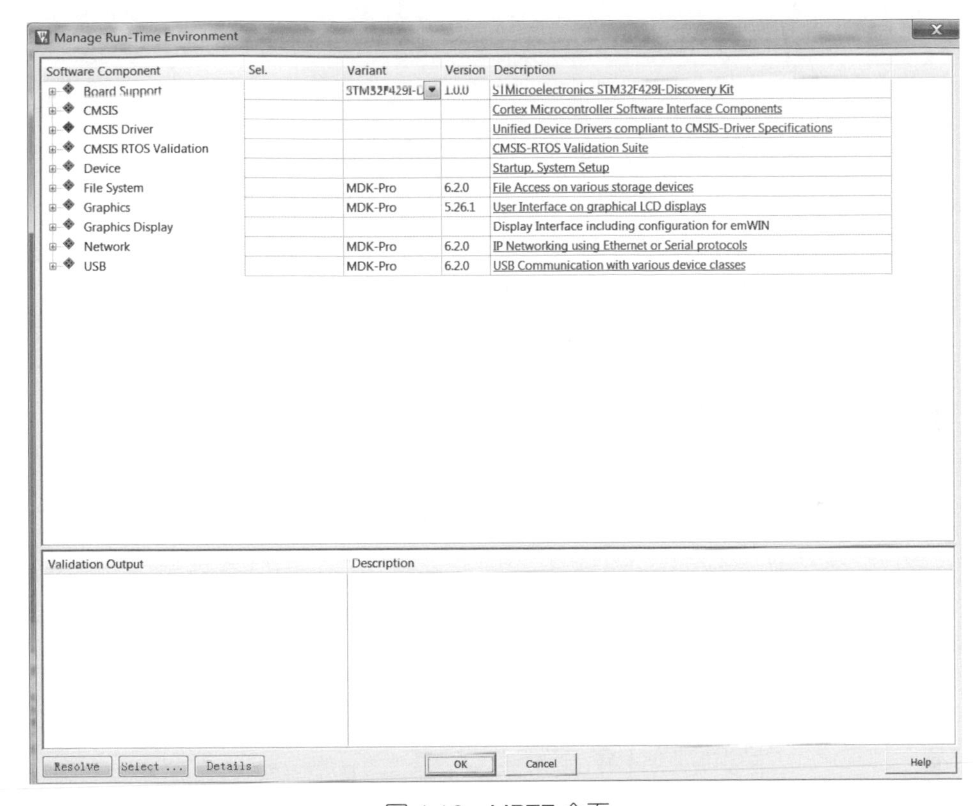


圖 4.16　MRTE 介面

至此，我們的專案創建完成。

## 4.2.5 J-Link 驅動安裝

本書使用的模擬器是 J-Link，需要在電腦上安裝 J-Link 驅動。讀者可以自己到網上下載相關驅動，也可以直接使用本書附錄的驅動檔案。

該驅動安裝比較簡單，執行 Setup_JLinkARM_V434.exe 後直到安裝完成。本書在此不做贅述，讀者自行安裝即可。

# 4.3 GPIO 通訊埠操作

在嵌入式系統中，經常需要控制許多結構簡單的外部裝置或電路，這些裝置有的需要透過 CPU 控制，有的需要 CPU 提供輸入訊號。對裝置的控制，使用傳統的序列埠或平行埠就顯得比較複雜，所以，在嵌入式微處理器上通常提供了一種「通用可程式化 I/O 通訊埠」，也就是 GPIO。

## 4.3.1 LED 硬體原理圖

本節將透過操作 LED 亮滅的方式，來實現對 STM32F407 的 GPIO 通訊埠操作。開發板 LED 相關的硬體原理圖，如圖 4.17 所示。

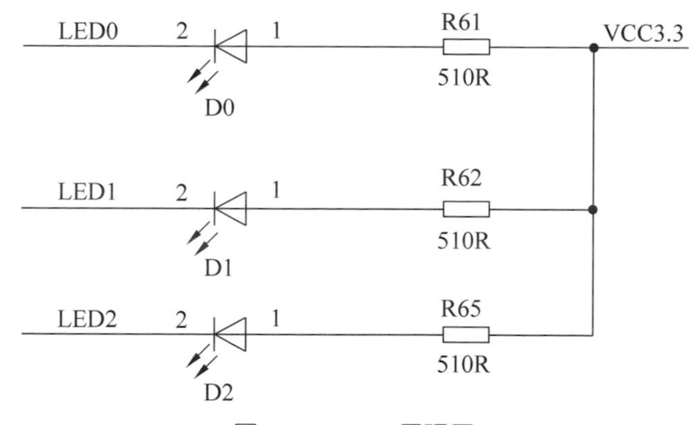


圖 4.17　LED 原理圖

根據原理圖及 LED 的特性，我們可知：當 LED0、LED1、LED2 接腳輸出低電位的時候，3 個 LED 將發光；反之輸出高電位的時候，3 個 LED 將熄滅。

而 LED0、LED1、LED2 這 3 個接腳又分別對應到 STM32F407 晶片上的 GPIOE_3、GPIOE_4、GPIOG_9。故而，LED 的亮滅操作可以轉化成 STM32F407 的接腳輸出操作。

## 4.3.2 STM32F407 的 GPIO 通訊埠介紹

### 1. 分組

STM32F407 有 7 組 I/O。分別為 GPIOA~GPIOG，每組 I/O 有 16 個 I/O 介面，共有 112 個 I/O 介面，通常稱為 PAx、PBx、PCx、PDx、PEx、PFx、PGx，其中 x 為 0~15。

### 2. GPIO 的重複使用

STM32F407 有很多的內建外接裝置，這些外接裝置的外部接腳都與 GPIO 共用。也就是說，一個接腳可以有很多作用，但是預設為 I/O 介面，如果想使用一個 GPIO 內建外接裝置的功能接腳，就需要 GPIO 的重複使用，那麼當這個 GPIO 作為內建外接裝置使用的時候，就叫作重複使用。例如序列埠就是 GPIO 重複使用為序列埠。

### 3. GPIO 的輸入模式

- GPIO_Mode_IN_FLOATING 浮空輸入
- GPIO_Mode_IPU 上拉輸入
- GPIO_Mode_IPD 下拉輸入
- GPIO_Mode_AIN 類比輸入

### 4. GPIO 的輸出模式

- GPIO_Mode_Out_OD 開漏輸出 ( 帶上拉或下拉 )
- GPIO_Mode_AF_OD 重複使用開漏輸出 ( 帶上拉或下拉 )
- GPIO_Mode_Out_PP 推拉輸出 ( 帶上拉或下拉 )
- GPIO_Mode_AF_PP 重複使用推拉輸出 ( 帶上拉或下拉 )

### 5. GPIO 的最大輸出頻率

- 2MHz( 低頻 )
- 25MHz( 中頻 )

- 50MHz( 快頻 )
- 100MHz( 高頻 )

## 4.3.3 STM32 標準外接裝置庫

STM32 標準外接裝置庫是一個軔體函數套件，它由程式、資料結構和巨集群組成，包括了微處理器所有外接裝置的性能特徵。該函數程式庫還包括每一個外接裝置的驅動描述和應用實例，為開發者存取底層硬體提供了一個中間 API，透過使用軔體函數程式庫，無須深入掌握底層硬體細節，開發者就可以輕鬆應用每一個外接裝置。

因此，使用固態函數程式庫可以大大減少開發者開發使用片內外接裝置的時間，進而降低開發成本。每個外接裝置驅動都由一組函數組成，這組函數覆蓋了該外接裝置所有功能。同時，STM32 官方還列出了大量的範例程式以供學習。

STM32 標準外接裝置庫可到 ST 官網下載，也可以直接使用本書附錄部分提供的 STM32 標準外接裝置庫。

使用 Keil MDK 編寫程式時，我們需要將 STM32 標準外接裝置庫增加到專案中去。這裡推薦讀者直接使用附錄已經增加好的專案檔案。

## 4.3.4 程式分析

### 1. 專案檔案結構

使用 Keil MDK 的 new project 選項，打開 LED demo 程式的專案檔案：Chapter4/01_led/01_demo.uvprojx，如圖 4.18 所示。

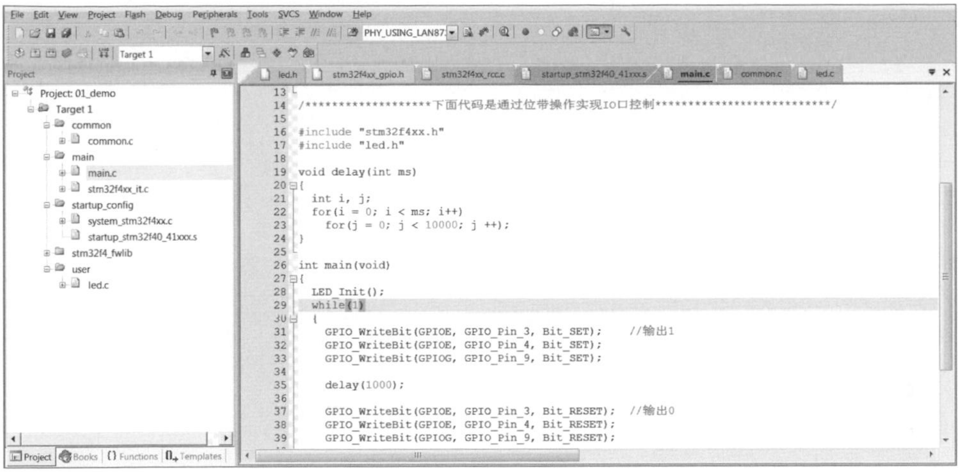

圖 4.18　LED 專案程式

圖 4.18 左邊是專案的程式檔案。

- common：整個專案的公共程式部分，主要實現 delay 函數等。
- main：專案的 main 函數部分，程式啟動後的入口函數。我們從 main.c 檔案開始分析。
- startup_config：組合語言啟動程式部分，我們後續再講解。
- stm32f4_fwlib：STM32F407 的標準外接裝置庫檔案部分。
- user：使用者編寫的程式部分。

## 2. main 函數分析

打開 Chapter4/01_led/Main/main.c 檔案，程式如下：

```
//Chapter4/01_led/Main/main.c

#include "stm32f4xx.h"
#include "led.h"
void delay(int ms)
{
   int i,j;
   for(i = 0;i <ms;i++)
```

```
        for(j = 0;j <10000;j ++);
}
int main(void)
{
    LED_Init();
while(1)
    {
        GPIO_WriteBit(GPIOE,GPIO_Pin_3,Bit_SET);        // 輸出 1
        GPIO_WriteBit(GPIOE,GPIO_Pin_4,Bit_SET);
        GPIO_WriteBit(GPIOG,GPIO_Pin_9,Bit_SET);

        delay(1000);

        GPIO_WriteBit(GPIOE,GPIO_Pin_3,Bit_RESET);      // 輸出 0
        GPIO_WriteBit(GPIOE,GPIO_Pin_4,Bit_RESET);
        GPIO_WriteBit(GPIOG,GPIO_Pin_9,Bit_RESET);

        delay(1000);
    }
}
```

- void delay(int ms) 函數：透過使用兩個 for 循環，實現延遲時間等待。
- int main(void) 函數：程式啟動後的入口函數，呼叫 LED_Init() 函數實現 GPIO 通訊埠的初始化。

接下來進入 while 循環，呼叫 GPIO_WriteBit 使接腳輸出高低電位。

其中，GPIO_WriteBit 是 STM32 標準外接裝置庫裡面的函數，其函數原型如下：

```
void GPIO_WriteBit(GPIO_TypeDef* GPIOx, uint16_t GPIO_Pin, BitAction
BitVal)
```

參數列表：

- GPIO_TypeDef*GPIOx：對應 STM32F407 的 GPIO 通訊埠分組，可填參數有 GPIOA~GPIOG。

- uint16_t GPIO_Pin：具體接腳編號，可填參數有 GPIO_Pin_0 ~ GPIO_Pin_15。
- BitAction BitVal：控制接腳輸出的狀態，可填參數有 Bit_SET 表示輸出高電位，Bit_RESET 表示輸出低電位。

### 3. LED 初始化部分

打開 Chapter4/01_led/USER/led.c 檔案，程式如下：

```
//Chapter4/01_led/USER/led.c

#include "stm32f4xx.h"

void LED_Init(void)
{
    // 庫函數
    GPIO_InitTypeDef  GPIO_InitStructure;

    // 打開 GPIOE、GPIOG 時鐘
    RCC_AHB1PeriphClockCmd(RCC_AHB1Periph_GPIOE|RCC_AHB1Periph_GPIOG,
ENABLE);

    GPIO_InitStructure.GPIO_Pin = GPIO_Pin_3 | GPIO_Pin_4; //LED 0 和 LED 1
    GPIO_InitStructure.GPIO_Mode = GPIO_Mode_OUT;          // 輸出模式
    GPIO_InitStructure.GPIO_OType = GPIO_OType_PP;         // 推拉輸出
    GPIO_InitStructure.GPIO_Speed = GPIO_Speed_100MHz;     //100MHz
    GPIO_InitStructure.GPIO_PuPd = GPIO_PuPd_UP;           // 上拉輸出
    GPIO_Init(GPIOE,&GPIO_InitStructure);                  // 初始化 GPIO

    GPIO_SetBits(GPIOE,GPIO_Pin_3 | GPIO_Pin_4);           // 設定為高電位

    GPIO_InitStructure.GPIO_Pin = GPIO_Pin_9;              //LED 2
    GPIO_Init(GPIOG,&GPIO_InitStructure);

GPIO_SetBits(GPIOG,GPIO_Pin_9);                            // 設定為高電位
}
```

該檔案直接使用 STM32 標準外接裝置庫的函數初始化 GPIO 通訊埠。

GPIO_InitTypeDefGPIO_InitStructure；此敘述定義 GPIO_InitTypeDef 結構的區域變數，用於後面初始化 GPIO 接腳。

RCC_AHB1PeriphClockCmd(RCC_AHB1Periph_GPIOE|RCC_AHB1Periph_GPIOG，ENABLE)；此敘述打開 GPIOE、GPIOG 時鐘。

GPIO_SetBits(GPIOE，GPIO_Pin_3 | GPIO_Pin_4)；此敘述表示使用 STM32 標準外接裝置庫函數，設定 GPIOE 這一組的 3、4 接腳輸出高電位。

## 4.3.5 程式編譯下載

### 1. 編譯

點擊方框所標出的 build 工具按鈕，開始對程式進行編譯，如圖 4.19 所示。

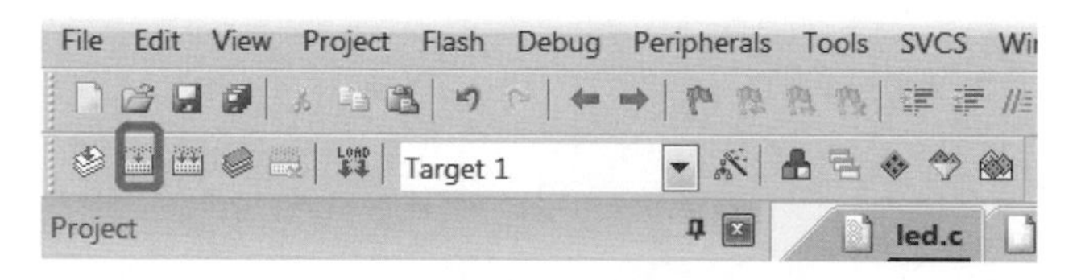


圖 4.19　編譯程式

編譯結束後，可以看到 Build Output 的輸出資訊，如圖 4.20 所示，則表示編譯成功。

Build Output

```
Build target 'Target 1'
compiling led.c...
linking...
Program Size: Code=1096 RO-data=408 RW-data=0 ZI-data=1632
".\Objects\01_demo.axf" - 0 Error(s), 0 Warning(s).
Build Time Elapsed:  00:00:04
```

圖 4.20　編譯成功

## 2. 程式下載

程式下載需要使用 J-Link 工具把開發板和電腦連接起來。之後點擊 Keil MDK 中的 Options for Target 工具按鈕，如圖 4.21 所示。

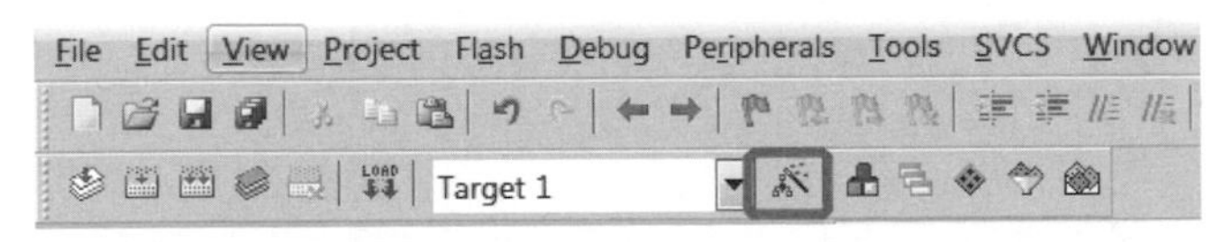


圖 4.21　Options for Target 按鈕

點擊 Debug，在下拉式功能表中選擇 J-LINK/J-TRACE Cortex。之後點擊右邊的 Settings 按鈕，如圖 4.22 所示。

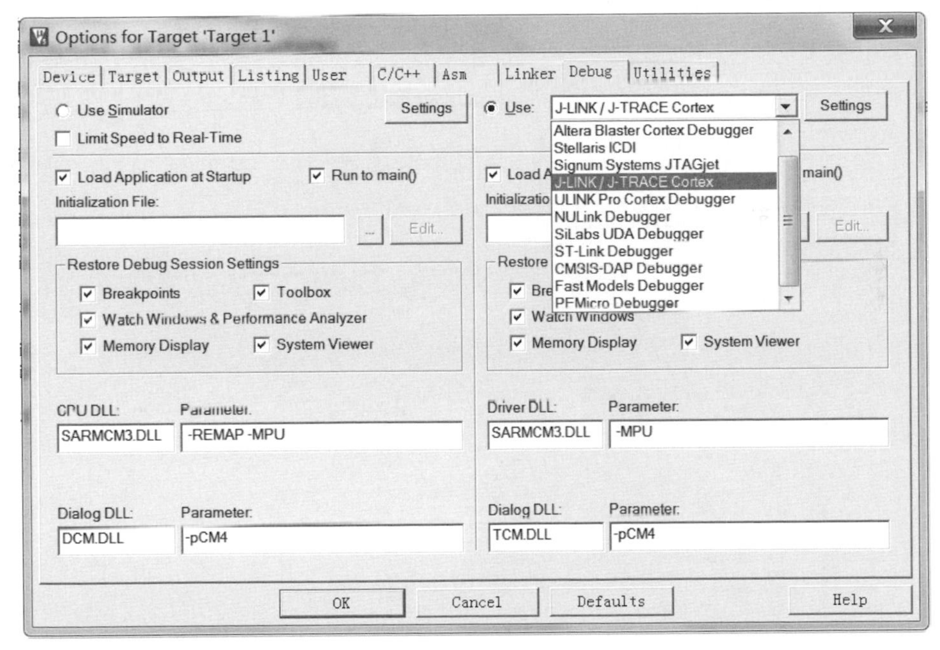


圖 4.22　Debug 介面

在彈出的介面中，選擇 Flash Download，如果 Programming Algorithm 內容是空的，則點擊 Add 按鈕，如圖 4.23 所示。

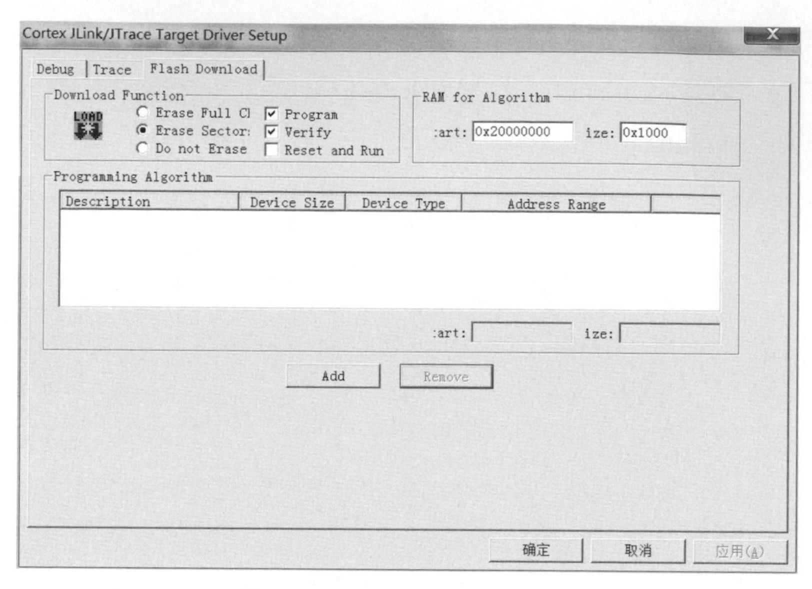


圖 4.23　Flash Download 介面

彈出 Add Flash Programming Algorithm 介面後，如圖 4.24 所示，選擇 STM32F4xx Flash，點擊 Add 按鈕。

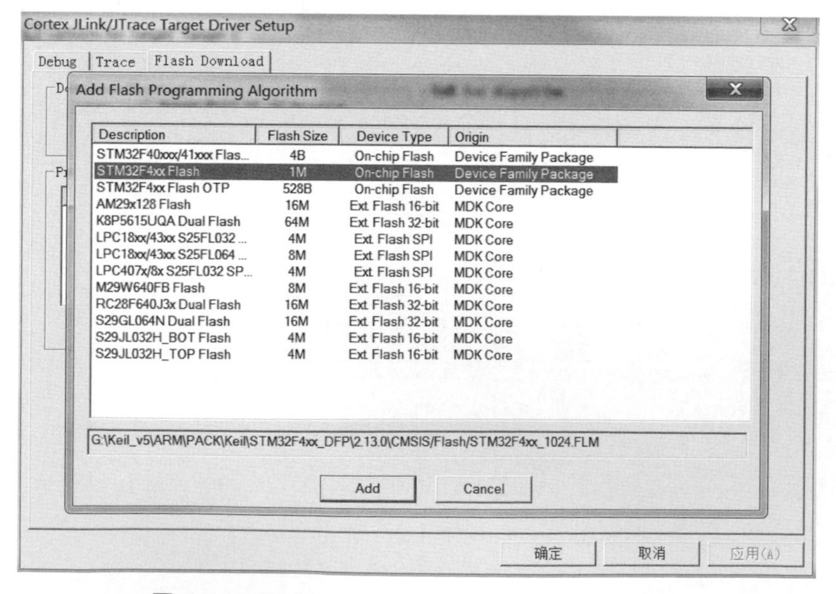


圖 4.24　Add Flash Programming Algorithm 介面

之後會自動回到 Flash Download 介面，如圖 4.25 所示，在 Programming Algorithm 中會顯示一個 STM32F4xx Flash 專案，點擊「確定」按鈕。

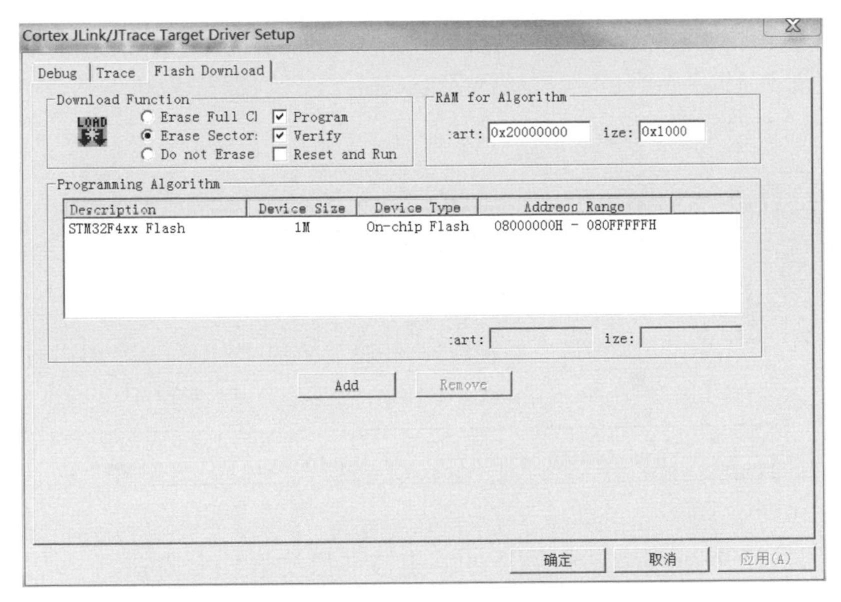


圖 4.25　Flash Download 介面

接下來點擊方框標出的 download 工具按鈕即可下載程式到開發板執行，如圖 4.26 所示。

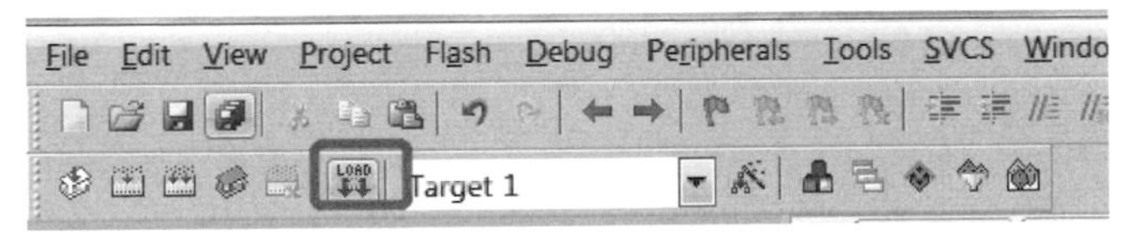


圖 4.26　download 按鈕

## 4.3.6 小結

本節透過使用 LED 的例子，講解了 STM32 的 GPIO 通訊埠操作，同時介紹了 STM32 標準外接裝置庫檔案的使用。讓讀者第一次接觸 STM32 的程式開發和程式下載等操作。

# 4.4 中斷

中斷是指電腦在執行過程中，出現某些意外情況需要電腦處理時，電腦能自動暫停正在執行的程式並轉入處理新情況的程式，處理完畢後又返回原先被暫停的程式繼續執行的功能。

舉一個生活中的例子來說明：小明在廚房做事，流程是燒水→洗菜→切菜→煮飯→煮湯。燒水需要 10min，當小明加完水點火後，需要等 10min 才能燒完水。此時小明為了提高效率，不應該白白地等 10min，於是小明繼續洗菜。洗菜的過程中，水燒開了，燒水壺發出了聲音，小明停止手裡正在洗菜的工作，把燒水的火關了，防止燒乾，然後回來繼續洗菜。

在這個過程中，小明洗菜等於電腦正在處理當前程式。水燒開了等於中斷發生了；小明停止洗菜，去把火關了，等於電腦開始處理新程式。之後小明繼續回來洗菜等於電腦返回原先被暫停的程式繼續執行。

透過這個例子，我們可以知道中斷有 3 個重要的因素：

（1）中斷來源。引發中斷發生的原因，例如水燒開了就是一個中斷來源。

（2）中斷處理函數。當中斷發生時，我們必須為電腦指定該中斷對應的處理函數，否則電腦不知道如何處理這個中斷。例如小明把火關了這個動作就是中斷處理函數。

（3）可返回。中斷處理完後必須返回到原先的程式。

中斷是電腦系統的關鍵技術之一，可以有效提高電腦的效率，滿足即時性的要求。

## 4.4.1 STM32 中斷向量表

STM32 具有非常強大的中斷系統，將中斷分為兩種類型：核心中斷和外部中斷，並將所有中斷編排起來形成一個表，我們稱之為中斷向量表。

需要注意的是，STM32 系列晶片有很多型號，每種型號的中斷向量表都不一樣，讀者需要根據自己的晶片型號到 ST 官網下載對應的晶片手冊查看。本書只列出 STM32F407 系列晶片的中斷向量表，如表 4.1 所示。

其中，-3~6 被標黑的這幾列屬於核心中斷。從 7 開始屬於外部中斷。

核心中斷是不能被打斷的，也不能設定優先順序，它們凌駕於外部中斷之上。常見的核心中斷有：重置 (Rcsct)、不可隱藏中斷 (NMI)、硬體中斷 (HardFault) 等。

外部中斷是我們學習的重點，可設定優先順序。優先順序分為兩種：先佔優先順序和回應優先順序。

### 1. 先佔優先順序 [2]

先佔優先順序高的中斷能打斷先佔優先順序低的中斷，當優先順序高的任務處理完後，再回來繼續處理之前低優先順序的中斷任務。所以當存在多個先佔優先順序不同的任務時，可能會出現先佔優先順序的情況。

### 2. 回應優先順序 [2]

回應優先順序又被稱為次優先順序，若兩個任務的先佔式優先順序一樣，那麼回應優先順序較高的任務則先執行，且在執行的同時不能被下一個回應優先順序更高的任務打斷。

STM32F405xx/07xx 和 STM32F415xx/17xx 具有 82 個可隱藏中斷通道，16 個可程式化優先順序 ( 使用了 4 位元中斷優先順序 )，如表 4.1 所示。

表 4.1 STM32F407 中斷向量表

| 位置 | 優先順序 | 優先順序類型 | 名稱 | 說明 | 位址 |
|---|---|---|---|---|---|
| | - | - | - | 保留 | 0x00000000 |
| | -3 | 固定 | Reset | 重置 | 0x00000004 |

| 位置 | 優先順序 | 優先順序類型 | 名稱 | 說明 | 位址 |
|---|---|---|---|---|---|
| | -2 | 固定 | NMI | 不可隱藏中斷。RCC 時鐘安全系統（CSS）連接到 NMI 向量 | 0x00000008 |
| | -1 | 固定 | HardFault | 所有類型的錯誤 | 0x0000000C |
| | 0 | 可設定 | MemManage | 記憶體管理 | 0x00000010 |
| | 1 | 可設定 | BusFault | 預先存取指失敗，記憶體存取失敗 | 0x00000014 |
| | 2 | 可設定 | UsageFault | 未定義的指令或非法狀態 | 0x00000018 |
| | - | - | - | 保留 | 0x0000001C-0x0000002B |
| | 3 | 可設定 | SVCall | 透過 SWI 指令呼叫的系統服務 | 0x0000002C |
| | 4 | 可設定 | Debug Monitor | 偵錯監控器 | 0x00000030 |
| | - | - | - | 保留 | 0x00000034 |
| | 5 | 可設定 | PendSV | 可暫停的系統服務 | 0x00000038 |
| | 6 | 可設定 | SysTick | 系統滴答計時器 | 0x0000003C |
| 0 | 7 | 可設定 | WWDG | 視窗看門狗中斷 | 0x00000040 |
| 1 | 8 | 可設定 | PVD | 連接到 EXTI 線的可程式化電壓檢測 (PVD) 中斷 | 0x00000044 |
| 2 | 9 | 可設定 | TAMP_STAMP | 連接到 EXTI 線的入侵和時間戳記中斷 | 0x00000048 |
| 3 | 10 | 可設定 | RTC_WKUP | 連接到 EXTI 線的 RTC 喚醒中斷 | 0x0000004C |
| 4 | 11 | 可設定 | FLASHFlash | 全域中斷 | 0x00000050 |
| 5 | 12 | 可設定 | RCCRCC | 全域中斷 | 0x00000054 |

| 位置 | 優先順序 | 優先順序類型 | 名稱 | 說明 | 位址 |
|---|---|---|---|---|---|
| 6 | 13 | 可設定 | EXTI0 | EXTI 線 0 中斷 | 0x00000058 |
| 7 | 14 | 可設定 | EXTI1 | EXTI 線 1 中斷 | 0x0000005C |
| 8 | 15 | 可設定 | EXTI2 | EXTI 線 2 中斷 | 0x00000060 |
| 9 | 16 | 可設定 | EXTI3 | EXTI 線 3 中斷 | 0x00000064 |
| 10 | 17 | 可設定 | EXTI4 | EXTI 線 4 中斷 | 0x00000068 |
| 11 | 18 | 可設定 | DMA1_Stream0 | DMA1 流 0 全域中斷 | 0x0000006C |
| 12 | 19 | 可設定 | DMA1_Stream1 | DMA1 流 1 全域中斷 | 0x00000070 |
| 13 | 20 | 可設定 | DMA1_Stream2 | DMA1 流 2 全域中斷 | 0x00000074 |
| 14 | 21 | 可設定 | DMA1_Stream3 | DMA1 流 3 全域中斷 | 0x00000078 |
| 15 | 22 | 可設定 | DMA1_Stream4 | DMA1 流 4 全域中斷 | 0x0000007C |
| 16 | 23 | 可設定 | DMA1_Stream5 | DMA1 流 5 全域中斷 | 0x00000080 |
| 17 | 24 | 可設定 | DMA1_Stream6 | DMA1 流 6 全域中斷 | 0x00000084 |
| 18 | 25 | 可設定 | ADC | ADC1、ADC2 和 ADC3 全域中斷 | 0x00000088 |
| 19 | 26 | 可設定 | CAN1_TX | CAN1 TX 中斷 | 0x0000008C |
| 20 | 27 | 可設定 | CAN1_RX0 | CAN1 RX0 中斷 | 0x00000090 |
| 21 | 28 | 可設定 | CAN1_RX1 | CAN1 RX1 中斷 | 0x00000094 |
| 22 | 29 | 可設定 | CAN1_SCE | CAN1 SCE 中斷 | 0x00000098 |
| 23 | 30 | 可設定 | EXTI9_ 5 | EXTI 線 [9：5] 中斷 | 0x0000009C |
| 24 | 31 | 可設定 | TIM1_BRK_TIM9 | TIM1 剎車中斷和 TIM9 全域中斷 | 0x000000A0 |
| 25 | 32 | 可設定 | TIM1_UP_TIM10 | TIM1 更新中斷和 TIM10 全域中斷 | 0x000000A4 |

| 位置 | 優先順序 | 優先順序類型 | 名稱 | 說明 | 位址 |
|---|---|---|---|---|---|
| 26 | 33 | 可設定 | TIM1_TRG_COM_TIM11 | TIM1 觸發和換相中斷與 TIM11 全域中斷 | 0x000000A8 |
| 27 | 34 | 可設定 | TIM1_CC | TIM1 捕捉比較中斷 | 0x000000AC |
| 28 | 35 | 可設定 | TIM2 | TIM2 全域中斷 | 0x000000B0 |
| 29 | 36 | 可設定 | TIM3 | TIM3 全域中斷 | 0x000000B4 |
| 30 | 37 | 可設定 | TIM4 | TIM4 全域中斷 | 0x000000B8 |
| 31 | 38 | 可設定 | I2C1_EV | $I^2C1$ 事件中斷 | 0x000000BC |
| 32 | 39 | 可設定 | I2C1_ER | $I^2C1$ 錯誤中斷 | 0x000000C0 |
| 33 | 40 | 可設定 | I2C2_EV | $I^2C2$ 事件中斷 | 0x000000C4 |
| 34 | 41 | 可設定 | I2C2_ER | $I^2C2$ 錯誤中斷 | 0x000000C8 |
| 35 | 42 | 可設定 | SPI1 | SPI1 全域中斷 | 0x000000CC |
| 36 | 43 | 可設定 | SPI2 | SPI2 全域中斷 | 0x000000D0 |
| 37 | 44 | 可設定 | USART1 | USART1 全域中斷 | 0x000000D4 |
| 38 | 45 | 可設定 | USART2 | USART2 全域中斷 | 0x000000D8 |
| 39 | 46 | 可設定 | USART3 | USART3 全域中斷 | 0x000000DC |
| 40 | 47 | 可設定 | EXTI15_ 10E | XTI 線 [15：10] 中斷 | 0x000000E0 |
| 41 | 48 | 可設定 | RTC_Alarm | 連接到 EXTI 線的 RTC 鬧鈴 (A 和 B) 中斷 | 0x000000E4 |
| 42 | 49 | 可設定 | OTG_FS WKUP | 連接到 EXTI 線的 USB On The Go FS 喚醒中斷 | 0x000000E8 |
| 43 | 50 | 可設定 | TIM8_BRK_TIM12 | TIM8 剎車中斷和 TIM12 全域中斷 | 0x000000EC |
| 44 | 51 | 可設定 | TIM8_UP_TIM13 | TIM8 更新中斷和 TIM13 全域中斷 | 0x000000F0 |

| 位置 | 優先順序 | 優先順序類型 | 名稱 | 說明 | 位址 |
|---|---|---|---|---|---|
| 45 | 52 | 可設定 | TIM8_TRG_COM_TIM14 | TIM8 觸發和換相中斷與 TIM14 全域中斷 | 0x000000F4 |
| 46 | 53 | 可設定 | TIM8_CC | TIM8 捕捉比較中斷 | 0x000000F8 |
| 47 | 54 | 可設定 | DMA1_Stream7 | DMA1 流 7 全域中斷 | 0x000000FC |
| 48 | 55 | 可設定 | FSMC | FSMC 全域中斷 | 0x00000100 |
| 49 | 56 | 可設定 | SDIO | SDIO 全域中斷 | 0x00000104 |
| 50 | 57 | 可設定 | TIM5 | TIM5 全域中斷 | 0x00000108 |
| 51 | 58 | 可設定 | SPI3 | SPI3 全域中斷 | 0x0000010C |
| 52 | 59 | 可設定 | UART4 | UART4 全域中斷 | 0x00000110 |
| 53 | 60 | 可設定 | UART5 | UART5 全域中斷 | 0x00000114 |
| 54 | 61 | 可設定 | TIM6_DAC | TIM6 全域中斷，DAC1 和 DAC2 下溢錯誤中斷 | 0x00000118 |
| 55 | 62 | 可設定 | TIM7 | TIM7 全域中斷 | 0x0000011C |
| 56 | 63 | 可設定 | DMA2_Stream0 | DMA2 流 0 全域中斷 | 0x00000120 |
| 57 | 64 | 可設定 | DMA2_Stream1 | DMA2 流 1 全域中斷 | 0x00000124 |
| 58 | 65 | 可設定 | DMA2_Stream2 | DMA2 流 2 全域中斷 | 0x00000128 |
| 59 | 66 | 可設定 | DMA2_Stream3 | DMA2 流 3 全域中斷 | 0x0000012C |
| 60 | 67 | 可設定 | DMA2_Stream4 | DMA2 流 4 全域中斷 | 0x00000130 |
| 61 | 68 | 可設定 | ETH | 乙太網全域中斷 | 0x00000134 |
| 62 | 69 | 可設定 | ETH_WKUP | 連接到 EXTI 線的乙太網喚醒中斷 | 0x00000138 |
| 63 | 70 | 可設定 | CAN2_TX | CAN2 TX 中斷 | 0x0000013C |
| 64 | 71 | 可設定 | CAN2_RX0 | CAN2 RX0 中斷 | 0x00000140 |
| 65 | 72 | 可設定 | CAN2_RX1 | CAN2 RX1 中斷 | 0x00000144 |

| 位置 | 優先順序 | 優先順序類型 | 名稱 | 說明 | 位址 |
|---|---|---|---|---|---|
| 66 | 73 | 可設定 | CAN2_SCE | CAN2 SCE 中斷 | Ox00000148 |
| 67 | 74 | 可設定 | OTG_FS | USB On The Go FS 全域中斷 | 0x0000014C |
| 68 | 75 | 可設定 | DMA2_Stream5 | DMA2 流 5 全域中斷 | 0x00000150 |
| 69 | 76 | 可設定 | DMA2_Stream6 | DMA2 流 6 全域中斷 | 0x00000154 |
| 70 | 77 | 可設定 | DMA2_Stream7 | DMA2 流 7 全域中斷 | 0x00000158 |
| 71 | 78 | 可設定 | USART6 | USART6 全域中斷 | 0x0000015C |
| 72 | 79 | 可設定 | I2C3_EV | $I^2C3$ 事件中斷 | 0x00000160 |
| 73 | 80 | 可設定 | I2C3_ER | $I^2C3$ 錯誤中斷 | 0x00000164 |
| 74 | 81 | 可設定 | OTG_HS_EP1_OUT | USB On The Go HS 端點 1 輸出全域中斷 | 0x00000168 |
| 75 | 82 | 可設定 | OTG_HS_EP1_IN | USB On The Go HS 端點 1 輸入全域中斷 | 0x0000016C |
| 76 | 83 | 可設定 | OTG_HS_WKUP | 連接到 EXTI 線的 USB On The Go HS 喚醒中斷 | 0x00000170 |
| 77 | 84 | 可設定 | OTG_HS | USB On The Go HS 全域中斷 | 0x00000174 |
| 78 | 85 | 可設定 | DCM | DCMI 全域中斷 | 0x00000178 |
| 79 | 86 | 可設定 | CRYP | CRYP 加密全域中斷 | 0x0000017C |
| 80 | 87 | 可設定 | HASH_RNG | 雜湊和隨機數發生器全域中斷 | 0x00000180 |
| 81 | 88 | 可設定 | FPU | FPU 全域中斷 | 0x00000184 |

## 4.4.2 中斷控制器

由於 STM32 的中斷系統比較複雜，所以核心中有一個專門管理中斷的控制器：NVIC。

STM32 標準函數庫提供了一套透過 NVIC 來控制中斷的 API。我們首先來看一看 NVIC_Init() 函數，這套函數首先要定義並填充一個結構：NVIC_InitTypeDef, 該結構的定義如下：

- NVIC_IRQChannel：需要設定的中斷向量。
- NVIC_IRQChannelCmd：啟動或關閉對應中斷向量的中斷回應。
- NVIC_IRQChannelPreemptionPriority：設定對應中斷向量的先佔優先順序。
- NVIC_IRQChannelSubPriority：設定對應中斷的回應優先順序。

不過要注意的一點是，NVIC 只可以設定 16 種中斷向量的優先順序，其先佔優先順序和響應優先順序都用一個 4 位的數字來決定。在庫函數中，將其分為 5 種不同的分配方式。

第 0 組：所有的 4 位都可表示回應優先順序，能夠設定 16 種不同的回應優先順序。中斷優先順序則都相同。

第 1 組：最高一位用來設定先佔優先順序，剩餘三位用來表示回應優先順序。那麼就有兩種不同的先佔優先順序 (0 和 1) 和 8 種不同的回應優先順序 (0~7)。

第 2 組：高兩位用來設定先佔優先順序，低兩位用來設定回應優先順序。那麼兩種優先順序就各有 4 種。

第 3 組：高三位用來設定先佔優先順序，低一位用來設定回應優先順序。有 8 種先佔優先順序和 2 種對應優先順序。

第 4 組：所有位都用來設定先佔優先順序，即有 16 種先佔優先順序，沒有回應屬性。

這 5 種不同的分配方式，根據專案的實際需求來設定。

設定的 API 如下：

```
NVIC_PriorityGroupConfig();
```

其中括號內可以輸入以下任一參數，代表不同的分配方式：

```
NVIC_PriorityGroup_0
NVIC_PriorityGroup_1
NVIC_PriorityGroup_2
NVIC_PriorityGroup_3
NVIC_PriorityGroup_4
```

### 4.4.3 小結

本節主要說明中斷的作用，以及 STM32F407 的中斷向量表、優先順序、中斷控制器，並簡單講解了 STM32 標準函數庫中與中斷控制器相關的 API 說明。下一節將透過一個實例讓讀者加深中斷的瞭解，並學會使用中斷。需要強調的是，中斷是電腦、嵌入式最重要的概念之一，本書後面的章節都會涉及中斷，希望讀者能認真瞭解中斷這一概念。

## 4.5 EXTI 外部中斷

STM32 的所有 GPIO 都引入了 EXTI 的外部中斷線上，也就是說，所有的 I/O 介面經過設定後都能夠觸發中斷。GPIO 和 EXTI 的連接方式如圖 4.27 所示。

從圖 4.27 可以看出，一共有 16 個中斷線：EXTI0 到 EXTI15。

每個中斷線都對應了從 PAx 到 PHx 一共 7 個 GPIO。也就是說，在同一時刻每個中斷線只能對應一個 GPIO 通訊埠的中斷，不能夠同時對應所有通訊埠的中斷事件，但是可以分時重複使用。

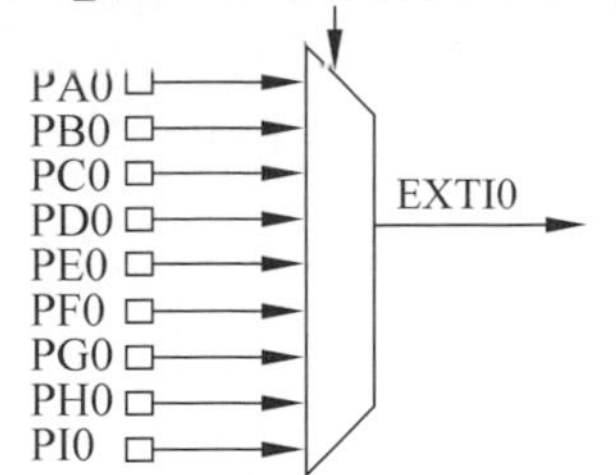


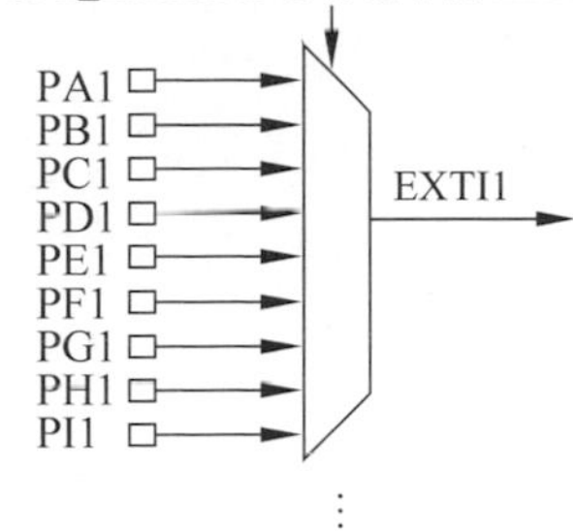


⋮

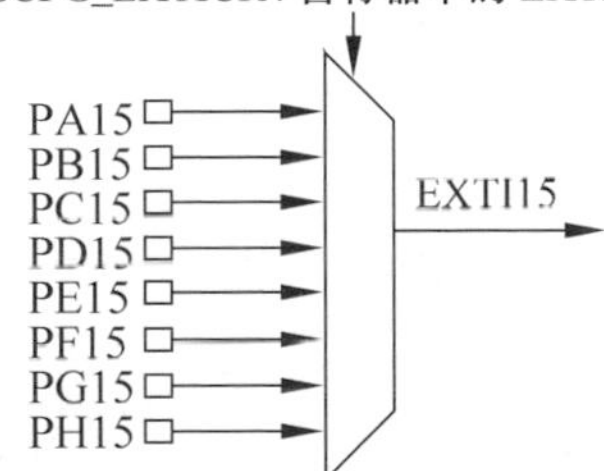


圖 4.27 GPIO 和 EXTI 連接方式 [2]

在 EXTI 中，有三種觸發中斷的方式。

（1）上昇緣觸發。當 GPIO 通訊埠的輸入電壓由低電位變成高電位的瞬間。

（2）下降緣觸發。當 GPIO 通訊埠的輸入電壓由高電位變成低電位的瞬間。

（3）雙邊沿觸發。即 GPIO 通訊埠的輸入電壓由高電位變成低電位或由低電位變成高電位時都會觸發中斷。

根據不同的電路，我們選擇不同的觸發方式，以確保中斷能夠被正常觸發。

## 4.5.1 按鍵功能分析

4.3 小節已經講了如何操作點亮和熄滅 LED。本節將實現以下功能：

（1）按下 KEY0 時，LED0 燈亮。
（2）按下 KEY1 時，LED1 燈亮。
（3）按下 KEY2 時，LED0 燈滅。
（4）按下 KEY3 時，LED1 燈滅。

為了實現這個功能，根據之前講的中斷原理，可以設定中斷來源為 GPIO 中斷，觸發方式為下降緣觸發。中斷處理函數對 LED0、LED1 操作，實現亮滅功能。按鍵的原理圖如圖 4.28 所示。

| | | |
|---|---|---|
| 18 | PF6 | KEY3 |
| 19 | PF7 | KEY2 |
| 20 | PF8 | KEY1 |
| 21 | PF9 | KEY0 |

圖 4.28　按鍵原理圖

KEY0、KEY1、KEY2、KEY3 對應的 GPIO 通訊埠分別為 GPIOF_9、GPIOF_8、GPIOF_7、GPIOF_6。根據圖 4.28，我們可以得知，我們對應的外部中斷分別為 EXTI9、EXTI8、EXTI7、EXTI6。

綜上所述，我們編寫程式可以按以下流程。

（1）設定 GPIOF_9、GPIOF_8、GPIOF_7、GPIOF_6 為輸入接腳。
（2）將 GPIOF_9、GPIOF_8、GPIOF_7、GPIOF_6 和 EXTI9、EXTI8、EXTI7、EXTI6 進行連接，使其 I/O 接腳做中斷接腳功能。
（3）設定 EXTI9、EXTI8、EXTI7、EXTI6 的中斷優先順序。
（4）編寫中斷處理函數，實現 LED 亮滅操作。

## 4.5.2 程式分析

打開 Chapter4\02_gpio_exti\mdk\02_gpio_exti.uvprojx 專案檔案，如圖 4.29 所示。

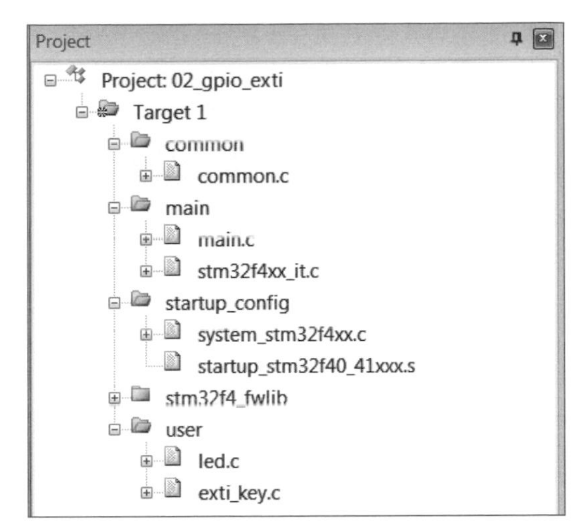


圖 4.29　02_gpio_exti.uvprojx 專案

其中，main.c 是整個程式的入口，程式如下：

```
//Chapter4/02_gpio_exti/Main/main.c

#include "stm32f4xx.h"
#include "led.h"
#include "exti_kcy.h"

void delay(int ms)
{
   int i,j;
   for(i = 0;i<ms;i++)
            for(j = 0;j<10000;j ++);
}
int main(void)
{
```

```
    //1. LED I/O 介面初始化
    LED_Init();

    //2. 按鍵 IO 初始化
    KEY_IO_Init();
    //3. 將按鍵 I/O 設定為 EXTI 外部中斷接腳
    KEY_EXTI_Config();
    //4. 設定中斷優先順序
    KEY_NVIC_Config();

    while(1)
    {
    }
}
```

main 函數透過呼叫 KEY_IO_Init()、KEY_EXTI_Config()、KEY_NVIC_Config() 三個函數去實現按鍵接腳相關的初始化。它們的原始程式部分在 exti_key.c 檔案。程式如下：

```
/Chapter4/02_gpio_exti/USER/exti_key.c

#include "stm32f4xx.h"

// 按鍵 I/O 通訊埠初始化函數，設定為輸入模式
void KEY_IO_Init(void)
{
    GPIO_InitTypeDef GPIO_InitStructure;
    // 打開 GPIOF 系統時鐘
    RCC_AHB1PeriphClockCmd(RCC_AHB1Periph_GPIOF,ENABLE);

    //KEY0 KEY1 KEY2 KEY3 對應的接腳
    GPIO_InitStructure.GPIO_Pin = GPIO_Pin_6|GPIO_Pin_7|GPIO_Pin_8|GPIO_
    Pin_9;
    GPIO_InitStructure.GPIO_Mode = GPIO_Mode_IN;         // 普通輸入模式
    GPIO_InitStructure.GPIO_Speed = GPIO_Speed_100MHz;   //100MHz
    GPIO_InitStructure.GPIO_PuPd = GPIO_PuPd_UP;         // 上拉
```

```
    GPIO_Init(GPIOF,&GPIO_InitStructure);                    // 初始化
}

// 設定按鍵對應的接腳為外部中斷接腳函數
void KEY_EXTI_Config(void)
{
    EXTI_InitTypeDef EXTI_InitStructure;

    // 如果使用外部中斷，就需要啟動 RCC_APB2Periph_SYSCFG 系統時鐘
    RCC_APB2PeriphClockCmd(RCC_APB2Periph_SYSCFG,ENABLE);

    // 設定 GPIOF Pin6 為外部中斷接腳
    SYSCFG_EXTILineConfig(EXTI_PortSourceGPIOF,EXTI_PinSource6);
    // 外部中斷來源為 6 號中斷線
    EXTI_InitStructure.EXTI_Line = EXTI_Line6;
    // 選擇產生中斷
    EXTI_InitStructure.EXTI_Mode = EXTI_Mode_Interrupt;
    // 中斷觸發方式為下降緣
    EXTI_InitStructure.EXTI_Trigger = EXTI_Trigger_Falling;
    // 啟動中斷
    EXTI_InitStructure.EXTI_LineCmd = ENABLE;
    // 初始化，使上面的設定生效
    EXTI_Init(&EXTI_InitStructure);

    // 下面對 pin7、pin8、pin9 做相同的操作
    SYSCFG_EXTILineConfig(EXTI_PortSourceGPIOF,EXTI_PinSource7);

    EXTI_InitStructure.EXTI_Line = EXTI_Line7;
    EXTI_InitStructure.EXTI_Mode = EXTI_Mode_Interrupt;
    EXTI_InitStructure.EXTI_Trigger = EXTI_Trigger_Falling;
    EXTI_InitStructure.EXTI_LineCmd = ENABLE;
    EXTI_Init(&EXTI_InitStructure);

    SYSCFG_EXTILineConfig(EXTI_PortSourceGPIOF,EXTI_PinSource8);

    EXTI_InitStructure.EXTI_Line = EXTI_Line8;
```

```
    EXTI_InitStructure.EXTI_Mode = EXTI_Mode_Interrupt;
    EXTI_InitStructure.EXTI_Trigger = EXTI_Trigger_Falling;
    EXTI_InitStructure.EXTI_LineCmd = ENABLE;
    EXTI_Init(&EXTI_InitStructure);

    SYSCFG_EXTILineConfig(EXTI_PortSourceGPIOF,EXTI_PinSource9);

    EXTI_InitStructure.EXTI_Line = EXTI_Line9;
    EXTI_InitStructure.EXTI_Mode = EXTI_Mode_Interrupt;
    EXTI_InitStructure.EXTI_Trigger = EXTI_Trigger_Falling;
    EXTI_InitStructure.EXTI_LineCmd = ENABLE;
    EXTI_Init(&EXTI_InitStructure);
}

//設定按鍵接腳中斷的優先順序，並啟動中斷
void KEY_NVIC_Config(void)
{
    NVIC_InitTypeDef NVIC_InitStructure;

    //中斷向量表為 EXTI9_5_IRQn
    NVIC_InitStructure.NVIC_IRQChannel = EXTI9_5_IRQn;
    //先佔優先順序為 0
    NVIC_InitStructure.NVIC_IRQChannelPreemptionPriority = 0;
    //回應優先順序為 0
    NVIC_InitStructure.NVIC_IRQChannelSubPriority = 0;
    //中斷啟動
    NVIC_InitStructure.NVIC_IRQChannelCmd = ENABLE;
    //初始化，使設定生效
    NVIC_Init(&NVIC_InitStructure);
}
```

程式中比較重要的部分是 NVIC_InitStructure.NVIC_IRQChannel = EXTI9_5_IRQn。 在 STM32 中，EXTI5、EXTI6、EXTI7、EXTI8、EXTI9 這幾個中斷都連接到同一個中斷來源中。這幾個中斷共用一個中斷處理函數，我們需要在中斷處理函數中判斷具體哪個中斷是 EXTI 中斷。

STM32 的中斷向量表在 startup_stm32f40_41xxx.s 檔案 69 行處，程式如下：

```
//Chapter4\02_gpio_exti\Startup_config\startup_stm32f40_41xxx.s

__Vectors DCD     __initial_sp  ;Top of Stack
          DCD     Reset_Handler           ;Reset Handler
          DCD     NMI_Handler             ;NMI Handler
          DCD     HardFault_Handler       ;Hard Fault Handler
          DCD     MemManage_Handler       ;MPU Fault Handler
          DCD     BusFault_Handler        ;Bus Fault Handler
          DCD     UsageFault Handler      ;Usage Fault Handler
          DCD     0                       ;Reserved
          DCD     0                       ;Reserved
          DCD     0                       ;Reserved
          DCD     0                       ;Reserved
          DCD     SVC_Handler             ;SVCall Handler
          DCD     DebugMon_Handler        ;Debug Monitor Handler
          DCD     0                       ;Reserved
          DCD     PendSV_Handler          ;PendSV Handler
          DCD     SysTick_Handler         ;SysTick Handler

          ;External Interrupts
          DCD     WWDG_IRQHandler         ;Window WatchDog
          DCD     PVD_IRQHandler          ;PVD through EXTI Line detection
          DCD     TAMP_STAMP_IRQHandler ;Tamper and TimeStamps through
                                        the EXTI line
          DCD     RTC_WKUP_IRQHandler     ;RTC Wakeup through the EXTI line
          DCD     FLASH_IRQHandler        ;FLASH
          DCD     RCC_IRQHandler          ;RCC
          DCD     EXTI0_IRQHandler        ;EXTI Line0
          DCD     EXTI1_IRQHandler        ;EXTI Line1
          DCD     EXTI2_IRQHandler        ;EXTI Line2
```

往下 110 行左右可以看到 EXTI9_5 的中斷處理函數，程式如下：

```
          DCD     EXTI9_5_IRQHandler      ;External Line[9:5]s
```

同樣地，讀者後續需要使用到哪種中斷，都可以透過 startup_stm32f40_41xxx.s 檔案的中斷向量表找到中斷處理函數名稱。

上面我們設定好 EXTI9_5 中斷來源，並啟動中斷，接下來需要在 EXTI9_5_IRQHandler 函數中實現對 LED 的操作。

EXTI9_5_IRQHandler 函數原型在 exti_key.c 檔案 80 行處，程式如下：

```
//Chapter4/02_gpio_exti/USER/exti_key.c 80 行

// 中斷處理函數
void EXTI9_5_IRQHandler(void)
{
   // 判斷是否屬於 EXTI6 中斷
   if(EXTI_GetITStatus(EXTI_Line6) != RESET)
   {
     //LED0 亮
     GPIO_WriteBit(GPIOE,GPIO_Pin_3,Bit_RESET);

     // 清除 EXTI_Line6 中斷標示
     EXTI_ClearITPendingBit(EXTI_Line6);
}

// 判斷是否屬於 EXTI7 中斷
if(EXTI_GetITStatus(EXTI_Line7) != RESET)
{
   //LED1 亮
   GPIO_WriteBit(GPIOE,GPIO_Pin_4,Bit_RESET);

   // 清除 EXTI_Line7 中斷標示
   EXTI_ClearITPendingBit(EXTI_Line7);
}

// 判斷是否屬於 EXTI8 中斷
if(EXTI_GetITStatus(EXTI_Line8) != RESET)
{
```

```
        //LED0 滅
        GPIO_WriteBit(GPIOE,GPIO_Pin_3,Bit_SET);

        // 清除 EXTI_Line8 中斷標示
        EXTI_ClearITPendingBit(EXTI_Line8);
    }

    // 判斷是否屬於 EXTI9 中斷
    if(EXTI_GetITStatus(EXTI_Line9) != RESET)
    {
        //LED1 滅
        GPIO_WriteBit(GPIOE,GPIO_Pin_4,Bit_SET);

        // 清除 EXTI_Line9 中斷標示
        EXTI_ClearITPendingBit(EXTI_Line9);
    }
}
```

其中有兩個比較重要的函數。

### 1. 判斷中斷來源函數

```
ITStatus EXTI_GetITStatus(uint32_t EXTI_Line)
```

作用：判斷是不是 EXTI_Line 中斷觸發。

返回值：RESET 表示不是 EXTI_Line 中斷觸發；SET 表示是 EXTI_Line 中斷觸發。

參數：EXTI_Line。外部中斷號，設定值從 EXTI_Line0~EXTI_Line22。

### 2. 清除中斷來源標示函數

```
void EXTI_ClearITPendingBit(uint32_t EXTI_Line)
```

> **注意事項**
>
> 中斷發生並進入中斷處理函數，處理完後，需要把對應的中斷標示位元歸零，否則該中斷會一直發生並一直產生該中斷，導致系統一直重複處理中斷。這一點非常重要，後面讀者在處理其中的中斷的時候，最後一定要清除中斷標示位元。

### 4.5.3 小結

本節主要講解如何使用 EXTI 外部中斷，並初步從原始程式上分析了 STM32 中斷向量表。同時還實現了 EXTI 中斷處理函數，其中比較重要的是中斷清除標示位元的操作。本節內容雖然不多，但可以透過本節學會如何使用中斷，為後續的章節打下基礎。本節有兩個重要的基礎知識：

（1）中斷處理函數最後一點要清除中斷標示位元。

（2）中斷處理函數的處理時間一定要短，速度要夠快，避免長時間處於中斷狀態中。

## 4.6 計時器

計時器的本質就是一個加 1 計數器。它隨著計數器的輸入脈衝進行自加 1，當計數器加到各位全為 1 時，或加到一個事先預設好的數值時，再輸入一個脈衝就會使計數器歸零，且計數器的溢位使響應的中斷標示位置 1，向 CPU 發出插斷要求。

計時器通常用於事先某些需要延遲操作的任務，例如幾秒後 LED 亮。另外還可以用於 PWM 輸出、輸入捕捉等。本書在此列出幾種常見的用法，讀者可以自己舉一反三。

（1）定時功能。實現精確的定時功能，也可以實現 delay 函數精確延遲時間。

（2）PWM 輸出。在計時器中斷處理函數中控制 GPIO 接腳的輸出電位，從而實現輸出一個 PWM 波形。適用於馬達控制、電流控制等。

（3）輸入捕捉。對於某些作為輸入的接腳，可以使用計時器中斷精確地獲取波形的變化時間間隔。適用於一些感測器、紅外遙控器波形檢測等。

### 4.6.1 STM32 計時器

STM32 擁有 14 個計時器，分為進階控制計時器 (TIM1 和 TIM8)、32 位元通用計時器 (TIM2 和 TIM5)、16 位元通用計時器 (TIM3、TIM4、TIM9~TIM14)、基本計時器 (TIM6、TIM7)。

這些計時器都有以下幾個重要的暫存器。

（1）計數器當前值暫存器 (TIMx_CNT)，存放計數器的當前值。

（2）遞增、遞減、遞增 / 遞減自動多載計數器 (TIMx_ARR)，當計數等於自動多載計數器的數值時，再輸入一個脈衝就會使計數器歸零，並向 STM32 發出插斷要求。

（3）預分頻暫存器 (TIMx_PSC)，對計時器的輸入脈衝做預分頻。

計時器中斷時間的計算公式 (4-1)：

$$T_{\text{out}} = ((\text{TIM}x\_\text{ARR}+1) \times (\text{TIM}x\_\text{PSC}+1))/T_{\text{clk}} \tag{4-1}$$

其中，$T_{\text{out}}$ 是計時器中斷時間，單位是 s。$T_{\text{clk}}$ 是計時器的輸入脈衝頻率，也叫作計時器時鐘來源。在 STM32F407 中，TIM1~TIM14 的時鐘來源如下。

（1）進階計時器 TIM1、TIM8 及通用計時器 TIM9、TIM10、TIM11 的時鐘來源是 APB2 匯流排。

（2）通用計時器 TIM2~TIM5，通用計時器 TIM12~TIM14 及基本計時器 TIM6、TIM7 的時鐘來源是 APB1 匯流排。

因為系統初始化 SystemInit 函數裡初始化 APB1 匯流排時鐘為 4 分頻即 42MHz，APB2 匯流排時鐘為 2 分頻即 84MHz，所以可以得到以下資料：

（1）TIM1、TIM8~TIM11 的時鐘為 APB2 時鐘的兩倍即 168MHz。

（2）TIM2~TIM7、TIM12~TIM14 的時鐘為 APB1 的時鐘的兩倍即 84MHz。

有了以上資料，計算計時器的中斷時間就比較簡單了。例如設定 TIM2 的 TIMx_ARR 等於 8399，設定 TIMx_ARR 等於 4999，而 TIM2 的時鐘是 84MHz。代入公式（4-1）得到：

$$T_{out} = ((4999+1)\times(8399+1))/84000000 = 0.5s$$

所以 TIM2 每隔 0.5s 中斷一次。

## 4.6.2 程式分析

打開 Chapter4\03_timer\mdk\TIMER.uvprojx 專案檔案，如圖 4.30 所示。

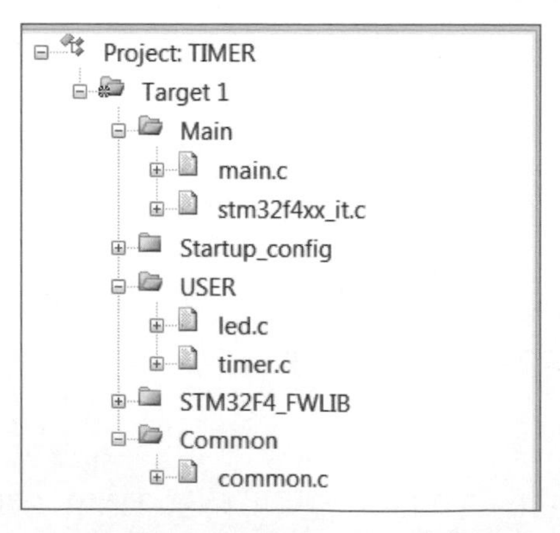


圖 4.30　TIMER.uvprojx 專案

打開 main.c 檔案，程式如下：

```
//Chapter4\03_timer\Main\main.c

#include "led.h"
#include "timer.h"

int main(void)
{
   // 設定中斷優先順序分組 2
   NVIC_PriorityGroupConfig(NVIC_PriorityGroup_2);
   delay_init();      // 初始化延遲時間函數
   LED_Init();        // 初始化 LED I/O 介面

   // 計時器 2 時鐘為 84MHz，分頻係數為 8399，重裝暫存器數值為 4999
   // 計算可得知計時器 2 的中斷時間是 0.5s
   TIM2_Init(4999,8399);

   while(1)
   {
     delay_ms(300);
   }
}
```

打開 timer.c 檔案，主要是計時器的初始化和計時器中斷處理函數部分，程式如下：

```
/Chapter4\03_timer\USER\TIMER\timer.c

#include "timer.h"
#include "led.h"
#include "beep.h"

/*******************************************************************************
* 名稱 :TIM2_Init(u16 auto_data,u16 fractional)
* 引用參數：auto_data: 自動重裝值
```

```
*          fractional:時鐘分頻係數
*返回參數:無
*說明:計時器溢位時間計算方法:Tout=((auto_data+1)*(fractional+1))/Ft(us)
 Ft為計時器時鐘
*********************************************************************/
void TIM2_Init(u16 auto_data,u16 fractional)
{
   TIM_TimeBaseInitTypeDef TIM_TimeBaseInitStructure;
   NVIC_InitTypeDef NVIC_InitStructure;

   //啟動TIM2時鐘
   RCC_APB1PeriphClockCmd(RCC_APB1Periph_TIM2,ENABLE);

   //自動重裝值
   TIM_TimeBaseInitStructure.TIM_Period = auto_data;
   //計時器分頻
   TIM_TimeBaseInitStructure.TIM_Prescaler=fractional;
   //向上計數
   TIM_TimeBaseInitStructure.TIM_CounterMode=TIM_CounterMode_Up;
   TIM_TimeBaseInitStructure.TIM_ClockDivision=TIM_CKD_DIV1;

   //初始化TIM2
   TIM_TimeBaseInit(TIM2,&TIM_TimeBaseInitStructure);

   //允許TIM2更新中斷
   TIM_ITConfig(TIM2,TIM_IT_Update,ENABLE);
   //啟動計時器
   TIM_Cmd(TIM2,ENABLE);

   //TIM2中斷
   NVIC_InitStructure.NVIC_IRQChannel=TIM2_IRQn;
   //先佔優先順序1
   NVIC_InitStructure.NVIC_IRQChannelPreemptionPriority=0x01;
   //回應優先順序3
   NVIC_InitStructure.NVIC_IRQChannelSubPriority=0x03;
   //啟動中斷
```

```
    NVIC_InitStructure.NVIC_IRQChannelCmd=ENABLE;
    // 初始化
    NVIC_Init(&NVIC_InitStructure);
}
```

TIM2 中斷處理函數在 timer.c 檔案的 43 行處，程式如下：

```
//Chapter4\03_timer\USER\TIMER\timer.c    43 行

// 定義變數
int flg=0;

//TIM2 中斷處理函數
void TIM2_IRQHandler(void)
{
    // 判斷是否溢位中斷，這個判斷是必需的
    if(TIM_GetITStatus(TIM2,TIM_IT_Update)==SET)
    {
        // 判斷 flg 是否等於 0
        if(flg == 0)
        {
                //LED0 亮
                GPIO_WriteBit(GPIOE,GPIO_Pin_3,Bit_RESET);
                //flg 置為 1，這樣下次就不會執行 if 了，下一次執行 else
                flg=1;
        }else{
                //LED0 滅
                GPIO_WriteBit(GPIOE,GPIO_Pin_3,Bit_SET);
                //flg 置為 0，這樣下次就不會執行 else，而是執行 if
                flg=0;
        }
    }
    // 清楚 TIM2 中斷標示位元，正如之前所說，中斷處理完後要清除對應的中斷標示
      位元
    TIM_ClearITPendingBit(TIM2,TIM_IT_Update);
}
```

整體程式就是這 3 部分，實現了 LED0 每隔 0.5s 亮滅的功能。讀者可以編譯並下載到開發板進行測試。

### 4.6.3 SysTick 計時器

SysTick 計時器被綁定在 NVIC 中，用於產生 SysTick 異常 ( 異常號：15)。它可以節省 MCU 資源，不需要浪費一個計時器，只要不清除 SysTick 啟動位元，就不會停止，即使在睡眠模式下也能工作。綁定在 NVIC 中斷優先順序管理，能產生 SysTick 異常 ( 中斷 )，可設定中斷優先順序。

通常我們都是用 SysTick 定時來做精確的延遲時間功能。例如 Chapter4\03_timer\Main\main.c 檔案中的第 10 行所呼叫的 delay_init()，事實上就是初始化 SysTick 計時器。打開 Chapter4\03_timer\Common\common.c 檔案，程式如下：

```
//Chapter4\03_timer\Common\common.c

#include "common.h"

// 利用 SysTick 計時器編寫的延遲時間函數

static u8  fac_us=0;//us 延遲時間倍乘數 1
static u16 fac_ms=0;//ms 延遲時間倍乘數

//delay 初始化函數
void delay_init()
{
   // 設定為 8 分頻，也就是 72/8 = 9MHz
   SysTick_CLKSourceConfig(SysTick_CLKSource_HCLK_Div8);
```

1 程式中的 us 為 μs，由於程式中無法輸入 μ，故用 u 代替。

```
    //SYSCLK 在 common.h 檔案中被定義為 164
    // 為系統時鐘的 1/8，實際上也就是在計算 1us SysTick 的 VAL 減的數目
    fac_us=SYSCLK/8;
    // 代表每個 ms 需要的 SysTick 時鐘數，即每毫秒 SysTick 的 VAL 減的數目
    fac_ms=(u16)fac_us*1000;
}

//us 等級的延遲時間函數，參數 nus 表示要延遲時間多少微秒
void delay_us(u32 nus)
{
    u32 midtime;
    SysTick->LOAD=nus*fac_us;                       // 時間載入
    SysTick->VAL=0x00;                              // 清空計數器
    SysTick->CTRL|=SysTick_CTRL_ENABLE_Msk ;        // 開始倒數計時
    do
    {
      midtime=SysTick->CTRL;
    }
    while((midtime&0x01)&&!(midtime&(1<<16)));     // 等待時間到
    SysTick->CTRL&=~SysTick_CTRL_ENABLE_Msk;        // 關閉計時器
    SysTick->VAL =0X00;                             // 清空計數器
}

//ms 等級的延遲時間函數，參數 nus 表示要延遲時間多少毫秒，最大不能超過 798ms
// 通常不呼叫這個函數，而是呼叫 delay_ms
void delay_xms(u16 nms)
{
    u32 midtime;
    SysTick->LOAD=(u32)nms*fac_ms;                  // 時間載入
    SysTick->VAL =0x00;                             // 清空計數器
    SysTick->CTRL|=SysTick_CTRL_ENABLE_Msk ;        // 開始倒數計時
    do
    {
      midtime=SysTick->CTRL;
    }
    while((midtime&0x01)&&!(midtime&(1<<16)));     // 等待時間到
```

```
    SysTick->CTRL&=~SysTick_CTRL_ENABLE_Msk;      // 關閉計時器
    SysTick->VAL =0X00;                            // 清空計數器
}

// ms 等級的延遲時間函數，參數 nus 表示要延遲時間多少毫秒
void delay_ms(u16 nms)
{
    // 除 540，等到多少個 540
    u8 repeat=nms/540;           // 用 540 是考慮有時候需要延遲時間超過 798ms

    // 取餘數 540
    u16 remain=nms%540;
    // 重複 delay  repeat 個 540s
    while(repeat)
    {
        delay_xms(540);
        repeat--;
    }
    // 再延遲時間剩餘的 remain 秒
    if(remain)delay_xms(remain);
}
```

SysTick 計時器的中斷處理函數是 SysTick_Handler()，我們暫時不需要在中斷裡面處理事情，故而函數內容為空即可。

通常這幾個 delay 函數是通用的範本，讀者在需要使用精確 delay 功能時，可以直接使用本書的範本。

## 4.6.4 小結

本節講解了計時器的原理和 STM32 計時器的計算公式，同時介紹了 TIM2 和 SysTick 計時器的用法。希望讀者透過本節能自己嘗試把其他計時器的操作程式寫出來並實現對應的功能。計時器在後面的開發過程中屬於最常見的基礎知識，希望讀者能舉一反三。

## 4.7 USART 序列埠

UART(Universal Asynchronous Receiver/Transmitter) 全稱叫作通用非同步串列接收發送器。

USART(Universal Synchronous/Asynchronous Receiver/Transmitter) 全稱叫作通用同步非同步串列接收發送器。

它們之間的區別是 USART 比 UART 多了同步功能，通常來說，我們在大多數情況下使用非同步通訊功能，所以它們兩者沒有區別。有些書籍、程式有時使用 UART 這個名詞，有時使用 USART 名詞，讀者在一般情況下可以認為兩者是同一個概念。本書統稱 USART 或序列埠。

序列埠最重要的參數是串列傳輸速率，每秒鐘傳送的鮑率符號的個數。因此串列傳輸速率越大，則資料傳輸速度越快。常見的串列傳輸速率有 9600、19200、38400、115200 等。

任何 USART 通訊均需要兩個接腳：接收資料登錄接腳 (RX) 和發送資料輸出接腳 (TX)。

### 4.7.1 資料格式

USART 資料格式一般分為啟動位元、資料幀、可能的同位檢查位元、停止位元，如圖 4.31 所示。

啟動位元：發送方想要發送序列埠資料時，必須先發送啟動位元。

資料幀：發送的資料內容，資料的位元。有 8 位元資料位元組長度和 9 位元資料位元組長度兩種。

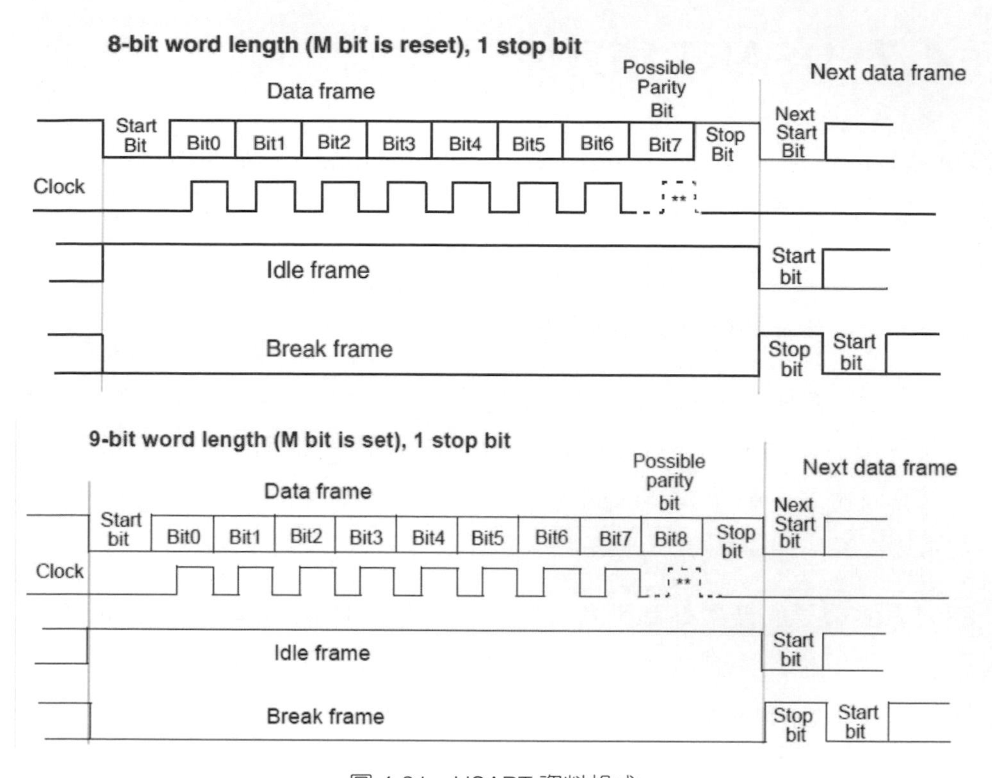


圖 4.31　USART 資料格式

可能的同位檢查位元：在序列埠通訊中一種簡單的檢錯方式，沒有驗證位元也是可以的。對於偶和奇數同位檢查的情況，序列埠會設定驗證位元 ( 資料位元後面的一位元 )，用一個值確保傳輸的資料有偶個或奇個邏輯高位元。

停止位元：停止位元不僅表示傳輸的結束，並且提供電腦校正時鐘同步的機會。

大部分的情況下，我們預設選擇的 USART 資料格式為：8 位元資料位元組長度、無同位檢查位元、1 位元停止位元。

## 4.7.2 序列埠實驗

STM32F407 有 6 個 USART，本文將選用 USART3 作為程式測試序列埠。實現功能：電腦可以透過序列埠工具發送 "SLight_led1E" 點亮開發板的 LED1；發送 "SClose_led1E" 熄滅開發板的 LED1。

這個實驗需要讀者使用序列埠工具把開發板和電腦連接起來，開發板的 RX 連接序列埠工具的 TX、開發板的 TX 連接序列埠工具的 RX，GND 接 GND，VCC 不用接。開發板的 USART3 的 RX 和 TX 接腳是 GPIOB_10 和 GPIOB_11，如圖 4.32 所示。如果實驗過程中發現開發板沒有接收到序列埠資料，可以嘗試把 RX、TX 兩個線交換一下。

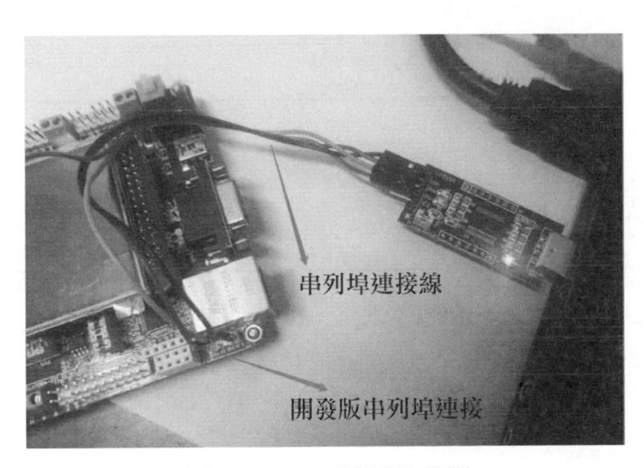


圖 4.32　序列埠連接電腦

此外讀者還需要一個序列埠偵錯軟體，可以使用本書提供的「附錄 A\ 軟體 \ 序列埠工具 \sscom5.13.1.exe」，也可以自己在網上下載其他序列埠偵錯軟體。執行 sscom5.13.1.exe，如圖 4.33 所示。

「串列傳輸速率」下拉式功能表中選擇 9600，點擊「打開序列埠」按鈕，在輸入框輸入 SLight_led1E，點擊「發送」按鈕，可以觀察到開發板的 LED1 點亮；輸入 SClose_ledE，點擊「發送」按鈕，可以觀察到開發板的 LED1 熄滅。説明實驗成功。

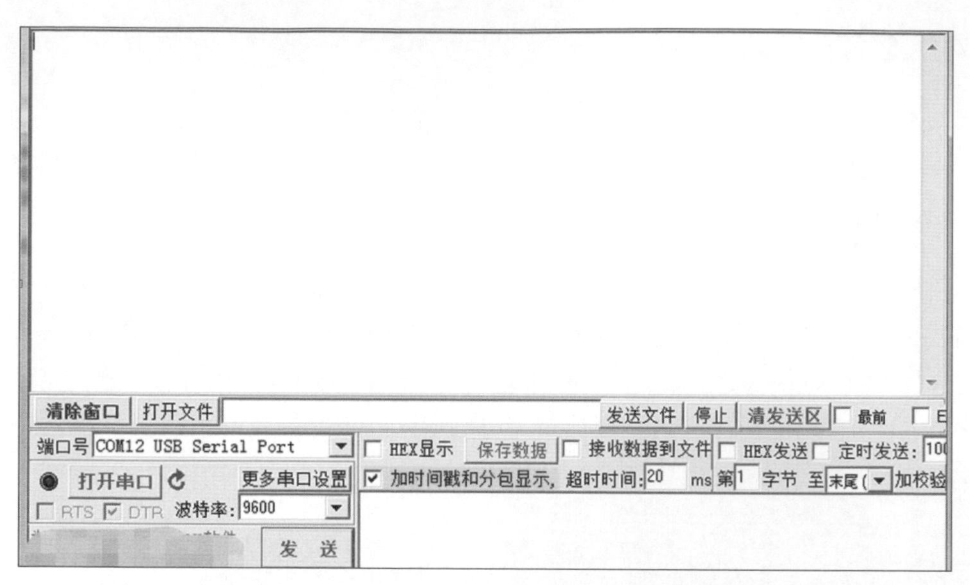


圖 4.33　sscom5.13.1.exe 序列埠軟體（編按：本圖為簡體中文介面）

## 4.7.3 程式分析

使用 STM32 標準函數庫，我們只需要簡單的幾段程式即可實現 USART 的控制。程式編寫想法：初始化 USART3、編寫中斷處理函數、編寫 USART 發送函數。

### 1. 初始化 USART

打開 Chapter4\04_usart\mdk\UAST3.uvprojx 專案檔案。USART3 初始化、中斷處理函數等相關在 Chapter4\04_usart\USER\usart3\usart3.c 檔案中。

USART3 初始化包含：

（1）GPIO 通訊埠初始化，需要將 USART3 對應的接腳重複使用成 USART 功能。

（2）USART3 控制器初始化，以及主要設定。

（3）中斷優先順序設定。

程式如下：

```
//Chapter4\04_usart\USER\usart3\usart3.c 17 行

void uart3_init(u32 bound)
{
    //GPIO 通訊埠初始化
    GPIO_InitTypeDef GPIO_InitStructure;
    //USART3 控制器初始化
    USART_InitTypeDef USART_InitStructure;
    // 中斷設定
    NVIC_InitTypeDef NVIC_InitStructure;

    // 啟動 GPIOB
    RCC_AHB1PeriphClockCmd(RCC_AHB1Periph_GPIOB,ENABLE);
    // 啟動 USART3 時鐘，這一點很重要，否則 USART3 無法執行
    RCC_APB1PeriphClockCmd(RCC_APB1Periph_USART3,ENABLE);
    // 將 GPIO B 10 接腳重複使用成 USART3 接腳
    GPIO_PinAFConfig(GPIOB,GPIO_PinSource10,GPIO_AF_USART3);
    // 將 GPIO B 11 接腳重複使用成 USART3 接腳
    GPIO_PinAFConfig(GPIOB,GPIO_PinSource11,GPIO_AF_USART3);

    GPIO_InitStructure.GPIO_Pin = GPIO_Pin_10 | GPIO_Pin_11;
    GPIO_InitStructure.GPIO_Mode = GPIO_Mode_AF;        // 重複使用功能
    GPIO_InitStructure.GPIO_Speed = GPIO_Speed_50MHz; // 50MHz
    GPIO_InitStructure.GPIO_OType = GPIO_OType_PP;      // 推拉重複使用輸出
    GPIO_InitStructure.GPIO_PuPd = GPIO_PuPd_UP;        // 上拉
    GPIO_Init(GPIOB,&GPIO_InitStructure);               // 初始化 PB10-PB11

    //USART3 設定
    // 設定串列傳輸速率
    USART_InitStructure.USART_BaudRate = bound;
    //8 位元資料
    USART_InitStructure.USART_WordLength = USART_WordLength_8b;
    //1 位元停止位元
    USART_InitStructure.USART_StopBits = USART_StopBits_1;
```

```
    // 沒有驗證位元
    USART_InitStructure.USART_Parity = USART_Parity_No;
    // 無硬體資料流程控制
    USART_InitStructure.USART_HardwareFlowControl = USART_
    HardwareFlowControl_None;
    // 收發模式
    USART_InitStructure.USART_Mode = USART_Mode_Rx | USART_Mode_Tx;
    // 初始化 USART3
    USART_Init(USART3,&USART_InitStructure);
    // 啟動 USART3
    USART_Cmd(USART3,ENABLE);

    USART_ClearFlag(USART3,USART_FLAG_TC);

    // 開啟 USART3 接收中斷
    USART_ITConfig(USART3,USART_IT_RXNE,ENABLE);
    //Usart3 NVIC 中斷優先順序、中斷來源設定
    NVIC_InitStructure.NVIC_IRQChannel = USART3_IRQn;
    // 先佔優先順序
    NVIC_InitStructure.NVIC_IRQChannelPreemptionPriority=3;
    // 子優先順序
    NVIC_InitStructure.NVIC_IRQChannelSubPriority =3;
    // 啟動
    NVIC_InitStructure.NVIC_IRQChannelCmd = ENABLE;
    NVIC_Init(&NVIC_InitStructure);
}
```

## 2. USART3 中斷處理函數

USART 中斷處理函數主要是接收中斷，當 USART3 完整接收一個資料後，將觸發回應的中斷，讀者需要在中斷處理函數中把資料放到自己的緩衝區，並做對應的處理。

我們約定電腦發送的序列埠資料的格式為 SXXXXXE，其中：

- S 是命令的頭部，用來告訴開發板這是 一筆命令的起始。

- XXXXX 是命令的具體內容，我們只實現 SLight_led1E 和 SClose_ledE。
- E 是命令的結束符號，告訴開發板命令已經發送完整，可以開始處理。

程式如下：

```
//Chapter4\04_usart\USER\usart3\usart3.c 77 行

//USART3 中斷處理函數
void USART3_IRQHandler(void)
{
    u8 rec_data;
    // 判斷是否接收中斷
    if(USART_GetITStatus(USART3,USART_IT_RXNE) != RESET)
    {
        // 獲取 USART3 接收的資料
        rec_data =(u8)USART_ReceiveData(USART3);
        // 判斷資料是不是 S ，如果是，則認為收到了電腦的序列埠命令開始的命令
        if(rec_data=='S')
        {
            // 記錄 USART3 總共接收到 1 個資料
            uart_byte_count=0x01;
        }
        // 判斷是不是結束符號
        else if(rec_data=='E')
        {
            // 使用 strcmp 函數比較命令是不是 Light_led1
            if(strcmp("Light_led1",(char *)receive_str)==0)
            {
                // 點亮 LED1
                GPIO_WriteBit(GPIOE,GPIO_Pin_3,Bit_RESET);
            }
            else if(strcmp("Close_led1",(char *)receive_str)==0)
            {
                // 熄滅 LED1
                GPIO_WriteBit(GPIOE,GPIO_Pin_3,Bit_SET);
            }
```

```
            //處理完命令後把緩衝區的資料都歸零
            for(uart_byte_count=0;uart_byte_count<32;uart_byte_count++)
            {
              receive_str[uart_byte_count]=0x00;
            }
            uart_byte_count=0;
          }
          //既不是S也不是E，那就是命令的內容了，我們用receive_str緩衝區儲存
          else if((uart_byte_count>0)&&(uart_byte_count<=USART3_REC_NUM))
          {
            receive_str[uart_byte_count-1]=rec_data;
            uart_byte_count++;
          }
      }
}
```

### 4.7.4 小結

本節主要講解了序列埠的相關概念，並在開發板上使用 USART3 實現一個簡單的電腦控制開發板的功能。讀者可以在此基礎上擴充出更多的功能，也可以使用其他 USART 實現相同的功能。

## 4.8 I²C 匯流排

I²C 匯流排 (Inter-Integrated Circuit Bus) 是由 Philips 公司開發的一種簡單、雙向二線制同步串列匯流排。它只需要兩根線即可在連接於匯流排上的元件之間傳送資訊。某些書籍或文件中也寫作 IIC，讀作 "I 方 C"。

I²C 是嵌入式中最常見的匯流排，也是最重要的匯流排通訊協定之一。很多感測器、週邊晶片使用 I²C 協定。它具有以下特點：

（1）硬體線路簡單：$I^2C$ 匯流排只需要一根資料線和一根時鐘線共兩根線。
（2）靈活：資料傳輸和位址設定由軟體設定，非常靈活。匯流排上的元件增加和刪除不影響其他元件正常執行。
（3）可以連接裝置數量多：連接到相同匯流排上的 IC 數量只受匯流排最大電容的限制。

## 4.8.1 $I^2C$ 元件位址

$I^2C$ 匯流排是一個主從結構的匯流排，所有的資料傳輸都必須由主機發起，通常微處理器做主機，其他連接在 $I^2C$ 匯流排的裝置稱之為從機或元件。

$I^2C$ 還有一個重要的概念：元件位址。連接在 $I^2C$ 匯流排上的裝置，除了主機之外，每個元件都有自己的位址。主機想要和某個元件通訊時，先往 $I^2C$ 匯流排發送元件位址。

$I^2C$ 元件位址一般為 8 位元，最後一位元是讀寫標示位元。0 表示主機要讀取元件的資料；1 表示主機要往元件寫入資料。

## 4.8.2 $I^2C$ 時序

$I^2C$ 匯流排只需要兩根線，分別是時鐘線 (SCL)、資料線 (SDA)。其中時鐘線提供時間週期，時間週期越短則資料傳輸速率越快。資料線用來傳輸起始位元、回應位元和資料等。時序如圖 4.34 所示。

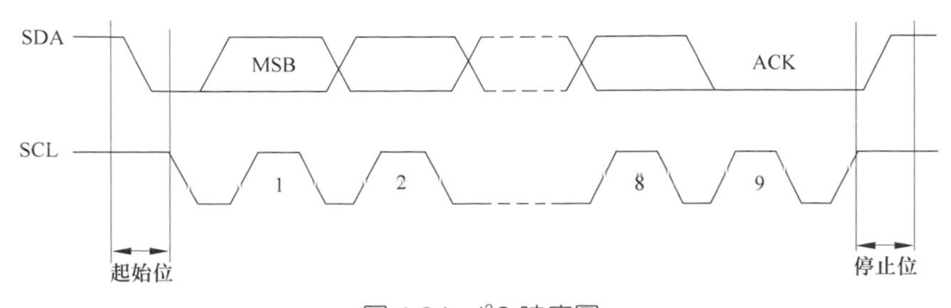


圖 4.34　$I^2C$ 時序圖

資料格式主要有起始位元、停止位元、資料位元、回應位元 (ACK)、NACK。

### 1. 起始位元

當主機想要啟動 I²C 資料傳輸時，需要先往 I²C 匯流排發送起始位元。起始位元的條件是 SCL 線為高電位時，SDA 線從高電位向低電位切換。

### 2. 停止位元

當主機想要終止 I²C 資料傳輸時，需要往 I²C 匯流排發送停止位元，釋放 I²C 匯流排的佔用。停止位元的條件是 SCL 線為高電位時，SDA 線從低電位向高電位切換。

### 3. 資料位元

SDA 資料線上的每位元組必須是 8 位元，每次傳輸的位元組數量沒有限制。每位元組後必須跟一個響應位元 (ACK)。首先傳輸的資料是最高位元 (MSB)，SDA 上的資料必須在 SCL 高電位週期時保持穩定，資料的高低電位翻轉變化發生在 SCL 低電位時期。

### 4. 回應位元

每位元組傳輸必須帶響應位元，相關的響應時鐘也由主機產生，在響應的時鐘脈衝期間 ( 第 9 個時鐘週期 )，發送端釋放 SDA 線，接收端把 SDA 拉低。

### 5. NACK 位元

以下情況會導致出現 NACK 位元：

( 1 ) 接收機沒有發送機回應的位址，接收端沒有任何 ACK 發送給發射機。
( 2 ) 由於接收機正在忙碌處理即時程式導致接收機無法接收或發送。
( 3 ) 傳輸過程中，接收機辨識不了發送機的資料或命令。

（4）接收機無法接收。

（5）主機接收完成讀取資料後，要發送 NACK 告知從機結束。

## 4.8.3 模擬 $I^2C$

$I^2C$ 屬於比較簡單的匯流排，完全可以根據 $I^2C$ 的時序，使用 I/O 模擬 $I^2C$。本文將使用 STM32 的 GPIO 通訊埠實現模擬 $I^2C$ 的功能，幫助讀者瞭解 $I^2C$ 的時序控制。

打開 Chapter4\05_I2C_24c02\mdk\IIC24c02.uvproj 專案檔案，接著打開 24c02.c 檔案，模擬 $I^2C$ 的程式都在這個檔案中。

### 1. $I^2C$ 初始化

$I^2C$ 的初始化部分程式主要是對 STM32 的 GPIO 進行初始化。GPIOB_9 作為資料接腳 (SDA)，GPIOB_8 作為時鐘接腳 (SCL)，程式如下：

```
//Chapter4\05_I2C_24c02\USER\24C02\24c02.c5 行

//I²C 初始化
void IIC_Init(void)
{
    GPIO_InitTypeDef  GPIO_InitStructure;
    RCC_AHB1PeriphClockCmd(RCC_AHB1Periph_GPIOB,ENABLE); // 打開 GPIOB 時鐘
    //GPIOB8,B9
    GPIO_InitStructure.GPIO_Pin = GPIO_Pin_8 | GPIO_Pin_9;
    GPIO_InitStructure.GPIO_Mode = GPIO_Mode_OUT;          // 輸出模式
    GPIO_InitStructure.GPIO_OType = GPIO_OType_OD;         // 開漏輸出
    GPIO_InitStructure.GPIO_Speed = GPIO_Speed_100MHz;     //100MHz
    GPIO_InitStructure.GPIO_PuPd = GPIO_PuPd_UP;           // 上拉
    GPIO_Init(GPIOB,&GPIO_InitStructure);                  // 初始化

    IIC_Stop(); // 先停止訊號，重置 I²C 匯流排上所有的裝置
}
```

## 2. 起始訊號

當 SCL 為高電位時，SDA 出現一個下降緣表示 I²C 匯流排啟動訊號，程式如下：

```
//Chapter4\05_I2C_24c02\USER\24C02\24c02.c 23 行

//I²C 啟動訊號
void IIC_Start(void)
{
    // 先把 SDA 輸出接腳置高
    IIC_SDAOUT=1;
    //SCL 接腳置高
    IIC_SCL=1;
    // 等待 4us
    delay_us(4);
    //SDA 接腳拉低
    IIC_SDAOUT=0;
    // 等待 4us
    delay_us(4);
    //SCL 接腳拉低
    IIC_SCL=0;      // 準備發送資料或接收資料
}
```

IIC_SCL 指 I²C 的 SCL 接腳，IIC_SDAOUT 指 I²C 的 SDA 接腳輸出，在 24c02.h 檔案中分別被定義成 PBout(8) 和 PBout(9)，程式如下：

```
//Chapter4\05_I2C_24c02\USER\24C02\24c02.h 8 行

#define IIC_SCL       PBout(8)   //SCL
#define IIC_SDAOUT    PBout(9)   //SDA
```

IIC_SDAOUT=1 表示 SDA 接腳輸出高電位。這裡是 GPIO 輸出高低電位的另外一種寫法，等於之前的 GPIO_WriteBit(GPIOB，GPIO_Pin_9，Bit_SET)。

IIC_Start 函數使用 SDA、SCL 接腳，透過輸出高低電位和延遲時間的操作，模擬了 I²C 啟動訊號。其時序如圖 4.35 所示。

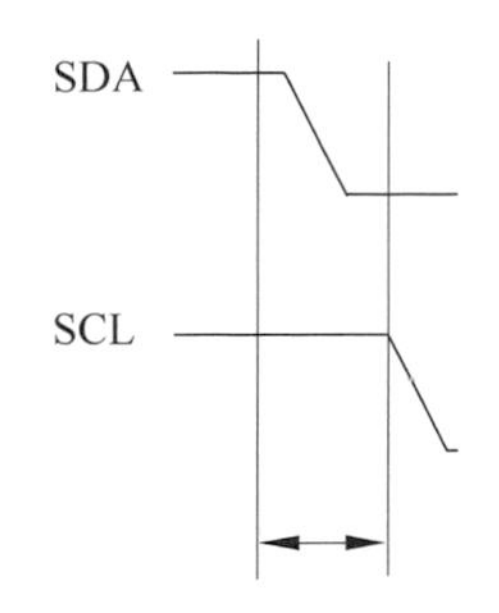


圖 4.35　I²C 啟動訊號時序

### 3. 停止訊號

當 SCL 為高電位時，SDA 出現一個上昇緣表示 I²C 匯流排停止訊號，程式如下：

```
//Chapter4\05_I2C_24c02\USER\24C02\24c02.c 34 行

void IIC_Stop(void)
{
    //SDA 先低電位，這樣才能出現上昇緣
    IIC_SDAOUT=0;
    delay_us(4);
    //SCL 高電位
    IIC_SCL=1;
    delay_us(4);
    //SDA 由低電位變高電位，此時出現一個上昇緣
    IIC_SDAOUT=1;
}
```

### 4. 回應訊號

I²C 匯流排上的所有資料都是以 8 位元位元組傳送的，發送器每發送一位元組，在響應的時鐘脈衝期間 ( 第 9 個時鐘週期 )，由接收器回饋一個回

應訊號。回應訊號為低電位時，規定為有效回應位元 (ACK 簡稱回應位元 )，表示接收器已經成功地接收了該位元組；回應訊號為高電位時，規定為非回應位元 (NACK)。主機等待從機回應訊號的相關程式如下：

```
//Chapter4\05_I2C_24c02\USER\24C02\24c02.c  50 行

// 返回值：1 表示 NACK，0 表示 ACK
u8 MCU_Wait_Ack(void)
{
   u8 ack;

   IIC_SDAOUT=1;
   delay_us(1);
   IIC_SCL=1;
   delay_us(1);
   // 讀取 SDA 匯流排電位
   if (IIC_SDAIN)
   {
       ack = 1;      // 高電位則表示 NACK 回應
   }
   else
   {
       ack = 0;      // 低電位則表示 ACK 回應
   }
   IIC_SCL=0;
   delay_us(1);
   return ack;
}
```

### 5. 資料位元發送

在 I²C 匯流排上傳送的每一位元資料都有一個時鐘脈衝相對應。在 SCL 呈現高電位期間，SDA 上的電位必須保持穩定，低電位為資料 0，高電位為資料 1。只有在 SCL 為低電位期間，才允許 SDA 上的電位改變狀態。邏輯 0 的電位為低電位，而邏輯 1 則為高電位。時序如圖 4.36 所示。

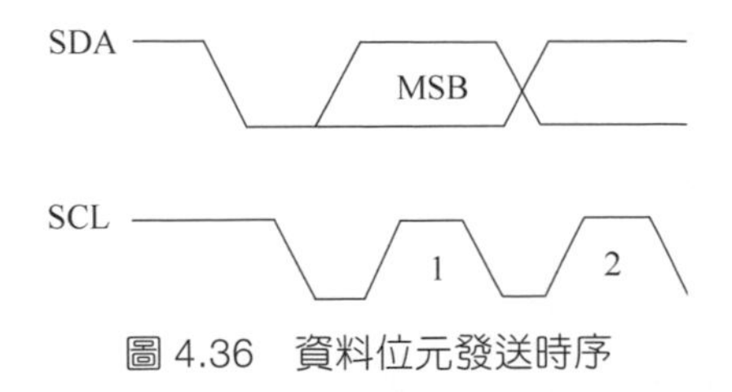


圖 4.36　資料位元發送時序

### 6. 發送一位元組

$I^2C$ 寫入一位元組相當於往 $I^2C$ 匯流排發送了 8 個資料位元，根據圖 4.39 資料位元發送時序，我們可以用 I/O 模擬，程式如下：

```
//Chapter4\05_I2C_24c02\USER\24C02\24c02.c 113 行

// 參數：Senddata 要發送的資料
void IIC_write_OneByte(u8 Senddata)
{
   u8 t;

   IIC_SCL=0;
   for(t=0;t<8;t++)
   {
        // 先發送高位元
        IIC_SDAOUT=(Senddata&0x80)>>7;
        // 左移 1 位元
        Senddata=(Senddata<<1);
        delay_us(2);
        IIC_SCL=1;
        delay_us(2);
        IIC_SCL=0;
        delay_us(2);
   }
}
```

其中比較關鍵的程式是 Senddata 的移位操作。

根據 & 和 >> 的特性，(Senddata&0x80)>>7 相當於保留 Senddata 的最高位元，其他位元歸零，同時再把最高位元右移到最低位元。相當於把 Senddata 最高位元的數值指定給 IIC_SDAOUT，從而實現 SDA 接腳根據 Senddata 的最高位元輸出回應的高低電位。

之後 Senddata=(Senddata<<1)，把 Senddata 的第 2 高位元透過左移 1 位元的方式，使 Senddata 的第 2 高位元變成最高位元。

再透過 for 循環，重複這兩步操作，把 Senddata 的每一位元都發送出去。為了方便瞭解，我們假設 Senddata 等於 170，十六進位為：0xAA，二進位為：10101010。整個 for 循環的移位操作可以用圖 4.37 直觀地表示出來。

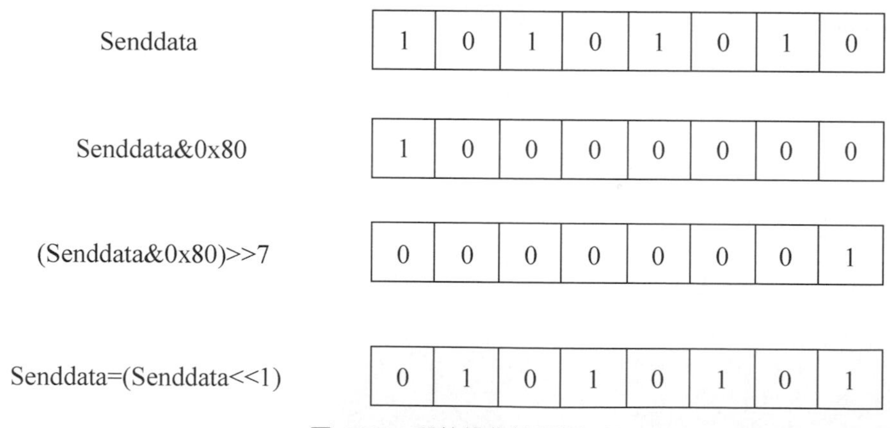


圖 4.37　移位操作流程圖

### 7. 讀取一位元組

讀取時序和發送時序相同，不同的是發送時需要在 SCL 低電位的時候更改 SDA 資料位元，而讀取時需要在 SCL 高電位的時候讀取 SDA 資料位元。同時，每讀取一位元資料，都需要左移 1 位元，保證高位元在前。讀取完資料後需要發送 ACK 或 NACK 回應訊號。程式如下：

```
//Chapter4\05_I2C_24c02\USER\24C02\24c02.c 137 行

u8 IIC_Read_OneByte(u8 ack)
{
   u8 i,receivedata=0;

   for(i=0;i<8;i++ )
   {
     IIC_SCL=0;
     delay_us(2);
     IIC_SCL=1;
     receivedata<<=1;
     if(IIC_SDAIN)
     {
         receivedata++;
     }
     delay_us(1);
   }
   if (!ack)
     MCU_NOAck();
   else
     MCU_Send_Ack();
   return receivedata;
}
```

## 4.8.4 小結

$I^2C$ 是嵌入式中最常見的匯流排通訊協定，讀者需要熟練掌握，了解 $I^2C$ 的時序，並能使用 I/O 模擬 $I^2C$ 操作。

# 4.9 SPI 匯流排

SPI(Serial Peripheral Interface，串列週邊裝置介面)匯流排技術是Motorola 公司推出的一種同步序列介面。它用於 CPU 與各種週邊元件進行全雙工、同步串列通訊。

它只需四條線就可以完成 MCU 與各種週邊元件的通訊，這四筆線是：串列時鐘線 (CSK)、主機輸入 / 從機輸出資料線 (MISO)、主機輸出 / 從機輸入資料線 (MOSI)、低電位有效從機選擇線 CS。

SPI 匯流排支援多個從裝置，通訊時由 CS 晶片選擇硬體決定哪個從裝置工作。硬體連線如圖 4.38 所示。

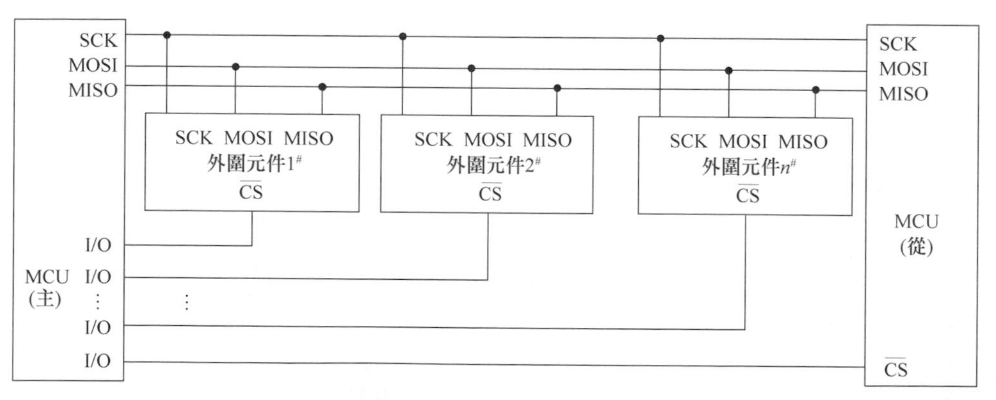


圖 4.38　SPI 連接示意圖

## 4.9.1 SPI 4 種工作模式

SPI 通訊有 4 種不同的模式，通訊雙方必須工作在同一模式下。一般來說從裝置的通訊方式在出廠時就設定無法改變。我們主裝置 ( 微處理器 ) 可以透過 CPOL( 時鐘極性 ) 和 CPHA( 時鐘相位 ) 來選擇和從裝置相同的通訊模式，具體如下：

Mode0：CPOL=0，CPHA=0

Mode1：CPOL=0，CPHA=1

Mode2：CPOL=1，CPHA=0

Mode3：CPOL=1，CPHA=1

時鐘極性 CPOL 是用來設定 SCLK 的電位處於哪種狀態時是空閒態或有效態，時鐘相位 CPHA 是用來設定資料取樣在第幾個邊沿：

- CPOL=0，表示當 SCLK=0 時處於空閒態，所以有效狀態就是 SCLK 處於高電位時；
- CPOL=1，表示當 SCLK=1 時處於空閒態，所以有效狀態就是 SCLK 處於低電位時；
- CPHA=0，表示資料取樣在第 1 個邊沿，資料發送在第 2 個邊沿；
- CPHA=1，表示資料取樣在第 2 個邊沿，資料發送在第 1 個邊沿。

通常使用得比較廣泛的方式是 Mode0 和 Mode3 這兩種方式。

## 4.9.2 STM32 的 SPI 設定

STM32 提供 SPI 控制器，我們只需要設定好相關參數即可進行 SPI 通訊，讀者不需要照著時序圖用 I/O 模擬，可以縮短開發時間。STM32 的 SPI 設定主要有以下 5 步。

### 1. 初始化 CS 晶片選擇接腳

CS 晶片選擇接腳一般要根據主機板的接腳原理圖去設定對應的接腳為輸出功能。CS 接腳輸出高電位表示對應的元件不工作。CS 接腳輸出低電位表示與對應的元件進行 SPI 通訊。程式如下：

```
//Chapter4\06 SPI_W25Qxx\USER\W25QXX\w25qxx.c 12 行

RCC_AHB1PeriphClockCmd(RCC_AHB1Periph_GPIOG,ENABLE);    //打開 GPIOG 時鐘
```

```
GPIO_InitStructure.GPIO_Pin = GPIO_Pin_8;        //CS 晶片選擇接腳是 GPIOG_8
GPIO_InitStructure.GPIO_Mode = GPIO_Mode_OUT;           // 輸出
GPIO_InitStructure.GPIO_OType = GPIO_OType_PP;          // 推拉輸出
GPIO_InitStructure.GPIO_Speed = GPIO_Speed_100MHz;      //100MHz
GPIO_InitStructure.GPIO_PuPd = GPIO_PuPd_UP;            // 上拉
GPIO_Init(GPIOG,&GPIO_InitStructure);                   // 初始化
```

## 2. 初始化 CSK、MISO、MOSI 接腳

需要將 STM32F407 的 SPI 接腳設定為重複使用 SPI 功能，並初始化對應的接腳。本節將展示如何初始化 SPI1，對應的接腳是 GPIOB_3、GPIOB_4、GPIOB_5。其他 SPI 對應接腳讀者可以查看「附錄 A\STM32F407 開發板原理圖 .pdf」檔案。SPI1 接腳初始化程式如下：

```
//Chapter4\06 SPI_W25Qxx\USER\SPI\spi.c14 行

GPIO_InitTypeDef  GPIO_InitStructure;
SPI_InitTypeDef  SPI_InitStructure;

// 打開 GPIOB 時鐘
RCC_AHB1PeriphClockCmd(RCC_AHB1Periph_GPIOB,ENABLE);
// 打開 SPI1 時鐘
RCC_APB2PeriphClockCmd(RCC_APB2Periph_SPI1,ENABLE);

//GPIOB3,4,5
GPIO_InitStructure.GPIO_Pin = GPIO_Pin_3|GPIO_Pin_4|GPIO_Pin_5;
GPIO_InitStructure.GPIO_Mode = GPIO_Mode_AF;            // 重複使用功能
GPIO_InitStructure.GPIO_OType = GPIO_OType_PP;          // 推拉輸出
GPIO_InitStructure.GPIO_Speed = GPIO_Speed_100MHz;      //100MHz
GPIO_InitStructure.GPIO_PuPd = GPIO_PuPd_UP;            // 上拉
GPIO_Init(GPIOB,&GPIO_InitStructure);                   // 初始化 IO 通訊埠

GPIO_PinAFConfig(GPIOB,GPIO_PinSource3,GPIO_AF_SPI1);//PB3 重複使用成 SPI1
GPIO_PinAFConfig(GPIOB,GPIO_PinSource4,GPIO_AF_SPI1);//PB4 重複使用 SPI1
GPIO_PinAFConfig(GPIOB,GPIO_PinSource5,GPIO_AF_SPI1);//PB5 重複使用 SPI1
```

### 3. 設定 SPI 控制器

設定 SPI 控制器部分的程式，最重要的是 CPOL、CPHA 的設定。即設定對應的 SPI 工作模式，一般我們要根據從裝置的 SPI 工作模式設定。程式如下：

```
//Chapter4\06 SPI_W25Qxx\USER\SPI\spi.c  36 行

//設定為雙向雙線全雙工方式
SPI_InitStructure.SPI_Direction = SPI_Direction_2Lines_FullDuplex;
//工機模式
SPI_InitStructure.SPI_Mode = SPI_Mode_Master;
//8 位元資料
SPI_InitStructure.SPI_DataSize = SPI_DataSize_8b;
// CPOL = 1 ：串列同步時鐘的空閒狀態為高電位。
SPI_InitStructure.SPI_CPOL = SPI_CPOL_High;
// CPHA = 1 ：資料取樣是在第 2 個邊沿，資料發送在第 1 個邊沿
SPI_InitStructure.SPI_CPHA = SPI_CPHA_2Edge;
//CS 晶片選擇由軟體控制
SPI_InitStructure.SPI_NSS = SPI_NSS_Soft;
//串列傳輸速率預分頻為 256
SPI_InitStructure.SPI_BaudRatePrescaler = SPI_BaudRatePrescaler_256;
//資料傳輸高位元在前
SPI_InitStructure.SPI_FirstBit = SPI_FirstBit_MSB;
//CRC 計算的多項式
SPI_InitStructure.SPI_CRCPolynomial = 7;

//初始化 SPI1
SPI_Init(SPI1,&SPI_InitStructure);
//啟動 SPI1
SPI_Cmd(SPI1,ENABLE);
```

### 4. SPI 發送資料

STM32 標準函數庫提供了 SPI 發送的函數，我們只需要呼叫該函數即可，程式如下：

```
void SPI_I2S_SendData(SPI_TypeDef* SPIx, uint16_t Data)
```

參數：

- SPI_TypeDef*SPIx：具體哪個 SPI 控制器，可填參數有：SPI1、SPI2、SPI3 等。
- uint16_t Data：發送的資料。

#### 5. SPI 接收資料

STM32 標準函數庫提供了 SPI 接收的函數，我們只需要呼叫該函數即可，程式如下：

```
uint16_t SPI_I2S_ReceiveData(SPI_TypeDef* SPIx)
```

參數：

- SPI_TypeDef*SPIx：具體哪個 SPI 控制器，可填參數有：SPI1、SPI2、SPI3 等。

返回：函數將返回從 SPI 匯流排上接收的資料。

## 4.9.3 小結

本節主要說明了 SPI 匯流排的通訊原理及 STM32 如何設定使用 SPI 控制器。讀者在使用 SPI 的過程中一定要確認好從裝置的 SPI 工作模式。

本節所有程式保存在 Chapter4\06 SPI_W25Qxx\mdk\SPI.uvprojx。

# 4.10 LCD 顯示幕

LCD(Liquid Crystal Display) 液晶顯示器是在兩片平行的玻璃基板當中放置液晶盒，下基板玻璃上設定 TFT( 薄膜電晶體 )，上基板玻璃上設定彩色濾光片，透過 TFT 上的訊號與電壓改變來控制液晶分子的轉動方向，從而達到控制每個像素點偏振光出射與否而達到顯示目的。

在嵌入式產品中，LCD 已成為主流，許多需要人機互動的產品通常使用 LCD。

## 4.10.1 LCD 分類

目前嵌入式使用的 LCD 有很多種，本文根據驅動方式、顯示方式大致分為以下幾種，讀者可以根據自己的實際應用場景選擇合適的 LCD。

### 1. TFT 液晶螢幕

TFT(Thin Film Transistor) 即薄膜場效應電晶體，屬於主動矩陣液晶顯示器中的一種。TFT 液晶顯示幕的優點是亮度好、比較度高、層次感強、顏色鮮豔，但也存在著比較耗電和成本較高的缺點。通常 TFT 液晶螢幕採用平行埠方式驅動。常見的 TFT 液晶螢幕如圖 4.39 所示。

圖 4.39　TFT 液晶螢幕

**2. 段碼螢幕**

段碼螢幕支援訂製，並在螢幕上固定好幾種圖型、文字等。開發人員可以透過程式設計顯示對應的圖案。段碼螢幕開發週期短，成本低。常見的段碼螢幕如圖 4.40 所示。

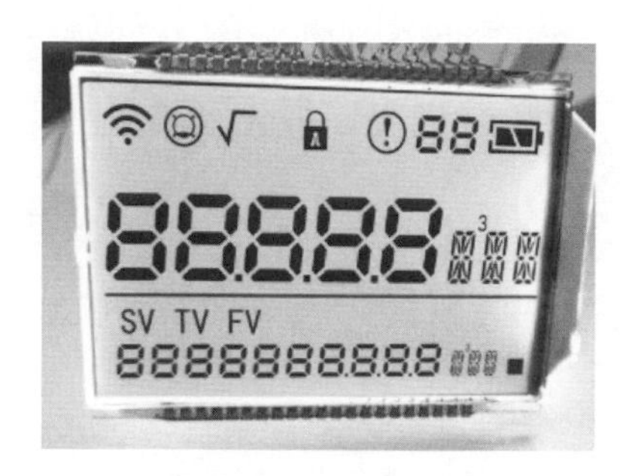


圖 4.40 段碼螢幕

**3. 序列埠螢幕**

序列埠螢幕指帶序列埠控制的螢幕，例如序列埠彩色螢幕、TFT 序列埠螢幕。序列埠螢幕的應用推廣就是因為簡單、好用、方便。使用者不需要再去關心底層、圖片、圖示、字形檔、英文、中文、動畫及各種顯示內容包括觸控等驅動的編寫。

廠商把彩色螢幕的驅動全部做好，並且增加了大多數基本顯示的功能和相對應的上位機開發軟體以供序列埠螢幕開發人員去使用，加速彩色螢幕人機互動的上線速度和實現各種互動的上線速度，加快整個產品的上線速度。

本質上，序列埠螢幕只是在 TFT 液晶螢幕的基礎上封裝成序列埠驅動，減少開發工作。

**4. 其他液晶螢幕**

除了以上 3 種常見的液晶螢幕，還有其他驅動方式的液晶螢幕，例如 LCD5110 採用 SPI 方式驅動顯示；部分 OLED 液晶螢幕採用 $I^2C$ 方式驅動。

## 4.10.2 LCD 介面類別型

目前 LCD 的介面類別型有 MCU、RGB、SPI、VSYNC、DSI 等，但應用比較多的是 MCU 介面和 RGB 介面。

### 1. MCU 介面

MCU 介面因為主要針對微處理器領域而得名，標準術語是 Intel 提出的 8080 匯流排標準。MCU 介面的 LCD 的 Driver IC 都帶 GRAM，Driver IC 作為 MCU 的一片輔助處理器，接收 MCU 發出的命令或資料，可以獨立工作。MCU 只需要發送命令或資料，Driver IC 變換，變成像素的 RGB 資料，並在螢幕上顯示出來。這個過程不需要點、行、幀時鐘。

MCU 介面的 LCD 會解碼命令，由 Timing Generator 產生時序訊號，驅動 COM 和 SEG 驅動器。用 MCU 介面時，資料可以先寫到 IC 內部 GRAM 後再往螢幕寫入，所以 MCU 介面的 LCD 可以直接掛在 MEMORY 匯流排上。

### 2. RGB 介面

對於 RGB 介面的 LCD，主機直接輸出每個像素的 RGB 資料，不需要進行變換，對於這種介面，需要主機有一個 LCD 控制器，以產生 RGB 資料和點、行、幀同步訊號。

RGB 介面的 LCD 又分為 TTL 介面 (RGB 顏色介面)、LVDS 介面 (將 RGB 顏色打包成差分訊號傳輸)。TTL 主要用於 12 英吋以下的小尺寸 TFT 螢幕，LVDS 介面主要用於 8 英吋以上的大尺寸 TFT 螢幕。

## 4.10.3 MCU 介面驅動原理

### 1. 硬體原理圖

打開附錄 A\STM32F407 開發板原理圖 .pdf 檔案，查看 TFT 液晶螢幕原理圖，如圖 4.41 所示。

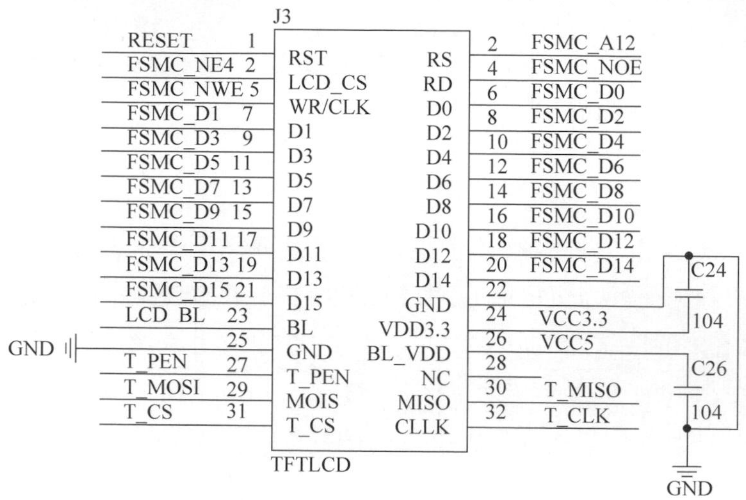


圖 4.41　TFT 液晶螢幕原理圖

接腳說明：

（1）LCD_CS：LCD 晶片選擇接腳。

（2）WR/CLK：LCD 寫入訊號接腳。

（3）RD：LCD 讀取訊號接腳。

（4）RST：LCD 重置接腳。

（5）BL：LCD 背光控制接腳。

（6）RS：命令 / 資料標示 (0：命令，1：資料 )。

（7）T_PEN、T_MOSI、T_MISO、T_CS、T_CLK：觸控式螢幕介面訊號。

（8）D0~D15：平行埠資料訊號接腳。

## 2. 平行埠驅動

TFT 液晶螢幕的平行埠讀寫過程：

先根據讀/寫的資料類型，設定 RS 電位 ( 高電位：資料；低電位：命令 )，然後設定 LCD_CS 晶片選擇接腳為低電位，接著我們要根據是讀取資料還是寫入資料分別操作：

(1) 讀取資料：置 RD 接腳為低電位，在 RD 接腳的上昇緣，讀取資料線上的資料 (D0~D15)，如圖 4.42 所示。

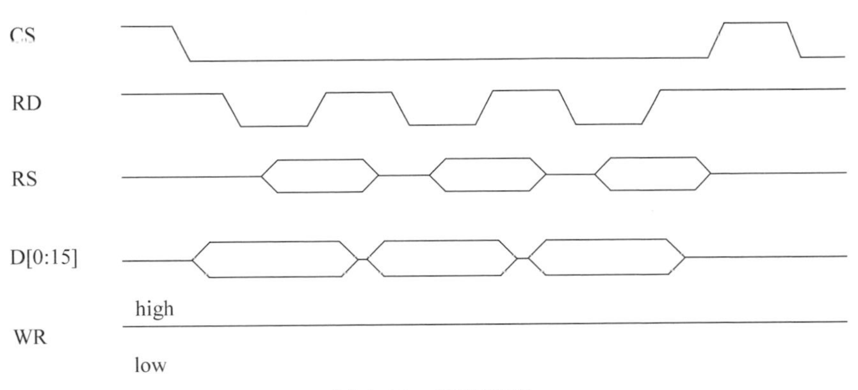


圖 4.42　讀取時序

(2) 寫入資料：置 WR/CLK 接腳為低電位，在 WR/CLK 接腳的上昇緣，將資料寫到資料線上 (D0~D15)，如圖 4.43 所示。

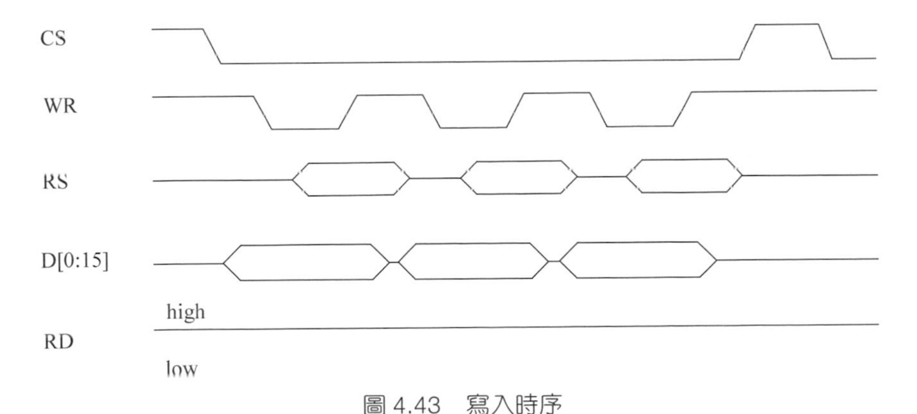


圖 4.43　寫入時序

### 3. RGB565 格式

TFT 液晶螢幕大部分是 16 位元資料線，格式為 RGB565，其中 R 為紅色、G 為綠色、B 為藍色，如圖 4.44 所示。

| 資料線 | D15 | D14 | D13 | D12 | D11 | D10 | D9 | D8 | D7 | D6 | D5 | D4 | D3 | D2 | D1 | D0 |
|---|---|---|---|---|---|---|---|---|---|---|---|---|---|---|---|---|
| LCD RGB565 | R[4] | R[3] | R[2] | R[1] | R[0] | G[5] | G[4] | G[3] | G[2] | G[1] | G[0] | B[4] | B[3] | B[2] | B[1] | B[0] |

圖 4.44　RGB 資料格式

### 4. STM32 FSMC

FSMC 是靈活的靜態儲存控制器，能夠與同步或非同步記憶體和 16 位元 PC 記憶體卡連接。FSMC 可以驅動 LCD 的主要原因是因為 FSMC 的讀寫時序和 LCD 的讀寫時序相似，於是把 LCD 當成一個外部記憶體來用。利用 FSMC 在對應的位址讀或寫入相關數值時，STM32 的 FSMC 會在硬體上自動完成時序上的控制，所以我們只要設定好讀寫相關時序暫存器後，FSMC 就可以幫我們完成時序上的控制了。

## 4.10.4 程式分析

打開 Chapter4\07_lcd\mdk\lcd.uvprojx，LCD 所有相關程式都在 lcd.c 檔案中。

### 1. 初始化 LCD

LCD 初始化程式主要完成 FSMC 初始化、LCD Driver IC 的 ID 獲取、LCD 暫存器初始化、點亮背光等操作，程式如下：

```
//Chapter4\07_lcd\USER\LCD\lcd.c509 行

// 初始化 LCD
void LCD_Init(void)
{
```

```
// 設定好 FSMC 就可以驅動 LCD 液晶螢幕了
LCD_FSMC_Config();

// 讀取 LCD 的 ID
lcd_id=ILI9341_Read_id();

// 如果是 9341 晶片，則設定以下參數。
if(lcd_id==0X9341)
{
   // 建立位址時間歸零
   FSMC_Bank1E->BWTR[6]&=~(0XF<<0);
   // 位址保存時間歸零
   FSMC_Bank1E->BWTR[6]&=~(0XF<<8);
   // 位址建立時間為 3 個 HCLK=18ns
   FSMC_Bank1E->BWTR[6]|=3<<0;
   // 資料保存時間為 3 個 HCLK=18ns
   FSMC_Bank1E->BWTR[6]|=2<<8;
}

// 如果是 9341 晶片，則根據晶片手冊初始化晶片，資料由晶片手冊而來
if(lcd_id==0X9341)
{
   // 寫入命令
   LCD_CMD=0xCF;
   // 寫入資料
   LCD_DATA=0x00;
   LCD_DATA=0xC1;
   LCD_DATA=0X30;
   LCD_CMD=0xED;
   ......

   LCD_BACK=1;// 點亮背光
}
```

## 2. 初始化 FSMC

FSMC 初始化包含 GPIO 通訊埠初始化、I/O 重複使用設定、FSMC 參數設定三大部分，程式如下：

```
//Chapter4\07_lcd\USER\LCD\lcd.c390 行

void LCD_FSMC_Config()
{
   GPIO_InitTypeDef  GPIO_InitStructure;
   FSMC_NORSRAMInitTypeDef  FSMC_NORSRAMInitStructure;
   FSMC_NORSRAMTimingInitTypeDef  readWriteTiming;
   FSMC_NORSRAMTimingInitTypeDef  writeTiming;

   // 打開對應的 GPIO 通訊埠時鐘
   RCC_AHB1PeriphClockCmd(RCC_AHB1Periph_GPIOD|RCC_AHB1Periph_GPIOE|RCC_
AHB1Periph_GPIOF|RCC_AHB1Periph_GPIOG,ENABLE);
   // 打開 FSMC 時鐘
   RCC_AHB3PeriphClockCmd(RCC_AHB3Periph_FSMC,ENABLE);

   // 這裡主要對 I/O 介面初始化
   GPIO_InitStructure.GPIO_Pin = GPIO_Pin_10;        //PF10
   GPIO_InitStructure.GPIO_Mode = GPIO_Mode_OUT;
   GPIO_InitStructure.GPIO_OType = GPIO_OType_PP;
   GPIO_InitStructure.GPIO_Speed = GPIO_Speed_50MHz;
   GPIO_InitStructure.GPIO_PuPd = GPIO_PuPd_UP;
   GPIO_Init(GPIOF,&GPIO_InitStructure);

   GPIO_InitStructure.GPIO_Pin = (3<<0)|(3<<4)|(7<<8)|(3<<14);
   GPIO_InitStructure.GPIO_Mode = GPIO_Mode_AF;
   GPIO_InitStructure.GPIO_OType = GPIO_OType_PP;
   GPIO_InitStructure.GPIO_Speed = GPIO_Speed_100MHz;
   GPIO_InitStructure.GPIO_PuPd = GPIO_PuPd_UP;
   GPIO_Init(GPIOD,&GPIO_InitStructure);

   GPIO_InitStructure.GPIO_Pin = (0X1FF<<7);        //PE7~15,AF OUT
```

```
GPIO_InitStructure.GPIO_Mode = GPIO_Mode_AF;
GPIO_InitStructure.GPIO_OType = GPIO_OType_PP;
GPIO_InitStructure.GPIO_Speed = GPIO_Speed_100MHz;
GPIO_InitStructure.GPIO_PuPd = GPIO_PuPd_UP;
GPIO_Init(GPIOE,&GPIO_InitStructure);

GPIO_InitStructure.GPIO_Pin = GPIO_Pin_2;        //PG2
GPIO_InitStructure.GPIO_Mode = GPIO_Mode_AF;
GPIO_InitStructure.GPIO_OType = GPIO_OType_PP;
GPIO_InitStructure.GPIO_Speed = GPIO_Speed_100MHz;
GPIO_InitStructure.GPIO_PuPd = GPIO_PuPd_UP;
GPIO_Init(GPIOG,&GPIO_InitStructure);

GPIO_InitStructure.GPIO_Pin = GPIO_Pin_12;       //PG12
GPIO_InitStructure.GPIO_Mode = GPIO_Mode_AF;
GPIO_InitStructure.GPIO_OType = GPIO_OType_PP;
GPIO_InitStructure.GPIO_Speed = GPIO_Speed_100MHz;
GPIO_InitStructure.GPIO_PuPd = GPIO_PuPd_UP;
GPIO_Init(GPIOG,&GPIO_InitStructure);

//將 I/O 介面重複使用成 FSMC 功能
GPIO_PinAFConfig(GPIOD,GPIO_PinSource0,GPIO_AF_FSMC);
GPIO_PinAFConfig(GPIOD,GPIO_PinSource1,GPIO_AF_FSMC);
GPIO_PinAFConfig(GPIOD,GPIO_PinSource4,GPIO_AF_FSMC);
GPIO_PinAFConfig(GPIOD,GPIO_PinSource5,GPIO_AF_FSMC);
GPIO_PinAFConfig(GPIOD,GPIO_PinSource8,GPIO_AF_FSMC);
GPIO_PinAFConfig(GPIOD,GPIO_PinSource9,GPIO_AF_FSMC);
GPIO_PinAFConfig(GPIOD,GPIO_PinSource10,GPIO_AF_FSMC);
GPIO_PinAFConfig(GPIOD,GPIO_PinSource14,GPIO_AF_FSMC);
GPIO_PinAFConfig(GPIOD,GPIO_PinSource15,GPIO_AF_FSMC);

GPIO_PinAFConfig(GPIOE,GPIO_PinSource7,GPIO_AF_FSMC);
GPIO_PinAFConfig(GPIOE,GPIO_PinSource8,GPIO_AF_FSMC);
GPIO_PinAFConfig(GPIOE,GPIO_PinSource9,GPIO_AF_FSMC);
GPIO_PinAFConfig(GPIOE,GPIO_PinSource10,GPIO_AF_FSMC);
GPIO_PinAFConfig(GPIOE,GPIO_PinSource11,GPIO_AF_FSMC);
```

```
    GPIO_PinAFConfig(GPIOE,GPIO_PinSource12,GPIO_AF_FSMC);
    GPIO_PinAFConfig(GPIOE,GPIO_PinSource13,GPIO_AF_FSMC);
    GPIO_PinAFConfig(GPIOE,GPIO_PinSource14,GPIO_AF_FSMC);
    GPIO_PinAFConfig(GPIOE,GPIO_PinSource15,GPIO_AF_FSMC);

    GPIO_PinAFConfig(GPIOG,GPIO_PinSource2,GPIO_AF_FSMC);
    GPIO_PinAFConfig(GPIOG,GPIO_PinSource12,GPIO_AF_FSMC);

    // 讀取位址建立時間 16 個 HCLK = 6ns * 16 = 96ns
    readWriteTiming.FSMC_AddressSetupTime = 0XF;
    // 讀取位址保存時間
    readWriteTiming.FSMC_AddressHoldTime = 0x00;
    // 讀取資料保存時間 60 個 HCLK = 6*60 = 360ns
    readWriteTiming.FSMC_DataSetupTime = 60;
    readWriteTiming.FSMC_BusTurnAroundDuration = 0x00;
    readWriteTiming.FSMC_CLKDivision = 0x00;
    readWriteTiming.FSMC_DataLatency = 0x00;
    readWriteTiming.FSMC_AccessMode = FSMC_AccessMode_A;

    // 寫入位址建立時間 9 個 HCLK = 54ns
    writeTiming.FSMC_AddressSetupTime =8;
    // 寫入位址保存時間
    writeTiming.FSMC_AddressHoldTime = 0x00;
    // 寫入資料保存時間 6ns*9 個 HCLK = 54ns
    writeTiming.FSMC_DataSetupTime = 7;
    writeTiming.FSMC_BusTurnAroundDuration = 0x00;
    writeTiming.FSMC_CLKDivision = 0x00;
    writeTiming.FSMC_DataLatency = 0x00;
    writeTiming.FSMC_AccessMode = FSMC_AccessMode_A;

    FSMC_NORSRAMInitStructure.FSMC_Bank = FSMC_Bank1_NORSRAM4;
    FSMC_NORSRAMInitStructure.FSMC_DataAddressMux = FSMC_DataAddressMux_
Disable;
    FSMC_NORSRAMInitStructure.FSMC_MemoryType =FSMC_MemoryType_SRAM;
    // 資料寬度為 16 位元
    FSMC_NORSRAMInitStructure.FSMC_MemoryDataWidth = FSMC_
```

```
MemoryDataWidth_16b;
    FSMC_NORSRAMInitStructure.FSMC_BurstAccessMode =FSMC_BurstAccessMode_
Disable;
    FSMC_NORSRAMInitStructure.FSMC_WaitSignalPolarity = FSMC_
WaitSignalPolarity_Low;
    FSMC_NORSRAMInitStructure.FSMC_AsynchronousWait=FSMC_
AsynchronousWait_Disable;
    FSMC_NORSRAMInitStructure.FSMC_WrapMode = FSMC_WrapMode_Disable;
    FSMC_NORSRAMInitStructure.FSMC_WaitSignalActive = FSMC_
WaitSignalActive_BeforeWaitState;
    // 寫入啟動
    FSMC_NORSRAMInitStructure.FSMC_WriteOperation = FSMC_WriteOperation_
Enable;
    FSMC_NORSRAMInitStructure.FSMC_WaitSignal = FSMC_WaitSignal_Disable;
    // 讀寫使用不同的時序
    FSMC_NORSRAMInitStructure.FSMC_ExtendedMode = FSMC_ExtendedMode_Enable;
    FSMC_NORSRAMInitStructure.FSMC_WriteBurst = FSMC_WriteBurst_Disable;
    // 讀取時序
    FSMC_NORSRAMInitStructure.FSMC_ReadWriteTimingStruct = &readWriteTiming;
    // 寫入時序
    FSMC_NORSRAMInitStructure.FSMC_WriteTimingStruct = &writeTiming;
    FSMC_NORSRAMInit(&FSMC_NORSRAMInitStructure);
    FSMC_NORSRAMCmd(FSMC_Bank1_NORSRAM4,ENABLE);
    delay_ms(50);
}
```

### 3. 寫入 LCD 暫存器

寫入 LCD 暫存器函數比較簡單，只需要發送要寫入的暫存器序號，接著寫入資料即可，程式如下：

```
// Chapter4\07_lcd\USER\LCD\lcd.c 40 行

void LCD_WriteReg(u16 LCD_Reg,u16 LCD_Value)
{
```

```
    LCD_CMD = LCD_Reg;        // 要寫入的暫存器序號
    LCD_DATA = LCD_Value;     // 要寫入的資料
}
```

### 4. 讀取 LCD 暫存器

讀取 LCD 暫存器只需要發送暫存器位址，然後等待 4μs，從資料匯流排中讀取資料即可，程式如下：

```
// Chapter4\07_lcd\USER\LCD\lcd.c54 行

u16 LCD_ReadReg(u16 LCD_Reg)
{
    LCD_CMD=LCD_Reg;     // 要讀取的暫存器位址
    delay_us(4);         // 等待 4us
    return LCD_DATA;     // 返回資料
}
```

### 5. 在 LCD 上畫一個點

(1) 先設定 LCD 的 x、y 座標，確定畫哪個點，設定游標位置的程式如下：

```
// Chapter4\07_lcd\USER\LCD\lcd.c 251 行

void LCD_SetCursor(u16 Xaddr,u16 Yaddr)
{
    if(lcd_id==0X9341)
    {
        // 發送設定 x 座標的命令
        LCD_CMD=setxcmd;
        // 傳入 x 座標的數值
        LCD_DATA=(Xaddr>>8);
        LCD_DATA=(Xaddr&0XFF);
        // 發送設定 y 座標的命令
```

```
        LCD_CMD=setycmd;
        // 傳入 y 座標的數值
        LCD_DATA=(Yaddr>>8);
        LCD_DATA=(Yaddr&0XFF);
    }
}
```

（2）發送寫入 gram 命令，然後把要寫入的 RGB 值透過資料匯流排發送出去，程式如下：

```
// Chapter4\07_lcd\USER\LCD\lcd.c  343 行

void LCD_Color_DrawPoint(u16 x,u16 y,u16 color)
{
        // 設定 x、y 座標
        LCD_DrawPoint(x,y);
        // 發送寫入 gram 命令
        LCD_CMD=write_gramcmd;
        // 寫入 RGB 數值
        LCD_DATA=color;
}
```

### 6. 在 LCD 上顯示字串

顯示字串可以分解成在 LCD 上畫不同的點，所以可以使用 LCD_Color_DrawPoint 函數計算好座標，畫不同顏色的點，從而組成字串。同理，也可以使用 LCD_Color_DrawPoint 函數畫出各種圖型。在 LCD 上顯示字串的函數原型如下：

```
// Chapter4\07_lcd\USER\LCD\lcd.c  822 行

void LCD_DisplayString_color(u16 x,u16 y,u8 size,u8 *p,u16 brushcolor,
u16 backcolor)
```

參數列表：

- x：x 起始座標。
- y：y 起始座標。
- size：字型大小，支持 12、16、24 三種字型大小。
- *p：要顯示的字串。
- brushcolor：字型顏色。
- backcolor：背景顏色。

### 4.10.5 小結

本節介紹了 LCD 不同類型和介面，並重點說明了 MCU 介面的 LCD 工作原理。從程式中分析 STM32F407 是如何驅動 MCU 介面的 LCD 工作的。這一部分的程式比較多，讀者看完本節後，需要自己打開 LCD 專案，詳細查看程式，並多做實驗。

Chapter

# 05 LwIP

在嵌入式開發中，如果裝置需要聯網，通常需要實現 TCP/IP 的整個功能程式模組。但是 TCP/IP 非常複雜、龐大，自己獨立去實現非常困難。幸運的是，現在有很多免費又開放原始碼的 TCP/IP 幫我們實現了 TCP/IP 功能。例如嵌入式 Linux 本身就附帶了 TCP/IP，而在微處理器領域，通常使用 LwIP。

## 5.1 初識 LwIP

### 5.1.1 LwIP 介紹

LwIP 全稱是 Light Weight ( 輕型 )IP，有無作業系統的支援都可以執行。只需十幾千位元組的 RAM 和 40KB 左右的 ROM 即可執行，非常適合在低端嵌入式系統中使用。

LwIP 是瑞典電腦科學院 (SICS) 的 Adam Dunkels 開發的小型開放原始碼的 TCP/IP，目前在嵌入式領域應用廣泛。主要特性如下：

（1）支援多網路介面的 IP 轉發功能。

（2）支持 ICMP、DHCP。

（3）支持擴充 UDP。

（4）支援阻塞控制、RTT 估算和快速轉發的 TCP。

（5）提供回呼介面 (RAW API)。

（6）支援可選擇的 Berkeley 介面 API。

## 5.1.2 原始程式簡析

LwIP 的原始程式可到官網下載，連結：http://download.savannah.gnu.org/releases/lwip/。

### 1. 程式家目錄

本文提供的程式是 1.3.2 版本，打開 Chapter5\01 TCP 伺服器資料收發實驗 \lwip_v1.3.2 資料夾，可以看到如圖 5.1 的程式家目錄。

| | | |
|---|---|---|
| doc | 2020/3/6 10:29 | 文件夹 |
| port | 2020/3/6 10:29 | 文件夹 |
| src | 2020/3/6 10:29 | 文件夹 |
| CHANGELOG | 2011/11/15 10:05 | 文件 |
| COPYING | 2011/11/15 10:05 | 文件 |
| FILES | 2011/11/15 10:05 | 文件 |
| README | 2011/11/15 10:05 | 文件 |

圖 5.1　程式家目錄

- doc：LwIP 的說明文件。
- port：跟晶片架構相關的檔案設定，移植 LwIP 的部分。一般來說每個晶片架構都需要去修改這個資料夾裡面的相關程式。
- src：LwIP 的核心程式部分。

### 2. port 目錄

port 資料夾存放的主要是跟晶片架構相關的程式，目錄結構如圖 5.2 所示。

- arch：這個目錄下存放的主要是跟晶片架構相關的檔案，通常不需要修改。
- Standalone：這個目錄下的 ethernetif.c 檔案是整個 LwIP 移植的重點。

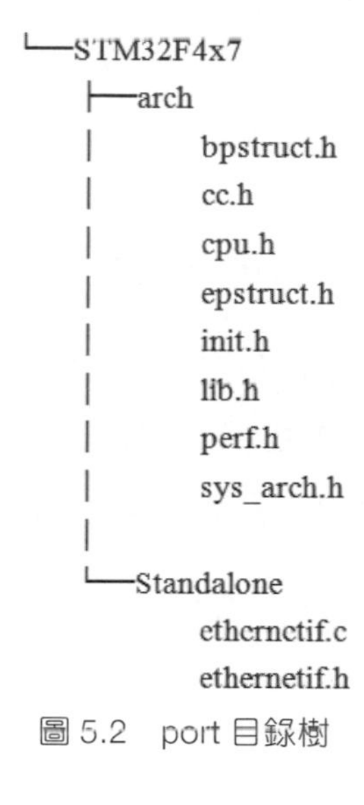


圖 5.2　port 目錄樹

### 3. src 目錄

src 目錄裡面存放的是 LwIP 的關鍵原始程式部分，通常我們不需要修改這個 src 目錄下的檔案。整個目錄主要包含 4 個資料夾，如圖 5.3 所示。

| | |
|---|---|
| api | 2020/3/6 10:29 |
| core | 2020/3/6 16:12 |
| include | 2020/3/6 10:29 |
| netif | 2020/3/6 10:32 |

圖 5.3　src 目錄

- api：提供了兩種簡單的 API：sequential API 和 socket API。要使用這兩個 API 需要底層作業系統的支援。
- core：LwIP 的核心程式，包括 IP、ICMP、TCP、UDP、DHCP、DNS 等核心協定。核心程式可以獨立執行，且不需要作業系統支援。
- include：各種標頭檔，與原始程式目錄對應。
- netif：包括底層網路介面的相關檔案，其中部分有效檔案已經移到 port 資料夾中。

LwIP 原始程式是非常龐大的，裡面有很多細節，本書後面將重點講驅動和應用部分。其他部分讀者可以閱讀本書提供的附錄 A\ 學習資料 \3，LWIP 學習資料 \LwIP 原始程式詳解 .pdf 檔案。

## 5.1.3 系統框架

本文使用的硬體平台 STM32F407 搭配 DP83848 晶片與 LwIP 配合使用，從而實現嵌入式網路通訊功能。整個系統的框架和 TCP/IP 可以對應上，如圖 5.4 所示。本書將從 MAC 層開始分析原始程式。

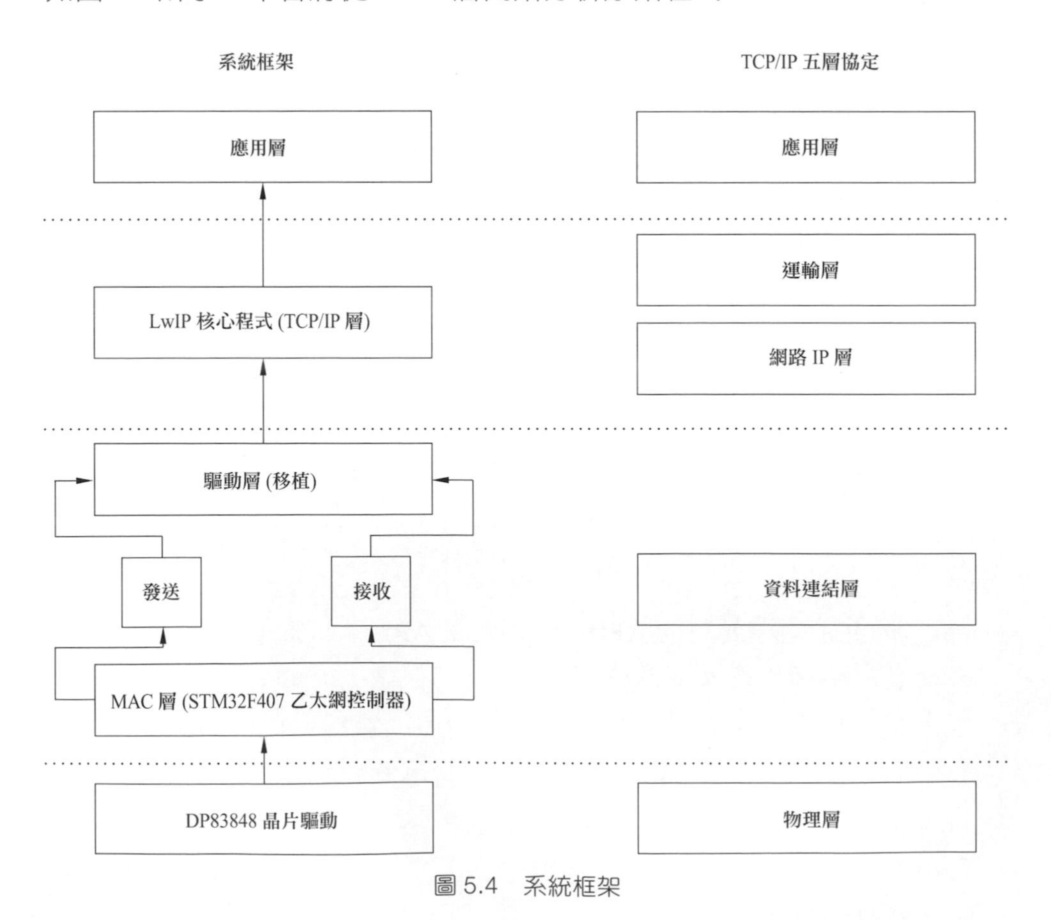


圖 5.4　系統框架

# 5.2 網路卡驅動

## 5.2.1 STM32F407 乙太網控制器

STM32F407 附帶乙太網控制器，提供了可設定、靈活的外接裝置，用以滿足客戶的各種應用需求。它支援與外部物理層 (PHY) 相連的兩個工業標準介面：預設情況下使用的是媒體獨立介面 (MII，在 IEEE 802.3 規範中定義 ) 和簡化媒體獨立介面 (RMII)。它有多種應用領域，例如交換機、網路介面卡等。遵守以索引準：

（1） 支持 IEEE 802.3—2002。
（2） 支援 IEEE 1588—2008 標準。
（3） AMBA 2.0，用於 AHB 主 / 從通訊埠。
（4） RMII 聯盟的 RMII 規範。
（5） 支援外部 PHY 介面實現 10/100 Mb/s 資料傳輸速率。
（6） 透過符合 IEEE802.3 的 MII 介面與外部快速乙太網 PHY 進行通訊。
（7） 支援全雙工和半雙工操作。
（8） 表頭和幀起始資料 (SFD) 在發送路徑中插入、在接收路徑中刪除。
（9） 可逐幀控制 CRC 和 pad 自動生成。
（10）接收幀時可自動去除 pad/CRC。
（11）可程式化幀長度，支持高達 16KB 的巨型幀。
（12）可程式化幀間隔 (40~96 位元時間，以 8 為步進值 )。

STM32F407 乙太網功能如圖 5.5 所示。

通常 STM32F407 乙太網控制器需要外接 PHY 晶片。

DP83848 晶片是美國國家半導體公司生產的一款堅固性好、功能全、功耗低的 10/100Mb/s 單路物理層 (PHY) 元件。

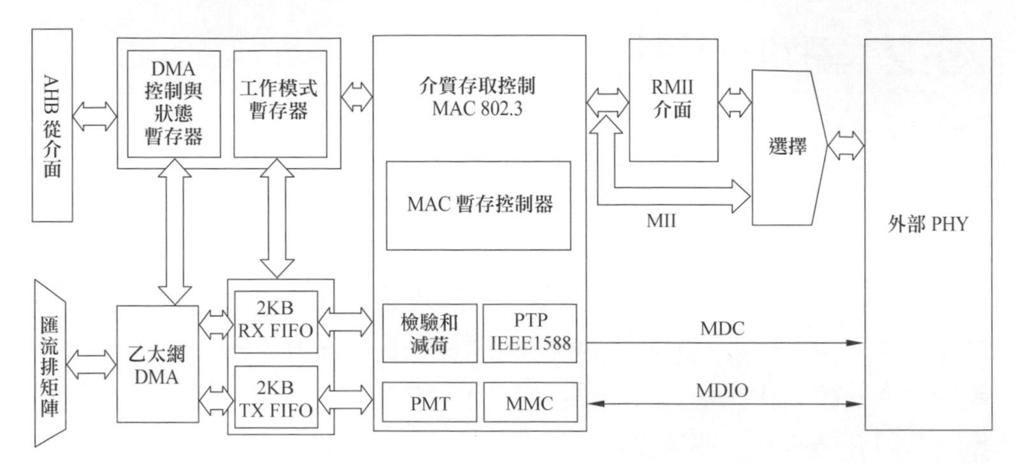


圖 5.5　STM32F407 乙太網

## 5.2.2 網路卡驅動流程

本書使用 STM32F407 的乙太網控制器、DP83848 晶片實現有線網路卡網路通訊功能。打開本書提供的 Chapter5\01_TCP_Server\mdk\LWIP.uvprojx 專案檔案，網路驅動部分的程式基本在 stm32f4x7_eth_bsp.c 和 stm32f4x7_eth.c 兩個檔案中，整個驅動流程可分為 3 大部分。

### 1. 乙太網控制器初始化

初始化 STM32F407 的乙太網控制器，初始化 DP83848 晶片的相關 GPIO，設定 DMA、網路介面中斷等，入口是 ETH_BSP_Config()，程式如下：

```
//Chapter5\01_TCP_Server\USER\DP83848\stm32f4x7_eth_bsp.c    21 行

void ETH_BSP_Config(void)
{
   RCC_ClocksTypeDef RCC_Clocks;

   //DP83848 晶片相關的 GPIO 初始化，重複使用成乙太網接腳功能
   ETH_GPIO_Config();
```

```
    //設定乙太網接收中斷
    ETH_NVIC_Config();       // Config NVIC for Ethernet

    //乙太網 DMA 設定
    ETH_MACDMA_Config();     // Configure the Ethernet MAC/DMA

    //設定 SysTick 時鐘 10ms 中斷
    RCC_GetClocksFreq(&RCC_Clocks);    SysTick_Config(RCC_Clocks.SYSCLK_
Frequency / 100);

    /* 更新 SysTick IRQ 優先順序應高於乙太網 IRQ */
    /* 應該在處理乙太網資料封包時更新本地時間 */
    NVIC_SetPriority (SysTick_IRQn,1);
}
```

DP83848 晶片相關的 GPIO 初始化和乙太網中斷設定部分的程式比較簡單，讀者可以自行查閱程式。本書重點分析 DMA 設定函數 static void ETH_MACDMA_Config(void)，程式位於 Chapter5\01_TCP_Server\USER\DP83848\stm32f4x7_eth_bsp.c 第 46 行，程式如下：

```
static void ETH_MACDMA_Config(void)
{

    ETH_InitTypeDef ETH_InitStructure;

    /* 啟動 ETHERNET 時鐘 */
    RCC_AHB1PeriphClockCmd(RCC_AHB1Periph_ETH_MAC | RCC_AHB1Periph_ETH_
                           MAC_Tx | RCC_AHB1Periph_ETH_MAC_Rx,ENABLE);

    ETH_DeInit();/* 重置 AHB Bus 的 ETHERNET */

    ETH_SoftwareReset();  /* ETH 軟體重置 */

    while (ETH_GetSoftwareResetStatus() == SET); /* 等待軟體重置成功 */

    /* ETHERNET 設定 */
```

```
    ETH_StructInit(&ETH_InitStructure);

    /*
    中間有一段 MAC 和 DMA 設定的程式，很長且比較簡單，建議讀者自行閱讀原始程式
     */

    /* 這是最重要的函數，用於初始化乙太網和 DP83848 */
    ETH_Init(&ETH_InitStructure,DP83848_PHY_ADDRESS);

    /* Enable the Ethernet Rx Interrupt */
    ETH_DMAITConfig(ETH_DMA_IT_NIS | ETH_DMA_IT_R,ENABLE);
}
```

## 2. DP83848 晶片初始化和設定

ETH_MACDMA_Config 最後會呼叫 ETH_Init 函數實現乙太網和 DP83848 晶片的相關初始化，程式已經增加註釋，位於 Chapter5\01_TCP_Server\STM32F4x7_ETH_Driver\src\stm32f4x7_eth.c，讀者可以閱讀全部原始程式，這裡僅列出關鍵程式部分，程式如下：

```
//Chapter5\01_TCP_Server\STM32F4x7_ETH_Driver\src\stm32f4x7_eth.c 274 行

uint32_t ETH_Init(ETH_InitTypeDef* ETH_InitStruct,uint16_t PHYAddress)
{
…
    /* 1. 參數驗證 */
    assert_param(IS_ETH_WATCHDOG(ETH_InitStruct->ETH_Watchdog));
    assert_param(IS_ETH_JABBER(ETH_InitStruct->ETH_Jabber));

    …

    //368 行
    /* 2.DP83848 晶片初始化和設定 */

    /* 3. 先重置 DP83848 晶片 */
```

```
    if(!(ETH_WritePHYRegister(PHYAddress,PHY_BCR,PHY_Reset)))
    {
      /* 操作逾時，返回錯誤 */
      return ETH_ERROR;
    }
    /* 等待 DP83848 晶片重置 */
    _eth_delay_(PHY_RESET_DELAY);

    //如果不是自動協商
    if(ETH_InitStruct->ETH_AutoNegotiation != ETH_AutoNegotiation_Disable)
    {
      /* 等待 linked 狀態 ... */
      do
      {
      timeout++;
      } while  (!(ETH_ReadPHYRegister(PHYAddress,PHY_BSR) & PHY_Linked_
Status) && (timeout<PHY_READ_TO));

      /* 如果逾時，則返回錯誤 */
      if(timeout == PHY_READ_TO)
      {
        return ETH_ERROR;
      }

      timeout = 0;
      /* 啟動自動協商 */
      if(!(ETH_WritePHYRegister(PHYAddress,PHY_BCR,PHY_AutoNegotiation)))
      {
        /* 逾時則返回錯誤 */
        return ETH_ERROR;
      }

      /* 等待，直到網路自動協商完成 */
      do
      {
        timeout++;
      } while (!(ETH_ReadPHYRegister(PHYAddress,PHY_BSR) & PHY_AutoNego_
Complete) && (timeout<(uint32_t)PHY_READ_TO));
```

```
    /* 逾時則返回錯誤 */
    if(timeout == PHY_READ_TO)
    {
      return ETH_ERROR;
    }

    timeout = 0;

    /* 讀取自動協商的結果 */
    RegValue = ETH_ReadPHYRegister(PHYAddress,PHY_SR);

    /* 使用自動協商過程固定的雙工模式設定 MAC */
    if((RegValue & PHY_DUPLEX_STATUS) != (uint32_t)RESET)
    {
      /* 自動協商後，將乙太網雙工模式設定為全雙工 */
      ETH_InitStruct->ETH_Mode = ETH_Mode_FullDuplex;
    }
    else
    {
      /* 自動協商後，將乙太網雙工模式設定為半雙工 */
      ETH_InitStruct->ETH_Mode = ETH_Mode_HalfDuplex;
    }

    /* 以自動協商過程確定的速度設定 MAC */
    if(RegValue & PHY_SPEED_STATUS)
    {
      /* 自動協商後將乙太網速度設定為 10Mb/s*/
      ETH_InitStruct->ETH_Speed = ETH_Speed_10M;
    }
    else
    {
      /* 自動協商後將乙太網速度設定為 100Mb/s*/
      ETH_InitStruct->ETH_Speed = ETH_Speed_100M;
    }

/*
當程式執行到這裡的時候，DP83848 晶片已經可以正常執行，並能和路由器互發資料
```

```
    */
    }
...
    return ETH_SUCCESS;
}
```

### 3. 中斷接收函數

當網路卡接收到資料後，會觸發 ETH 中斷，我們需要在中斷函數中處理資料，程式如下：

```
//Chapter5\01_TCP_Server\Main\stm32f4xx_it.c163 行

void ETH_IRQHandler(void)
{
    /* 處理所有收到的 frames */
        /* 檢查是否收到任何資料封包 */
        while(ETH_CheckFrameReceived())
        {
            /* 處理收到的乙太網資料封包 */
            LwIP_Pkt_Handle();
        }
        /* Clear the Eth DMA Rx IT pending bits */
        ETH_DMAClearITPendingBit(ETH_DMA_IT_R);
        ETH_DMAClearITPendingBit(ETH_DMA_IT_NIS);
}
```

其中 LwIP_Pkt_Handle 函數將網路資料封包傳遞到 LwIP，程式如下：

```
//Chapter5\01_TCP_Server\USER\LWIP_APP\netconf.c   127 行

void LwIP_Pkt_Handle(void)
{
    /* 從乙太網緩衝區讀取收到的資料封包，並將其發送到 LwIP 進行處理 */
    ethernetif_input(&netif);
}
```

## 5.3 LwIP 初始化

DP83848 晶片初始化並設定成功後，STM32F407 已經可以透過 DP83848 晶片和路由器進行資料收發，但是還不能實現網路通訊，因為還要初始化 LwIP，程式如下：

```
//
void LwIP_Init(void)
{

   /* 初始化動態記憶體堆積 */
   mem_init();

   /* 初始化記憶體池 */
   memp_init();

   // 如果已經定義 USE_DHCP，則使用動態分配 IP 的方式，本程式暫時使用靜態設定 IP
     的方式
   #ifdef USE_DHCP
   ipaddr.addr = 0;
   netmask.addr = 0;
   gw.addr = 0;
#else
   /* 靜態 IP 位址在 \Chapter5\01_TCP_Server\USER\LWIP_APP\TCP_SERVER.h
     讀者可以自行修改 */
   Set_IP4_ADDR(&ipaddr,IMT407G_IP);
   Set_IP4_ADDR(&netmask,IMT407G_NETMASK);
   Set_IP4_ADDR(&gw,IMT407G_WG);

#endif

   /*netif_add(struct netif *netif,struct ip_addr *ipaddr,
             struct ip_addr *netmask,struct ip_addr *gw,
             void *state,err_t (* init)(struct netif *netif),
```

```
            err_t (* input)(struct pbuf *p,struct netif *netif))

    將網路介面增加到 netif_list。分配結構 netif，並將指向此結構的指標作為第一
    個參數傳遞。
    使用 DHCP 時，提供指向已清除的 ip_addr 結構的指標，或用理智的數字填充它們，
    否則狀態指標可以為 NULL

    初始化函數指標必須指向用於乙太網的 netif 介面。以下程式說明了它的用法。*/
    netif_add(&netif,&ipaddr,&netmask,&gw,NULL,&ethernetif_
            init,&ethernet_input);

    /* 註冊預設的網路介面 */
    netif_set_default(&netif);

    /* 完全設定 netif 後，必須呼叫此函數 */
    netif_set_up(&netif);
}
```

## 5.4 API

LwIP 提供 3 種 API：

(1) RAW API：可以不需要作業系統，該介面把協定層和應用程式放到一個處理程序裡，以函數回呼技術為基礎，使用該介面的應用程式可以不用進行連續操作。

(2) NETCONN API：需要作業系統支援，該介面把接收與處理放在一個執行緒裡。

(3) BSD API：以 open-read-write-close 模型為基礎的 UNIX 標準 API，它的最大特點是使應用程式移植到其他系統時比較容易，但用在嵌入式系統中效率比較低，並且佔用資源多。

## 5.4.1 RAW API

LwIP 提供 RAW API，可以把協定層和應用程式放到一個處理程序裡，該介面以函數回呼機制為基礎，適用於沒有執行作業系統的場合，但是程式設計難度較高，需要讀者熟悉函數回呼機制原理。

### 1. PCB

PCB 全稱 Protocol Control Block，中文名為協定控制區塊。RAW API 的所有函數都以 PCB 為基礎，透過 PCB 進行網路通訊，在功能上類似於 socket 通訊端。

根據傳輸協定，PCB 又可分為 TCP PCB 和 UDP PCB 兩種。

### 2. tcp_new

使用者可以使用 tcp_new 函數創建一個 TCP PCB，函數將返回一個 struct tcp_pcb 介面體指標。

函數程式如下：

```
// Chapter5\01_TCP_Server\lwip_v1.3.2\src\core\tcp.c1090 行

struct tcp_pcb *tcp_new(void)
{
   return tcp_alloc(TCP_PRIO_NORMAL);
}
```

### 3. tcp_bind

tcp_bind 將 TCP PCB 綁定到本地通訊埠編號和 IP 位址。函數程式如下：

```
// Chapter5\01_TCP_Server\lwip_v1.3.2\src\core\tcp.c276 行
err_t tcp_bind(struct tcp_pcb *pcb,struct ip_addr *ipaddr,u16_t port)
```

參數：

- struct tcp_pcb*pcb：需要綁定的 TCP PCB，由 tcp_new 函數創建。tcp_bind 不檢查此 pcb 是否已綁定。
- struct ip_addr*ipaddr：綁定到本地 IP 位址，使用 IP_ADDR_ANY 綁定到任何本地位址。
- u16_t port：本地通訊埠。

返回值：

- ERR_USE：通訊埠已被佔用。
- ERR_OK：綁定成功。

### 4. tcp_listen

tcp_listen 用於設定 TCP PCB 為可連接狀態，通常作為伺服器的一方需要呼叫此函數，一旦呼叫，則表示用戶端已經可以開始使用 TCP 連接伺服器了。

tcp_listen 函數的定義如下：

```
//Chapter5\01_TCP_Server\lwip_v1.3.2\src\include\lwip\tcp.h    100 行

#define tcp_listen(pcb) tcp_listen_with_backlog(pcb,TCP_DEFAULT_LISTEN_
BACKLOG)
```

可以看到，tcp_listen 函數最後呼叫的是 tcp_listen_with_backlog 函數，它的函數程式如下：

```
// Chapter5\01_TCP_Server\lwip_v1.3.2\src\core\tcp.c    366 行

struct tcp_pcb *tcp_listen_with_backlog(struct tcp_pcb *pcb,u8_t
backlog)
```

參數：

(1) struct tcp_pcb*pcb：原始的 tcp_pcb。

(2) u8_t backlog：連接佇列最大限制。

返回值：

- struct tcp_pcb*：返回一個新的已處於監聽狀態的 TCP PCB。需要注意的是，原始的 tcp_pcb 將被釋放。因此，必須這樣使用該函數：tpcb = tcp_listen(tpcb)。

### 5. tcp_connect

tcp_connect 函數用於連接到伺服器，並設定連接成功時的回呼函數，通常用戶端呼叫此函數，其函數定義如下：

```
// Chapter5\01_TCP_Server\lwip_v1.3.2\src\core\tcp.c   513 行

err_ttcp_connect(struct tcp_pcb *pcb,struct ip_addr *ipaddr,u16_t port,
   err_t (* connected)(void *arg,struct tcp_pcb *tpcb,err_t err))
```

參數：

(1) struct tcp_pcb*pcb：需要設定的 TCP PCB。

(2) struct ip_addr*ipaddr：伺服器的 IP 位址。可以定義一個 struct ip_addr 結構，然後使用 IP4_ADDR(&ipaddr,a,b,c,d) 函數設定 IP，例如伺服器的 IP 是 192.168.1.100，可以使用 IP4_ADDR(&ipaddr, 192, 168, 1, 100) 進行設定。

(3) u16_t port：伺服器通訊埠編號。

(4) err_t (* connected)(void *arg,struct tcp_pcb *tpcb,err_t err)：連接成功時的回呼函數。讀者需要自己實現該函數，本書提供了一個簡單的 TCP_Connected 函數供參考，其函數程式如下：

```
// Chapter5\03 TCP_Client\USER\LWIP_APP\TCP_CLIENT.C   66 行
```

```
err_t TCP_Connected(void *arg,struct tcp_pcb *pcb,err_t err)
{
   //tcp_client_pcb = pcb;
   return ERR_OK;
}
```

### 6. tcp_accept

tcp_accept 用於設定有連接請求時的回呼函數，通常伺服器呼叫此函數。其函數定義如下：

```
// Chapter5\01_TCP_Server\lwip_v1.3.2\src\core\tcp.c1160 行

voidtcp_accept(struct tcp_pcb *pcb,
   err_t (* accept)(void *arg, struct tcp_pcb *newpcb, err_t err))
{
   pcb->accept = accept;
}
```

參數：

（1）struct tcp_pcb *pcb：需要設定的 TCP PCB。

（2）err_t {* accept)(void *arg, struct tcp_pcb *newpcb, err_t err)) 回呼函數，使用者必須自己實現該函數。當有連接請求時，LwIP 會呼叫該回呼函數，處理連接請求。

本書提供了一個 tcp_server_accept 回呼函數，讀者可以參考，其函數程式如下：

```
//Chapter5\01_TCP_Server\USER\LWIP_APP\TCP_SERVER.C47 行

/***********************************************************************
名稱：tcp_server_accept(void *arg,struct tcp_pcb *pcb,struct pbuf *p,
      err_t err)
```

```
功能：回呼函數。
說明：這是一個回呼函數，當一個連接已經接受時會被呼叫
***********************************************************************/
static err_t tcp_server_accept(void *arg,struct tcp_pcb *pcb,err_t err)
{
   //設定回呼函數的優先順序，當存在幾個連接時特別重要，此函數必須被呼叫
   tcp_setprio(pcb,TCP_PRIO_MIN);
   //設定 TCP 資料接收回呼函數，當有網路資料時，tcp_server_recv 會被呼叫
   tcp_recv(pcb,tcp_server_recv);
   err = ERR_OK;
   return err;
}
```

## 7. tcp_recv

tcp_recv 用於設定 TCP 資料接收回呼函數，其函數程式如下：

```
//Chapter5\01_TCP_Server\lwip_v1.3.2\src\core\tcp.c  1116 行

void tcp_recv(struct tcp_pcb *pcb,
   err_t (* recv)(void *arg,struct tcp_pcb *tpcb,struct pbuf *p,err_t err))
{
   pcb->recv = recv;
}
```

參數：

（1）struct tcp_pcb *pcb：需要設定的 TCP PCB。

（2）err_t (* recv)(void *arg,struct tcp_pcb *tpcb, struct pbuf *p,err_t err)：接收回呼函數，使用者必須自己實現該函數，當有網路資料時，接收回呼函數被呼叫。

本書提供了一個 tcp_server_recv 回呼函數常式，讀者可以參考，其函數程式如下：

```
//Chapter5\01_TCP_Server\USER\LWIP_APP\TCP_SERVER.C  17行

static err_t tcp_server_recv(void *arg,struct tcp_pcb *pcb,struct pbuf
*p,err_t err)
{
    //定義一個pbuf指標變數，指向傳入的參數p。p接收網路資料並快取
    struct pbuf *p_temp = p;

    //如果資料不為空
    if(p_temp != NULL)
    {
        //讀取資料
        tcp_recved(pcb,p_temp->tot_len);
        //如果資料不為空
        while(p_temp != NULL)
        {
            //把收到的資料重新發送給用戶端
            tcp_write(pcb,p_temp->payload,p_temp->len,TCP_WRITE_FLAG_COPY);
            //啟動發送
            tcp_output(pcb);
            //獲取下一個資料封包
            p_temp = p_temp->next;
        }
    }
    else //資料為空，說明接收失敗，可能網路異常或用戶端已斷開連接
    {
        //關閉連接
        tcp_close(pcb);
    }
    //釋放記憶體
    pbuf_free(p);
    //返回OK
    err = ERR_OK;
    return err;
}
```

## 8. RAW API 流程圖

將 LwIP 的 RAW API 和 socket 介面做比較，可以看到兩者在程式設計方式上非常接近，其流程如圖 5.6 所示。

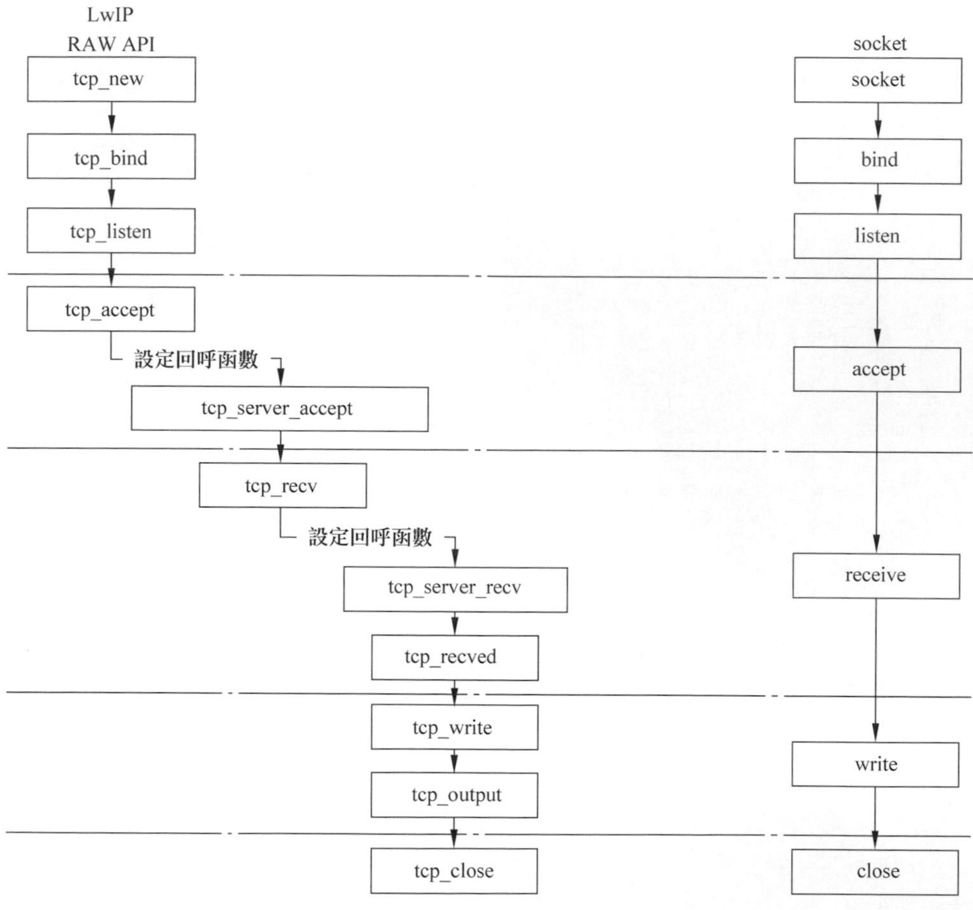


圖 5.6　RAW API 和 socket 流程

讀者可以使用本書提供的 01_TCP_Server 專案檔案，根據自己的需求修改 tcp_server_recv 回呼函數內容。

## 5.4.2 NETCONN API

在 NETCONN 介面中，無論 UDP 還是 TCP 都統一使用一個連接結構 netconn，這樣應用程式就可以使用統一的連接結構和程式設計函數。

### 1. netconn_new

netconn 又稱為連接結構。一個連接結構中包含的成員變數很多，如連接的類型和連接的狀態，對應的控制區塊及一些記錄的資訊。netconn 結構的定義位於 api.h 檔案。程式如下：

```
struct netconn {

  /** netconn 類型 (TCP,UDP or RAW) */
  enum netconn_type type;

  /** netconn 當前狀態 */
  enum netconn_state state;

  /** LwIP 內部協定控制區塊 */
  union {
    struct ip_pcb  *ip;
    struct tcp_pcb *tcp;
    struct udp_pcb *udp;
    struct raw_pcb *raw;
  } pcb;

  /** netconn 最後一個錯誤 */
  err_t last_err;

#if !LWIP_NETCONN_SEM_PER_THREAD
  /** 用於在核心上下文中同步執行功能 */
  sys_sem_t op_completed;
#endif
```

```
  /** mbox ：接收套件的 mbox，直到它們被 netconn 應用程式執行緒獲取（可以變
   得非常大） */
  sys_mbox_t recvmbox;

#if LWIP_TCP
  /** mbox 在應用程式執行緒之前，將新連接儲存在這個 mbox*/
  sys_mbox_t acceptmbox;
#endif /* LWIP_TCP */

  /** 僅用於通訊端層，通常不使用 */
#if LWIP_SOCKET
  int socket;
#endif /* LWIP_SOCKET */
#if LWIP_SO_SNDTIMEO
  /** 逾時等待發送資料，以毫秒為間隔（這表示將資料以內部緩衝區的形式發送）*/
  s32_t send_timeout;
#endif /* LWIP_SO_RCVTIMEO */

#if LWIP_SO_RCVTIMEO
  /** 逾時等待接收新資料，以毫秒為間隔（或連接到監聽 netconns 的連接） */
  int recv_timeout;
#endif /* LWIP_SO_RCVTIMEO */

#if LWIP_SO_RCVBUF
  /** recvmbox 中排隊的最大位元組數
      未用於 TCP：請改為調整 TCP_WND */
  int recv_bufsize;
  /** 當前在 recvmbox 中要接收的位元組數，
     針對 recv_bufsize 測試以限制 recvmbox 上的位元組
     用於 UDP 和 RAW，用於 FIONREAD */
  int recv_avail;
#endif /* LWIP_SO_RCVBUF */

#if LWIP_SO_LINGER
  /** 值 <0 表示禁用延遲，值 >
  0 表示延遲數秒 */
```

```
s16_t linger;

#endif /* LWIP_SO_LINGER */
   /** 更多 netconn 內部狀態的標示，請參見 NETCONN_FLAG_ * 定義 */
   u8_t flags;
#if LWIP_TCP

   /** TCP：當傳遞給 netconn_write 的資料不適合發送緩衝區時，
        暫時儲存已發送的數量 */
   size_t write_offset;

   /** TCP：當傳遞給 netconn_write 的資料不適合發送緩衝區時，
        此時暫時儲存訊息。
        在連接和關閉期間也使用 */
   struct api_msg *current_msg;

#endif /* LWIP_TCP */
   /** 通知此 netconn 事件的回呼函數 */
   netconn_callback callback;

};
```

使用者可以使用 netconn_new 函數創建一個 netconn 結構，其函數程式如下：

```
//Chapter5\02_rt-thread3.1.1-lwip2.0.2\components\net\lwip-2.0.2\src\
include\lwip\
//api.h   293 行

#define netconn_new(t) netconn_new_with_proto_and_callback(t,0,NULL)
```

可以看到，netconn_new 是一個巨集，最終呼叫的是 netconn_new_with_proto_and_callback 函數，其函數程式如下：

```
//Chapter5\02_rt-thread3.1.1-lwip2.0.2\components\net\lwip-2.0.2\src\
api\api_lib.c
//68 行

struct netconn*netconn_new_with_proto_and_callback(enum netconn_type t,
u8_t proto,netconn_callback callback)
```

參數：

（1）enum netconn_type t：創建的連接類型，通常的連接類型是 TCP 或 UDP，其設定值可以是 netconn_type 枚舉中的任何一個。netconn_type 枚舉程式如下：

```
//Chapter5\02_rt-thread3.1.1-lwip2.0.2\components\net\lwip-2.0.2\src\
include\lwip\
//api.h 83 行

/** Protocol family and type of the netconn */
enum netconn_type {
   NETCONN_INVALID     = 0,
   /* NETCONN_TCP Group */
   NETCONN_TCP         = 0x10,
   /* NETCONN_UDP Group */
   NETCONN_UDP         = 0x20,
   NETCONN_UDPLITE     = 0x21,
   NETCONN_UDPNOCHKSUM= 0x22,
   /* NETCONN_RAW Group */
   NETCONN_RAW         = 0x40
};
```

（2）u8_t proto：原始 RAW IP pcb 的 IP，通常寫 0 即可。

（3）netconn_callback callback：設定狀態發生改變時的回呼函數，通常不需要設定。

返回：

- struct netconn*：返回創建的 netconn 結構。

通常我們只需要使用 netconn_new 函數即可，傳入的參數為創建的連接類型。

### 2. netconn_delete

netconn_delete 用於刪除 netconn 結構，並釋放記憶體。當用戶端斷開連接後，使用者一定要呼叫該函數刪除並釋放 netconn 資源，否則會引起記憶體洩漏。netconn_delete 函數的程式如下：

```
//Chapter5\02_rt-thread3.1.1-lwip2.0.2\components\net\lwip-2.0.2\src\
api\api_lib.c
//103 行

err_tnetconn_delete(struct netconn *conn)
```

參數：

- struct netconn *conn：需要刪除並釋放資源的 netconn 結構。

返回：

如果刪除成功，返回 ERR_OK。

### 3. netconn_bind

netconn_bind 用於綁定 netconn 結構的 IP 位址和通訊埠編號，其函數程式如下：

```
//Chapter5\02_rt-thread3.1.1-lwip2.0.2\components\net\lwip-2.0.2\src\
api\api_lib.c
//166 行

err_tnetconn_bind(struct netconn *conn,ip_addr_t *addr,u16_t port)
```

參數：

（1）struct netconn *conn：需要綁定的 netconn 結構。

（2）ip_addr_t *addr：需要綁定的 IP 位址。可以使用 IP_ADDR_ANY 綁定本機的所有 IP 位址。

（3）u16_t port：需要綁定的通訊埠編號。

返回：

err_t：返回 ERR_OK 則表示綁定成功。

## 4. netconn_listen

netconn_listen 函數用於開始監聽用戶端連接，通常伺服器才會使用該函數，其函數實際上是一個巨集定義，程式如下：

```
//Chapter5\02_rt-thread3.1.1-lwip2.0.2\components\net\lwip-2.0.2\src\
include\lwip\
//api.h   313 行

#define netconn_listen(conn) netconn_listen_with_backlog(conn,
TCP_DEFAULT_LISTEN_BACKLOG)
```

最終呼叫的是 netconn_listen_with_backlog 函數，該函數程式如下：

```
//Chapter5\02_rt-thread3.1.1-lwip2.0.2\components\net\lwip-2.0.2\src\
api\api_lib.c
//351 行

err_tnetconn_listen_with_backlog(struct netconn *conn,u8_t backlog)
```

參數：

（1）struct netconn *conn：需要監聽的 netconn 結構。

（2）u8_t backlog：連接佇列最大限制。

返回：

err_t：返回 ERR_OK 則表示成功設定為監聽狀態。

### 5. netconn_connect

netconn_connect 函數用於連接到伺服器，通常用戶端使用該函數，其函數程式如下：

```
//Chapter5\02_rt-thread3.1.1-lwip2.0.2\components\net\lwip-2.0.2\src\
api\api_lib.c
//294 行

err_tnetconn_connect(struct netconn *conn,const ip_addr_t *addr,
u16_t port)
```

參數：

（1）struct netconn *conn：netconn 結構指標。

（2）const ip_addr_t *addr：伺服器的 IP 位址。可以定義一個 struct ip_addr 結構，使用 IP4_ADDR(&ipaddr,a,b,c,d) 函數設定 IP，例如伺服器的 IP 是 192.168.1.100，可以使用 IP4_ADDR(&ipaddr,192,168,1,100) 進行設定。

（3）u16_t port：伺服器通訊埠編號。

返回：

err_t：返回 ERR_OK 則表示成功連接到伺服器。

### 6. netconn_accept

netconn_accept 通常由伺服器使用，當有新的用戶端發起連接請求時，netconn_accept 將返回，其函數程式如下：

```
//Chapter5\02_rt-thread3.1.1-lwip2.0.2\components\net\lwip-2.0.2\src\
api\api_lib.c
```

```
//388 行

err_tnetconn_accept(struct netconn *conn, struct netconn **new_conn)
```

參數：

（1）struct netconn *conn：伺服器最初透過 netconn_new 創建 netconn 結構指標。

（2）struct netconn **new_conn：新的用戶端連接時，將產生一個新的 netconn 結構指標，後續該用戶端的資料發送和接收都必須使用新的 netconn 結構指標。

返回：

err_t：返回 ERR_OK 則表示有新的用戶端連接。

### 7. netconn_recv

netconn_recv 用於從網路中接收資料，其函數程式如下：

```
//Chapter5\02_rt-thread3.1.1-lwip2.0.2\components\net\lwip-2.0.2\src\
api\api_lib.c
//620 行

err_tnetconn_recv(struct netconn *conn, struct netbuf **new_buf)
```

參數：

（1）struct netconn *conn：必須在新的用戶端連接時產生一個新的 netconn 結構指標。

（2）struct netbuf **new_buf：struct netbuf 結構指標的指標，用來指向接收到的資料。

返回：

err_t：返回 ERR_OK 則表示接收資料成功。

**8. netbuf_datA**

netbuf_data 函數用來從 netbuf 結構中獲取指定長度的資料，通常 netconn_recv 函數只是獲取 netbuf 結構指標，具體的資料內容需要再次使用 netbuf_data 函數獲取，其函數程式如下：

```
//Chapter5\02_rt-thread3.1.1-lwip2.0.2\components\net\lwip-2.0.2\src\
api\netbuf.c
//192 行

err_tnetbuf_data(struct netbuf *buf, void **dataptr, u16_t *len)
```

參數：

（1）struct netbuf *buf：指定要獲取資料的 netbuf。

（2）void **dataptr：獲取資料後存放的快取。

（3）u16_t *len：要獲取的資料長度。

返回：

err_t：返回 ERR_OK 則表示獲取資料成功。

**9. netconn_write**

netconn_write 函數用於向網路發送資料，其程式如下：

```
//Chapter5\02_rt-thread3.1.1-lwip2.0.2\components\net\lwip-2.0.2\src\
include\lwip\
//api.h323 行

#define netconn_write(conn, dataptr, size, apiflags) \
        netconn_write_partly(conn, dataptr, size, apiflags, NULL)
```

最終會呼叫 netconn_write_partly 函數，netconn_write_partly 函數程式如下：

```
//Chapter5\02_rt-thread3.1.1-lwip2.0.2\components\net\lwip-2.0.2\src\
api\api_lib.c
//734 行

err_tnetconn_write_partly(struct netconn *conn,const void *dataptr,
size_t size,u8_t apiflags,size_t *bytes_written)
```

參數：

（1）struct netconn *conn：必須在新的用戶端連接時所產生一個新的 netconn 結構指標。

（2）const void *dataptr：要發送的資料快取。

（3）size_t size：發送的資料長度。

（4）u8_t apiflags：此參數可使用以下數值。

- NETCONN_COPY：資料將被複製到屬於堆疊的記憶體中。
- NETCONN_MORE：對於 TCP 連接，將在發送的最後一個資料段上設定 PSH 標示。
- NETCONN_DONTBLOCK：僅在可以一次寫入所有資料時才寫入資料。

（5）bytes_writing：指向接收寫入位元組數的位置的指標，通常我們置 NULL 即可。

返回：

err_t：返回 ERR_OK 則表示發送資料成功。

### 10. netconn_close

netconn_close 用於關閉連接，其函數程式如下：

```
//Chapter5\02_rt-thread3.1.1-lwip2.0.2\components\net\lwip-2.0.2\src\
api\api_lib.c
//837 行

err_tnetconn_close(struct netconn *conn)
```

參數：

struct netconn *conn：需要關閉連接的 netconn 結構指標。

返回：

err_t：返回 ERR_OK 則表示關閉成功。

### 5.4.3 BSD API

LwIP 還提供一套以 open-read-write-close 模型為基礎的 UNIX 標準 API。其函數有 socket、bind、recv、send 等。但是由於 BSD API 介面需要佔用過多的資源，在嵌入式中基本不使用，故而本書不介紹 BSD API 的各類函數，如果讀者有興趣可以自行翻看 socket 相關的 UNIX 標準 API。

## 5.5 LwIP 實驗

本節將分別介紹以 RAW API 和 NETCONN API 為基礎的伺服器、用戶端的程式實現。

### 5.5.1 RAW API TCP 伺服器實驗

打開 Chapter5\01_TCP_Server\mdk\LWIP.uvprojx 專案檔案，與伺服器相關的程式位於 TCP_SERVER.C 檔案中。

#### 1. 初始化 TCP 伺服器

```
void TCP_server_init(void)
{
    struct tcp_pcb *pcb;

    // 創建新的 tcp pcb
```

```
    pcb = tcp_new();
    //綁定本機所有 IP 和 TCP_Server_PORT 通訊埠，TCP_Server_PORT 定義值為 2040
    tcp_bind(pcb,IP_ADDR_ANY,TCP_Server_PORT);
    //開始監聽
    pcb = tcp_listen(pcb);
    //設定連接回呼函數
    tcp_accept(pcb,tcp_server_accept);
}
```

## 2. tcp_server_accept 回呼函數

```
//Chapter5\01_TCP_Server\USER\LWIP_APP\TCP_SERVER.C  47行

/***********************************************************************
名稱：tcp_server_accept(void *arg,struct tcp_pcb *pcb,struct pbuf *p,
      err_t err)
功能：回呼函數
說明：這是一個回呼函數，當一個連接已經接受時會被呼叫
***********************************************************************/
static err_t tcp_server_accept(void *arg,struct tcp_pcb *pcb,err_t err)
{
    //設定回呼函數的優先順序，當存在幾個連接特別重要，此函數必須被呼叫
    tcp_setprio(pcb,TCP_PRIO_MIN);
    //設定 TCP 資料接收回呼函數，當有網路資料時，tcp_server_recv 會被呼叫
    tcp_recv(pcb,tcp_server_recv);
    err = ERR_OK;
    return err;
}
```

## 3. tcp_server_recv 回呼函數

```
//Chapter5\01_TCP_Server\USER\LWIP_APP\TCP_SERVER.C  17行

static err_t tcp_server_recv(void *arg,struct tcp_pcb *pcb,struct pbuf
*p,err_t err)
```

```
{
    // 定義一個 pbuf 指標變數，指向傳入的參數 p。p 接收網路資料並快取
    struct pbuf *p_temp = p;

    // 如果資料不為空
    if(p_temp != NULL)
    {
        // 讀取資料
        tcp_recved(pcb,p_temp->tot_len);
        // 如果資料不為空
        while(p_temp != NULL)
        {
            // 把收到的資料重新發送給用戶端
            tcp_write(pcb,p_temp->payload,p_temp->len,TCP_WRITE_FLAG_COPY);
            // 啟動發送
            tcp_output(pcb);
            // 獲取下一個資料封包
            p_temp = p_temp->next;
        }
    }
    else// 資料為空，說明接收失敗，可能網路異常或用戶端已斷開連接
    {
        // 關閉連接
        tcp_close(pcb);
    }
    // 釋放記憶體
    pbuf_free(p);
    // 返回 OK
    err = ERR_OK;
    return err;
}
```

### 4. 開發板 IP 和 MAC 設定

本書提供的常式採用靜態 IP 位址設定，讀者需要根據自己的實際情況修改，其程式如下：

```
//Chapter5\01_TCP_Server\USER\LWIP_APP\TCP_SERVER.h  7行

/****************** ********************************/
// 開發板的 IP 位址
#define IMT407G_IP          192,168,0,107
// 子網路遮罩
#define IMT407G_NETMASK     255,255,255,0
// 閘道的 IP 位址
#define IMT407G_WG          192,168,0,1
// 開發板的 MAC 位址
#define IMT407G_MAC_ADDR    0XD8,0XCB,0X8A,0X82,0X50,0XD1

// 伺服器通訊埠編號
#define TCP_Server_PORT     2040
```

### 5. 測試

(1) 確保開發板和電腦使用網線都連接到同一個路由器，確保電腦可以 ping 通開發板 IP。

(2) 打開 Chapter5\01_TCP_Server\mdk\LWIP.uvprojx 專案檔案，編譯並下載程式。

(3) 打開附錄 A\ 軟體 \ 序列埠工具 \scom5.13.1.exe 程式，通訊埠編號選擇 TCPClient，遠端輸入開發板的 IP 位址，本書測試環境的 IP 位址是 192.168.0.107，讀者需要根據 TCP_SERVER.h 中填寫的開發板 IP 位址填寫。IP 位址後面的方框內填寫 2040，點擊「連接」按鈕，電腦此時與開發板建立起 TCP 連接，如圖 5.7 所示。

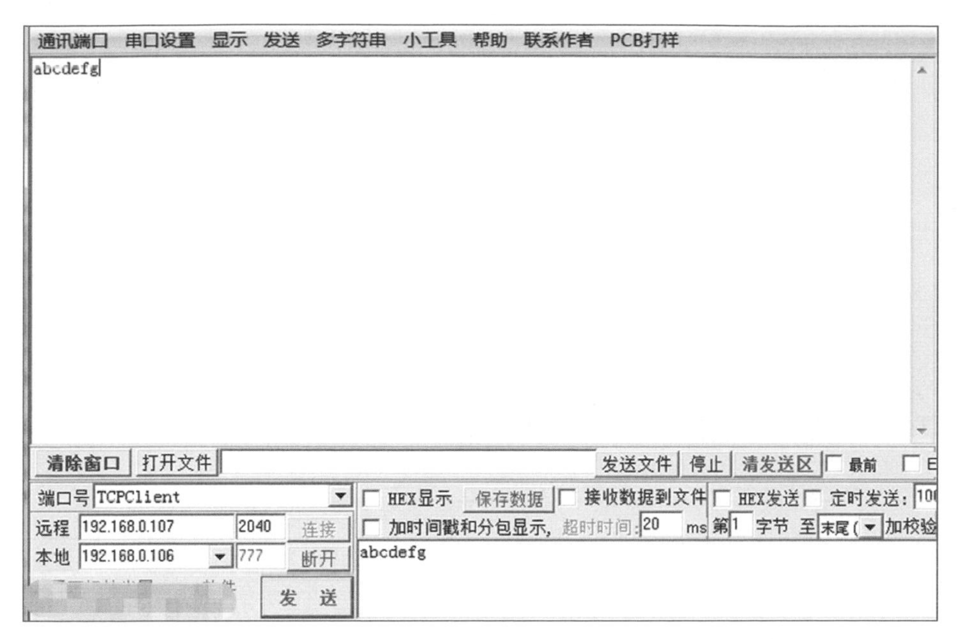


圖 5.7 TCP 伺服器實驗（編按：本圖為簡體中文介面）

（4）此時在輸入框輸入任意字串，點擊「發送」按鈕，可以看到接收框收到相同的字串，通訊成功。

## 5.5.2 RAW API TCP 用戶端實驗

打開 Chapter5\03 TCP_Client\mdk\LWIP.uvprojx 專案檔案，客戶端相關的程式位於 TCP_CLIENT.C 檔案中。

### 1. 初始化 TCP 用戶端

```
//Chapter5\03 TCP_Client\USER\LWIP_APP   111 行

void TCP_Client_Init(u16_t local_port,u16_t remote_port,unsigned char a,
unsigned char b,unsigned char c,unsigned char d)
{
   struct ip_addr ipaddr;
```

```
    err_t err;
    //a b c d 代表了伺服器 IP 位址，這裡使用 IP4_ADDR 構造伺服器 IP 的結構
    IP4_ADDR(&ipaddr,a,b,c,d);
    // 獲取一個新的 tcp pcb
    tcp_client_pcb = tcp_new();
    if (!tcp_client_pcb)
    {
      return ;
    }
    // 綁定開發板的 IP 位址、通訊埠編號
    err = tcp_bind(tcp_client_pcb,IP_ADDR_ANY,local_port);
    // 如果綁定失敗則退出
    if(err != ERR_OK)
    {
      return ;
    }
    // 連接到伺服器，並設定連接成功的回呼函數

    tcp_connect(tcp_client_pcb,&ipaddr,remote_port,TCP_Connected);
    // 設定接收網路資料的回呼函數
    tcp_recv(tcp_client_pcb,TCP_Client_Recv);
}
```

## 2. 用戶端連接成功的回呼函數

```
//Chapter5\03 TCP_Client\USER\LWIP_APP   65 行

err_t TCP_Connected(void *arg,struct tcp_pcb *pcb,err_t err)
{
    //tcp_client_pcb = pcb;
    return ERR_OK;
}
```

### 3. 用戶端發送資料

```
//Chapter5\03 TCP_Client\USER\LWIP_APP   20行

err_t TCP_Client_Send_Data(struct tcp_pcb *cpcb,unsigned char *buff,
unsigned int length)
{
   err_t err;

   err = tcp_write(cpcb,buff,length,TCP_WRITE_FLAG_COPY);
   tcp_output(cpcb);
   return err;
}
```

### 4. 開發板 IP 和 MAC 設定

本書提供的常式採用靜態 IP 位址設定，讀者需要根據自己的實際情況修改，其程式如下：

```
//Chapter5\03 TCP Client\USER\LWIP APP\TCP CLIENT.h  7行

/****************************************/
//開發板 IP 位址
#define IMT407G_IP          192,168,0,107
//子網路遮罩
#define IMT407G_NETMASK     255,255,255,0
//閘道
#define IMT407G_WG          192,168,0,1
//開發板 MAC 位址
#define IMT407G_MAC_ADDR    0XD8,0XCB,0X8A,0X82,0X50,0XD1
//開發板的通訊埠編號
#define TCP_LOCAL_PORT      2040
//伺服器通訊埠編號
#define TCP_Server_PORT     2041
//伺服器（電腦）IP 位址
#define TCP_Server_IP       192,168,0,106
```

**5. 測試**

（1）確保開發板和電腦使用網線都連接到同一個路由器，確保電腦可以 ping 通開發板 IP。

（2）打開附錄 A\ 軟體 \ 序列埠工具 \scom5.13.1.exe 程式，通訊埠編號選擇 TCPServer，本地一欄選擇電腦對應的 IP 位址，後面的方框內填寫 2041，點擊「監聽」按鈕。

（3）打開 Chapter5\03 TCP_Client\mdk\LWIP.uvprojx 專案檔案，編譯並下載。

（4）此時可以看到接收框收到用戶端發送過來的資料「\0TCP 用戶端實驗！」，通訊成功，如圖 5.8 所示。

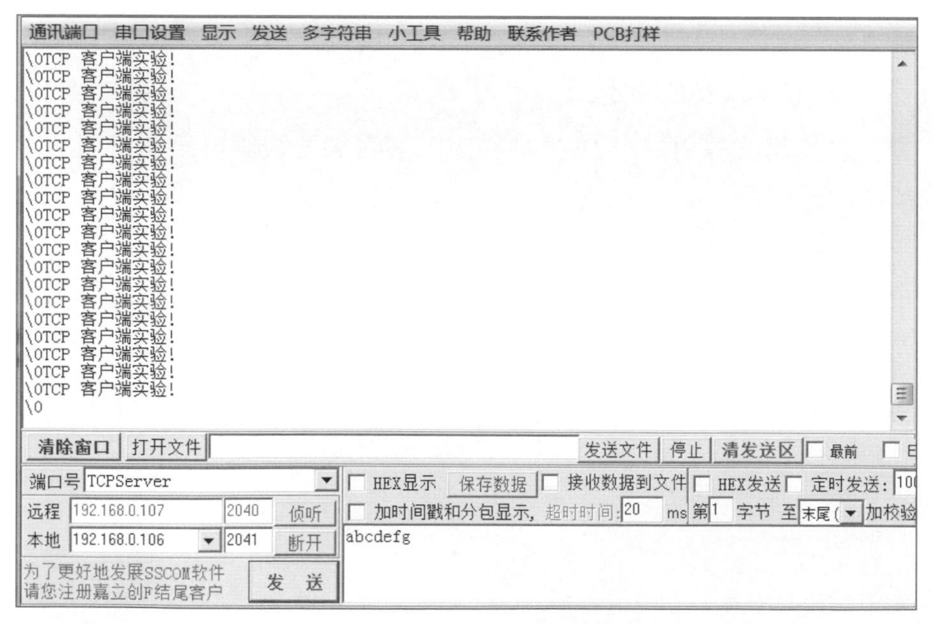


圖 5.8　TCP 用戶端實驗（編按：本圖為簡體中文介面）

## 5.5.3 RAW API UDP 伺服器實驗

打開 Chapter5\04 UDP_server\mdk\LWIP.uvprojx 專案檔案，伺服器相關的程式位於 UDP_SERVER.C 檔案中。

## 1. UDP 伺服器初始化

```
//Chapter5\04 UDP_server\USER\LWIP_APP\UDP_SERVER.C     37 行

void UDP_server_init(void)
{
   struct udp_pcb *pcb;

   // 獲取一個 udp pcb
   pcb = udp_new();
   // 綁定伺服器通訊埠編號
   udp_bind(pcb,IP_ADDR_ANY,UDP_LOCAL_PORT);
   // 設定接收回呼函數
   udp_recv(pcb,udp_server_recv,NULL);
}
```

## 2. 接收回呼函數

```
//Chapter5\04 UDP_server\USER\LWIP_APP\UDP_SERVER.C     18 行

void udp_server_recv(void *arg,struct udp_pcb *pcb,struct pbuf *p,
struct ip_addr *addr,u16_t port)
{
   // 獲取用戶端的 IP 位址
   struct ip_addr destAddr = *addr;
   struct pbuf *p_temp = p;
   //while(p_temp != NULL)
//{
      // 把收到的資料重新發送給用戶端
      udp_sendto(pcb,p_temp,&destAddr,port);
      p_temp = p_temp->next;
//}
   // 釋放記憶體
   pbuf_free(p);
}
```

### 3. 開發板 IP 位址設定

```
//Chapter5\01_TCP_Server\USER\LWIP_APP\UDP_SERVER.h    7行

/********************* ***************************/
// 開發板的 IP 位址
#define IMT407G_IP        192,168,0,107
// 子網路遮罩
#define IMT407G_NETMASK   255,255,255,0
// 閘道的 IP 位址
#define IMT407G_WG        192,168,0,1
// 開發板的 MAC 位址
#define IMT407G_MAC_ADDR  0XD8,0XCB,0X8A,0X82,0X50,0XD1

// 伺服器通訊埠編號
#define TCP_Server_PORT   2040
```

### 4. 實驗

(1) 確保開發板和電腦使用網線都連接到同一個路由器，確保電腦可以 ping 通開發板 IP。

(2) 打開 Chapter5\04 UDP_server\mdk\LWIP.uvprojx 專案檔案，編譯並下載程式。

(3) 打開附錄 A\ 軟體 \ 序列埠工具 \scom5.13.1.exe 程式，通訊埠編號選擇 UDP。遠端一欄填寫開發板 IP 位址和通訊埠編號，本地一欄選擇電腦對應的 IP 位址和通訊埠編號，點擊「連接」按鈕。

(4) 此時在輸入框輸入任意字串，點擊「發送」按鈕，可以看到接收框收到相同的字串，通訊成功，如圖 5.9 所示。

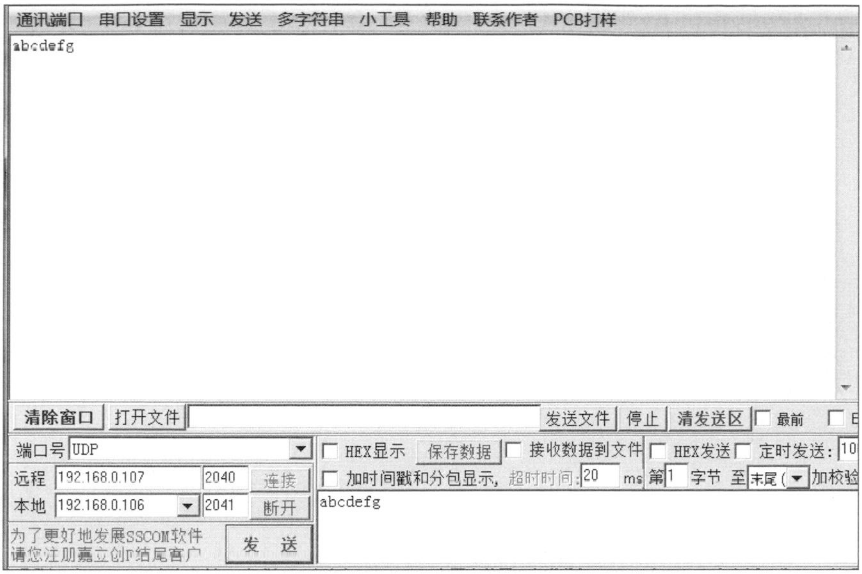

圖 5.9　UDP 伺服器實驗（編按：本圖為簡體中文介面）

## 5.5.4 RAW API UDP 用戶端實驗

打開 Chapter5\05_UDP_client\mdk\LWIP.uvprojx 專案檔案，客戶端相關的程式位於 UDP_CLIENT.C 檔案中。

### 1. UDP 用戶端初始化

```
//Chapter5\05_UDP_client\USER\LWIP_APP\UDP_CLIENT.C     10 行

// 用戶端要發送的資料內容
const static unsigned char UDPData[]="UDP 用戶端實驗 \r\n";
// 相關變數定義
struct udp_pcb *udp_pcb;
struct ip_addr ipaddr;
struct pbuf *udp_p;

//Chapter5\05_UDP_client\USER\LWIP_APP\UDP_CLIENT.C     23 行
```

```
//用戶端初始化
void UDP_client_init(void)
{
    //分配一個 pbuf
    udp_p = pbuf_alloc(PBUF_RAW,sizeof(UDPData),PBUF_RAM);
    //設定要發送的資料為 UDPData
    udp_p ->payload = (void *)UDPData;
    //設定伺服器 IP 位址
    Set_IP4_ADDR(&ipaddr,UDP_REMOTE_IP);
    //創建一個 udp pcb
    udp_pcb = udp_new();
    //綁定開發的 IP 和開發板（用戶端）通訊埠編號
    udp_bind(udp_pcb,IP_ADDR_ANY,UDP_Client_PORT);
    //連接到伺服器
    udp_connect(udp_pcb,&ipaddr,UDP_REMOTE_PORT);
}
```

## 2. 用戶端發送函數

```
//Chapter5\05_UDP_client\USER\LWIP_APP\UDP_CLIENT.C    40 行

void UDP_Send_Data(struct udp_pcb *pcb,struct pbuf *p)
{
    //將參數傳進來的 pcb 和 pbuf，透過 udp_send 發送出去
    udp_send(pcb,p);
    //需要延遲時間，不要發得太快
    delay_ms(100);
}
```

## 3. main 函數

```
//Chapter5\05_UDP_client\Main\main.c51 行

    //循環發送
```

```
while (1)
{
  // 循環將 UDP_client_init 初始化好的 udp pcb 和 udp_p 發送出去
  UDP_Send_Data(udp_pcb,udp_p);
  LwIP_Periodic_Handle(LocalTime);
}
```

## 4. 開發板 IP 位址設定

```
//Chapter5\05_UDP_client\USER\LWIP_APP\UDP_CLIENT.h     7 行

/***************************************************/
// 開發板的 IP 位址
#define IMT407G_IP            192,168,0,107
// 子網路遮罩
#define IMT407G_NETMASK       255,255,255,0
// 閘道的 IP 位址
#define IMT407G_WG            192,168,0,1
// 開發板的 MAC 位址
#define IMT407G_MAC_ADDR      0XD8,0XCB,0X8A,0X82,0X50,0XD1

// 用戶端通訊埠編號
#define UDP_Client_PORT       2040
// 伺服器通訊埠編號
#define UDP_REMOTE_PORT       2041
// 伺服器 IP 位址
#define UDP_REMOTE_IP         192,168,0,101
```

## 5. 實驗

(1) 確保開發板和電腦使用網線都連接到同一個路由器，確保電腦可以 ping 通開發板 IP。

(2) 打開附錄 A\ 軟體 \ 序列埠工具 \scom5.13.1.exe 程式，通訊埠編號選擇 UDP，本地一欄選擇電腦對應的 IP 位址，後面的方框內填寫 2041，點擊「連接」按鈕。

（3）打開 Chapter5\05_UDP_client\mdk\LWIP.uvprojx 專案檔案，編譯並下載。

（4）此時可以看到接收框收到用戶端發送過來的資料「\0UDP 用戶端實驗常式！」，通訊成功，如圖 5.10 所示。

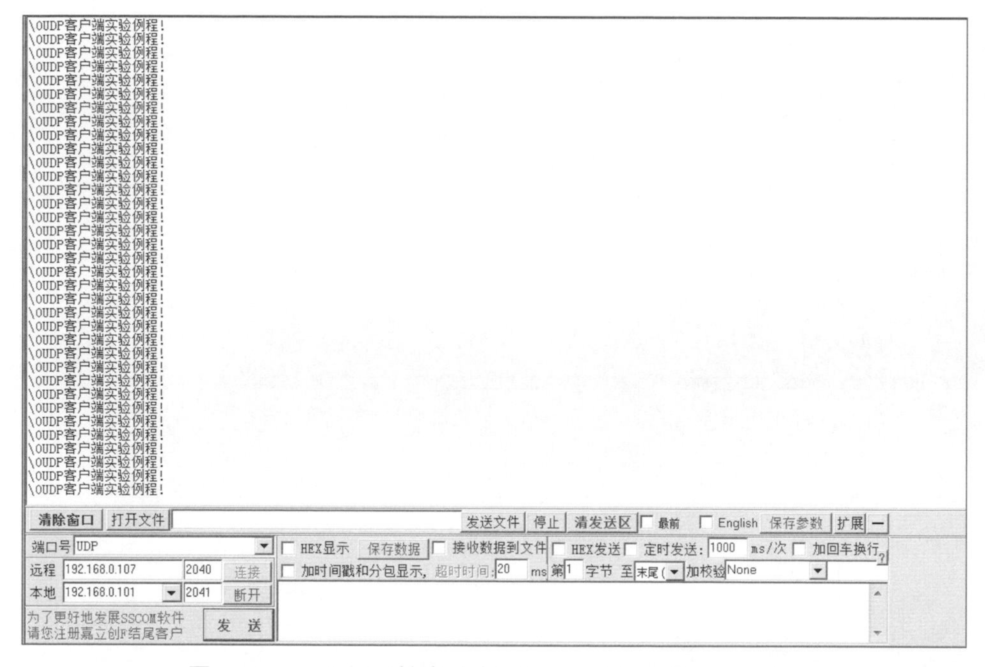

圖 5.10　UDP 用戶端實驗（編按：本圖為簡體中文介面）

## 5.5.5 NETCONN API 實驗

NETCONN API 需要作業系統支援，本書將在第 6 章講到 RTOS 即時作業系統時再介紹 NETCONN API 的用法，本小節不做介紹。

Chapter

# 06

# RT-Thread 開發

RTOS 是嵌入式的重要領域，特別是一些對即時要求非常高的場合，傳統的裸機開發無法滿足系統的即時性要求。本章主要講 RT-Thread 的開發技巧。

與其他 RTOS 相比，RT-Thread 遵循 Apache 許可證 2.0 版本協定，即時作業系統核心及所有開放原始碼元件可以免費在商業產品中使用，不需要公佈應用程式原始程式，沒有潛在商業風險，是學習和商用的最佳選擇。( 編按：RT-Thread 是一個來自於中國大陸的軟體，本章所有圖例使用簡體中文原文 )

# 6.1 初識 RT-Thread

## 6.1.1 RT-Thread 介紹

### 1. RT-Thread 概述

RT-Thread 全稱是 Real Time-Thread，顧名思義，它是一個嵌入式即時多執行緒作業系統。它是一款嵌入式即時作業系統 (RTOS)，具有完全的自主智慧財產權。經過近 12 年的沉澱，伴隨著物聯網的興起，它正演變成一個功能強大、元件豐富的物聯網作業系統。

RT-Thread 的官網：https://www.rt-thread.org/。讀者可以在官網上看到許多 RT-Thread 的相關介紹。

RT-Thread 主要採用 C 語言編寫，淺顯易懂，方便移植。它把物件導向的設計方法應用到即時系統設計中，使得程式風格優雅、架構清晰、系統模組化並且其可裁剪性非常好。

相較於 Linux 作業系統，RT-Thread 體積小、成本低、功耗低、啟動快速，除此以外 RT-Thread 還具有即時性高、佔用資源小等特點，非常適用於各種資源受限 ( 如成本、功耗限制等 ) 的場合。雖然 32 位元 MCU 是它的主要執行平台，實際上很多帶有 MMU、以 ARM9、ARM11 為基礎甚至 Cortex-A 系列等級 CPU 的應用處理器在特定應用場合也適合使用 RT-Thread。

### 2. 授權合約 [3]

RT-Thread 系統完全開放原始碼，3.1.0 及以前的版本遵循 GPL V2+ 開放原始碼授權合約。從 3.1.0 以後的版本遵循 Apache License 2.0 開放原始碼授權合約，可以免費在商業產品中使用，並且不需要公開私有程式。

### 3. RT-Thread 框架 [3]

近年來，物聯網 (IoT) 概念廣為普及，物聯網市場發展迅速，嵌入式裝置的聯網已是大勢所趨。終端聯網使得軟體複雜性大幅增加，傳統的 RTOS 核心已經越來越難滿足市場的需求，在這種情況下，物聯網作業系統 (IoT OS) 的概念應運而生。物聯網作業系統是指以作業系統核心 ( 可以是 RTOS、Linux 等 ) 為基礎，包括如檔案系統、圖形庫等較為完整的中介軟體元件，具備低功耗、安全、通訊協定支援和雲端連接能力的軟體平台，RT-Thread 就是一個 IoT OS。

RT-Thread 與其他很多 RTOS 如 FreeRTOS、μC/OS 的主要區別之一是，它不僅是一個即時核心，還具備豐富的中間層元件，如圖 6.1 所示。

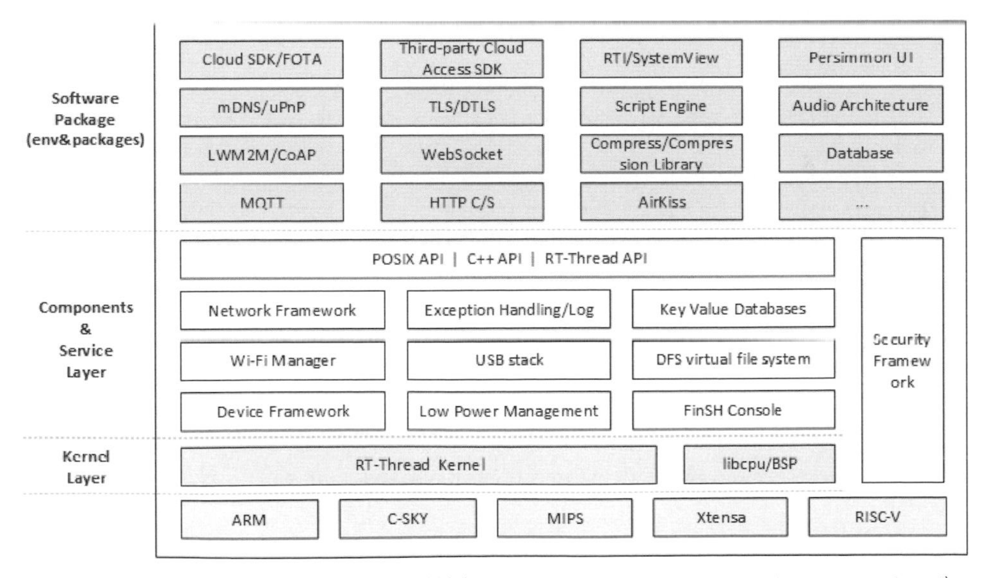


圖 6.1 RT-Thread 軟體框架圖 ( 圖片來源：https://www.rt-thread.io/document/site/)

它具體包括以下部分：

( 1 ) 核心層：RT-Thread 核心，是 RT-Thread 的核心部分，包括了核心系統中物件的實現，例如多執行緒及其排程、號誌、電子郵件、訊息佇列、記憶體管理、計時器等；libcpu/BSP( 晶片移植相關檔案 / 電路板等級支援套件 ) 與硬體密切相關，由外接裝置驅動和 CPU 移植組成。

（2）元件和服務層：元件是以 RT-Thread 核心之上為基礎的上層軟體，例如虛擬檔案系統、FinSH 主控台、網路框架、裝置框架等。採用模組化設計，做到元件內部高內聚，元件之間低耦合。

（3）RT-Thread 軟體套件：執行於 RT-Thread 物聯網作業系統平台上，針對不同應用領域的通用軟體元件，由描述資訊、原始程式碼或函數庫檔案組成。RT-Thread 提供了開放的軟體套件平台，這裡存放了官方提供或開發者提供的軟體套件，該平台為開發者提供了許多可重用軟體套件的選擇，這也是 RT-Thread 生態的重要組成部分。軟體套件生態對於一個作業系統的選擇非常重要，因為這些軟體套件具有很強的再使用性，模組化程度很高，極大地方便應用程式開發者在最短時間內，打造出自己想要的系統。RT-Thread 已經支持的軟體套件數量已經達到 100+，例如：

- 物聯網相關的軟體套件：Paho MQTT、WebClient、mongoose、WebTerminal 等。
- 指令碼語言相關的軟體套件：目前支持 JerryScript、MicroPython。
- 多媒體相關的軟體套件：Openmv、mupdf。
- 工具類軟體套件：CmBacktrace、EasyFlash、EasyLogger、SystemView。
- 系統相關的軟體套件：RTGUI、Persimmon UI、lwext4、partition、SQLite 等。
- 外接裝置庫與驅動類軟體套件：RealTek RTL8710BN SDK。
- 其他。

### 4. 元件豐富

RT-Thread 擁有非常多的元件，可以做到一鍵設定，不需要使用者自己重新移植，可以輕鬆擴充系統功能，如圖 6.2 所示。

圖 6.2　元件豐富

## 6.1.2 RT-Thread 原始程式獲取

### 1. 版本選擇

RT-Thread 主要有 2 個版本：RT-Thread Nano 和 RT-Thread IoT。

（1）RT-Thread Nano 是一個精煉的硬即時核心，支援多工處理、軟體計時器、號誌、電子郵件和即時排程等相對完整的即時作業系統特性，核心佔用的 ROM 僅為 2.5KB，佔用的 RAM 為 1KB。
極小的記憶體資源佔用，適用於家電、消費、醫療、工控等 32 位元入門級 MCU 的應用領域。ARM Keil 官方的認可和支援，以 Keil MDK pack 方式提供。

（2）RT-Thread IoT 是 RT-Thread 全功能版本，由核心層、元件和服務層，以及 IoT 框架層組成。重點突出安全、聯網、低功耗、跨平台和智慧化的特性。
豐富的網路通訊協定支持，如：HTTPS、MQTT、WebSocket、CoAP、LWM2M，可方便在設定器中選擇連接不同的雲端廠商。多方面的安全特性增強：TLS/DTLS、MPU 增強應用等，推薦大家直接使用 RT-Thread IoT 版本。

### 2. 程式分支

截止到 2020 年 4 月 13 號，RT-Thread 已經存在的分支有：

（1）stable-v1.2.x，已不維護。

（2）stable-v2.0.x，已不維護。

（3）stable-v2.1.x，已不維護。

（4）stable-v3.0.x，已不維護。

（5）lts-v3.1.x，長期支持、維護。

（6）master（master 主分支是 RT-Thread 開發分支，一直活躍）。

### 3. 發佈版本

發佈版本穩定性高，推薦使用最新發佈版本。最新的發佈版本有兩個：3.1.3 版本與 4.0.2 版本，這兩個發佈版本可以根據自己需求進行選擇。

（1）最新發佈版本 3.1.3，適合公司做產品或專案，適合新手入門學習。若產品已經使用的是較早的發佈版本，那麼在維護產品時，建議仍然在舊的版本上進行維護。
如果是新的產品，那麼建議使用 3.1.x 最新發佈版本，如 3.1.x 中最新的 3.1.3 發佈版本。

（2）最新發佈版本 4.0.2，適合公司做產品或專案，適合新手入門學習、適合有經驗的 RT-Thread 開發者。4.0.2 支援 SMP，適合有多核心需求的產品或專案。

### 4. 程式下載

本書所選的 RT-Thread 的版本為 v3.1.2，硬體平台為 STM32F407 開發板。

目前 RT-Thread 提供很多下載方式，有百度網路硬碟、GitHub、Gitee。本書推薦使用 Gitee 方式下載，下載連結：https://gitee.com/rtthread/rt-thread。

（1）打開網址：https://gitee.com/rtthread/rt-thread，點擊「0 個發行版本」，如圖 6.3 所示。

圖 6.3　Gitee 程式下載

（2）找到 "v3.1.2"，點擊 "zip" 圖示即可下載，如圖 6.4 所示。

仓库网络图　发行版　标签　提交

v4.0.2
9111aca
2019-12-19 14:59
v4.0.2 •••
Merge pull request #3279 from armink/...　zip　tar.gz

v3.1.3
49e4249
2019-05-23 23:04
v3.1.3 •••
[Kernel] code cleanup for rt_schedule　zip　tar.gz

v4.0.1
a1fa27e
2019-05-16 20:25
v4.0.1 •••
Update ChangeLog.md　zip　tar.gz

v3.1.2
b2c2958
2019-01-29 04:28
v3.1.2 •••
Merge pull request #2289 from armink/...　zip　tar.gz

圖 6.4　發行版本下載

（3）下載後解壓到電腦的工作目錄，本書提供的資料中也有下載好的程式，路徑是 Chapter6\rt-thread-v3.1.2。

**注意**

RT-Thread 存放程式的路徑不能有中文字元或空格。

### 6.1.3 Env 工具

下載完程式後，我們還需要再下載一個 Env 工具。Env 是 RT-Thread 推出的開發輔助工具，針對以 RT-Thread 作業系統為基礎的開發專案，提供編譯建構環境、圖形化系統組態及軟體套件管理功能。

其內建的 menuconfig 提供了簡單好用的設定剪裁工具，可對核心、元件和軟體套件進行自由裁剪，使系統以搭積木的方式進行建構。

Env 視訊教學百度網路硬碟連結：https://pan.baidu.com/s/1hUJLQos9ToVJ76y9LYc4Fw。

視訊教學主要內容：Env 簡介、SCons 編譯、menuconfig 設定、軟體套件管理、在專案中如何使用 Env。

#### 1. Env 下載

打開網址：https://www.rt-thread.org/page/download.html。找到 RT-Thread Env 的下載頁面，點擊「點擊網站下載」按鈕開始下載，如圖 6.5 所示。

圖 6.5　Env 下載

本書也提供下載好的 Env 工具，位於 Chapter6\env\env_released_1.2.0.7z。需要注意的是，Env 工具的存放路徑不能有中文字元或空格。

#### 2. Env 設定

（1）解壓下載後的 env_released_1.2.0.7z 檔案後，雙擊 env.exe 檔案，在

工具列點擊滑鼠右鍵，彈出功能表選項，點擊 Settings 按鈕，如圖 6.6 所示。

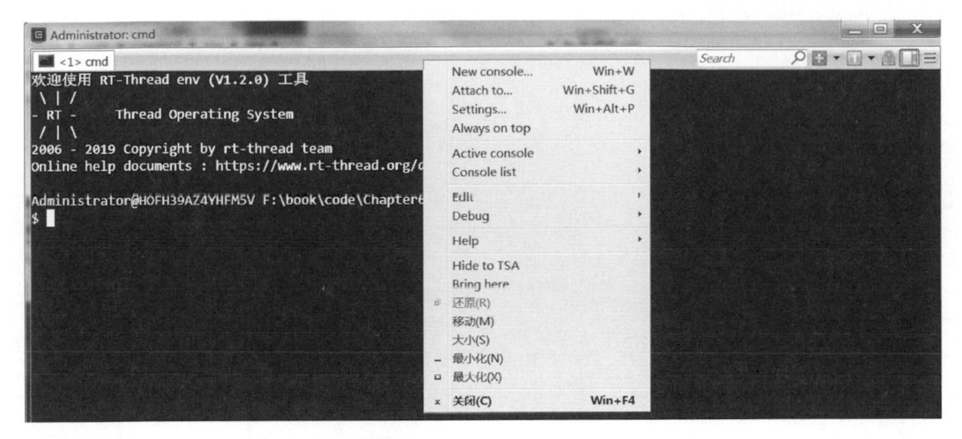


圖 6.6　Env 工具選單

（2）點擊 Settings 介面左側的 Integration，再點擊右側的 Register 按鈕，如圖 6.7 所示。

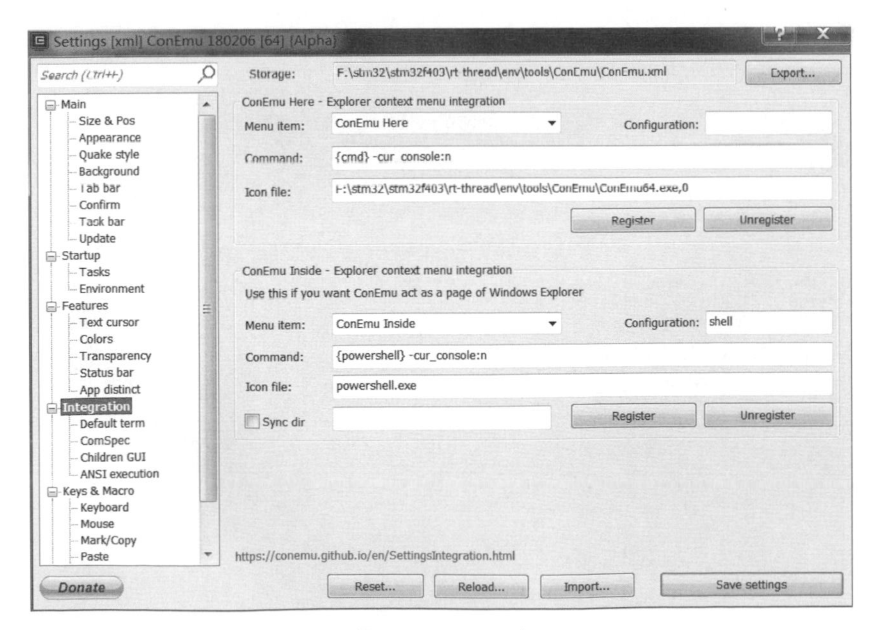


圖 6.7　Env 設定

### 3. Env 執行

在 RT-Thread 原始程式目錄下的 bsp\stm32\stm32f407-atk-explorer 路徑，點擊滑鼠右鍵，在彈出來的選單中點擊 ConEmu Here 選項，如圖 6.8 所示。

圖 6.8 點擊 ConEmu Here 選項

出現如圖 6.9 所示的介面，則表示 Env 正確安裝。如果出現錯誤，請參考上文 Env 設定部分的內容重新操作。

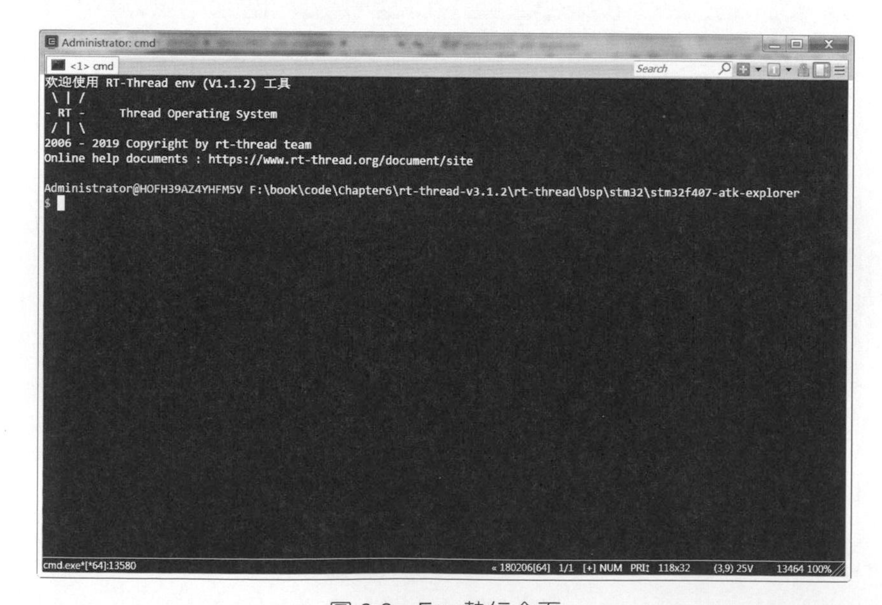


圖 6.9 Env 執行介面

### 6.1.4 menuconfig

menuconfig 是 RT-Thread 提供的圖形化設定工具，讀者可以透過 menuconfig 設定 RT-Thread 相關功能和軟體套件。更多的 menuconfig 操作可以觀看視訊：https://www.rt-thread.org/document/site/tutorial/env-video/#menuconfig。

在 RT-Thread 原始程式目錄下的 bsp\stm32\stm32f407-atk-explorer 路徑下執行 Env，輸入 menuconfig，按確認鍵，彈出 menuconfig 設定介面，如圖 6.10 所示。

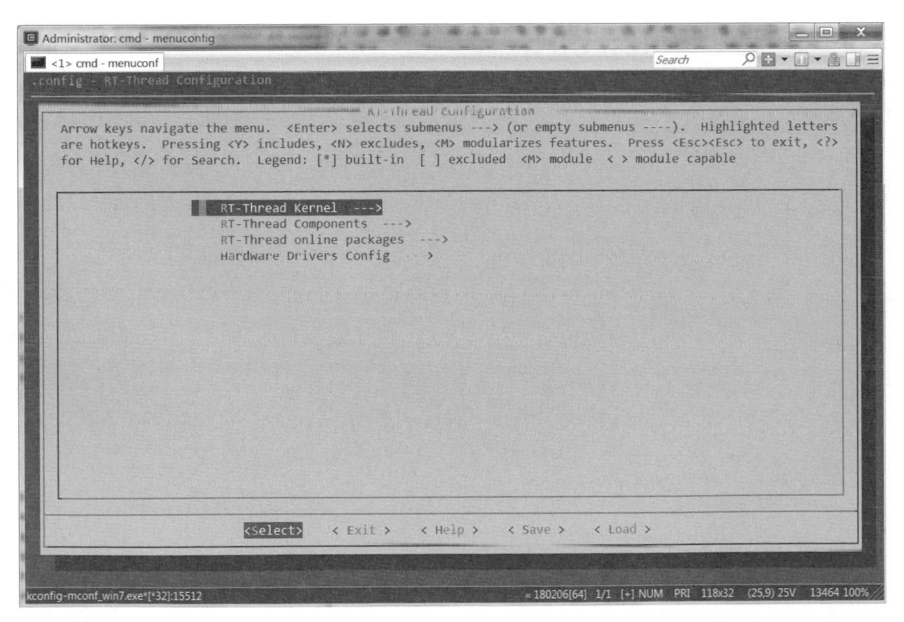


圖 6.10　menuconfig 設定介面

（1）RT-Thread Kernel：主要是一些與核心相關的設定，通常我們不需要修改。

（2）RT-Thread Components：元件相關設定，包括對 C++ 支援，裝置虛擬檔案、Shell、LwIP、modbus、AT 指令等。通常我們在需要使用 LwIP 時可以在這裡面設定。

（3）RT-Thread online packages：軟體套件設定，包括各類 IoT 雲端平台，例如阿里雲端平台、OneNET、騰訊雲端平台等。還有 MQTT、CoAP、json、OTA、STemWin、SQLite 等功能。讀者可以自己操作一遍。通常我們需要根據我們的專案需求設定對應的軟體套件。

（4）Hardware Drivers Config：裝置驅動設定，包括 GPIO、SPI、I$^2$C、USART、Timer、ADC、SDIO 等。通常這些需求預設都沒有選取，讀者需要根據自己的專案需求設定。

menuconfig 操作：空格選擇、上下左右切換。

### 6.1.5 編譯 RT-Thread 原始程式

（1）更新軟體套件：設定好 menuconfig 相關功能後，退出 menuconfig 介面。如果選擇了 RT-Thread online packages 中的軟體套件，我們需要在 Env 中輸入 pkgs --update 並按確認鍵，Env 會自動下載我們所需的軟體套件，如圖 6.11 所示。

```
Administrator@HOFH39AZ4YHFM5V F:\book\code\Chapter6\rt-thread-v3.1.2\rt-thread
$ pkgs --update
==============================>  CJSON v1.0.2 is downloaded successfully.

Operation completed successfully.

Administrator@HOFH39AZ4YHFM5V F:\book\code\Chapter6\rt-thread-v3.1.2\rt-thread
$ 
```

圖 6.11　pkgs --update 更新軟體套件

當看到 Operation completed successfully. 字樣則表示更新成功。

（2）生成 Keil MDK 專案檔案：在 Env 中輸入 scons --target=mdk5 並確認，Env 開始編譯原始程式並在 bsp\stm32\stm32f407-atk-explorer 路徑下生成新的 Keil MDK 專案檔案，打開 project.uvprojx 專案，如圖 6.12 所示。

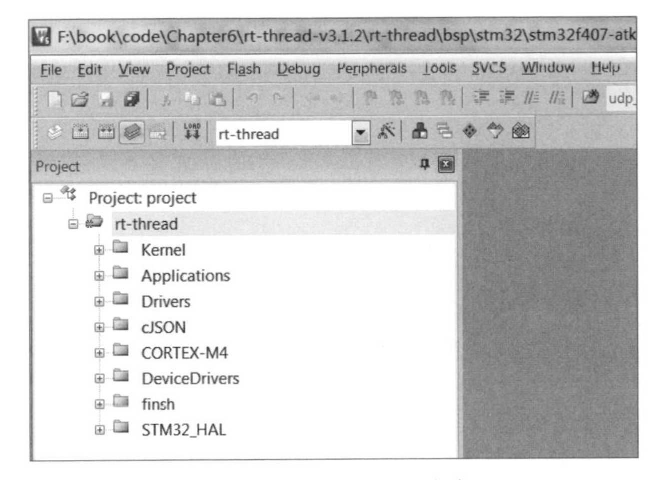


圖 6.12　RT-Thread 專案

（1）Kernel：RT-Thread 核心原始程式，通常我們不需要修改。

（2）Applications：使用者應用程式，主要是 main.c 函數，用以實現我們自己的功能。

（3）Drivers：RT-Thread 的驅動層封裝部分，由 RT-Thread 封裝好各種驅動介面和驅動模型。通常也不需要我們去修改這部分的程式。

（4）cJSON：本書在 menuconfig 設定的 RT-Thread online packages 中選擇了 cJSON，所以會自動下載 cJSON 的原始程式並增加到專案中。

（5）CORTEX-M4：Cortex-M4 架構相關程式，與晶片相關，通常不需要修改。

（6）DeviceDrivers：RT-Thread 裝置驅動層，由 RT-Thread 封裝好各類通訊執行埠供驅動使用，通常不需要我們修改這部分的程式。

（7）finish：RT-Thread 提供了一個精簡的 Shell 功能。

（8）STM32_HAL：STM32 官方的 HAL 函數庫。

我們可以看到，RT-Thread 已經自動為我們創建好專案並已經封裝好了各類介面，我們幾乎不需要修改什麼，這樣可以把更多的精力放在應用邏輯的開發上。

# 6.2 RT-Thread 執行緒開發

本書主要講 RT-Thread 相關的應用程式開發，關於核心和驅動部分，讀者可以查看 RT-Thread 的官方文件：https://www.rt-thread.org/document/site/programming-manual/basic/basic/。

## 6.2.1 裸機和作業系統

### 1. 裸機開發

在沒有作業系統的裸機開發中，通常把程式分為兩部分：前台系統和後台系統。

（1）前台系統：通常是中斷服務程式，用來回應一些非同步、需要及時處理的任務。

（2）後台系統：通常是一個無限循環，呼叫 API 完成各種任務。

裸機開發的前台和後台系統如圖 6.13 所示。

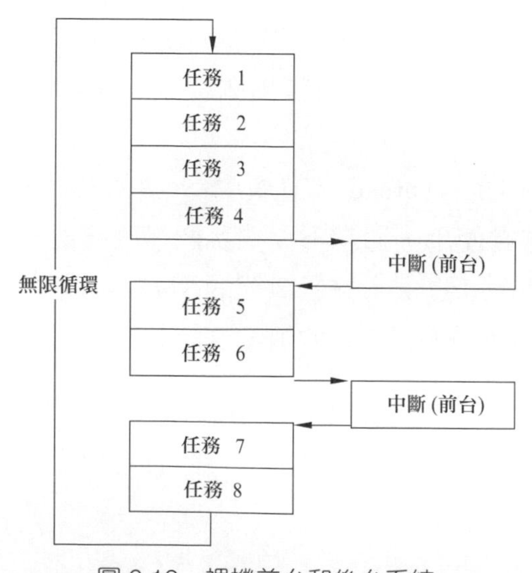


圖 6.13　裸機前台和後台系統

這樣的框架會導致一個問題：前面任務一旦非常耗時或陷入無窮迴圈，將導致後面的任務無法得到處理。例如現在系統正在執行任務 2，此時使用者如果需要執行任務 1，在上面的裸機前台和後台框架中，系統需要等到執行完任務 2 到任務 8 之後才會執行任務 1，這會導致使用者的需求無法得到及時的回應。尤其是在一些對即時性要求特別高的場合，一旦任務 1 無法及時回應處理，可能會導致整個系統的崩潰。

## 2. 分時作業系統

根據系統的即時性，通常我們可以把系統分為分時作業系統和即時作業系統兩大類。分時作業系統通常採用時間切片輪轉的方式來執行多個任務。由於時間切片的間隔很短，通常是 10ms 等級，使用者察覺不到任務的切換，如圖 6.14 所示。

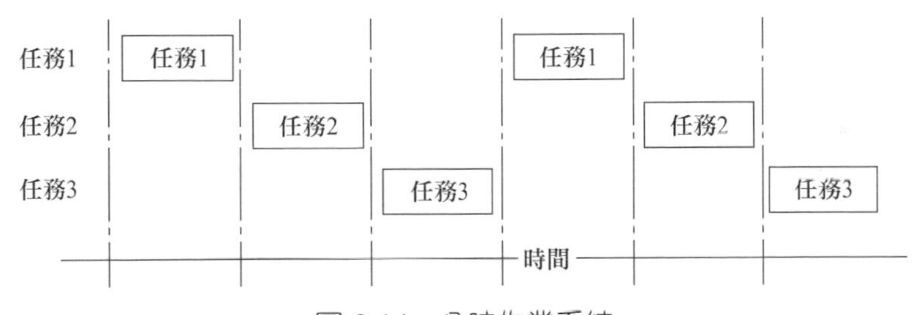


圖 6.14　分時作業系統

假設系統當前只有 3 個任務，不管任務 1 或任務 2 有多複雜，系統總能保證每隔 20ms 就會執行到任務 3。但是這不代表任務 3 能在自己的時間切片內完成工作，通常在這個時間切片內，任務 3 只會獲得 10ms 的執行時間。之後任務 3 需要進入休眠，等待任務 1 和任務 2 的時間切片結束，任務 3 繼續從上次休眠的地方執行任務。

由此可見，分時作業系統並不適合對即時要求高的場合，尤其是當任務 3 是一個緊急任務，需要優先處理時，分時作業系統無法滿足需求。通常採用分時作業系統的有 Windows、UNIX 等。此類系統偏向消費級，不需要太高的系統即時性。

### 3. 即時作業系統

即時作業系統又稱為 RTOS(Real Time OS)，強調即時性。RTOS 的核心負責管理所有任務，並保證高優先順序任務一旦準備就緒，總能得到 CPU 的使用權，如圖 6.15 所示。

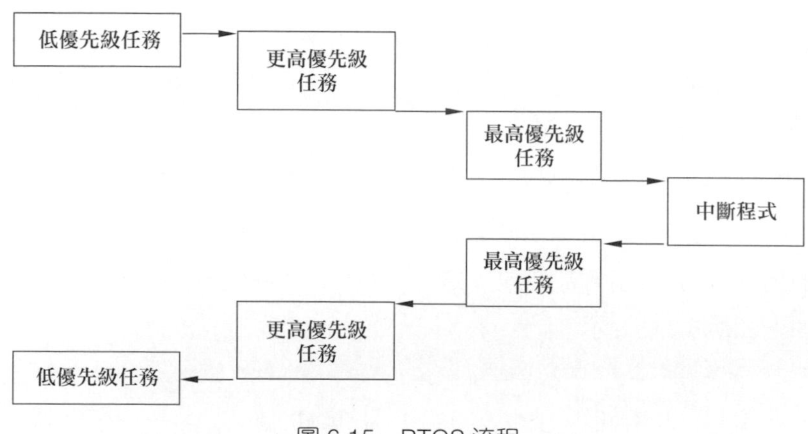


圖 6.15　RTOS 流程

（1）低優先順序任務執行到一半時，更高優先順序的任務被創建或滿足執行條件，則系統會放棄低優先順序任務，開始執行更高優先順序任務。

（2）更高優先順序任務執行到一半時，最高優先順序任務被創建或滿足執行條件，則系統會放棄更高優先順序任務，開始執行最高優先順序任務。

（3）中斷觸發時，系統總會停下當前的任務 ( 即使是最高優先順序 )，開始執行中斷程式。執行完中斷程式後，系統會返回繼續執行當前任務 ( 最高優先順序 )。

## 6.2.2 RT-Thread 執行緒

在 RT-Thread 中，與任務對應的程式實體就是執行緒，執行緒是實現任務的載體，它是 RT-Thread 中最基本的排程單位，它描述了一個任務執行的執行環境，也描述了這個任務所處的優先等級，重要的任務可設定相對較高的優先順序，非重要的任務可以設定較低的優先順序，不同的任務還可以設定相同的優先順序，輪流執行。

當執行緒執行時期，它會認為自己是以獨佔 CPU 的方式在執行，執行緒執行時的執行環境稱為上下文，具體來說就是各個變數和資料，包括所有的暫存器變數、堆疊、記憶體資訊等。

### 1. 執行緒控制區塊

在 RT-Thread 中，執行緒控制區塊由結構 struct rt_thread 表示，執行緒控制區塊是作業系統用於管理執行緒的資料結構，它會存放執行緒的一些資訊，例如優先順序、執行緒名稱、執行緒狀態等，也包含執行緒與執行緒之間連接用的鏈結串列結構、執行緒等待事件集合等，詳細程式如下：

```
//Chapter6\rt-thread-v3.1.2\rt-thread\include\rtdef.h496 行

/* 執行緒控制區塊 */
structrt_thread
{
/* rt 物件 */
charname[RT_NAME_MAX];/* 執行緒名稱 */
rt_uint8_ttype;                                    /* 物件類型 */
rt_uint8_tflags;                                   /* 標示位元 */

rt_list_tlist;                                     /* 物件列表 */
rt_list_ttlist;                                    /* 執行緒列表 */

/* 堆疊指標與入口指標 */
void        *sp;                                   /* 堆疊指標 */
void        *entry;                                /* 入口函數指標 */
void        *parameter;                            /* 參數 */
void        *stack_addr;                           /* 堆疊位址指標 */
```

```
rt_uint32_t stack_size;                     /* 堆疊大小 */

/* 錯誤程式 */
rt_err_t    error;                          /* 執行緒錯誤程式 */
rt_uint8_t  stat;                           /* 執行緒狀態 */

/* 優先順序 */
rt_uint8_t  current_priority;               /* 當前優先順序 */
rt_uint8_t  init_priority;                  /* 初始優先順序 */
rt_uint32_t number_mask;
          …
rt_ubase_t  init_tick;                      /* 執行緒初始化計數值 */
rt_ubase_t  remaining_tick;                 /* 執行緒剩餘計數值 */

structrt_timerthread_timer;                 /* 內建執行緒計時器 */

void (*cleanup)(struct rt_thread *tid);     /* 執行緒退出清除函數 */
rt_uint32_t user_data;                      /* 使用者資料 */
};
```

## 2. 執行緒狀態

同一個時間內只有一個執行緒能在處理中執行，從執行的過程劃分，執行緒有多種不同的執行狀態。在 RT-Thread 中，執行緒包含 5 種狀態：初始狀態、就緒狀態、執行狀態、暫停狀態、關閉狀態。

(1) 初始狀態：當執行緒剛開始創建還沒開始執行時期就處於初始狀態；在初始狀態下，執行緒不參與排程。此狀態在 RT-Thread 中的巨集定義為 RT_THREAD_INIT。

(2) 就緒狀態：在就緒狀態下，執行緒按照優先順序排隊，等待被執行；一旦當前執行緒執行完畢讓出處理器，作業系統會馬上尋找最高優先順序的就緒狀態執行緒執行。此狀態在 RT-Thread 中的巨集定義為 RT_THREAD_READY。

（3）執行狀態：執行緒當前正在執行。在單核心系統中，只有 rt_thread_self() 函數返回的執行緒處於執行狀態；在多核心系統中，可能就不止這一個執行緒處於執行狀態。在 RT-Thread 中的巨集定義為 RT_THREAD_RUNNING。

（4）暫停狀態：也稱阻塞態。它可能因為資源不可用而暫停等待，或執行緒主動延遲時間一段時間而暫停。在暫停狀態下，執行緒不參與排程。此狀態在 RT-Thread 中的巨集定義為 RT_THREAD_SUSPEND。

（5）關閉狀態：當執行緒執行結束時將處於關閉狀態。關閉狀態的執行緒不參與執行緒的排程。此狀態在 RT-Thread 中的巨集定義為 RT_THREAD_CLOSE。

### 3. 執行緒優先順序

RT-Thread 最大支持 256 個執行緒優先順序 (0~255)，數值越小的優先順序越高，0 為最高優先順序。在一些資源比較緊張的系統中，可以根據實際情況選擇只支援 8 個或 32 個優先順序的系統組態；對於 ARM Cortex-M 系列，普遍採用 32 個優先順序。最低優先順序預設分配給空閒執行緒使用，使用者一般不使用。在系統中，當有比當前執行緒優先順序更高的執行緒就緒時，當前執行緒將立刻被換出，高優先順序執行緒先佔處理器執行。

### 4. 時間切片

每個執行緒都有時間切片這個參數，但時間切片僅對優先順序相同的就緒狀態執行緒有效。系統對優先順序相同的就緒狀態執行緒採用時間切片輪轉的排程方式進行排程時，時間切片造成約束執行緒單次執行時期長的作用，其單位是一個系統節拍 (OS Tick)，詳見第 5 章。假設有 2 個優先順序相同的就緒狀態執行緒 A 與 B，A 執行緒的時間切片設定為 10，B 執行緒的時間切片設定為 5，那麼當系統中不存在比 A 優先順序高的就緒狀態執行緒時，系統會在 A、B 執行緒間來回切換執行，並且每次對 A 執行緒執行 10 個節拍的時長，對 B 執行緒執行 5 個節拍的時長，如圖 6.16 所示。

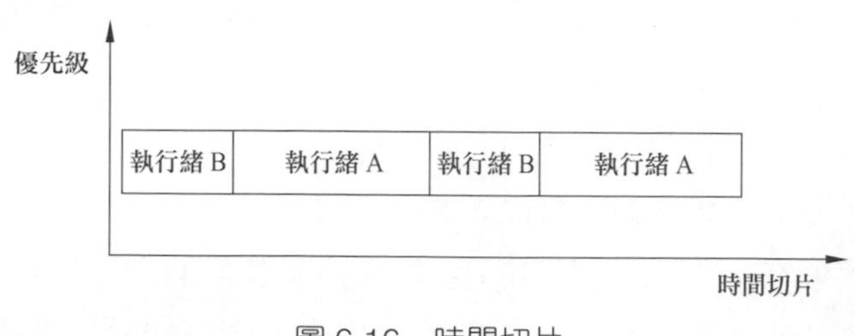


圖 6.16　時間切片

### 5. 執行緒入口函數

執行緒控制區塊中的 entry 是執行緒的入口函數，它是執行緒實現預期功能的函數。執行緒的入口函數由使用者設計實現，一般有以下兩種程式形式：

（1）無限循環模式：在即時系統中，執行緒通常是被動式的：這個是由即時系統的特性所決定的，即時系統通常總是等待外界事件的發生，而後進行對應的服務：

```
void thread_entry(void* parameter)
{
   while (1)
   {
      /* 等待事件的發生 */

      /* 對事件進行服務、進行處理 */
   }
}
```

執行緒看似沒有什麼限制程式執行的因素，似乎所有的操作都可以執行。但是作為一個即時系統，一個優先順序明確的即時系統，如果一個執行緒中的程式陷入了無窮迴圈操作，那麼比它優先順序低的執行緒都將不能夠得到執行。

**注意**

在即時作業系統中，執行緒中不能存在陷入無窮迴圈的操作，必須要有讓出 CPU 使用權的動作，如循環中呼叫延遲時間函數或主動暫停。使用者設計這種無限循環執行緒的目的，就是為了讓這個執行緒一直被系統循環排程執行，永不刪除。

（2）循序執行或有限次循環模式：如簡單的順序敘述、do while() 或 for() 循環等，此類執行緒不會循環或不會永久循環，可謂是「一次性」執行緒，一定會被執行完畢。在執行完畢後，執行緒將被系統自動刪除。

```
static void thread_entry(void* parameter)
{
    /* 處理交易 #1 */
    …
    /* 處理交易 #2 */
    …
    /* 處理交易 #3 */
}
```

### 6. 執行緒錯誤碼

一個執行緒就是一個執行場景，錯誤碼是與執行環境密切相關的，所以每個執行緒配備了一個變數用於保存錯誤碼，執行緒的錯誤碼有以下幾種：

```
#define RT_EOK          0  /* 無錯誤       */
#define RT_ERROR        1  /* 普通錯誤     */
#define RT_ETIMEOUT     2  /* 逾時錯誤     */
#define RT_EFULL        3  /* 資源已滿     */
#define RT_EEMPTY       4  /* 無資源       */
#define RT_ENOMEM       5  /* 無記憶體     */
#define RT_ENOSYS       6  /* 系統不支援   */
#define RT_EBUSY        7  /* 系統忙       */
```

```
#define RT_EIO          8  /* IO 錯誤        */
#define RT_EINTR        9  /* 中斷系統呼叫  */
#define RT_EINVAL       10 /* 非法參數      */
```

## 7. 執行緒狀態切換

RT-Thread 提供一系列的作業系統呼叫介面，使得執行緒的狀態在這 5 個狀態之間來回切換。幾種狀態間的轉換關係如圖 6.17 所示。

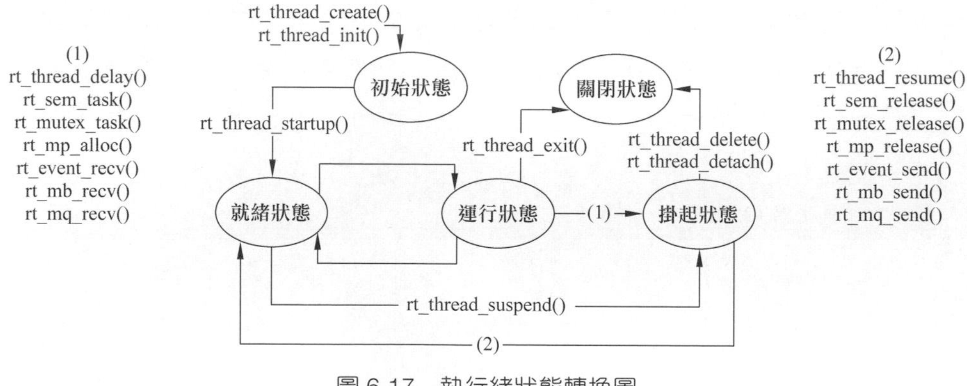


圖 6.17　執行緒狀態轉換圖

(1) 執行緒透過呼叫函數 rt_thread_create/rt_thread_init() 進入初始狀態 (RT_THREAD_INIT)。

(2) 初始狀態的執行緒透過呼叫函數 rt_thread_startup() 進入就緒狀態 (RT_THREAD_READY)。

(3) 就緒狀態的執行緒被排程器排程後進入執行狀態 (RT_THREAD_RUNNING)。

(4) 當處於執行狀態的執行緒呼叫 rt_thread_delay()、rt_sem_task()、rt_mutex_task()、rt_mb_recv() 等函數或獲取不到資源時，將進入暫停狀態 (RT_THREAD_SUSPEND)。

(5) 處於暫停狀態的執行緒，如果等待逾時依然未能獲得資源或由於其他執行緒釋放了資源，那麼它將返回到就緒狀態。暫停狀態的執行緒，如果呼叫 rt_thread_delete/rt_thread_detach() 函數，將更改為關閉狀態 (RT_THREAD_CLOSE)。

（6）而執行狀態的執行緒，如果執行結束，就會在執行緒的最後部分執行 rt_thread_exit() 函數，將狀態更改為關閉狀態。

> **注意**
>
> 在 RT-Thread 中，實際上執行緒並不存在執行狀態，就緒狀態和執行狀態是等同的。

### 8. 系統執行緒

前文中已提到，系統執行緒是指由系統創建的執行緒，使用者執行緒是由使用者程式呼叫執行緒管理介面創建的執行緒，在 RT-Thread 核心中的系統執行緒分為空閒執行緒和主執行緒。

### 9. 空閒執行緒

空閒執行緒是系統創建的最低優先順序的執行緒，執行緒狀態永遠為就緒狀態。當系統中無其他就緒執行緒存在時，排程器將排程到空閒執行緒，它通常是一個無窮迴圈，且永遠不能被暫停。另外，空閒執行緒在 RT-Thread 中具有它的特殊用途。

若某執行緒執行完畢，系統將自動刪除執行緒：自動執行 rt_thread_exit() 函數，先將該執行緒從系統就緒佇列中刪除，再將該執行緒的狀態更改為關閉狀態，不再參與系統排程，然後掛入 rt_thread_defunct 僵屍佇列 ( 資源未回收、處於關閉狀態的執行緒佇列 ) 中，最後空閒執行緒會回收被刪除執行緒的資源。

空閒執行緒也提供了介面來執行使用者設定的鉤子函數，在空閒執行緒執行時期會呼叫該鉤子函數，適合處理鉤入功耗管理、看門狗喂狗等工作。

### 10. 主執行緒

在系統啟動時，系統會創建 main 執行緒，它的入口函數為 main_thread_entry()，使用者的應用入口函數 main() 就是從這裡真正開始的，系統排程器啟動後，main 執行緒就開始執行，過程如圖 6.18 所示，使用者可以在 main() 函數裡增加自己的應用程式初始化程式。

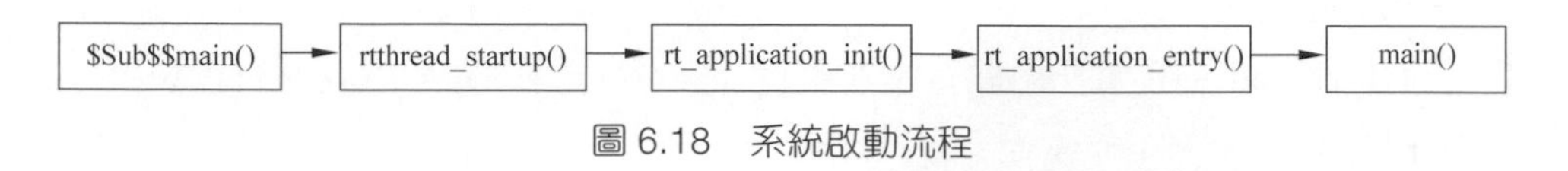


圖 6.18　系統啟動流程

### 11. 執行緒的管理方式

執行緒的相關操作主要有：創建 / 初始化執行緒、啟動執行緒、執行執行緒、刪除 / 脫離執行緒，如圖 6.19 所示。

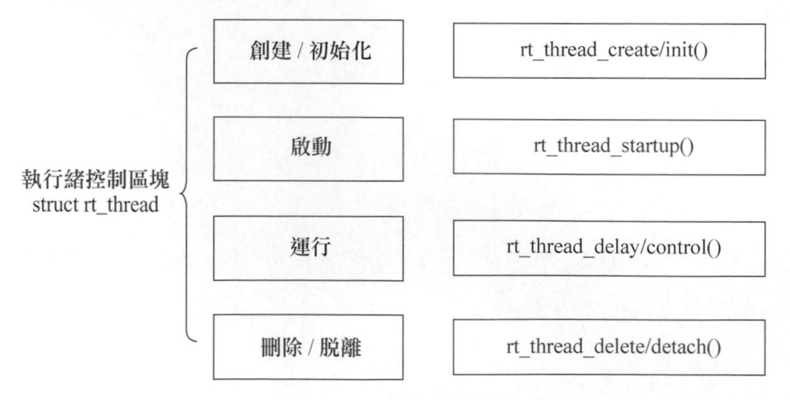


圖 6.19　執行緒控制

可以使用 rt_thread_create() 創建一個動態執行緒，使用 rt_thread_init() 初始化一個靜態執行緒，動態執行緒與靜態執行緒的區別是：動態執行緒是系統自動從動態記憶體堆積上分配堆疊空間與執行緒控制碼 ( 初始化 heap 之後才能使用 create 創建動態執行緒 )，靜態執行緒是由使用者分配堆疊空間與執行緒控制碼。

### 12. 創建和刪除執行緒

一個執行緒要成為可執行的物件，就必須由作業系統的核心來為它創建一個執行緒。可以透過介面創建一個動態執行緒，函數程式如下：

```
rt_thread_t rt_thread_create(const char* name,
                             void (*entry)(void* parameter),
                             void* parameter,
                             rt_uint32_t stack_size,
                             rt_uint8_t priority,
                             rt_uint32_t tick);
```

呼叫這個函數時，系統會從動態堆積記憶體中分配一個執行緒控制碼及按照參數中指定的堆疊大小從動態堆積記憶體中分配對應的空間。分配出來的堆疊空間是按照 rtconfig.h 中設定的 RT_ALIGN_SIZE 方式對齊。

參數：

（1）name：執行緒的名稱；執行緒名稱的最大長度由 rtconfig.h 中的巨集 RT_NAME_MAX 指定，多餘部分會被自動截掉。

（2）entry：執行緒入口函數。

（3）parameter：執行緒入口函數參數。

（4）stack_size：執行緒堆疊大小，單位是位元組。

（5）priority：執行緒的優先順序。優先順序範圍根據系統組態情況 (rtconfig.h 中的 RT_THREAD_PRIORITY_MAX 巨集定義)，如果支援的是 256 級優先順序，那麼它的範圍是 0~255，數值越小優先順序越高，0 代表最高優先順序。

（6）tick：執行緒的時間切片大小。時間切片 (tick) 的單位是作業系統的時鐘節拍。當系統中存在相同優先順序執行緒時，這個參數指定執行緒一次排程能夠執行的最大時間長度。這個時間切片執行結束時，排程器自動選擇下一個就緒狀態的同優先順序執行緒進行執行。

返回：

（1）thread：執行緒創建成功，返回執行緒控制碼。

（2）RT_NULL：執行緒創建失敗。

對於一些使用 rt_thread_create() 創建出來的執行緒，當不需要使用或執行出錯時，我們可以使用下面的函數介面來從系統中把執行緒完全刪除掉：

```
rt_err_t rt_thread_delete(rt_thread_t thread)
```

呼叫該函數後，執行緒物件將被移出執行緒佇列並且從核心物件封裝程式中刪除，執行緒佔用的堆疊空間也會被釋放，收回的空間將重新用於其他的記憶體分配。實際上，用 rt_thread_delete() 函數刪除執行緒介面，僅是把對應的執行緒狀態更改為 RT_THREAD_CLOSE 狀態，然後放入 rt_thread_defunct 佇列中；而真正的刪除動作 ( 釋放執行緒控制區塊和釋放執行緒堆疊 ) 需要到下一次執行空閒執行緒時，由空閒執行緒完成最後的執行緒刪除動作。

參數：

thread：要刪除的執行緒控制碼。

返回：

（1）RT_EOK：刪除執行緒成功。

（2）-RT_ERROR：刪除執行緒失敗。

這個函數僅在啟動了系統動態堆積時才有效 ( 即 RT_USING_HEAP 巨集定義已經定義了 )。

### 13. 初始化和脫離執行緒

執行緒的初始化可以使用下面的函數介面完成，來初始化靜態執行緒物件：

```
rt_err_t rt_thread_init(struct rt_thread* thread,
                        const char* name,
```

```
                    void (*entry)(void* parameter), void* parameter,
                    void* stack_start, rt_uint32_t stack_size,
                    rt_uint8_t priority, rt_uint32_t tick)
```

靜態執行緒的執行緒控制碼 ( 或說執行緒控制區塊指標 )、執行緒堆疊由使用者提供。靜態執行緒是指執行緒控制區塊、執行緒執行堆疊一般設定為全域變數，在編譯時就被確定、被分配處理，核心不負責動態分配記憶體空間。需要注意的是，使用者提供的堆疊起始位址需做系統對齊 ( 例如 ARM 上需要做 4 位元組對齊 )。

參數：

（1）thread：執行緒控制碼。執行緒控制碼由使用者提供出來，並指向對應的執行緒控制區塊記憶體位址。

（2）name：執行緒的名稱；執行緒名稱的最大長度由 rtconfig.h 中定義的 RT_NAME_MAX 巨集指定，多餘部分會被自動截掉。

（3）entry：執行緒入口函數。

（4）parameter：執行緒入口函數參數。

（5）stack_start：執行緒堆疊起始位址。

（6）stack_size：執行緒堆疊大小，單位是位元組。在大多數系統中需要做堆疊空間位址對齊 ( 例如 ARM 系統結構中需要向 4 位元組位址對齊 )。

（7）priority：執行緒的優先順序。優先順序範圍根據系統組態情況 (rtconfig.h 中的 RT_THREAD_PRIORITY_MAX 巨集定義 )，如果支援的是 256 級優先順序，那麼它的範圍是 0~255，數值越小優先順序越高，0 代表最高優先順序。

（8）tick：執行緒的時間切片大小。時間切片 (tick) 的單位是作業系統的時鐘節拍。當系統中存在相同優先順序執行緒時，這個參數指定執行緒一次排程能夠執行的最大時間長度。這個時間切片執行結束時，排程器自動選擇下一個就緒狀態的同優先順序執行緒進行執行。

返回：

（1）RT_EOK：執行緒創建成功。

（2）-RT_ERROR：執行緒創建失敗。

對於用 rt_thread_init() 初始化的執行緒，使用 rt_thread_detach() 將使執行緒物件在執行緒佇列和核心物件封裝程式中被脫離。執行緒脫離函數如下：

```
rt_err_t rt_thread_detach (rt_thread_t thread)
```

參數：

thread：執行緒控制碼，它應該是由 rt_thread_init() 函數進行初始化的執行緒控制碼。

返回：

（1）RT_EOK：執行緒脫離成功。

（2）-RT_ERROR：執行緒脫離失敗。

這個函數介面是和 rt_thread_delete() 函數相對應的，rt_thread_delete() 函數操作的物件是 rt_thread_create() 創建的控制碼，而 rt_thread_detach() 函數操作的物件是使用 rt_thread_init() 函數初始化的執行緒控制區塊。

### 14. 啟動執行緒

創建 ( 初始化 ) 的執行緒狀態處於初始狀態，並未進入就緒執行緒的排程佇列，我們可以在執行緒初始化 / 創建成功後呼叫下面的函數介面讓該執行緒進入就緒狀態：

```
rt_err_t rt_thread_startup(rt_thread_t thread)
```

當呼叫這個函數時，將把執行緒的狀態更改為就緒狀態，並放到對應優先順序佇列中等待排程。如果新啟動的執行緒優先順序比當前執行緒優先順序高，將立刻切換到這個執行緒。

參數：

thread：執行緒控制碼。

返回：

（1）RT_EOK：執行緒啟動成功。

（2）-RT_ERROR：執行緒啟動失敗。

**15. 獲取當前執行緒**

在程式的執行過程中，相同的一段程式可能會被多個執行緒執行，在執行的時候可以透過下面的函數介面獲得當前執行的執行緒控制碼：

```
rt_thread_t rt_thread_self(void)
```

返回：

（1）thread：當前執行的執行緒控制碼。

（2）RT_NULL：失敗，排程器還未啟動。

**16. 使執行緒讓出處理器資源**

當前執行緒的時間切片用完或該執行緒主動要求讓出處理器資源時，它將不再佔有處理器，排程器會選擇相同優先順序的下一個執行緒執行。執行緒呼叫這個介面後，這個執行緒仍然在就緒佇列中。執行緒讓出處理器使用下面的函數介面：

```
rt_err_t rt_thread_yield(void)
```

呼叫該函數後，當前執行緒首先把自己從它所在的就緒優先順序執行緒佇列中刪除，然後把自己掛到這個優先順序佇列鏈結串列的尾部，然後啟動排程器進行執行緒上下文切換。如果當前優先順序只有這一個執行緒，則這個執行緒繼續執行，不進行上下文切換動作。

rt_thread_yield() 函數和 rt_schedule() 函數比較相像，但在有相同優先順序的其他就緒態執行緒存在時，系統的行為卻完全不一樣。執行 rt_ thread_yield() 函數後，當前執行緒被換出，相同優先順序的下一個就緒執行緒將被執行。而執行 rt_schedule() 函數後，當前執行緒並不一定被換出，即使被換出，也不會被放到就緒執行緒鏈結串列的尾部，而是在系統中選取就緒的優先順序最高的執行緒執行。如果系統中沒有比當前執行緒優先順序更高的執行緒存在，那麼執行 rt_schedule() 函數後，系統將繼續執行當前執行緒。

**17. 使執行緒睡眠**

在實際應用中，我們有時需要讓執行的當前執行緒延遲一段時間，在指定的時間到達後重新執行，這就叫作執行緒睡眠。執行緒睡眠可使用以下 3 個函數介面：

```
rt_err_trt_thread_sleep(rt_tick_t tick)
rt_err_trt_thread_delay(rt_tick_t tick)
rt_err_trt_thread_mdelay(rt_int32_t ms)
```

這 3 個函數介面的作用相同，呼叫它們可以使當前執行緒暫停一段指定的時間，當這個時間過後，執行緒會被喚醒並再次進入就緒狀態。這個函數接受一個參數，該參數指定了執行緒的休眠時間。

參數：

tick/ms：執行緒睡眠的時間。sleep/delay 的傳入參數 tick 以 1 個 OS Tick 為單位，mdelay 的傳入參數 ms 以 1ms 為單位。

返回：

RT_EOK：操作成功。

**18. 暫停和恢復執行緒**

當執行緒呼叫 rt_thread_delay() 時，執行緒將主動暫停；當呼叫 rt_sem_task()、rt_mb_recv() 等函數時，資源不可使用也將導致執行緒暫停。處於暫停狀態的執行緒，如果其等待的資源逾時 ( 超過其設定的等待時間)，那麼該執行緒將不再等待這些資源，並返回到就緒狀態；或，當其他執行緒釋放掉該執行緒所等待的資源時，該執行緒也會返回到就緒狀態。

執行緒暫停使用下面的函數介面：

```
rt_err_t rt_thread_suspend (rt_thread_t thread)
```

參數：

thread：執行緒控制碼。

返回：

（1）RT_EOK：執行緒暫停成功。

（2）-RT_ERROR：執行緒暫停失敗，因為該執行緒的狀態並不是就緒狀態。

> **注意**
>
> 通常不應該使用這個函數來暫停執行緒本身，如果確實需要採用 rt_thread_suspend() 函數暫停當前任務，需要在呼叫 rt_thread_suspend() 函數後立刻呼叫 rt_schedule() 函數進行手動執行緒上下文切換。使用者只需要了解該介面的作用，不推薦使用該介面。

恢復執行緒就是讓暫停的執行緒重新進入就緒狀態，並將執行緒放入系統的就緒佇列中；如果被恢復執行緒在所有就緒狀態執行緒中，並位於最高優先順序鏈結串列的第一位，那麼系統將進行執行緒上下文的切換。執行緒恢復使用下面的函數介面：

```
rt_err_t rt_thread_resume (rt_thread_t thread)
```

參數：

thread：執行緒控制碼。

返回：

（1）RT_EOK：執行緒恢復成功。

（2）-RT_ERROR：執行緒恢復失敗，因為此執行緒的狀態並不是 RT_THREAD_SUSPEND 狀態。

### 19. 控制執行緒

當需要對執行緒進行一些其他控制時，例如動態更改執行緒的優先順序，可以呼叫以下函數介面：

```
rt_err_t rt_thread_control(rt_thread_t thread, rt_uint8_t cmd, void* arg)
```

參數：

（1）thread：執行緒控制碼。

（2）cmd：指示控制命令。

（3）arg：控制參數。

返回：

（1）RT_EOK：控制執行正確。

（2）-RT_ERROR：失敗。

指示控制命令 cmd 當前支持的命令包括：

（1）RT_THREAD_CTRL_CHANGE_PRIORITY：動態更改執行緒的優先順序。

（2）RT_THREAD_CTRL_STARTUP：開始執行一個執行緒，等於 rt_thread_startup() 函數呼叫。

（3）RT_THREAD_CTRL_CLOSE：關閉一個執行緒，等於 rt_thread_delete() 函數呼叫。

### 20. 設清空閒鉤子

空閒鉤子函數是空閒執行緒的鉤子函數，如果設定了空閒鉤子函數，就可以在系統執行空閒執行緒時，自動執行空閒鉤子函數來做一些其他事情，例如系統指示燈。

設清空閒鉤子的函數介面如下：

```
rt_err_t rt_thread_idle_sethook(void (*hook)(void))
rt_err_t rt_thread_idle_delhook(void (*hook)(void))
```

參數：

hook：設定鉤子函數。

返回：

（1）RT_EOK：設定成功。

（2）-RT_EFULL：設定失敗。

### 21. 刪除空閒鉤子

刪除空閒鉤子函數介面如下：

```
rt_err_t rt_thread_idle_delhook(void (*hook)(void))
```

參數：

void (*hook)(void)：刪除的鉤子函數。

返回：

（1）RT_EOK：刪除成功。

（2）-RT_ENOSYS：刪除失敗。

> **注意**
>
> 空閒執行緒是一個執行緒狀態永遠為就緒態的執行緒，因此設定的鉤子函數必須保證空閒執行緒在任何時刻都不會處於暫停狀態，例如 rt_thread_delay()、rt_sem_task() 等可能會導致執行緒暫停的函數都不能使用。

### 22. 設定排程器鉤子

整個系統在執行時期，系統都處於執行緒執行、中斷觸發一回應中斷、切換到其他執行緒，甚至是執行緒間的切換或說系統的上下文切換是系統中最普遍的事件。有時使用者可能會想知道在一個時刻發生了什麼樣的執行緒切換，可以透過呼叫下面的函數介面設定一個對應的鉤子函數。在系統執行緒切換時，這個鉤子函數將被呼叫：

```
void rt_scheduler_sethook(void (*hook)(struct rt_thread* from, struct
rt_thread* to))
```

參數：

hook：表示使用者定義的鉤子函數指標。

鉤子函數 hook() 的宣告如下：

```
void hook(struct rt_thread* from, struct rt_thread* to)
```

參數：

(1) from：表示系統所要切換出的執行緒控制區塊指標。

(2) to：表示系統所要切換到的執行緒控制區塊指標。

> **注意**
>
> 請仔細編寫鉤子函數，稍有不慎將很可能導致整個系統執行不正常。在這個鉤子函數中，基本上不允許呼叫系統 API，更不應該導致當前執行的上下文暫停。

### 23. 執行緒範例

這個例子創建兩個執行緒，一個是動態執行緒，在執行完畢後自動被系統刪除。另外一個是靜態執行緒，一直列印計數。此例子位於 "Chapter6\01_sample\sample.c" 檔案，程式如下：

```
#include<rtthread.h>

#define THREAD_PRIORITY         25
#define THREAD_STACK_SIZE       512
#define THREAD_TIMESLICE        5

static rt_thread_t tid1 = RT_NULL;

/* 執行緒 1 的入口函數 */
static void thread1_entry(void *parameter)
{
   rt_uint32_t count = 0;

   while (1)
   {
      /* 執行緒 1 採用低優先順序執行，一直列印計數值 */
      rt_kprintf("thread1 count:%d\n",count ++);
      rt_thread_mdelay(500);
   }
}

ALIGN(RT_ALIGN_SIZE)
static char thread2_stack[1024];
static struct rt_thread thread2;
/* 執行緒 2 入口 */
static void thread2_entry(void *param)
{
   rt_uint32_t count = 0;

   /* 執行緒 2 擁有較高的優先順序，以先佔執行緒 1 而獲得執行 */
   for (count = 0;count<10 ;count++)
   {
      /* 執行緒 2 列印計數值 */
      rt_kprintf("thread2 count:%d\n",count);
   }
   rt_kprintf("thread2 exit\n");
```

```
    /* 執行緒 2 執行結束後也將自動被系統脫離 */
}
/* 執行緒範例 */
int thread_sample(void)
{
    /* 創建執行緒 1，名稱是 thread1，入口是 thread1_entry*/
    tid1 = rt_thread_create("thread1",
                            thread1_entry,RT_NULL,
                            THREAD_STACK_SIZE,
                            THREAD_PRIORITY,THREAD_TIMESLICE);

    /* 如果獲得執行緒控制區塊，啟動這個執行緒 */
    if (tid1 != RT_NULL)
      rt_thread_startup(tid1);

    /* 初始化執行緒 2，名稱是 thread2，入口是 thread2_entry */
    rt_thread_init(&thread2,
                   "thread2",
                   thread2_entry,
                   RT_NULL,
    &thread2_stack[0],
                   sizeof(thread2_stack),
                   THREAD_PRIORITY - 1,THREAD_TIMESLICE);
    rt_thread_startup(&thread2);

    return 0;
}
```

把Chapter6\01_sample\sample.c 檔案複製到 Chapter6\rt-thread-v3.1.2\rt-thread\bsp\stm32\stm32f407-atk-explorer\applications 資料夾中。打開 Chapter6\rt-thread-v3.1.2\rt-thread\bsp\stm32\stm32f407-atk-explorer\project.uvprojx 專案檔案，在 Project → Applications 中增加 sample.c 檔案，如圖 6.20 所示。

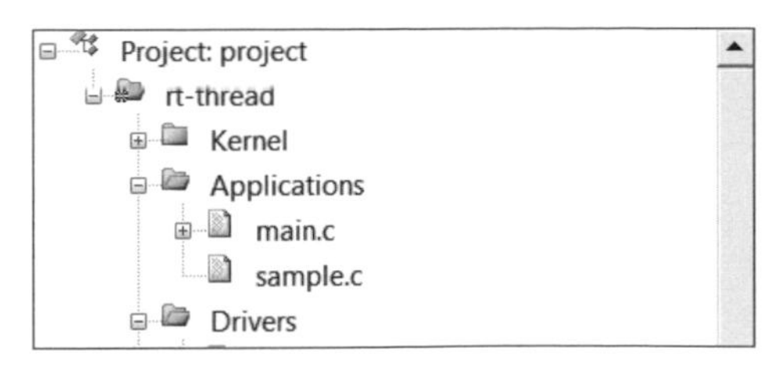


圖 6.20　Project 專案

在 main.c 檔案的 main 函數中呼叫 thread_sample() 函數，程式如下：

```
//Chapter6\rt-thread-v3.1.2\rt-thread\bsp\stm32\stm32f407-atk explorer\
applications\
//main.c  19 行

int main(void)
{
   int count = 1;
   /* set LED0 pin mode to output */
   rt_pin_mode(LED0_PIN,PIN_MODE_OUTPUT);

   // 呼叫 thread_sample() 函數
   thread_sample();

   while (count++)
   {
     rt_pin_write(LED0_PIN,PIN_HIGH);
     rt_thread_mdelay(500);
     rt_pin_write(LED0_PIN,PIN_LOW);
     rt_thread_mdelay(500);
   }

   return RT_EOK;
}
```

編譯並下載程式，打開附錄 A\ 軟體 \ 序列埠工具 \sscom5.13.1.exe，設定「串列傳輸速率」為 115200。點擊「打開序列埠」按鈕，可以看到

STM32F407 主機板的序列埠輸出，如圖 6.21 所示。

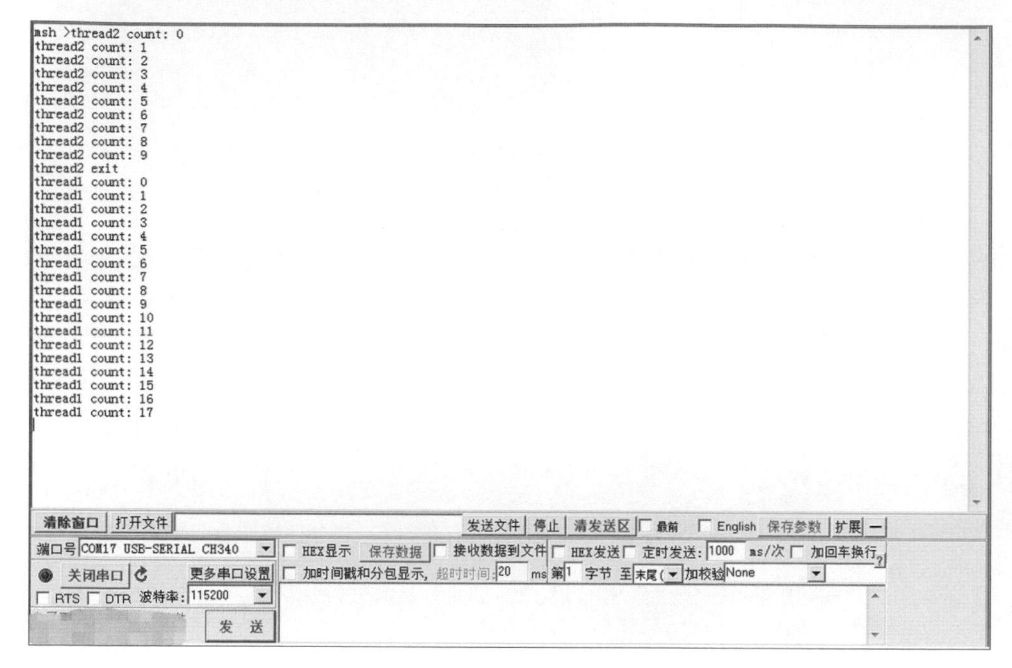


圖 6.21　序列埠資料

**注意**

關於執行緒刪除，大多數執行緒是循環執行的，無須刪除，而能執行完畢的執行緒，RT-Thread 在執行緒執行完畢後，自動刪除執行緒，在 rt_thread_exit() 裡完成刪除動作。使用者只需要了解該介面的作用，不推薦使用該介面。可以由其他執行緒呼叫此介面或在計時器逾時函數中呼叫此介面刪除一個執行緒，但是這種使用方式非常少。

# 6.3 GPIO 開發

## 6.3.1 I/O 裝置模型框架

RT-Thread 提供了一套簡單的 I/O 裝置模型框架，位於硬體和應用程式之間，總共分為 3 層：I/O 裝置管理層、裝置驅動框架層、裝置驅動層，如圖 6.22 所示。

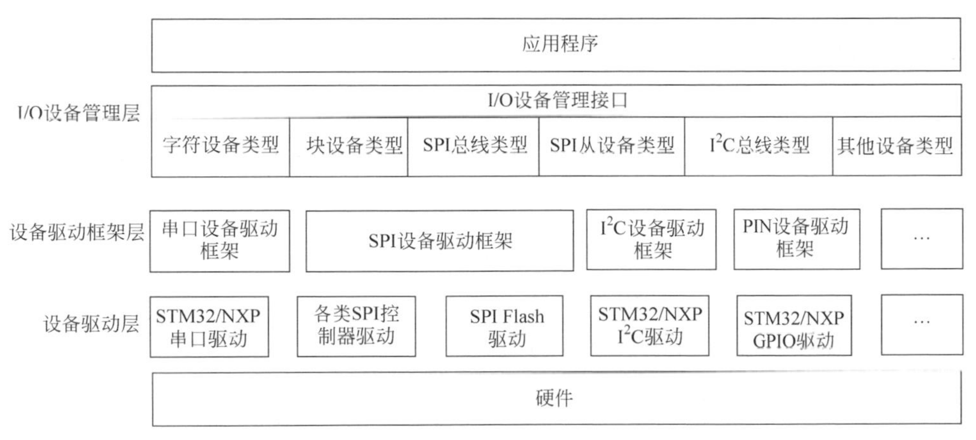


圖 6.22　I/O 裝置驅動模型框架（編按：本圖為簡體中文介面）

需要注意的是，I/O 裝置驅動模型框架包含了 GPIO 驅動、SPI 裝置驅動、$I^2C$ 裝置驅動等，它和 Linux 的驅動框架比較類似。具體內容讀者可以查閱官方文件：https://www.rt-thread.org/document/site/programming-manual/device/device/。

由於 RT-Thread 的 I/O 裝置驅動模型框架已經幫我們完成了大部分驅動相關的程式，且讀者不需要去修改 I/O 裝置驅動模型框架的相關程式，所以可以將學習的重點放在應用程式開發這一部分。本書也將重點介紹應用程式開發如何使用裝置驅動。

## 6.3.2 相關 API

RT-Thread 封裝了一套與晶片架構無關的 GPIO 操作的 API，應用程式可以使用統一的 API 編寫應用程式，具有非常好的可攜性。

### 1. 設定接腳工作模式

應用程式可以使用 rt_pin_mode() 函數來設定某個接腳的工作狀態是輸入還是輸出，函數程式如下：

```
void rt_pin_mode(rt_base_t pin, rt_base_t mode)
```

參數：

（1）rt_base_t pin：GPIO 接腳編號，對 STM32 來説，可以使用 GET_PIN(PORTx,PIN) 函數來自動生成接腳編號，其中 PORTx 對應了 STM32 的 GPIOx，可以填寫的範圍是 A~G，pin 對應了具體接腳編號，設定值範圍是 0~15。例如我們要設定的 STM32 接腳是 GPIOB_1 可以用 GET_PIN(B, 1) 來構造。

（2）rt_base_t mode：接腳的工作模式，參數如下：

- PIN_MODE_OUTPUT：推拉輸出。
- PIN_MODE_INPUT：浮空輸入。
- PIN_MODE_INPUT_PULLUP：上拉輸入。
- PIN_MODE_INPUT_PULLDOWN：下拉輸入。
- PIN_MODE_OUTPUT_OD：開漏輸出。

### 2. 接腳輸出

應用程式可以使用 rt_pin_write 設定 GPIO 通訊埠的輸出狀態，函數程式如下：

```
void rt_pin_write(rt_base_t pin, rt_base_t value)
```

參數：

（1）rt_base_t pin：GPIO 接腳編號。

（2）rt_base_t value：輸出的電位值，參數為：PIN_LOW( 低電位輸出 )、PIN_HIGH( 高電位輸出 )。

### 3. 讀取接腳狀態

當接腳被設定為輸入時，應用程式可以使用 rt_pin_read() 函數來讀取接腳的輸入狀態，函數程式如下：

```
intrt_pin_read(rt_base_t pin)
```

參數：

rt_base_t pin：GPIO 接腳編號。

返回：

int：返回接腳的輸入狀態，參數為：PIN_LOW( 低電位輸出 )、PIN_HIGH( 高電位輸出 )。

### 4. 綁定接腳中斷回呼函數

GPIO 接腳除了做輸入和輸出使用外，還可以作為中斷來源使用。

應用程式可以使用 rt_pin_attach_irq() 函數來設定接腳為外部中斷接腳、中斷方式和中斷服務函數。rt_pin_attach_irq() 函數程式如下：

```
rt_err_t rt_pin_attach_irq(rt_int32_t pin,rt_uint32_t mode,
                            void (*hdr)(void *args),void  *args)
```

參數：

（1）rt_int32_t pin：GPIO 接腳編號。

（2）rt_uint32_t mode：中斷觸發方式，可以設定值如下：

- PIN_IRQ_MODE_RISING：上昇緣觸發中斷。
- PIN_IRQ_MODE_FALLING：下降緣觸發中斷。
- PIN_IRQ_MODE_RISING_FALLING：上昇緣、下降緣觸發中斷。
- PIN_IRQ_MODE_HIGH_LEVEL：高電位觸發中斷。

- PIN_IRQ_MODE_LOW_LEVEL：低電位觸發中斷。

（3）void (*hdr)(void *args)：中斷服務函數，一般需要使用者實現該函數，用以中斷觸發時呼叫中斷服務函數進行中斷處理。

（4）void*args：參數，該參數最終會作為 void (*hdr)(void *args) 中斷服務函數的 void *args 參數。不需要時可以設定為 RT_NULL。

### 5. 脫離接腳中斷回呼函數

應用程式使用 rt_pin_attach_irq() 函數來設定接腳為外部中斷接腳、中斷方式和中斷服務函數後，如果想取消之前的設定，讓接腳恢復到預設狀態，可以使用 rt_pin_detach_irq() 函數。其函數程式如下：

```
rt_err_t rt_pin_detach_irq(rt_int32_t pin)
```

參數：

rt_int32_t pin：GPIO 接腳編號。

返回：

RT_EOK：呼叫成功，其他返回值均表示出錯。

### 6. 啟動接腳中斷

應用程式呼叫 rt_pin_attach_irq() 函數來設定接腳為外部中斷接腳、中斷方式和中斷服務函數後，該接腳還不能回應中斷。應用程式需要使用 rt_pin_irq_enable() 函數來啟動接腳中斷，其函數程式如下：

```
rt_err_t rt_pin_irq_enable(rt_base_t pin, rt_uint32_t enabled)
```

參數：

（1）rt_base_t pin：GPIO 接腳編號。

（2）rt_uint32_t enabled：是否啟動接腳中斷，參數：RT_TRUE( 啟動接腳中斷 )、RT_FALSE( 不啟動接腳中斷 )。

### 6.3.3 實驗

打 開 Chapter6\rt-thread-v3.1.2\rt-thread\bsp\stm32\stm32f407-atk-explorer\project.uvprojx 專案檔案，再打開 main.c 檔案。

LED0 對應的 GPIO 通訊埠是 GPIOE_4，所以修改 LED0_PIN 為 GET_PIN(E,4)，程式如下：

```
//Chapter6\rt-thread-v3.1.2\rt-thread\bsp\stm32\stm32f407-atk-explorer\
applications\
//main.c     17 行

#define LED0_PIN     GET_PIN(E,4)
```

main 函數設定 LED0_PIN 為推拉輸出，在 while 循環中設定 LED 每隔 500ms 亮滅一次，程式如下：

```
//Chapter6\rt-thread-v3.1.2\rt-thread\bsp\stm32\stm32f407-atk-explorer\
applications\
//main.c     19 行

int main(void)
{
    int count = 1;
    /* 設定 LED0 為推拉輸出 */
    rt_pin_mode(LED0_PIN,PIN_MODE_OUTPUT);

    // 上一節的執行緒測試程式，可以忽略
    //thread_sample();

    while (count++)
    {
        // 設定 LED0 輸出高電位
        rt_pin_write(LED0_PIN,PIN_HIGH);
        // 等待 500ms
        rt_thread_mdelay(500);
        // 設定 LED0 輸出低電位
        rt_pin_write(LED0_PIN,PIN_LOW);
```

```
        // 等待 500ms
        rt_thread_mdelay(500);
    }

    return RT_EOK;
}
```

編譯並下載程式到開發板，可以看到 LED 每隔 500ms 亮滅一次。

# 6.4 序列埠開發

## 6.4.1 FinSH 主控台

通常 RT-Thread 預設帶 FinSH 功能，且使用序列埠 1 作為互動序列埠。故而在講解序列埠開發之前，有必要先了解一下 FinSH。

最早期的電腦作業系統還不支援圖形介面，電腦先驅們開發了一種軟體，它接受使用者輸入的命令，解釋之後，傳遞給作業系統，並將作業系統執行的結果返回給使用者。這個程式像一層外殼包裹在作業系統的外面，所以它被稱為 Shell。

嵌入式裝置通常需要將開發板與電腦連接起來通訊，常見連接方式包括：序列埠、USB、乙太網、WiFi 等。一個靈活的 Shell 也應該支援在多種連接方式上工作。有了 Shell，就像在開發者和電腦之間架起了一座溝通的橋樑，開發者能很方便地獲取系統的執行情況，並透過命令控制系統的執行。特別是在偵錯階段，有了 Shell，開發者除了能更快地定位到問題之外，也能利用 Shell 呼叫測試函數，改變測試函數的參數，減少程式的燒錄次數，縮短專案的開發時間。

FinSH 是 RT-Thread 的命令列元件 (Shell)，正是基於上面這些考慮而誕生的，FinSH 的發音為 ['frnʃ]。

### 1. 使用

使用 USB 轉序列埠線將開發板的序列埠 1 和電腦的 USB 介面連接起來，打開附錄 A\ 軟體 \ 序列埠工具 \sscom5.13.1.exe 工具。設定「串列傳輸速率」為 115200，點擊「打開序列埠」按鈕，給開發板通電，可以看到 FinSH 的輸出內容，如圖 6.23 所示。

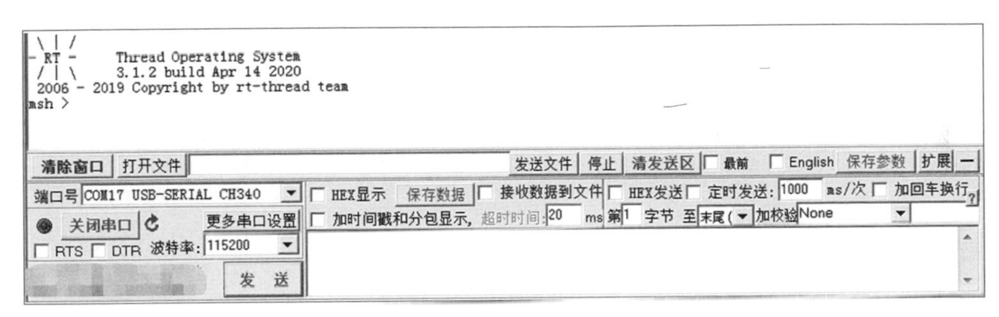


圖 6.23　FinSH

可以在輸入框輸入 help，並選取「加回車換行」，點擊「發送」按鈕，可以看到 FinSH 支援的所有命令，如圖 6.24 所示。

```
 \ | /
- RT -     Thread Operating System
 / | \     3.1.2 build Apr 14 2020
 2006 - 2019 Copyright by rt-thread team
msh >help
RT-Thread shell commands:
reboot           - Reboot System
version          - show RT-Thread version information
list_thread      - list thread
list_sem         - list semaphore in system
list_event       - list event in system
list_mutex       - list mutex in system
list_mailbox     - list mail box in system
list_msgqueue    - list message queue in system
list_mempool     - list memory pool in system
list_timer       - list timer in system
list_device      - list device in system
help             - RT-Thread shell help.
ps               - List threads in the system.
time             - Execute command with time.
free             - Show the memory usage in the system.

msh >
msh >
```

清除窗口 打开文件 发送文件 停止 清发送区 最前 English 保存参数 扩展
端口号 COM17 USB-SERIAL CH340　HEX显示 保存数据 接收数据到文件 HEX发送 定时发送: 1000 ms/次 加回车换行
关闭串口 更多串口设置　加时间戳和分包显示, 超时时间: 20 ms 第1 字节 至 末尾 加校验 None
RTS DTR 波特率: 115200　help
发 送

圖 6.24　help 命令

FinSH 預設支援圖 6.24 所示的命令，當打開 DFS 元件時，還額外支援 ls、cd 等命令。

### 2. 自訂 FinSH 命令

除了 FinSH 附帶的命令，FinSH 還支持我們自訂命令，可以使用 FinSH 提供的巨集介面將我們自己編寫的程式導成 FinSH 命令，這樣就可以直接在 FinSH 中執行。

自訂 msh 命令的巨集定義如下：

```
MSH_CMD_EXPORT(name, desc);
```

參數：

（1）name：要匯出的命令。

（2）desc：匯出命令的描述。

例如在 mian.c 檔案中增加以下程式：

```
//Chapter6\rt-thread-v3.1.2\rt-thread\bsp\stm32\stm32f407-atk-explorer\
applications\
//main.c  39 行

void echo_hello(void)
{
   rt_kprintf("hello RT-Thread!\n");
}

MSH_CMD_EXPORT(echo_hello ,say hello to RT-Thread);
```

重新編譯器後下載到開發板，在序列埠工具輸入框中輸入 help 並點擊「發送」按鈕後可以看到 FinSH 命令多了一個 echo_hello 命令，在輸入框輸入 echo_hello。點擊「發送」按鈕執行命令，可以看到列印資訊 hello RT-Thread!，列印資訊如下：

```
\| /
- RT -   Thread Operating System
 / | \3.1.2build Apr 142020
2006    - 2019 Copyright by rt-thread team
msh>help
RT-Thread shell commands:
echo_hello          - say hello to RT-Thread
reboot              - Reboot System
version             - show RT-Thread version information
list_thread         - list thread
list_sem            - list semaphore in system
list_event          - list event in system
list_mutex          - list mutex in system
list_mailbox        - list mail box in system
list_msgqueue       - list message queue in system
list_mempool        - list memory pool in system
list_timer          - list timer in system
list_device         - list device in system
help                - RT-Thread shell help.
ps                  - List threads in the system.
time                - Execute command with time.
free                - Show the memory usage in the system.

msh>
msh>echo_hello
hello RT-Thread!
msh>
```

## 6.4.2 相關 API

RT-Thread 的序列埠裝置驅動層為應用程式封裝了一組序列埠操作的 API 函數，該組 API 和晶片架構無關，使得應用程式具有良好的可攜性。相關 API 如下：

（1）rt_device_find()：尋找裝置。

（2）rt_device_open()：打開裝置。

（3）rt_device_read()：讀取資料。

（4）rt_device_write()：寫入資料。

（5）rt_device_control()：控制裝置。

（6）rt_device_set_rx_indicate()；設定接收回呼函數。

（7）rt_device_set_tx_complete()：設定發送完成回呼函數。

（8）rt_device_close()；關閉裝置。

### 1. 尋找裝置

在 RT-Thread 中，要操作序列埠首先要獲取序列埠的裝置控制碼。RT-Thread 提供了一個尋找裝置並返回裝置控制碼的函數，程式如下：

```
rt_device_t rt_device_find(const char* name)
```

參數：

name：裝置名稱。

返回：

rt_device_t：尋找對應裝置，返回對應的裝置控制碼。返回 RT_NULL 則表示沒有找到對應的裝置物件。

一般情況下，註冊到系統的序列埠裝置名稱為 uart0、uart1 等，使用範例程式如下：

```
#define SAMPLE_UART_NAME"uart2"      /* 序列埠裝置名稱 */
static rt_device_t serial;           /* 序列埠裝置控制碼 */
/* 尋找序列埠裝置 */
serial = rt_device_find(SAMPLE_UART_NAME);
```

### 2. 打開序列埠裝置

應用程式可以透過裝置控制碼打開和關閉裝置，RT-Thread 提供以下函數打開序列埠裝置：

```
rt_err_t rt_device_open(rt_device_t dev, rt_uint16_t oflags)
```

參數：

（1）dev：裝置控制碼。

（2）oflags：裝置模式標示。

返回：

（1）RT_EOK：裝置打開成功。

（2）-RT_EBUSY：如果裝置註冊指定的參數包括 RT_DEVICE_FLAG_STANDALONE 參數，此裝置將不允許重複打開。

（3）其他錯誤碼：裝置打開失敗。

oflags 參數支援下列設定值 ( 可以採用「或」的方式支援多種設定值 )：

```
#define RT_DEVICE_FLAG_STREAM      0x040      /* 流模式 */
/* 接收模式參數 */
#define RT_DEVICE_FLAG_INT_RX      0x100      /* 中斷接收模式 */
#define RT_DEVICE_FLAG_DMA_RX      0x200      /* DMA 接收模式 */
/* 發送模式參數 */
#define RT_DEVICE_FLAG_INT_TX      0x400      /* 中斷發送模式 */
#define RT_DEVICE_FLAG_DMA_TX      0x800      /* DMA 發送模式 */
```

序列埠資料接收和資料發送的模式分為 3 種：中斷模式、輪詢模式、DMA 模式。在使用的時候，這 3 種模式只能選其一，若序列埠的打開參數 oflags 沒有指定使用中斷模式或 DMA 模式，則預設使用輪詢模式。

DMA(Direct Memory Access) 即直接記憶體存取。DMA 傳輸方式無須 CPU 直接控制傳輸，也沒有像中斷處理方式那樣保留現場和恢復現場的過程，透過 DMA 控制器為 RAM 與 I/O 裝置開闢了一筆直接傳送資料的通路，這就節省了 CPU 的資源來進行其他操作。使用 DMA 傳輸可以連續獲取或發送一段資訊而不佔用中斷或延遲時間，在通訊頻繁或有大段資訊要傳輸時非常有用。

**注意**

RT_DEVICE_FLAG_STREAM：流模式用於向序列埠終端輸出字串：當輸出的字元是 "\n" ( 對應 16 進位值為 0x0A) 時，自動在前面輸出一個 "\r"( 對應 16 進位值為 0x0D) 做分行。流模式 RT_DEVICE_FLAG_STREAM 可以和接收發送模式參數使用或 "|" 運算子一起使用。

以中斷接收及輪詢發送模式使用序列埠裝置的範例程式如下：

```
#define SAMPLE_UART_NAME"uart2"     /* 序列埠裝置名稱 */
static rt_device_t serial;          /* 序列埠裝置控制碼 */
/* 尋找序列埠裝置 */
serial = rt_device_find(SAMPLE_UART_NAME);

/* 以中斷接收及輪詢發送模式打開序列埠裝置 */
rt_device_open(serial,RT_DEVICE_FLAG_INT_RX);
```

若序列埠要使用 DMA 接收模式，oflags 設定值 RT_DEVICE_FLAG_DMA_RX。以 DMA 接收及輪詢發送模式使用序列埠裝置的範例程式如下：

```
#define SAMPLE_UART_NAME"uart2"       /* 序列埠裝置名稱 */
static rt_device_t serial;            /* 序列埠裝置控制碼 */
/* 尋找序列埠裝置 */
serial = rt_device_find(SAMPLE_UART_NAME);

/* 以 DMA 接收及輪詢發送模式打開序列埠裝置 */
rt_device_open(serial,RT_DEVICE_FLAG_DMA_RX);
```

### 3. 控制序列埠裝置

透過控制介面，應用程式可以對序列埠裝置進行設定，如串列傳輸速率、資料位元、驗證位元、接收緩衝區大小、停止位元等參數的修改。控制函數程式如下：

```
rt_err_t rt_device_control(rt_device_tdev, rt_uint8_t cmd, void* arg)
```

參數：

（1）dev：裝置控制碼。

（2）cmd：命令控制字，參數：RT_DEVICE_CTRL_CONFIG。

（3）arg：控制的參數，可取類型：struct serial_configure。

返回：

（1）RT_EOK：函數執行成功。

（2）-RT_ENOSYS：執行失敗，dev 為空。

（3）其他錯誤碼：執行失敗。

控制參數結構 struct serial_configure 程式如下：

```
struct serial_configure
{
    rt_uint32_t baud_rate;              /* 串列傳輸速率 */
    rt_uint32_t data_bits     :4;       /* 資料位元 */
    rt_uint32_t stop_bits     :2;       /* 停止位元 */
    rt_uint32_t parity        :2;       /* 同位檢查位元 */
    rt_uint32_t bit_order     :1;       /* 高位元在前或低位元在前 */
    rt_uint32_t invert        :1;       /* 模式 */
    rt_uint32_t bufsz         :16;      /* 接收資料緩衝區大小 */
    rt_uint32_t reserved      :4;       /* 保留位元 */
};
```

RT-Thread 提供的設定參數參數的巨集定義程式如下：

```
/* 串列傳輸速率參數 */
#define BAUD_RATE_2400                2400
#define BAUD_RATE_4800                4800
#define BAUD_RATE_9600                9600
#define BAUD_RATE_19200               19200
#define BAUD_RATE_38400               38400
#define BAUD_RATE_57600               57600
```

```
#define BAUD_RATE_115200                  115200
#define BAUD_RATE_230400                  230400
#define BAUD_RATE_460800                  460800
#define BAUD_RATE_921600                  921600
#define BAUD_RATE_2000000                 2000000
#define BAUD_RATE_3000000                 3000000
/* 資料位元參數 */
#define DATA_BITS_5                       5
#define DATA_BITS_6                       6
#define DATA_BITS_7                       7
#define DATA_BITS_8                       8
#define DATA_BITS_9                       9
/* 停止位元參數 */
#define STOP_BITS_10
#define STOP_BITS_2                       1
#define STOP_BITS_3                       2
#define STOP_BITS_4                       3
/* 極性位元參數 */
#define PARITY_NONE                       0
#define PARITY_ODD                        1
#define PARITY_EVEN                       2
/* 高低位元順序參數 */
#define BIT_ORDER_LSB                     0
#define BIT_ORDER_MSB                     1
/* 模式參數 */
#define NRZ_NORMAL                        0    /* normal mode */
#define NRZ_INVERTED                      1    /* inverted mode */
/* 接收資料緩衝區預設大小 */
#define RT_SERIAL_RB_BUFSZ                64
```

接收緩衝區：當序列埠使用中斷接收模式打開時，序列埠驅動框架會根據 RT_SERIAL_RB_BUFSZ 大小開闢 1 塊緩衝區用於保存接收到的資料，底層驅動接收到 1 個資料後會在中斷服務程式裡面將資料放入緩衝區。

RT-Thread 提供的預設序列埠設定如下，即 RT-Thread 系統中預設每個序列埠裝置都使用以下設定：

```
#define RT_SERIAL_CONFIG_DEFAULT                  \
{                                                 \
    BAUD_RATE_115200,     /* 115200 bits/s */    \
    DATA_BITS_8,          /* 8 databits */       \
    STOP_BITS_1,          /* 1 stopbit */        \
    PARITY_NONE,          /* No parity  */       \
    BIT_ORDER_LSB,        /* LSB first sent */   \
    NRZ_NORMAL,           /* Normal mode */      \
    RT_SERIAL_RB_BUFSZ,   /* Buffer size */      \
    0                                            \
}
```

**注意**

預設序列埠設定接收資料緩衝區大小為 RT_SERIAL_RB_BUFSZ，即 64 位元組。若一次性資料接收位元組數很多，沒有及時讀取資料，那麼緩衝區的資料將被新接收到的資料覆蓋，造成資料遺失，建議調大緩衝區，即透過 control 介面修改。在修改緩衝區大小時請注意，緩衝區大小無法動態改變，只能在 open 裝置之前可以設定。open 裝置之後，緩衝區大小不可再進行更改。但除了緩衝區之外的其他參數，在 open 裝置前 / 後，均可進行更改。

若實際使用序列埠的設定參數與預設設定參數不符，則使用者可以透過應用程式進行修改。修改序列埠設定參數，如串列傳輸速率、資料位元、驗證位元、緩衝區接收 buffsize、停止位元等的範例程式如下：

```
#define SAMPLE_UART_NAME "uart2"      /* 序列埠裝置名稱 */
static rt_device_t serial;            /* 序列埠裝置控制碼 */
struct serial_configure config = RT_SERIAL_CONFIG_DEFAULT;
                                      /* 初始化設定參數 */

/* step1：尋找序列埠裝置 */
serial = rt_device_find(SAMPLE_UART_NAME);
```

```
/* step2：修改序列埠設定參數 */
config.baud_rate = BAUD_RATE_9600;          // 修改串列傳輸速率為 9600
config.data_bits = DATA_BITS_8;             // 資料位元 8
config.stop_bits = STOP_BITS_1;             // 停止位元 1
config.bufsz     = 128;                     // 修改緩衝區 buff size 為 128
config.parity    = PARITY_NONE;             // 無同位檢查位元

/* step3：控制序列埠裝置。透過控制介面傳入命令控制字與控制參數 */
rt_device_control(serial,RT_DEVICE_CTRL_CONFIG,&config);

/* step4：打開序列埠裝置。以中斷接收及輪詢發送模式打開序列埠裝置 */
rt_device_open(serial,RT_DEVICE_FLAG_INT_RX);
```

## 4. 發送資料

向序列埠中寫入資料，可以透過以下函數完成：

```
rt_size_t rt_device_write(rt_device_t dev, rt_off_t pos, const void*
buffer, rt_size_t size)
```

參數：

（1）dev：裝置控制碼。

（2）pos：寫入資料偏移量，此參數序列埠裝置未使用。

（3）buffer：記憶體緩衝區指標，放置要寫入的資料。

（4）size：寫入資料的大小。

返回：

寫入資料的實際大小：如果是字元裝置，返回大小以位元組為單位；如果返回 0，需要讀取當前執行緒的 errno 來判斷錯誤狀態。

呼叫這個函數，會把緩衝區 buffer 中的資料寫入裝置 dev 中，寫入資料的大小是 size。向序列埠寫入資料範例程式如下：

```
#define SAMPLE_UART_NAME      "uart2"     /* 序列埠裝置名稱 */
static rt_device_t serial;               /* 序列埠裝置控制碼 */
char str[] = "hello RT-Thread!\r\n";
struct serial_configure config = RT_SERIAL_CONFIG_DEFAULT; /* 設定參數 */
/* 尋找序列埠裝置 */
serial = rt_device_find(SAMPLE_UART_NAME);

/* 以中斷接收及輪詢發送模式打開序列埠裝置 */
rt_device_open(serial,RT_DEVICE_FLAG_INT_RX);
/* 發送字串 */
rt_device_write(serial,0,str,(sizeof(str) - 1));
```

### 5. 設定發送完成回呼函數

在應用程式呼叫 rt_device_write() 寫入資料時，如果底層硬體能夠支援自動發送，那麼上層應用可以設定一個回呼函數。這個回呼函數會在底層硬體資料發送完成後 ( 例如 DMA 傳送完成或 FIFO 已經寫入完畢並產生完成中斷時 ) 呼叫。可以透過以下函數設定裝置以便發送完成指示：

```
rt_err_t rt_device_set_tx_complete(rt_device_t dev, rt_err_t (*tx_done)
(rt_device_t dev,void *buffer))
```

參數：

( 1 ) dev：裝置控制碼。

( 2 ) tx_done：回呼函數指標。

返回：

RT_EOK：設定成功。

呼叫這個函數時，回呼函數由呼叫者提供，當硬體裝置發送完資料時，由裝置驅動程式回呼這個函數並把發送完成的資料區塊位址 buffer 作為參數傳遞給上層應用。上層應用 ( 執行緒 ) 在收到指示時會根據發送 buffer 的情況，釋放 buffer 區塊或將其作為下一個寫入資料的快取。

### 6. 設定接收回呼函數

可以透過以下函數來設定資料接收指示，當序列埠收到資料時，通知上層應用執行緒有資料到達：

```
rt_err_t rt_device_set_rx_indicate(rt_device_t dev, rt_err_t (*rx_ind)
(rt_device_t dev,rt_size_t size))
```

參數：

（1）dev：裝置控制碼。

（2）rx_ind：回呼函數指標。

（3）dev：裝置控制碼 ( 回呼函數參數 )。

（4）size：緩衝區資料大小 ( 回呼函數參數 )。

返回：

RT_EOK：設定成功。

該函數的回呼函數由呼叫者提供。若序列埠以中斷接收模式打開，當序列埠接收到 1 個資料產生中斷時，就會呼叫回呼函數，並且會把此時緩衝區的資料大小放在 size 參數裡，把序列埠裝置控制碼放在 dev 參數裡供呼叫者獲取。

若序列埠以 DMA 接收模式打開，當 DMA 完成一批資料的接收後會呼叫此回呼函數。

一般情況下接收回呼函數可以發送 1 個號誌或事件通知序列埠資料處理執行緒有資料到達。使用範例程式如下：

```
#define SAMPLE_UART_NAME    "uart2"      /* 序列埠裝置名稱 */
static rt_device_t serial;               /* 序列埠裝置控制碼 */
static struct rt_semaphore rx_sem;       /* 用於接收訊息的號誌 */

/* 接收資料回呼函數 */
static rt_err_t uart_input(rt_device_t dev,rt_size_t size)
```

```
{
    /* 序列埠接收到資料後產生中斷，呼叫此回呼函數，然後發送接收號誌 */
    rt_sem_release(&rx_sem);

    return RT_EOK;
}

static int uart_sample(int argc,char *argv[])
{
    serial = rt_device_find(SAMPLE_UART_NAME);

    /* 以中斷接收及輪詢發送模式打開序列埠裝置 */
    rt_device_open(serial,RT_DEVICE_FLAG_INT_RX);

    /* 初始化號誌 */
    rt_sem_init(&rx_sem,"rx_sem",0,RT_IPC_FLAG_FIFO);

    /* 設定接收回呼函數 */
    rt_device_set_rx_indicate(serial,uart_input);
}
```

### 7. 接收資料

可呼叫以下函數讀取序列埠接收到的資料：

```
rt_size_t rt_device_read(rt_device_t dev, rt_off_t pos, void* buffer,
rt_size_t size)
```

參數：

（1）dev：裝置控制碼。

（2）pos：讀取資料偏移量，序列埠裝置未使用此參數。

（3）buffer：緩衝區指標，讀取的資料將被保存在緩衝區中。

（4）size：讀取資料的大小。

返回：

讀到資料的實際大小：如果是字元裝置，返回大小以位元組為單位；如果返回 0，需要讀取當前執行緒的 errno 來判斷錯誤狀態。

讀取資料偏移量 pos，針對字元裝置無效，此參數主要用於區塊裝置中。

序列埠使用中斷接收模式並配合接收回呼函數的使用範例程式如下：

```
static rt_device_t serial;              /* 序列埠裝置控制碼 */
static struct rt_semaphore rx_sem;   /* 用於接收訊息的號誌 */

/* 接收資料的執行緒 */
static void serial_thread_entry(void *parameter)
{
    char ch;

    while (1)
    {
        /* 從序列埠讀取一位元組的資料，沒有讀取到則等待接收號誌 */
        while (rt_device_read(serial,-1,&ch,1) != 1)
        {
            /* 阻塞等待接收號誌，等到號誌後再次讀取資料 */
            rt_sem_take(&rx_sem,RT_WAITING_FOREVER);
        }
        /* 讀取到的資料透過序列埠錯位輸出 */
        ch = ch + 1;
        rt_device_write(serial,0,&ch,1);
    }
}
```

## 8. 關閉序列埠裝置

當應用程式完成序列埠操作後，可以關閉序列埠裝置，透過以下函數完成：

```
rt_err_t rt_device_close(rt_device_t dev)
```

參數：

dev：裝置控制碼。

返回：

（1）RT_EOK：關閉裝置成功。

（2）-RT_ERROR：裝置已經完全關閉，不能重複關閉裝置。

（3）其他錯誤碼：關閉裝置失敗。

關閉裝置介面和打開裝置介面需配對使用，打開一次裝置對應要關閉一次裝置，這樣裝置才會被完全關閉，否則裝置仍處於未關閉狀態。

## 6.4.3 實驗

### 1. 實驗目的

本小節將透過一個序列埠中斷接收及輪詢發送的實驗來演示 RT-Thread 的序列埠開發。範例程式的主要步驟如下：

（1）首先尋找序列埠裝置獲取裝置控制碼。

（2）初始化回呼函數發送使用的號誌，然後以讀寫及中斷接收方式打開序列埠裝置。

（3）設定序列埠裝置的接收回呼函數，之後發送字串，並創建讀取資料執行緒。

（4）讀取資料執行緒會嘗試讀取一個字元資料，如果沒有資料則會暫停並等待號誌，當序列埠裝置接收到一個資料時會觸發中斷並呼叫接收回呼函數，此函數會發送號誌喚醒執行緒，此時執行緒會馬上讀取接收到的資料。

### 2. 設定 UART3

在 Chapter6\rt-thread-v3.1.2\rt-thread\bsp\stm32\stm32f407-atk-explorer 資料夾下執行 Env，輸入 menuconfig 設定，把 Hardware Drivers Config →

On-chip Peripheral Drivers → Enable COM3 (uart3) 選取上，如圖 6.25 所示。

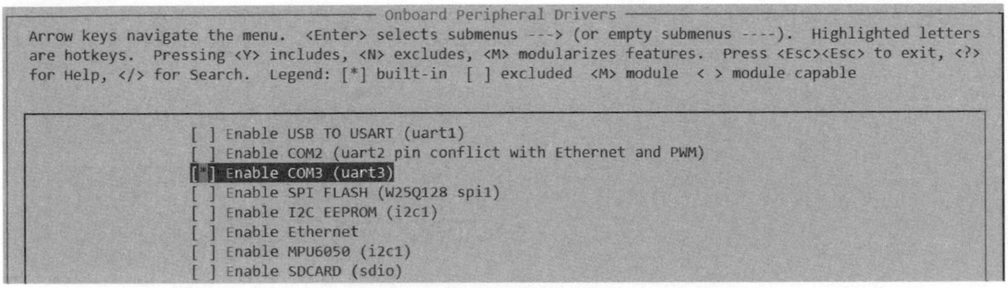

```
Onboard Peripheral Drivers
Arrow keys navigate the menu.  <Enter> selects submenus ---> (or empty submenus ----).  Highlighted letters
are hotkeys.  Pressing <Y> includes, <N> excludes, <M> modularizes features.  Press <Esc><Esc> to exit, <?>
for Help, </> for Search.  Legend: [*] built-in  [ ] excluded  <M> module  < > module capable

            [ ] Enable USB TO USART (uart1)
            [ ] Enable COM2 (uart2 pin conflict with Ethernet and PWM)
            [*] Enable COM3 (uart3)
            [ ] Enable SPI FLASH (W25Q128 spi1)
            [ ] Enable I2C EEPROM (i2c1)
            [ ] Enable Ethernet
            [ ] Enable MPU6050 (i2c1)
            [ ] Enable SDCARD (sdio)
```

圖 6.25　menuconfig 設定

選中後退出，輸入 scons --target=mdk5 生成新的 Keil MDK 專案檔案。

### 3. 原始程式

根據 BSP 註冊的序列埠裝置，修改範例程式巨集定義 SAMPLE_UART_NAME 對應的序列埠裝置名稱即可執行，原始檔案位於 Chapter6\02_uart\test_uart.c，程式如下：

```
//Chapter6\02_uart\test_uart.c

/*
 * 程式功能：透過序列埠輸出字串 "hello RT-Thread!"，然後錯位輸出輸入的字元
*/

#include<rtthread.h>

#define SAMPLE_UART_NAME   "uart3"

/* 用於接收訊息的號誌 */
static struct rt_semaphore rx_sem;
static rt_device_t serial;

/* 接收資料回呼函數 */
```

```
static rt_err_t uart_input(rt_device_t dev,rt_size_t size)
{
    /* 序列埠接收到資料後產生中斷，呼叫此回呼函數，然後發送接收號誌 */
    rt_sem_release(&rx_sem);

    return RT_EOK;
}

static void serial_thread_entry(void *parameter)
{
    char ch;

    while (1)
    {
        /* 從序列埠讀取一位元組的資料，沒有讀取到則等待接收號誌 */
        while (rt_device_read(serial,-1,&ch,1) != 1)
        {
            /* 阻塞等待接收號誌，等到號誌後再次讀取資料 */
            rt_sem_take(&rx_sem,RT_WAITING_FOREVER);
        }
        /* 讀取到的資料透過序列埠錯位輸出 */
        ch = ch + 1;
        rt_device_write(serial,0,&ch,1);
    }
}

int uart_sample(void)
{
    rt_err_t ret = RT_EOK;
    char uart_name[RT_NAME_MAX];
    char str[] = "hello RT-Thread!\r\n";

    rt_strncpy(uart_name,SAMPLE_UART_NAME,RT_NAME_MAX);
    /* 尋找系統中的序列埠裝置 */
    serial = rt_device_find(uart_name);
    if (!serial)
```

```
    {
      rt_kprintf("find %s failed!\n",uart_name);
      return RT_ERROR;
    }

    /* 初始化號誌 */
    rt_sem_init(&rx_sem,"rx_sem",0,RT_IPC_FLAG_FIFO);
    /* 以中斷接收及輪詢發送模式打開序列埠裝置 */
    rt_device_open(serial,RT_DEVICE_FLAG_INT_RX);
    /* 設定接收回呼函數 */
    rt_device_set_rx_indicate(serial,uart_input);
    /* 發送字串 */
    rt_device_write(serial,0,str,(sizeof(str) - 1));

    /* 創建 serial 執行緒 */
    rt_thread_t thread = rt_thread_create("serial",serial_thread_entry,
RT_NULL,1024,25,10);
    /* 創建成功則啟動執行緒 */
    if (thread != RT_NULL)
    {
      rt_thread_startup(thread);
    }
    else
    {
      ret = RT_ERROR;
    }
    return ret;
}
```

將 Chapter6\02_uart\test_uart.c 檔案複製到 Chapter6\rt-thread-v3.1.2\rt-thread\bsp\stm32\stm32f407-atk-explorer\applications 資料夾中，並打開 Chapter6\rt-thread-v3.1.2\rt-thread\bsp\stm32\stm32f407-atk-explorer\project.uvprojx 專案檔案。在 Project → Applications 中增加 test_uart.c 檔案，在 main 函數中呼叫 uart_sample()，如圖 6.26 所示。

```
Project
Project: project
  rt-thread
    Kernel
    Applications
      main.c
      test_uart.c
    Drivers
      board.c
      stm32f4xx_hal_msp.c
      startup_stm32f407xx.s
      drv_gpio.c
      drv_usart.c
      drv_common.c
    cJSON
      cJSON.c
      cJSON_port.c
      cJSON_util.c
    CORTEX-M4
      cpuport.c
      context_rvds.S
      backtrace.c
      div0.c
```

```
test_uart.c | sample.c | completion.c | drv_gpio.c | drv_usart.c | main.c

12  #include <rtthread.h>
13  #include <rtdevice.h>
14  #include <board.h>
15
16  /* defined the LED0 pin: PF9 */
17  #define LED0_PIN    GET_PIN(E, 4)
18
19  int main(void)
20  {
21      int count = 1;
22      /* set LED0 pin mode to output */
23      rt_pin_mode(LED0_PIN, PIN_MODE_OUTPUT);
24
25      //调用uart_sample函数
26      uart_sample();
27
28      while (count++)
29      {
30          rt_pin_write(LED0_PIN, PIN_HIGH);
31          rt_thread_mdelay(500);
32          rt_pin_write(LED0_PIN, PIN_LOW);
33          rt_thread_mdelay(500);
34      }
35
36      return RT_EOK;
37  }
```

圖 6.26　序列埠專案

### 4. 測試

需要使用 USB 轉序列埠工具將開發板的序列埠 3 和電腦的 USB 介面連接起來，序列埠 3 位於網路卡附近，如圖 6.27 所示。

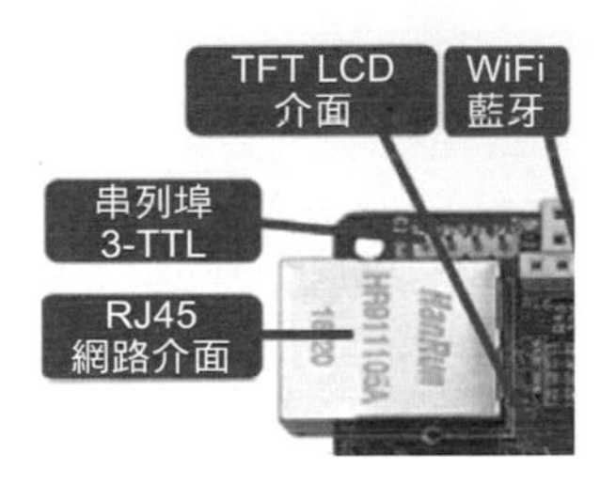


圖 6.27　序列埠 3

需要注意的是，序列埠工具的 RX 接腳要接到開發板的 TX 接腳，序列埠工具的 TX 接腳要接到開發板的 RX 接腳。

給開發板通電，可以看到序列埠工具列印 hello RT-Thread! 資訊，發送字元 A，開發板會返回接收到的字元的下一個字元，也就是 B，如圖 6.28 所示。

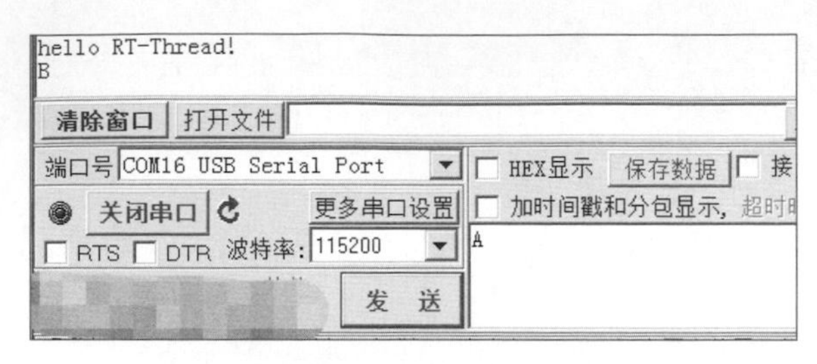


圖 6.28　序列埠 3 實驗

# 6.5 I²C 裝置開發

RT-Thread 提供了一套操作 I²C 匯流排裝置的 API：

（1）rt_device_find()：根據 I²C 匯流排裝置名稱尋找裝置並獲取裝置控制碼。

（2）rt_i2c_transfer()：傳輸資料。

## 6.5.1 相關 API

### 1. 尋找 I²C 匯流排裝置

在使用 I²C 匯流排裝置前需要根據 I²C 匯流排裝置名稱獲取裝置控制碼，進而才可以操作 I²C 匯流排裝置，尋找裝置函數如下：

```
rt_device_t rt_device_find(const char* name)
```

參數：

name：I²C 匯流排裝置名稱。

返回：

（1）裝置控制碼：尋找到對應裝置將返回對應的裝置控制碼。

（2）RT_NULL：沒有找到對應的裝置物件。

一般情況下，註冊到系統的 $I^2C$ 裝置名稱為 i2c0、i2c1 等，使用範例程式如下：

```
#define AHT10_I2C_BUS_NAME    "i2c1"     /* 感測器連接的 I²C 匯流排裝置名稱 */
struct rt_i2c_bus_device *i2c_bus;       /* I2C 匯流排裝置控制碼 */

/* 尋找 I²C 匯流排裝置，獲取 I²C 匯流排裝置控制碼 */
i2c_bus = (struct rt_i2c_bus_device *)rt_device_find(name);
```

### 2. 資料傳輸

獲取 $I^2C$ 匯流排裝置控制碼就可以使用 rt_i2c_transfer() 進行資料傳輸。函數程式如下：

```
rt_size_t rt_i2c_transfer(struct rt_i2c_bus_device *bus,
                          struct rt_i2c_msg  msgs[],
  rt_uint32_t             num)
```

參數：

（1）bus：$I^2C$ 匯流排裝置控制碼。

（2）msgs[]：待傳輸的訊息陣列指標。

（3）num：訊息陣列的元素個數。

返回：

（1）訊息陣列的元素個數：成功。

（2）錯誤碼：失敗。

$I^2C$ 匯流排的自訂傳輸介面傳輸的資料是以 1 個訊息為單位。參數 msgs[] 指向待傳輸的訊息陣列，使用者可以自訂每筆訊息的內容，實現 $I^2C$ 匯流排所支持的 2 種不同的資料傳輸模式。如果主裝置需要發送重複開始條件，則需要發送 2 個訊息。

> **注意**
>
> 此函數會呼叫 rt_mutex_task(), 不能在中斷服務程式裡面呼叫，會導致 assertion 顯示出錯。

I²C 訊息資料結構原型如下：

```
struct rt_i2c_msg
{
    rt_uint16_t addr;      /* 從機位址 */
    rt_uint16_t flags;     /* 讀、寫標示等 */
    rt_uint16_t len;       /* 讀寫資料位元組數 */
    rt_uint8_t  *buf;      /* 讀寫資料緩衝區指標  */
}
```

從機位址 addr：支持 7 位元和 10 位元二進位位址，需查看不同裝置的資料手冊。

> **注意**
>
> RT-Thread I²C 裝置介面使用的從機位址均不包含讀寫位元，讀寫位元控制需修改標示 flags。

標示 flags 參數為以下巨集定義，根據需要可以與其他巨集使用位元運算或 "|" 組合起來使用。

```
#define RT_I2C_WR              0x0000     /* 寫入標示 */
#define RT_I2C_RD              (1u<<0)    /* 讀取標示 */
#define RT_I2C_ADDR_10BIT      (1u<<2)    /* 10 位元位址模式 */
#define RT_I2C_NO_START        (1u<<4)    /* 無開始條件 */
#define RT_I2C_IGNORE_NACK     (1u<<5)    /* 忽視 NACK */
#define RT_I2C_NO_READ_ACK     (1u<<6)    /* 讀取的時候不發送 ACK */
```

使用範例程式如下：

```
#define AHT10_I2C_BUS_NAME    "i2c1"    /* 感測器連接的 I²C 匯流排裝置名稱 */
#define AHT10_ADDR            0x38      /* 從機位址 */
struct rt_i2c_bus_device *i2c_bus;      /* I²C 匯流排裝置控制碼 */

/* 尋找 I²C 匯流排裝置，獲取 I²C 匯流排裝置控制碼 */
i2c_bus = (struct rt_i2c_bus_device *)rt_device_find(name);
/* 讀取感測器暫存器資料 */
static rt_err_t read_regs(struct rt_i2c_bus_device *bus,rt_uint8_t len,
rt_uint8_t *buf)
{
   struct rt_i2c_msg msgs;

   msgs.addr = AHT10_ADDR;      /* 從機位址 */
   msgs.flags = RT_I2C_RD;      /* 讀取標示 */
   msgs.buf = buf;              /* 讀寫資料緩衝區指標  */
   msgs.len = len;              /* 讀寫資料位元組數 */

   /* 呼叫 I²C 裝置介面傳輸資料 */
   if (rt_i2c_transfer(bus,&msgs,1) == 1)
   {
     return RT_EOK;
   }
   else
   {
     return -RT_ERROR;
   }
}
```

## 6.5.2 I²C 使用範例

### 1. menuconfig 設定

需要在 menuconfig 中把 I²C 裝置選取上，重新生成 Keil MDK 專案檔案。由於 STM32 的硬體 I²C 存在一些問題，通常我們使用 I/O 介面模

擬 $I^2C$，設定項目位於：Hardware Drivers Config → On-chip Peripheral Drivers → Enable I2C1 BUS (software simulation)，如圖 6.29 所示。

```
[*] Enable GPIO
-*- Enable UART  --->
[ ] Enable timer  ----
[ ] Enable pwm  ----
[ ] Enable on-chip FLASH
[ ] Enable SPI BUS  ----
[ ] Enable ADC  ----
[*] Enable I2C1 BUS (software simulation)  --->
[ ] Enable RTC
[ ] Enable Watchdog Timer
[ ] Enable SDIO
```

圖 6.29　menuconfig $I^2C$ 設定

按空格可以選中 Enable I2C1 BUS (software simulation)，此時前面會有一個 "*" 表示已經啟動 $I^2C$ 功能。

使用軟體模擬 $I^2C$ 需要設定對應的 GPIO 接腳，按確認鍵，進入 Enable I2C1 BUS (software simulation) 的接腳設定頁面，設定 SDA、SCL 接腳，如圖 6.30 所示。

```
--- Enable I2C1 BUS (software simulation)
(24)  i2c1 scl pin number
(25)  I2C1 sda pin number (NEW)
```

圖 6.30　$I^2C$ 接腳設定

這裡按確認鍵可以輸入接腳編號，接腳編號與具體接腳的對應關係在 Chapter6\rt-thread-v3.1.2\rt-thread\bsp\stm32\libraries\HAL_Drivers\drv_gpio.c 中，程式如下：

```
static const struct pin_index pins[] =
{
#ifdef GPIOA
    __STM32_PIN(0 , A,0 ),
    __STM32_PIN(1 , A,1 ),
    __STM32_PIN(2 , A,2 ),
```

```
    __STM32_PIN(3 , A,3 ),
    __STM32_PIN(4 , A,4 ),
    __STM32_PIN(5 , A,5 ),
    __STM32_PIN(6 , A,6 ),
    __STM32_PIN(7 , A,7 ),
    __STM32_PIN(8 , A,8 ),
    __STM32_PIN(9 , A,9 ),
    __STM32_PIN(10, A,10),
    __STM32_PIN(11, A,11),
    __STM32_PIN(12, A,12),
    __STM32_PIN(13, A,13),
    __STM32_PIN(14, A,14),
    __STM32_PIN(15, A,15),
#endif
#ifdef GPIOB
    __STM32_PIN(16, B,0),
    __STM32_PIN(17, B,1),
    __STM32_PIN(18, B,2),
    __STM32_PIN(19, B,3),
    __STM32_PIN(20, B,4),
    __STM32_PIN(21, B,5),
    __STM32_PIN(22, B,6),
    __STM32_PIN(23, B,7),
    __STM32_PIN(24, B,8),
    __STM32_PIN(25, B,9),
```

例如 SCL 設定的數值是 24，則對應的接腳是 GPIOB_8；SDA 設定的數值是 25，則對應的接腳是 GPIOB_9。讀者可以根據自己的硬體連接狀態選擇對應的接腳。

### 2. 程式

I²C 裝置的具體使用方式可以參考範例程式，範例程式的主要步驟如下：

（1）首先根據 I²C 裝置名稱尋找 I²C 名稱，獲取裝置控制碼，然後初始化 aht10 感測器。

（2）aht10 感測器的寫入感測器暫存器 write_reg() 和讀取感測器暫存器 read_regs()，這兩個函數分別呼叫了 rt_i2c_transfer() 傳輸資料。讀取溫濕度資訊的函數 read_temp_humi() 則呼叫這兩個函數完成此功能。原始程式位於 Chapter6\03_i2c_aht10\i2c_aht10.c 檔案，程式如下：

```
\\Chapter6\03_i2c_aht10\i2c_aht10.c
/*
 * 程式清單：這是一個 I²C 裝置使用常式
 * 常式匯出了 i2c_aht10_sample 命令到控制終端
 * 命令呼叫格式：i2c_aht10_sample i2c1
 * 命令解釋：命令第二個參數是要使用的 I²C 匯流排裝置名稱，為空則使用預設的
   I²C 匯流排裝置
 * 程式功能：透過 I²C 裝置讀取溫濕度感測器 aht10 的溫濕度資料並列印
*/

#include<rtthread.h>
#include<rtdevice.h>

#define AHT10_I2C_BUS_NAME      "i2c1" /* 感測器連接的 I²C 匯流排裝置名稱 */
#define AHT10_ADDR              0x38   /* 從機位址 */
#define AHT10_CALIBRATION_CMD   0xE1   /* 校準命令 */
#define AHT10_NORMAL_CMD        0xA8   /* 一般命令 */
#define AHT10_GET_DATA          0xAC   /* 獲取資料命令 */

static struct rt_i2c_bus_device *i2c_bus = RT_NULL; /*I²C 匯流排裝置控制碼 */
static rt_bool_t initialized = RT_FALSE;            /* 感測器初始化狀態 */

/* 寫入感測器暫存器 */
static rt_err_t write_reg(struct rt_i2c_bus_device *bus,rt_uint8_t reg,
rt_uint8_t *data)
{
    rt_uint8_t buf[3];
    struct rt_i2c_msg msgs;

    buf[0] = reg;//cmd
```

```
    buf[1] = data[0];
    buf[2] = data[1];

    msgs.addr = AHT10_ADDR;
    msgs.flags = RT_I2C_WR;
    msgs.buf = buf;
    msgs.len = 3;

    /* 呼叫 I2C 裝置介面傳輸資料 */
    if (rt_i2c_transfer(bus,&msgs,1) == 1)
    {
        return RT_EOK;
    }
    else
    {
        return -RT_ERROR;
    }
}

/* 讀取感測器暫存器資料 */
static rt_err_t read_regs(struct rt_i2c_bus_device *bus,rt_uint8_t len,
rt_uint8_t *buf)
{
    struct rt_i2c_msg msgs;

    msgs.addr = AHT10_ADDR;
    msgs.flags = RT_I2C_RD;
    msgs.buf = buf;
    msgs.len = len;

    /* 呼叫 I2C 裝置介面傳輸資料 */
    if (rt_i2c_transfer(bus,&msgs,1) == 1)
    {
        return RT_EOK;
    }
    else
```

```
    {
      return -RT_ERROR;
    }
}

static void read_temp_humi(float *cur_temp,float *cur_humi)
{
    rt_uint8_t temp[6];

    write_reg(i2c_bus,AHT10_GET_DATA,0);      /* 發送命令 */
    rt_thread_mdelay(400);
    read_regs(i2c_bus,6,temp);                /* 獲取感測器資料 */

    /* 濕度資料轉換 */
    *cur_humi = (temp[1]<<12 | temp[2]<<4 | (temp[3] & 0xf0)>>4) * 100.0
    / (1<<20);
    /* 溫度資料轉換 */
    *cur_temp = ((temp[3] & 0xf)<<16 | temp[4]<<8 | temp[5]) * 200.0 /
(1<<20) - 50;
}

static void aht10_init(const char *name)
{
    rt_uint8_t temp[2] = {0,0};

    /* 尋找 I²C 匯流排裝置，獲取 I²C 匯流排裝置控制碼 */
    i2c_bus = (struct rt_i2c_bus_device *)rt_device_find(name);

    if (i2c_bus == RT_NULL)
    {
      rt_kprintf("can't find %s device!\n",name);
    }
    else
    {
      write_reg(i2c_bus,AHT10_NORMAL_CMD,temp);
      rt_thread_mdelay(400);
```

```
        temp[0] = 0x08;
        temp[1] = 0x00;
        write_reg(i2c_bus,AHT10_CALIBRATION_CMD,temp);
        rt_thread_mdelay(400);
        initialized = RT_TRUE;
    }
}

static void i2c_aht10_sample(int argc,char *argv[])
{
    float humidity,temperature;
    char name[RT_NAME_MAX];

    humidity = 0.0;
    temperature = 0.0;

    if (argc == 2)
    {
        rt_strncpy(name,argv[1],RT_NAME_MAX);
    }
    else
    {
        rt_strncpy(name,AHT10_I2C_BUS_NAME,RT_NAME_MAX);
    }

    if (!initialized)
    {
        /* 感測器初始化 */
        aht10_init(name);
    }
    if (initialized)
    {
        /* 讀取溫濕度資料 */
        read_temp_humi(&temperature,&humidity);
```

```
    rt_kprintf("read aht10 sensor humidity   :%d.%d %%\n",(int)humidity,
(int)(humidity * 10) % 10);
    if( temperature>= 0 )
    {
        rt_kprintf("read aht10 sensor temperature:%d.%d°  C\n",(int)
temperature,(int)(temperature * 10) % 10);
    }
    else
    {
        rt_kprintf("read aht10 sensor temperature:%d.%d°  C\n",(int)
temperature,(int)(-temperature * 10) % 10);
        }
    }
    else
    {
        rt_kprintf("initialize sensor failed!\n");
    }
}
/* 匯出到 msh 命令列表中 */
MSH_CMD_EXPORT(i2c_aht10_sample,i2c aht10 sample);
```

將 i2c_aht10.c 檔案增加到開發專案後編譯，下載程式到開發板，在序列埠工具中輸入 i2c_aht10_sample 並按確認鍵，可以看到開發板列印以下資訊：

```
msh>i2c_aht10_sample
read aht10 sensor humidity     :20.4 %
read aht10 sensor temperature  :27.6°  C
```

# 6.6 SPI 裝置開發

一般情況下 MCU 的 SPI 元件都是作為主機和從機通訊，在 RT-Thread 中將 SPI 主機虛擬為 SPI 匯流排裝置，應用程式使用 SPI 裝置管理介面來存取 SPI 從機元件，主要介面如下所示：

- rt_device_find()：根據 SPI 裝置名稱尋找裝置獲取裝置控制碼。
- rt_spi_transfer_message()：自訂傳輸資料。
- rt_spi_transfer()：傳輸一次資料。
- rt_spi_send()：發送一次資料。
- rt_spi_recv()：接收一次資料。
- rt_spi_send_then_send()：連續兩次發送。
- rt_spi_send_then_recv()：先發送後接收。

> **注意**
>
> SPI 資料傳輸相關介面會呼叫 rt_mutex_task()，此函數不能在中斷服務程式裡面呼叫，會導致 assertion 顯示出錯。

## 6.6.1 相關 API

### 1. 尋找 SPI 裝置

在使用 SPI 裝置前需要根據 SPI 裝置名稱獲取裝置控制碼，進而才可以操作 SPI 裝置，尋找裝置函數程式如下：

```
rt_device_t rt_device_find(const char* name)
```

參數：

name：裝置名稱。

返回：

（1）裝置控制碼：尋找到對應裝置並返回對應的裝置控制碼。

（2）RT_NULL：沒有找到對應的裝置物件。

一般情況下，註冊到系統的 SPI 裝置名稱為 spi10 等，使用範例程式如下：

```
#define W25Q_SPI_DEVICE_NAME    "spi10"   /* SPI 裝置名稱 */
struct rt_spi_device *spi_dev_w25q;       /* SPI 裝置控制碼 */

/* 尋找 spi 裝置並獲取裝置控制碼 */
spi_dev_w25q=(struct rt_spi_device *)rt_device_find(W25Q_SPI_DEVICE_NAME);
```

### 2. 自訂傳輸資料

獲取 SPI 裝置控制碼就可以使用 SPI 裝置管理介面存取 SPI 裝置元件並進行資料收發。可以透過以下函數傳輸訊息：

```
struct rt_spi_message *rt_spi_transfer_message(struct rt_spi_device*
device,struct rt_spi_message *message);
```

參數：

（1）device：SPI 裝置控制碼。

（2）message：訊息指標。

返回：

（1）RT_NULL：成功發送。

（2）不可為空指標：發送失敗，返回指向剩餘未發送的 message 的指標。

此函數可以傳輸一連串訊息，使用者可以自訂每個待傳輸的 message 結構各參數的數值，從而可以很方便地控制資料傳輸方式。struct rt_spi_message 程式如下：

```
struct rt_spi_message
{
    const void *send_buf;              /* 發送緩衝區指標 */
    void *recv_buf;                    /* 接收緩衝區指標 */
    rt_size_t length;                  /* 發送 / 接收資料位元組數 */
    struct rt_spi_message *next;       /* 指向繼續發送的下 一筆訊息的指標 */
    unsigned cs_take    :1;            /* 晶片選擇選中 */
    unsigned cs_release :1;            /* 釋放晶片選擇 */
};
```

（1）send_buf：發送緩衝區指標，其值為 RT_NULL 時，表示本次傳輸為只接收狀態，不需要發送資料。

（2）recv_buf：接收緩衝區指標，其值為 RT_NULL 時，表示本次傳輸為只發送狀態，不需要保存接收到的資料，所以收到的資料會直接捨棄。

（3）length：單位為 word，即當資料長度為 8 位元時，每個 length 佔用 1 位元組；當資料長度為 16 位元時，每個 length 佔用 2 位元組。

（4）next：指向繼續發送的下一筆訊息的指標，若只發送一筆訊息，則此指標值為 RT_NULL。多個待傳輸的訊息透過 next 指標以單向鏈結串列的形式連接在一起。

（5）cs_take：值為 1 時，表示在傳輸資料前，設定對應的 CS 為有效狀態。cs_release 值為 1 時，表示在資料傳輸結束後，釋放對應的 CS。

**注意**

當 send_buf 或 recv_buf 不為空時，兩者的可用空間都不得小於 length。若使用此函數傳輸訊息，傳輸的第 一筆訊息 cs_take 需設定為 1，設定晶片選擇為有效，最後一筆訊息的 cs_release 需設定為 1，釋放晶片選擇。

使用範例程式如下：

```
#define W25Q_SPI_DEVICE_NAME    "qspi10"  /* SPI 裝置名稱 */
struct rt_spi_device *spi_dev_w25q;       /* SPI 裝置控制碼 */
struct rt_spi_message msg1,msg2;
rt_uint8_t w25x_read_id = 0x90;           /* 命令 */
rt_uint8_t id[5] = {0};

/* 尋找 SPI 裝置，獲取裝置控制碼 */
spi_dev_w25q = (struct rt_spi_device *)rt_device_find(W25Q_SPI_DEVICE_NAME);
/* 發送命令讀取 ID */
struct rt_spi_message msg1,msg2;

msg1.send_buf   = &w25x_read_id;
msg1.recv_buf   = RT_NULL;
msg1.length     = 1;
msg1.cs_take    = 1;
msg1.cs_release = 0;
msg1.next       = &msg2;

msg2.send_buf   = RT_NULL;
msg2.recv_buf   = id;
msg2.length     = 5;
msg2.cs_take    = 0;
msg2.cs_release = 1;
msg2.next       = RT_NULL;

rt_spi_transfer_message(spi_dev_w25q,&msg1);
rt_kprintf("use rt_spi_transfer_message() read w25q ID is:%x%x\n",
id[3],id[4]);
```

### 3. 傳輸一次資料

如果只傳輸一次資料可以透過以下函數實現：

```
rt_size_t rt_spi_transfer(struct rt_spi_device *device,
```

```
                             const void     *send_buf,
                             void           *recv_buf,
                             rt_size_t      length);
```

參數：

（1）device：SPI 裝置控制碼。

（2）send_buf：發送資料緩衝區指標。

（3）recv_buf：接收資料緩衝區指標。

（4）length：發送 / 接收資料位元組數。

返回：

（1）0：傳輸失敗。

（2）非 0 值：成功傳輸的位元組數。

此函數等於呼叫 rt_spi_transfer_message() 傳輸一筆訊息，開始發送資料時晶片選擇選中，函數返回時釋放晶片選擇，message 參數設定如下：

```
struct rt_spi_message msg;

msg.send_buf   = send_buf;
msg.recv_buf   = recv_buf;
msg.length     = length;
msg.cs_take    = 1;
msg.cs_release = 1;
msg.next       = RT_NULL;
```

## 4. 發送一次資料

如果只發送一次資料，而忽略接收到的資料可以透過以下函數實現：

```
rt_size_t rt_spi_send(struct rt_spi_device *device,
                      const void     *send_buf,
                      rt_size_t      length)
```

參數：

（1）device：SPI 裝置控制碼。

（2）send_buf：發送資料緩衝區指標。

（3）length：發送資料位元組數。

返回：

（1）0：發送失敗。

（2）非 0 值：成功發送的位元組數。

呼叫此函數發送 send_buf 指向的緩衝區的資料，忽略接收到的資料，此函數是對 rt_spi_transfer() 函數的封裝。

此函數等於呼叫 rt_spi_transfer_message() 傳輸 一筆訊息，開始發送資料時晶片選擇選中，函數返回時釋放晶片選擇，message 參數設定如下：

```
struct rt_spi_message msg;

msg.send_buf   = send_buf;
msg.recv_buf   = RT_NULL;
msg.length     = length;
msg.cs_take    = 1;
msg.cs_release = 1;
msg.next       = RT_NULL;
```

### 5. 接收一次資料

如果只接收 1 次資料可以透過以下函數實現：

```
rt_size_t rt_spi_recv(struct rt_spi_device *device,
                      void          *recv_buf,
                      rt_size_t     length);
```

參數：

（1）device：SPI 裝置控制碼。

（2）recv_buf：接收資料緩衝區指標。
（3）length：接收資料位元組數。

返回：
（1）0：接收失敗。
（2）非 0 值：成功接收的位元組數。

呼叫此函數接收資料並保存到 recv_buf 指向的緩衝區。此函數是對 rt_spi_transfer() 函數的封裝。SPI 匯流排協定規定只能由主裝置產生時鐘，因此在接收資料時，主裝置會發送資料 0xFF。

此函數等於呼叫 rt_spi_transfer_message() 傳輸 一筆訊息，開始接收資料時晶片選擇選中，函數返回時釋放晶片選擇，message 參數設定如下：

```
struct rt_spi_message msg;

msg.send_buf   = RT_NULL;
msg.recv_buf   = recv_buf;
msg.length     = length;
msg.cs_take    = 1;
msg.cs_release = 1;
msg.next       = RT_NULL;
```

### 6. 連續兩次發送資料

如果需要先後連續發送 2 個緩衝區的資料，並且中間晶片選擇不釋放，可以呼叫以下函數：

```
rt_err_t rt_spi_send_then_send(struct rt_spi_device *device,
                               const void       *send_buf1,
                               rt_size_t        send_length1,
                               const void       *send_buf2,
                               rt_size_t        send_length2);
```

參數：

（1）device：SPI 裝置控制碼。

（2）send_buf1：發送資料緩衝區 1 指標。

（3）send_length1：發送資料緩衝區 1 資料位元組數。

（4）send_buf2：發送資料緩衝區 2 指標。

（5）send_length2：發送資料緩衝區 2 資料位元組數。

返回：

（1）RT_EOK：發送成功。

（2）-RT_EIO：發送失敗。

此函數可以連續發送 2 個緩衝區的資料，忽略接收到的資料，發送 send_buf1 時晶片選擇選中，發送完 send_buf2 後釋放晶片選擇。

本函數適合向 SPI 裝置中寫入 1 區塊資料，第 1 次先發送命令和位址等資料，第 2 次再發送指定長度的資料。之所以分兩次發送而非合併成一個資料區塊發送，或呼叫兩次 rt_spi_send()，是因為在大部分的資料寫入操作中，需要先發命令和位址，長度一般只有幾位元組。如果與後面的資料合併在一起發送，將需要進行記憶體空間申請和大量的資料搬運。而如果呼叫兩次 rt_spi_send()，那麼在發送完命令和位址後，晶片選擇會被釋放，大部分 SPI 裝置依靠設定晶片選擇一次有效為命令的起始，所以晶片選擇在發送完命令或位址資料後被釋放，此次操作被捨棄。

此函數等於呼叫 rt_spi_transfer_message() 傳輸 2 筆訊息，message 參數設定如下：

```
struct rt_spi_message msg1,msg2;

msg1.send_buf    = send_buf1;
msg1.recv_buf    = RT_NULL;
msg1.length      = send_length1;
```

```
msg1.cs_take     = 1;
msg1.cs_release = 0;
msg1.next        = &msg2;

msg2.send_buf    = send_buf2;
msg2.recv_buf    = RT_NULL;
msg2.length      = send_length2;
msg2.cs_take     = 0;
msg2.cs_release = 1;
msg2.next        = RT_NULL;
```

### 7. 先發送後接收資料

如果需要向從裝置先發送資料，然後接收從裝置發送的資料，並且中間晶片選擇不釋放，可以呼叫以下函數：

```
rt_err_t rt_spi_send_then_recv(struct rt_spi_device *device,
                               const void       *send_buf,
                               rt_size_t        send_length,
                               void             *recv_buf,
                               rt_size_t        recv_length);
```

參數：

（1）device：SPI 從裝置控制碼。

（2）send_buf：發送資料緩衝區指標。

（3）send_length：發送資料緩衝區資料位元組數。

（4）recv_buf：接收資料緩衝區指標。

（5）recv_length：接收資料位元組數。

返回：

（1）RT_EOK：成功。

（2）-RT_EIO：失敗。

此函數發送第 1 筆資料 send_buf 時開始晶片選擇，此時忽略接收到的資料，然後發送第 2 筆資料，此時主裝置會發送資料 0xFF，接收到的資料保存在 recv_buf 裡，函數返回時釋放晶片選擇。

本函數適合從 SPI 從裝置中讀取 1 區塊資料，第 1 次會先發送一些命令和位址資料，然後再接收指定長度的資料。此函數等於呼叫 rt_spi_transfer_message() 傳輸 2 筆訊息，message 參數設定如下：

```
struct rt_spi_message msg1,msg2;

msg1.send_buf    = send_buf;
msg1.recv_buf    = RT_NULL;
msg1.length      = send_length;
msg1.cs_take     = 1;
msg1.cs_release = 0;
msg1.next        = &msg2;

msg2.send_buf    = RT_NULL;
msg2.recv_buf    = recv_buf;
msg2.length      = recv_length;
msg2.cs_take     = 0;
msg2.cs_release = 1;
msg2.next        = RT_NULL;
```

SPI 裝置管理模組還提供 rt_spi_sendrecv8() 和 rt_spi_sendrecv16() 函數，這兩個函數都是對此函數的封裝，rt_spi_sendrecv8() 發送 1 位元組資料同時收到 1 位元組資料，rt_spi_sendrecv16() 發送 2 位元組資料同時收到 2 位元組資料。

#### 8. 存取 QSPI 裝置

QSPI 的資料傳輸介面如下所示：

函數：

（1）rt_qspi_transfer_message()：傳輸資料。

（2）rt_qspi_send_then_recv()：先發送後接收。

（3）rt_qspi_send()：發送 1 次資料。

> **注意**
>
> QSPI 資料傳輸相關介面會呼叫 rt_mutex_task()，此函數不能在中斷服務程式裡面呼叫，會導致 assertion 顯示出錯。

### 9. 傳輸資料

可以透過以下函數傳輸訊息：

```
rt_size_t rt_qspi_transfer_message(struct rt_qspi_device*device, struct
rt_qspi_message *message);
```

參數：

（1）device：QSPI 裝置控制碼。

（2）message：訊息指標。

返回：

實際傳輸的訊息大小。

訊息結構 struct rt_qspi_message 程式如下：

```
struct rt_qspi_message
{
    struct rt_spi_message parent;/* 繼承自 struct rt_spi_message */

    struct
    {
      rt_uint8_t content;         /* 指令內容 */
      rt_uint8_t qspi_lines;      /* 指令模式，單線模式 1 位元、雙線模式 2
                                     位元、4 線模式 4 位元 */
    } instruction;                /* 指令階段 */
```

```
    struct
    {
      rt_uint32_t content;        /* 位址 / 交替位元組內容 */
      rt_uint8_t size;            /* 位址 / 交替位元組長度 */
      rt_uint8_t qspi_lines;      /* 位址 / 交替位元組模式，單線模式 1 位元、
                                     雙線模式 2 位元、4 線模式 4 位元 */
    } address,alternate_bytes;    /* 位址 / 交替位元組階段 */

    rt_uint32_t dummy_cycles;     /* 空運算速度階段 */
    rt_uint8_t qspi_data_lines;   /* QSPI 匯流排位元寬 */
};
```

**10. 接收資料**

可以呼叫以下函數接收資料，函數程式如下：

```
rt_err_t rt_qspi_send_then_recv(struct rt_qspi_device *device,
                                const void *send_buf,
                                rt_size_t send_length,
                                void *recv_buf,
                                rt_size_t recv_length);
```

參數：

（1）device：QSPI 裝置控制碼。

（2）send_buf：發送資料緩衝區指標，包含了將要發送的命令序列。

（3）send_length：發送資料位元組數。

（4）recv_buf：接收資料緩衝區指標。

（5）recv_length：接收資料位元組數。

返回：

（1）RT_EOK：成功。

（2）其他錯誤碼：失敗。

### 11. 發送資料

發送資料的函數程式如下：

```
rt_err_t rt_qspi_send(struct rt_qspi_device *device, const void
*send_buf, rt_size_t length)
```

參數：

（1）device：QSPI 裝置控制碼。

（2）send_buf：發送資料緩衝區指標，包含了將要發送的命令序列和資料。

（3）length：發送資料位元組數。

返回：

（1）RT_EOK：成功。

（2）其他錯誤碼：失敗。

### 12. 特殊使用場合

在一些特殊的使用場景，某個裝置希望獨佔匯流排一段時間，且期間要保持晶片選擇一直有效，期間資料傳輸可能是間斷的，此時可以按照所示步驟使用相關介面。傳輸資料函數必須使用 rt_spi_transfer_message()，並且此函數每個待傳輸訊息的晶片選擇控制域 cs_take 和 cs_release 都要設定為 0 ，因為晶片選擇已經使用了其他介面控制，不需要在資料傳輸的時候控制。

### 13. 獲取匯流排

在多執行緒的情況下，同一個 SPI 匯流排可能會在不同的執行緒中使用，為了防止 SPI 匯流排將正在傳輸的資料遺失，從裝置在開始傳輸資料前需要先獲取 SPI 匯流排的使用權，獲取成功才能夠使用匯流排傳輸資料，可使用以下函數獲取 SPI 匯流排的使用權：

```
rt_err_t rt_spi_take_bus(struct rt_spi_device *device);
```

參數：

device：SPI 裝置控制碼。

返回：

（1）RT_EOK：成功。

（2）錯誤碼：失敗。

**14. 獲取匯流排**

選中晶片選擇，從裝置獲取匯流排的使用權後，需要設定自己對應的晶片選擇訊號有效，可使用以下函數選中晶片選擇：

```
rt_err_t rt_spi_take(struct rt_spi_device *device);
```

參數：

device：SPI 裝置控制碼。

返回：

（1）0：成功。

（2）錯誤碼：失敗。

**15. 增加 一筆訊息**

使用 rt_spi_transfer_message() 傳輸訊息時，所有待傳輸的訊息都是以單在鏈結串列的形式連接起來的，可使用以下函數向訊息鏈結串列裡增加一筆新的待傳輸訊息：

```
void rt_spi_message_append(struct rt_spi_message *list,
                           struct rt_spi_message *message);
```

參數：

（1）list：待傳輸的訊息鏈結串列節點。

（2）message：新增訊息指標。

### 16. 釋放晶片選擇

從裝置資料傳輸完成後，需要釋放晶片選擇，可使用以下函數釋放晶片選擇：

```
rt_err_t rt_spi_release(struct rt_spi_device *device);
```

參數：

device：SPI 裝置控制碼。

返回：

(1) 0：成功。

(2) 錯誤碼：失敗。

### 17. 釋放匯流排

從裝置不再使用 SPI 匯流排傳輸資料，必須儘快釋放匯流排，這樣其他從裝置才能使用 SPI 匯流排傳輸資料，可使用以下函數釋放匯流排：

```
rt_err_t rt_spi_release_bus(struct rt_spi_device *device);
```

參數：

device：SPI 裝置控制碼。

返回：

RT_EOK：成功。

## 6.6.2 SPI 裝置使用範例

### 1. menuconfig 設定

需要在 menuconfig 中把 SPI 裝置選取上，重新生成 Keil MDK 專案檔案。SPI 裝置設定位於 Hardware Drivers Config → On-chip Peripheral Drivers → Enable SPI BUS，如圖 6.31 所示。

```
[*] Enable GPIO
-*- Enable UART  --->
[ ] Enable timer  ----
[ ] Enable pwm  ----
[ ] Enable on-chip FLASH
[*] Enable SPI BUS  --->
[ ] Enable ADC  ----
[*] Enable I2C1 BUS (software simulation)  --->
[ ] Enable RTC
[ ] Enable Watchdog Timer
[ ] Enable SDIO
```

圖 6.31　menuconfig SPI 設定

游標定位到 Enable SPI BUS，按確認鍵進入 SPI 功能設定介面。根據專案需要，設定 SPI1 和 SPI2，如圖 6.32 所示。

```
-*- Enable SPI BUS
[*]   Enable SPI1 BUS
[ ]     Enable SPI1 TX DMA (NEW)
[ ]     Enable SPI1 RX DMA (NEW)
[*]   Enable SPI2 BUS
[ ]     Enable SPI2 TX DMA (NEW)
[ ]     Enable SPI2 RX DMA (NEW)
```

圖 6.32　SPI 功能設定

（1）Enable SPI1 BUS：啟動 SPI 1。

（2）Enable SPI1 TX DMA (NEW)：啟動 SPI 1 的 DMA 發送功能。

（3）Enable SPI1 RX DMA (NEW)：啟動 SPI 1 的 DMA 接收功能。

（4）Enable SPI2 BUS：啟動 SPI 2。

（5）Enable SPI2 TX DMA (NEW)：啟動 SPI 2 的 DMA 發送功能。

（6）Enable SPI2 RX DMA (NEW)：啟動 SPI 2 的 DMA 接收功能。

### 2. 程式

SPI 裝置的具體使用方式可以參考以下的範例程式，範例程式首先尋找 SPI 裝置獲取裝置控制碼，然後使用 rt_spi_transfer_message() 發送命令讀取 ID 資訊。

原始程式碼位於 Chapter6\04_spi_w25q64\spi_w25q64.c 檔案，程式如下：

```
/*
 * 程式清單：這是一個 SPI 裝置使用常式
 * 常式匯出 spi_w25q_sample 命令到控制終端
 * 命令呼叫格式：spi_w25q_sample spi1
 * 命令解釋：命令第二個參數使用 SPI 裝置名稱，為空則使用預設的 SPI 裝置
 * 程式功能：透過 SPI 裝置讀取 w25q 的 ID 資料
*/

#include<rtthread.h>
#include<rtdevice.h>

#define W25Q_SPI_DEVICE_NAME     "spi1"

static void spi_w25q_sample(int argc,char *argv[])
{
   struct rt_spi_device *spi_dev_w25q;
   char name[RT_NAME_MAX];
   rt_uint8_t w25x_read_id = 0x90;
   rt_uint8_t id[5] = {0};

   if (argc == 2)
   {
     rt_strncpy(name,argv[1],RT_NAME_MAX);
   }
   else
   {
     rt_strncpy(name,W25Q_SPI_DEVICE_NAME,RT_NAME_MAX);
   }

   /* 尋找 SPI 裝置獲取裝置控制碼 */
   spi_dev_w25q = (struct rt_spi_device *)rt_device_find(name);
   if (!spi_dev_w25q)
   {
     rt_kprintf("spi sample run failed! can't find %s device!\n",name);
   }
   else
```

```
    {
    /* 方式 1：使用 rt_spi_send_then_recv() 發送命令讀取 ID */
    rt_spi_send_then_recv(spi_dev_w25q,&w25x_read_id,1,id,5);
    rt_kprintf("use rt_spi_send_then_recv() read w25q ID is:%x%x\n",
id[3],id[4]);

    /* 方式 2：使用 rt_spi_transfer_message() 發送命令讀取 ID */
    struct rt_spi_message msg1,msg2;

    msg1.send_buf   = &w25x_read_id;
    msg1.recv_buf   = RT_NULL;
    msg1.length     = 1;
    msg1.cs_take    = 1;
    msg1.cs_release = 0;
    msg1.next       = &msg2;

    msg2.send_buf   = RT_NULL;
    msg2.recv_buf   = id;
    msg2.length     = 5;
    msg2.cs_take    = 0;
    msg2.cs_release = 1;
    msg2.next       = RT_NULL;
    rt_spi_transfer_message(spi_dev_w25q,&msg1);
    rt_kprintf("use rt_spi_transfer_message() read w25q ID is:%x%x\n",
id[3],id[4]);
    }
}
/* 匯出到 msh 命令列表中 */
MSH_CMD_EXPORT(spi_w25q_sample,spi w25q sample);
```

將 spi_w25q64.c 檔案增加到開發專案後編譯，下載程式到開發板，在序列埠工具輸入框中輸入 spi_w25q_sample 並發送確認，可以看到開發板列印以下資訊：

```
use rt_spi_send_then_recv() read w25q ID is:EF14
use rt_spi_transfer_message() read w25q ID is:EF14
```

# 6.7 硬體計時器開發

應用程式透過 RT-Thread 提供的 I/O 裝置管理介面來存取硬體計時器裝置，相關介面如下所示：

（1）rt_device_find()：尋找計時器裝置。

（2）rt_device_open()：以讀寫方式打開計時器裝置。

（3）rt_device_set_rx_indicate()：設定逾時回呼函數。

（4）rt_device_control()：控制計時器裝置，可以設定定時模式 ( 單次 / 週期 )/ 計數頻率或停止計時器。

（5）rt_device_write()：設定計時器逾時值，計時器隨即啟動。

（6）rt_device_read()：獲取計時器當前值。

（7）rt_device_close()：關閉計時器裝置。

## 6.7.1 相關 API

### 1. 尋找計時器裝置

應用程式根據硬體計時器裝置名稱獲取裝置控制碼，進而可以操作硬體計時器裝置，尋找裝置函數程式如下：

```
rt_device_t rt_device_find(const char* name);
```

參數：

name：硬體計時器裝置名稱。

返回：

（1）計時器裝置控制碼：尋找到對應裝置並返回對應的裝置控制碼。

（2）RT_NULL：沒有找到裝置。

一般情況下，註冊到系統的硬體計時器裝置名稱為 timer0、timer1 等，使用範例程式如下：

```
#define HWTIMER_DEV_NAME"timer0"/* 計時器名稱 */
rt_device_t hw_dev;              /* 計時器裝置控制碼 */
/* 尋找計時器裝置 */
hw_dev = rt_device_find(HWTIMER_DEV_NAME);
```

## 2. 打開計時器裝置

透過裝置控制碼，應用程式可以打開裝置。打開裝置時，會檢測裝置是否已經初始化，如果沒有初始化則會預設呼叫初始化介面並初始化裝置。透過以下函數打開裝置：

```
rt_err_t rt_device_open(rt_device_t dev, rt_uint16_t oflags);
```

參數：

（1）dev：硬體計時器裝置控制碼。

（2）oflags：裝置打開模式，一般以讀寫方式打開，即設定值：RT_DEVICE_OFLAG_RDWR。

返回：

（1）RT_EOK：裝置打開成功。

（2）其他錯誤碼：裝置打開失敗。

使用範例程式如下：

```
#define HWTIMER_DEV_NAME   "timer0"     /* 計時器名稱 */
rt_device_t hw_dev;                     /* 計時器裝置控制碼 */
/* 尋找計時器裝置 */
hw_dev = rt_device_find(HWTIMER_DEV_NAME);
/* 以讀寫方式打開裝置 */
rt_device_open(hw_dev,RT_DEVICE_OFLAG_RDWR);
```

### 3. 設定逾時回呼函數

透過函數設定計時器逾時回呼函數，當計時器逾時將呼叫此回呼函數，程式如下：

```
rt_err_t rt_device_set_rx_indicate(rt_device_t dev, rt_err_t (*rx_ind)
(rt_device_t dev,rt_size_t size))
```

參數：

（1）dev：裝置控制碼。

（2）rx_ind：逾時回呼函數，由呼叫者提供。

返回：

RT_EOK：成功。

使用範例原始檔案位於 Chapter6\05_timer\01 設定逾時回呼函數 .c，程式如下：

```
#define HWTIMER_DEV_NAME   "timer0"    /* 計時器名稱 */
rt_device_t hw_dev;                    /* 計時器裝置控制碼 */

/* 計時器逾時回呼函數 */
static rt_err_t timeout_cb(rt_device_t dev,rt_size_t size)
{
    rt_kprintf("this is hwtimer timeout callback function!\n");
    rt_kprintf("tick is :%d !\n",rt_tick_get());

    return 0;
}

static int hwtimer_sample(int argc,char *argv[])
{
    /* 尋找計時器裝置 */
    hw_dev = rt_device_find(HWTIMER_DEV_NAME);
    /* 以讀寫方式打開裝置 */
```

```
    rt_device_open(hw_dev,RT_DEVICE_OFLAG_RDWR);
    /* 設定逾時回呼函數 */
    rt_device_set_rx_indicate(hw_dev,timeout_cb);
}
```

### 4. 控制計時器裝置

透過命令控制字，應用程式可以對硬體計時器裝置進行設定，透過以下函數完成：

```
rt_err_t rt_device_control(rt_device_t dev, rt_uint8_t cmd, void* arg);
```

參數：

(1) dev：裝置控制碼。

(2) cmd：命令控制字。

(3) arg：控制的參數。

返回：

(1) RT_EOK：函數執行成功。

(2) -RT_ENOSYS：執行失敗，dev 為空。

(3) 其他錯誤碼：執行失敗。

硬體計時器裝置支援的命令控制字如下：

(1) HWTIMER_CTRL_FREQ_SET：設定計數頻率。

(2) HWTIMER_CTRL_STOP：停止計時器。

(3) HWTIMER_CTRL_INFO_GET：獲取計時器特徵資訊。

(4) HWTIMER_CTRL_MODE_SET：設定計時器模式。

獲取計時器特徵資訊參數 arg 為指向結構 struct rt_hwtimer_info 的指標，作為一個輸出參數保存獲取的資訊。

> **注意**
>
> 計時器硬體及驅動在支援設定計數頻率的情況下設定頻率才有效，一般使用驅動設定的預設頻率即可。

設定計時器模式時，參數 arg 參數：

（1）HWTIMER_MODE_ONESHOT：單次定時。

（2）HWTIMER_MODE_PERIOD：週期性定時。

設定計時器計數頻率和定時模式的使用範例原始檔案位於 Chapter6\05_timer\02 設定計時器計數頻率和定時模式 .c，程式如下：

```
#define HWTIMER_DEV_NAME   "timer0"     /* 計時器名稱 */
rt_device_t hw_dev;                     /* 計時器裝置控制碼 */
rt_hwtimer_mode_t mode;                 /* 計時器模式 */
rt_uint32_t freq = 10000;               /* 計數頻率 */

/* 計時器逾時回呼函數 */
static rt_err_t timeout_cb(rt_device_t dev,rt_size_t size)
{
    rt_kprintf("this is hwtimer timeout callback function!\n");
    rt_kprintf("tick is :%d !\n",rt_tick_get());

    return 0;
}

static int hwtimer_sample(int argc,char *argv[])
{
    /* 尋找計時器裝置 */
    hw_dev = rt_device_find(HWTIMER_DEV_NAME);
    /* 以讀寫方式打開裝置 */
    rt_device_open(hw_dev,RT_DEVICE_OFLAG_RDWR);
    /* 設定逾時回呼函數 */
    rt_device_set_rx_indicate(hw_dev,timeout_cb);
```

```
    /* 設定計數頻率（預設 1Mhz 或支援的最小計數頻率） */
    rt_device_control(hw_dev,HWTIMER_CTRL_FREQ_SET,&freq);
    /* 設定模式為週期性計時器 */
    mode = HWTIMER_MODE_PERIOD;
    rt_device_control(hw_dev,HWTIMER_CTRL_MODE_SET,&mode);
}
```

### 5. 設定計時器逾時值

設定計時器的逾時值的函數程式如下：

```
rt_size_t rt_device_write(rt_device_t dev, rt_off_t pos, const void*
buffer, rt_size_t size);
```

參數：

（1）dev：裝置控制碼。

（2）pos：寫入資料偏移量，未使用，參數為 0。

（3）buffer：指向計時器逾時結構的指標。

（4）size：逾時結構的大小。

返回：

（1）寫入資料的實際大小。

（2）0：失敗。

逾時結構程式如下：

```
typedef struct rt_hwtimerval
{
    rt_int32_t sec;      /* 秒 (s) */
    rt_int32_t usec;     /* 微秒 (μs) */
} rt_hwtimerval_t;
```

設定計時器逾時值的原始程式碼檔案位於 "Chapter6\05_timer\03 設定計時器逾時值 .c"，程式如下：

```
#define HWTIMER_DEV_NAME   "timer0"     /* 計時器名稱 */
rt_device_t hw_dev;                     /* 計時器裝置控制碼 */
rt_hwtimer_mode_t mode;                 /* 計時器模式 */
rt_hwtimerval_t timeout_s;              /* 計時器逾時值 */

/* 計時器逾時回呼函數 */
static rt_err_t timeout_cb(rt_device_t dev,rt_size_t size)
{
   rt_kprintf("this is hwtimer timeout callback function!\n");
   rt_kprintf("tick is :%d !\n",rt_tick_get());

   return 0;
}

static int hwtimer_sample(int argc,char *argv[])
{
   /* 尋找計時器裝置 */
   hw_dev = rt_device_find(HWTIMER_DEV_NAME);
   /* 以讀寫方式打開裝置 */
   rt_device_open(hw_dev,RT_DEVICE_OFLAG_RDWR);
   /* 設定逾時回呼函數 */
   rt_device_set_rx_indicate(hw_dev,timeout_cb);
   /* 設定模式為週期性計時器 */
   mode = HWTIMER_MODE_PERIOD;
   rt_device_control(hw_dev,HWTIMER_CTRL_MODE_SET,&mode);

   /* 設定計時器逾時值為 5s 並啟動計時器 */
   timeout_s.sec = 5;            /* 秒 */
   timeout_s.usec = 0;           /* 微秒 */
   rt_device_write(hw_dev,0,&timeout_s,sizeof(timeout_s));
}
```

### 6. 獲取計時器當前值

獲取計時器當前值的函數程式如下：

```
rt_size_t rt_device_read(rt_device_t dev, rt_off_t pos, void* buffer,
rt_size_t size);
```

參數：

（1）dev：計時器裝置控制碼。

（2）pos：寫入資料偏移量，未使用，參數為 0。

（3）buffer：輸出參數，指向計時器逾時結構的指標。

（4）size：逾時結構的大小。

返回：

（1）逾時結構的大小：成功。

（2）0：失敗。

獲取計時器當前值的範例原始檔案位於 "Chapter6\05_timer\04 獲取計時器當前值 .c"，程式如下：

```
rt_hwtimerval_t timeout_s;/* 用於保存計時器經過時間 */
/* 讀取計時器經過時間 */
rt_device_read(hw_dev, 0, &timeout_s, sizeof(timeout_s));
```

### 7. 關閉計時器裝置

關閉計時器裝置的函數程式如下：

```
rt_err_t rt_device_close(rt_device_t dev);
```

參數：

dev：計時器裝置控制碼。

返回：

（1）RT_EOK：關閉裝置成功。

（2）-RT_ERROR：裝置已經完全關閉，不能重複關閉裝置。

（3）其他錯誤碼：關閉裝置失敗。

關閉裝置介面和打開裝置介面需配對使用，打開一次裝置對應要關閉一次裝置，這樣裝置才會被完全關閉，否則裝置仍處於未關閉狀態。

使用範例程式如下：

```
#define HWTIMER_DEV_NAME   "timer0"     /* 計時器名稱 */
rt_device_t hw_dev;                     /* 計時器裝置控制碼 */
/* 尋找計時器裝置 */
hw_dev = rt_device_find(HWTIMER_DEV_NAME);
…
rt_device_close(hw_dev);
```

**注意**

可能出現定時誤差。假設計數器最大值為 0xFFFF，計數頻率為 1Mhz，需要定時間為 1000001μs。由於計時器一次最多只能計時 65535μs，而對於 1000001μs 的定時要求，可以使用 50000μs 定時 20 次完成，此時將出現計算誤差 1μs。

## 6.7.2 計時器裝置使用範例

### 1. menuconfig 設定

需要在 menuconfig 中把計時器裝置選取上，重新生成 Keil MDK 專案檔案。計時器設定項目位於：Hardware Drivers Config → On-chip Peripheral Drivers → Enable timer，如圖 6.33 所示。

```
[*] Enable GPIO
-*- Enable UART  --->
[*] Enable timer  --->
[ ] Enable pwm  ----
[ ] Enable on-chip FLASH
[*] Enable SPI BUS  --->
[ ] Enable ADC  ----
[*] Enable I2C1 BUS (software simulation)  --->
[ ] Enable RTC
[ ] Enable Watchdog Timer
[ ] Enable SDIO
```

圖 6.33　menuconfig 計時器設定

游標定位到 Enable timer，按空白鍵選中，然後按確認鍵進入 Enable timer 設定介面，可以設定啟動對應的計時器，如圖 6.34 所示。

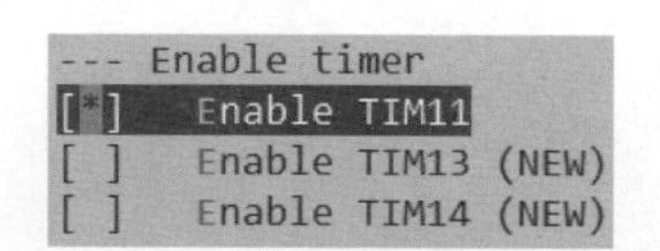


圖 6.34　計時器設定

### 2. 程式

硬體計時器裝置的使用方式可以參考 Chapter6\05_timer\timer0_test.c 檔案，範例程式的主要步驟如下：

（1）首先根據計時器裝置名稱 timer0 尋找裝置並獲取裝置控制碼。

（2）以讀寫方式打開裝置 timer0。

（3）設定計時器逾時回呼函數。

（4）設定計時器模式為週期性計時器，並設定逾時為 5s，此時計時器啟動。

（5）延遲時間 3500ms 後讀取計時器時間，讀取到的值會以秒和微秒的形式顯示。

```
/*
 * 程式清單：這是一個 hwtimer 裝置使用常式
 * 常式匯出 hwtimer_sample 命令到控制終端
```

```
 * 命令呼叫格式：hwtimer_sample
 * 程式功能：硬體計時器逾時回呼函數週期性地列印當前 tick 值，2 次 tick 值之差
   換算為時間等於定時間值
*/

#include<rtthread.h>
#include<rtdevice.h>

#define HWTIMER_DEV_NAME "timer0"/* 計時器名稱 */

/* 計時器逾時回呼函數 */
static rt_err_t timeout_cb(rt_device_t dev,rt_size_t size)
{
   rt_kprintf("this is hwtimer timeout callback function!\n");
   rt_kprintf("tick is :%d !\n",rt_tick_get());

   return 0;
}

static int hwtimer_sample(int argc,char *argv[])
{
   rt_err_t ret = RT_EOK;
   rt_hwtimerval_t timeout_s;      /* 計時器逾時值 */
   rt_device_t hw_dev = RT_NULL;   /* 計時器裝置控制碼 */
   rt_hwtimer_mode_t mode;         /* 計時器模式 */

   /* 尋找計時器裝置 */
   hw_dev = rt_device_find(HWTIMER_DEV_NAME);
   if (hw_dev == RT_NULL)
   {
     rt_kprintf("hwtimer sample run failed! can't find %s device!\n",
HWTIMER_DEV_NAME);
     return RT_ERROR;
   }

   /* 以讀寫方式打開裝置 */
```

```
    ret = rt_device_open(hw_dev,RT_DEVICE_OFLAG_RDWR);
    if (ret != RT_EOK)
    {
        rt_kprintf("open %s device failed!\n",HWTIMER_DEV_NAME);
        return ret;
    }

    /* 設定逾時回呼函數 */
    rt_device_set_rx_indicate(hw_dev,timeout_cb);

    /* 設定模式為週期性計時器 */
    mode = HWTIMER_MODE_PERIOD;
    ret = rt_device_control(hw_dev,HWTIMER_CTRL_MODE_SET,&mode);
    if (ret != RT_EOK)
    {
        rt_kprintf("set mode failed! ret is :%d\n",ret);
        return ret;
    }

    /* 設定計時器逾時值為 5s 並啟動計時器 */
    timeout_s.sec = 5;        /* 秒 */
    timeout_s.usec = 0;     /* 微秒 */

    if (rt_device_write(hw_dev,0,&timeout_s,sizeof(timeout_s)) !=
sizeof(timeout_s))
    {
        rt_kprintf("set timeout value failed\n");
        return RT_ERROR;
    }

    /* 延遲時間 3500ms */
    rt_thread_mdelay(3500);

    /* 讀取計時器當前值 */
    rt_device_read(hw_dev,0,&timeout_s,sizeof(timeout_s));
    rt_kprintf("Read:Sec = %d,Usec = %d\n",timeout_s.sec,timeout_s.usec);
```

```
    return ret;
}
/* 匯出到 msh 命令列表中 */
MSH_CMD_EXPORT(hwtimer_sample,hwtimer sample);
```

將 timer0_test.c 檔案增加到開發專案後編譯，下載程式到開發板，在序列埠工具輸入框中輸入 hwtimer_sample 並發送，可以看到開發板列印以下資訊：

```
msh>hwtimer_sample
Read:Sec = 3,Usec = 499529
msh>
msh>
msh>
msh>this is hwtimer timeout callback function!
tick is :7055 !
this is hwtimer timeout callback function!
tick is :12055 !
```

開發板每隔 5s 列印一次序列埠資訊，符合我們編寫的程式邏輯。

## 6.8 RTC 功能

RTC 是即時鐘 (Real Time Clock) 的縮寫。它為人們提供精確的即時間或為電子系統提供精確的時間基準。

STM32 的 RTC 本質上是一個停電還能繼續執行的計時器。它的功能非常簡單，只有計時功能。在電源 Vpp 斷開的情況下，必須在 STM32 晶片的 VBA 接腳上接鋰電池。當主電源 VDD 有效時，由 VDD 給 RTC 外接裝置供電。當 VDD 停電後，由 VBAT 給 RTC 外接裝置供電。無論由什麼電源供電，RTC 中的資料始終都保存在屬於 RTC 的備份域中，如果主電源和 VBA 都停電，那麼備份域中保存的所有資料都將遺失。

RT-Thread 的 RTC 裝置為作業系統的時間系統提供了基礎服務。面對越來越多的 IoT 場景，RTC 已經成為產品的標準配備，甚至在諸如 SSL 的安全傳輸過程中，RTC 已經成為不可或缺的部分。

## 6.8.1 相關 API

### 1. 設定時間

透過函數設定 RTC 裝置的當前時間值，程式如下：

```
rt_err_t set_time(rt_uint32_t hour, rt_uint32_t minute, rt_uint32_t second)
```

參數：

（1）hour：待設定生效的時。

（2）minute：待設定生效的分。

（3）second：待設定生效的秒。

返回：

（1）RT_EOK：設定成功。

（2）-RT_ERROR：失敗，沒有找到 RTC 裝置。

使用範例程式如下：

```
/* 設定時間為 11 點 15 分 50 秒 */
set_time(11, 15, 50);
```

### 2. 獲取當前時間

使用 C 標準函數庫中的時間 API 獲取時間：

```
time_t time(time_t *t)
```

參數：

t：時間資料指標。

返回：

當前時間值。

使用範例程式如下：

```
time_t now;     /* 保存獲取的當前時間值 */
/* 獲取時間 */
now - time(RT_NULL);
/* 列印輸出時間資訊 */
rt_kprintf("%s\n",ctime(&now));
```

## 6.8.2 功能設定

在 menuconfig 中可以設定 RTC 功能，需要選取的設定項目有 2 個。

### 1. RTC device drivers

該設定項目位於 RT-Thread Components → Device Drivers → Using RTC device drivers，如圖 6.35 所示。

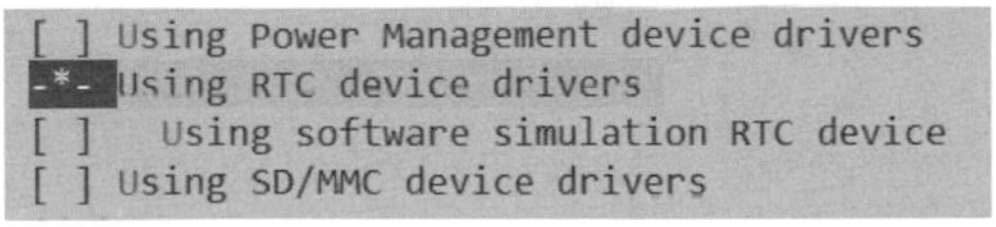

```
[ ] Using Power Management device drivers
-*- Using RTC device drivers
[ ]   Using software simulation RTC device
[ ] Using SD/MMC device drivers
```

圖 6.35　Using RTC device drivers 設定項目

其中，Using software simulation RTC device 是透過軟體模擬 RTC 功能。我們的開發板已經有硬體 RTC 功能了，故而不選取軟體模擬 RTC。

### 2. 硬體 RTC

該設定項目位於 Hardware Drivers Config → On-chip Peripheral Drivers → Enable RTC，如圖 6.36 所示。

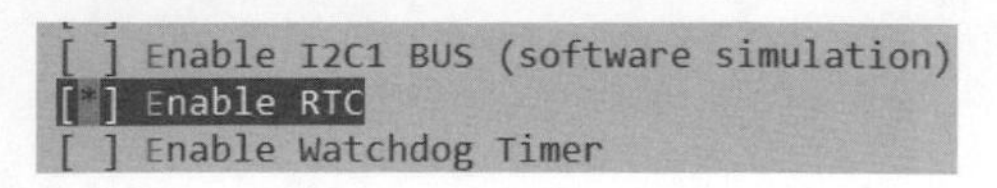


圖 6.36 RTC 設定

**3. 實驗**

打開這兩個設定項目後，使用 scons --target=mdk5 命令重新生成專案，編譯並下載程式。

在序列埠輸入框中輸入 date 命令可以查看當前時間，序列埠會有以下列印資訊：

```
msh>date
Fri Feb 1601:15:332018
```

也可以使用 date 命令設定時間，格式：date 年月日時分秒，設定格式如下：

```
msh>date 20180216011530
msh>
```

## 6.8.3 程式範例

RTC 裝置的具體使用方式可以參考以下範例程式，首先設定年、月、日、時、分、秒資訊，然後延遲時間 3s 後獲取當前時間資訊。

```
//Chapter6\06_rtc\test_rtc.c
/*
 * 程式清單：這是一個 RTC 裝置使用常式
 * 常式匯出 rtc_sample 命令到控制終端
 * 命令呼叫格式：rtc_sample
 * 程式功能：設定 RTC 裝置的日期和時間，延遲時間一段時間後獲取當前時間並列印
   顯示
*/
#include<rtthread.h>
```

```
#include<rtdevice.h>

static int rtc_sample(int argc,char *argv[])
{
   rt_err_t ret = RT_EOK;
   time_t now;

   /* 設定日期 */
   ret = set_date(2018,12,3);
   if (ret != RT_EOK)
   {
     rt_kprintf("set RTC date failed\n");
     return ret;
   }

   /* 設定時間 */
   ret = set_time(11,15,50);
   if (ret != RT_EOK)
   {
     rt_kprintf("set RTC time failed\n");
     return ret;
   }

   /* 延遲時間 3 秒 */
   rt_thread_mdelay(3000);

   /* 獲取時間 */
   now = time(RT_NULL);
   rt_kprintf("%s\n",ctime(&now));

   return ret;
}
/* 匯出到 msh 命令列表中 */
MSH_CMD_EXPORT(rtc_sample,rtc sample);
```

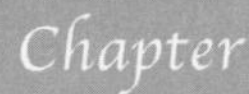


# 07 RT-Thread 網路開發

RT-Thread 可以說是專為物聯網量身訂製的一款 RTOS。它內部整合了 LwIP 堆疊，並且擁有非常豐富的物聯網元件，可以利用 RT-Thread 快速地開發物聯網產品。

本章重點講解 RT-Thread 的網路開發部分。程式將使用 RT-Thread 最新的倉庫中的程式，本書隨附資料提供了原始程式，位於 Chapter7\rt-thread，推薦讀者使用。( 編按：本章範例使用中國大陸網站阿里雲，圖例維持簡體中文原文 )

# 7.1 LwIP 使用

## 7.1.1 menuconfig 設定

RT-Thread 內部整合了 LwIP 堆疊，目前版本編號是 v2.0.2。預設設定是不帶 LwIP 堆疊，所以需要在 menuconfig 中設定並選上。LwIP 設定項目位於 RT-Thread Components → Network → light weight TCP/IP stack，如圖 7.1 所示。

```
[*] Enable lwIP stack
      lwIP version (lwIP v2.0.2)  --->
[ ]   IPV6 protocol (NEW)
[*]   IGMP protocol (NEW)
[*]   ICMP protocol (NEW)
[ ]   SNMP protocol (NEW)
[*]   Enble DNS for name resolution (NEW)
[*]   Enable alloc ip address through DHCP (NEW)
(1)     SOF broadcast (NEW)
(1)     SOF broadcast recv (NEW)
      Static IPv4 Address  --->
-*-   UDP protocol
[*]   TCP protocol (NEW)
[ ]   RAW protocol (NEW)
[ ]   PPP protocol (NEW)
(8)   the number of struct netconns (NEW)
(16)  the number of PBUF (NEW)
(4)   the number of raw connection (NEW)
```

圖 7.1　設定 LwIP 堆疊

還需要設定網路卡驅動程式，設定項目位於 Hardware Drivers Config → Onboard Peripheral Drivers → Enable Ethernet，如圖 7.2 所示。

```
[*] Enable USB TO USART (uart1)
[ ] Enable COM2 (uart2 pin conflict with Ethernet and PWM)
[ ] Enable COM3 (uart3)
[ ] Enable SPI FLASH (W25Q128 spi1)
[ ] Enable I2C EEPROM (i2c1)
[*] Enable Ethernet
[ ] Enable MPU6050 (i2c1)
[ ] Enable SDCARD (sdio)
```

圖 7.2　設定網路卡驅動程式

在 Chapter7\rt-thread\bsp\stm32\stm32f407-atk-explorer 路徑下進入 menuconfig，按空白鍵能使 LwIP 功能和網路卡驅動程式重新生成 Keil MDK 專案檔案，打開當前資料夾下的 project.uvprojx 專案檔案，如圖 7.3 所示。

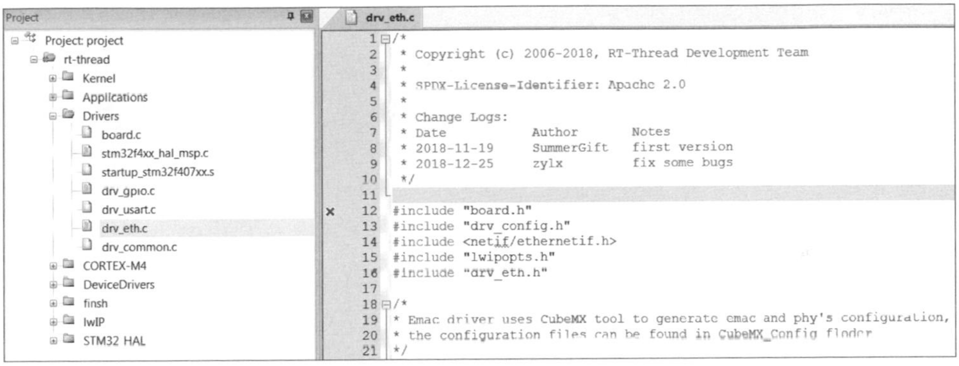

```
Project
Project: project
  rt-thread
    Kernel
    Applications
    Drivers
      board.c
      stm32f4xx_hal_msp.c
      startup_stm32f407xx.s
      drv_gpio.c
      drv_usart.c
      drv_eth.c
      drv_common.c
    CORTEX-M4
    DeviceDrivers
    finsh
    lwIP
    STM32 HAL
```

```
drv_eth.c
 1 /*
 2  * Copyright (c) 2006-2018, RT-Thread Development Team
 3  *
 4  * SPDX-License-Identifier: Apache 2.0
 5  *
 6  * Change Logs:
 7  * Date           Author       Notes
 8  * 2018-11-19     SummerGift   first version
 9  * 2018-12-25     zylx         fix some bugs
10  */
11
12 #include "board.h"
13 #include "drv_config.h"
14 #include <netif/ethernetif.h>
15 #include "lwipopts.h"
16 #include "drv_eth.h"
17
18 /*
19 * Emac driver uses CubeMX tool to generate emac and phy's configuration,
20 * the configuration files can be found in CubeMX_Config flodor
21 */
```

圖 7.3　LwIP 專案

其中，project 會多出來一個資料夾 lwIP，這裡面是 LwIP 的原始程式部分。在 Drivers 資料夾下會有一個 drv_eth.c 檔案，這個檔案與網路卡的驅動相關。

## 7.1.2 網路卡設定

RT-Thread 預設 STM32F407 使用的網路卡是 LAN8720A 晶片，與 DP83848C 不一致。這會導致編譯出來的程式無法正常驅動網路卡，有以下兩種修改方法。

（1）臨時修改：需要在 Chapter7\rt-thread\bsp\stm32\stm32f407-atk-explorer\rtconfig.h 檔案中註釋起來 #define PHY_USING_LAN8720A，並加入 #define PHY_USING_DP83848C，程式如下：

```
// Chapter7\rt-thread\bsp\stm32\stm32f407-atk-explorer\rtconfig.h  200 行
```

```
/* Onboard Peripheral Drivers */

#define BSP_USING_USB_TO_USART
//#define PHY_USING_LAN8720A
#define PHY_USING_DP83848C
#define BSP_USING_ETH
```

但是需要注意的是，以上修改方法在重新使用 scons --target=mdk5 生成新的專案檔案後，網路卡又會恢復到 LAN8720A 晶片，需要再次修改網路卡設定。

（2）永久修改：打開 Chapter7\rt-thread\bsp\stm32\stm32f407-atk-explorer\board\Kconfig 檔案，把 select PHY_USING_LAN8720A 修改成 select PHY_USING_DP83848C，位於檔案的第 50 行處。同時增加 config PHY_USING_DP83848C bool，程式如下：

```
// Chapter7\rt-thread\bsp\stm32\stm32f407-atk-explorer\board\Kconfig 50 行

    config PHY_USING_LAN8720A
      bool

    config BSP_USING_ETH
      bool "Enable Ethernet"
      default n
      select RT_USING_LWIP
      select PHY_USING_DP83848C

    config PHY_USING_DP83848C
      bool
```

本書提供的程式已經修改好，讀者可以直接使用。

修改後，重新設定 menuconfig 並使用 scons --target=mdk5 生成新的專案檔案即可。

## 7.1.3 IP 位址設定

RT-Thread 預設使用 DCHP 動態分配 IP，讀者也可以修改為靜態 IP，但是不推薦修改。如果需要使用靜態 IP，讀者可以註釋起來 #define RT_LWIP_DHCP，並自己指定 IP 位址，相關的設定在 Chapter7\rt-thread\bsp\stm32\stm32f407-atk-explorer\rtconfig.h 檔案中，讀者需要根據自己的路由器情況進行設定，本書設定的程式如下：

```
// Chapter7\rt-thread\bsp\stm32\stm32f407-atk-explorer\rtconfig.h115 行

#define RT_LWIP_DNS
//DHCP 動態 IP 分配
#define RT_LWIP_DHCP
#define IP_SOF_BROADCAST 1
#define IP_SOF_BROADCAST_RECV 1

/* Static IPv4 Address */
// 開發板 IP 位址
#define RT_LWIP_IPADDR "192.168.0.107"
// 閘道
#define RT_LWIP_GWADDR "192.168.0.1"
// 子網路遮罩
#define RT_LWIP_MSKADDR "255.255.255.0"
```

不推薦讀者修改，建議使用預設的 DHCP 動態分配 IP 的方式。

## 7.1.4 LwIP 實驗

編譯並下載程式後，打開序列埠工具，發送 ping 192.168.1.1 字串。可以看到開發板可以 ping 通路由器，説明網路功能正常，如圖 7.4 所示。

```
msh >ping 192.168.1.1
60 bytes from 192.168.1.1 icmp_seq=0 ttl=63 time=1 ms
60 bytes from 192.168.1.1 icmp_seq=1 ttl=63 time=0 ms
60 bytes from 192.168.1.1 icmp_seq=2 ttl=63 time=0 ms
60 bytes from 192.168.1.1 icmp_seq=3 ttl=63 time=0 ms
```

圖 7.4 ping 路由器

如果路由器能上網，還可以輸入 ping www.baidu.com 字串，並發送。可以看到開發板可以 ping 通百度，說明 DNS 功能正常，如圖 7.5 所示。

```
msh >ping www.baidu.com
60 bytes from 183.232.231.174 icmp_seq=0 ttl=56 time=15 ms
60 bytes from 183.232.231.174 icmp_seq=1 ttl=56 time=14 ms
60 bytes from 183.232.231.174 icmp_seq=2 ttl=56 time=16 ms
60 bytes from 183.232.231.174 icmp_seq=3 ttl=56 time=14 ms
```

圖 7.5　ping 百度

## 7.2 NETCONN API 開發

RT-Thread 提供了一套 NETCONN AP，該介面需要作業系統的支援，RT-Thread 可以完美地支援。

### 7.2.1 相關 API 說明

netconn 的相關 API 在本書 5.4.2 節已經做了詳細介紹，讀者可以翻閱。這裡複習一下常用的 API。

（1）netconn_new()：創建一個 netconn 結構。

（2）netconn_delete()：刪除 netconn 結構，並釋放記憶體。

（3）netconn_bind()：用於綁定 netconn 結構的 IP 位址和通訊埠編號。

（4）netconn_listen()：函數用於開始監聽用戶端連接，通常伺服器才會使用該函數。

（5）netconn_connect()：函數用於連接到伺服器，通常由用戶端使用該函數。

（6）netconn_accept()：由伺服器呼叫，有新的用戶端發起連接請求時，netconn_accept 將返回。

（7）netconn_recv()：從網路中接收資料。

（8） netbuf_data()：獲取具體資料內容。

（9） netconn_write()：向網路發送資料。

（10）netconn_close()：關閉 netconn 連接。

## 7.2.2 TCP 伺服器

### 1. 開發專案設定

（1）程式在 Chapter7\01_tcp_server 資料夾，把 tcp_server_task.c 和 tcp_server_task.h 複製到 Chapter7\rt-thread\bsp\stm32\stm32f407-atk-explorer\applications。

（2）修改 Chapter7\rt-thread\bsp\stm32\stm32f407-atk-explorer\applications\SConscript 檔案，增加以下程式：

```
if GetDepend(['BSP_USING_TCP_SERVER_DEMO']):
    src += Glob('tcp_server_task.c')
```

本書也提供修改好的 SConscript 檔案，位於 Chapter7\01_tcp_server 資料夾，但是推薦讀者自己修改並操作一遍，加深印象。修改後的檔案內容如下：

```
import rtconfig
from building import *

cwd     = GetCurrentDir()
CPPPATH = [cwd,str(Dir('#'))]
src     = Split("""
main.c
""")

if GetDepend(['BSP_USING_TCP_SERVER_DEMO']):
    src += Glob('tcp_server_task.c')

```

```
group = DefineGroup('Applications',src,depend = [''],CPPPATH = CPPPATH)

Return('group')
```

（3）修改 Chapter7\rt-thread\bsp\stm32\stm32f407-atk-explorer\board\Kconfig 檔案，在 menu "Board extended module Drivers" 後面增加以下程式：

```
config BSP_USING_TCP_SERVER_DEMO
    bool "Enable TCP server Demo"
    default n
```

其中，在 Kconfig 檔案和 SConscript 檔案中，USING_TCP_SERVER_DEMO 巨集必須相同。

同樣，本書也提供修改好的 Kconfig 檔案，讀者可以直接使用，但是推薦讀者按本書步驟修改。

（4）在 Chapter7\rt-thread\bsp\stm32\stm32f407-atk-explorer 路徑下執行 menuconfig，進入 Hardware Drivers Config → Board extended module Drivers，可以看到有 Enable TCP server Demo 選項，按鍵盤上的空白鍵選中並退出，再使用 scons --target=mdk5 重新生成專案檔案。

## 2. 程式

打開 Chapter7\rt-thread\bsp\stm32\stm32f407-atk-explorer\project.uvprojx 專案檔案，可以看到 Project → Applications 下多了 tcp_server_task.c 檔案，如圖 7.6 所示。

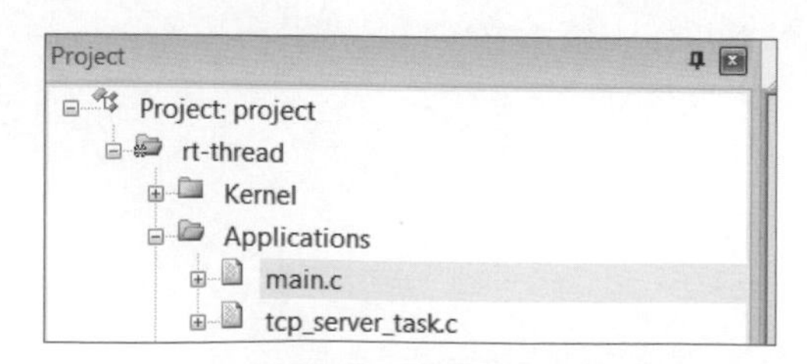


圖 7.6　TCP 伺服器專案

（1）修改 main.c 檔案的 main() 函數，在 rt_pin_mode(LED0_PIN，PIN_MODE_OUTPUT); 後面增加 tcpecho_init();，程式如下：

```
#include<rtthread.h>
#include<rtdevice.h>
#include<board.h>

#include "tcp_server_task.h"

/* defined the LED0 pin:PF9 */
#define LED0_PIN    GET_PIN(F,9)

int main(void)
{
   int count = 1;
   /* 設定 LED0 為輸出模式 */
   rt_pin_mode(LED0_PIN,PIN_MODE_OUTPUT);

   //呼叫 tcp 服務程式
   tcpecho_init();
   while (count++)
   {
     rt_pin_write(LED0_PIN,PIN_HIGH);
     rt_thread_mdelay(500);
     rt_pin_write(LED0_PIN,PIN_LOW);
     rt_thread_mdelay(500);
   }
   return RT_EOK;
}
```

（2）tcpecho_init() 函數在 tcp_server_task.c 檔案中定義，其功能是創建一個 tcpecho_thread 執行緒，程式如下：

```
//Chapter7\rt-thread\bsp\stm32\stm32f407-atk-explorer\applications\
tcp_server_task.c   79 行
```

```
void tcpecho_init(void)
{
   //創建一個執行緒 tcpecho_thread
   sys_thread_new("tcpecho_thread",tcpecho_thread,NULL,5*1024,3);
}
```

（3）tcpecho_thread() 呼叫 NETCONN API 相關介面實現 TCP 伺服器功能，程式如下：

```
//Chapter7\rt-thread\bsp\stm32\stm32f407-atk-explorer\applications\
tcp_server_task.c
//12 行

//宣告兩個 netconn 結構指標
struct netconn *conn,*newconn;
static void tcpecho_thread(void *arg)
{
   //變數定義
   err_t err,accept_err;
   struct netbuf *buf;
   void *data;
   u16_t len;
   err_t recv_err;

   LWIP_UNUSED_ARG(arg);

     //rt_thread_delay(2000);

   //創建一個新的 netconn
   conn = netconn_new(NETCONN_TCP);

   //判斷是否創建成功
   if (conn!=NULL)
   {
     /* 綁定 conn 的 IP 位址和通訊埠 2040，輸入 IP 位址為 NULL 則表示綁定所有
```

```
IP 位址 */
err = netconn_bind(conn,NULL,2040);

if (err == ERR_OK)
{
  /* conn 進入監聽模式 */
  netconn_listen(conn);

  while (1)
  {
    /* 獲取一個新的連接，如果沒有用戶端連接，netconn_accept 會一直
    沒有任何返回資訊，直到有新的用戶端連接 netconn_accept 才會返回，
    並產生新的 newconn*/
    accept_err = netconn_accept(conn,&newconn);

    // 處理新的 newconn 連接
    if (accept_err == ERR_OK)
    {
      // 從新的 newconn 連接中獲取資料
      recv_err = netconn_recv(newconn,&buf);
      // 循環獲取資料
  while ( recv_err == ERR_OK)
    {
      do
      {
        // 從 buf 中取出資料並存到 data
        netbuf_data(buf,&data,&len);
        // 將獲取的資料 data 重新透過 newconn 返回用戶端
        netconn_write(newconn,data,len,NETCONN_COPY);
      }
      while (netbuf_next(buf)>= 0);

      // 刪除 buf
      netbuf_delete(buf);
      // 繼續獲取資料
      recv_err = netconn_recv(newconn,&buf);
```

```
                    }

                    //關閉並刪除 newconn 連接
                    netconn_close(newconn);
                    netconn_delete(newconn);
                }
            }
        }
        else
        {
          netconn_delete(newconn);
          //  printf("can not bind TCP netconn");
            }
        }
        else
        {
        //  printf("can not create TCP netconn");
        }
}
```

### 3. 實驗

(1) 確保開發板和電腦使用網線連接到同一個路由器，並確保電腦可以 ping 通開發板的 IP。

(2) 編譯並下載程式。

(3) 打開附錄 A\ 軟體 \ 序列埠工具 \sscom5.13.1.exe 程式，通訊埠編號選擇 TCPClient，遠端輸入開發板的 IP 位址，本書測試環境的 IP 位址是 192.168.0.107，讀者需要根據 TCP_SERVER.h 中填寫的開發板 IP 位址填寫。IP 位址後面的方框填寫 2040，點擊「連接」按鈕，電腦此時與開發板建立起 TCP 連接，如圖 7.7 所示。

(4) 此時在輸入框輸入任意字串，點擊「發送」按鈕，可以看到接收框收到相同的字串，通訊成功。

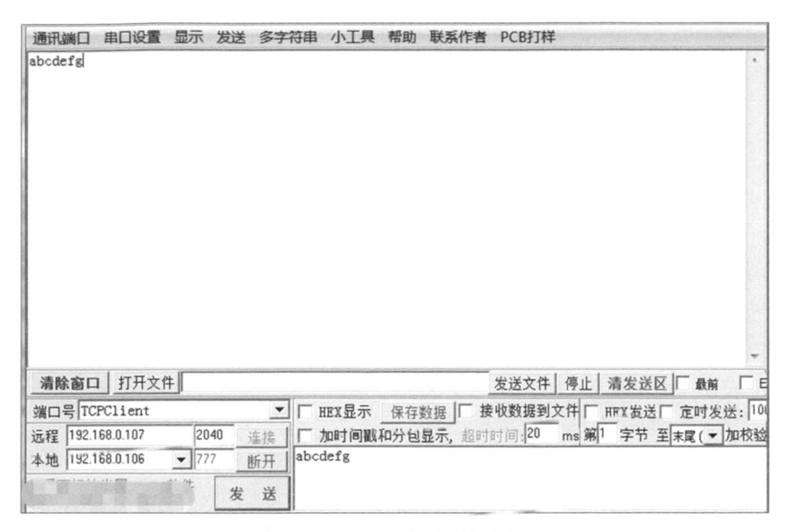


圖 7.7　TCP 伺服器實驗

## 7.2.3 TCP 用戶端

### 1. 開發專案設定

(1) 程式在 Chapter7\02_tcp_client 資料夾，把 tcp_client_task.c 和 tcp_client_task.h 複製到 Chapter7\rt-thread\bsp\stm32\stm32f407-atk-explorer\applications。

(2) 修改 Chapter7\rt-thread\bsp\stm32\stm32f407-atk-explorer\applications\SConscript 檔案，增加以下程式：

```
if GetDepend(['BSP_USING_TCP_CLIENT_DEMO']):
    src += Glob('tcp_client_task.c')
```

本書也提供修改好的 SConscript 檔案，位於 Chapter7\02_tcp_client 資料夾，但是推薦讀者自己修改並操作一遍，加深印象。修改後的檔案內容如下：

```
import rtconfig
from building import *
```

```
cwd     = GetCurrentDir()
CPPPATH = [cwd,str(Dir('#'))]
src     = Split("""
main.c
""")

if GetDepend(['BSP_USING_TCP_SERVER_DEMO']):
   src += Glob('tcp_server_task.c')

if GetDepend(['BSP_USING_TCP_CLIENT_DEMO']):
   src += Glob('tcp_client_task.c')

group = DefineGroup('Applications',src,depend = [''],CPPPATH = CPPPATH)

Return('group')
```

（3）修改 Chapter7\rt-thread\bsp\stm32\stm32f407-atk-explorer\board\Kconfig 檔案，在 menu "Board extended module Drivers" 後面增加以下程式：

```
config BSP_USING_TCP_CLIENT_DEMO
   bool "Enable TCP client Demo"
   default n
```

同樣，本書也提供修改好的 Kconfig 檔案，讀者可以直接使用，但是推薦讀者按本書步驟修改。

（4）在 Chapter7\rt-thread\bsp\stm32\stm32f407-atk-explorer 路徑下執行 menuconfig，進入 Hardware Drivers Config → Board extended module Drivers，可以看到有 Enable TCP client Demo 選項，按鍵盤上的空白鍵選中並退出，再使用 scons-target=mdk5 重新生成專案檔案。

## 2. 程式

打開 Chapter7\rt-thread\bsp\stm32\stm32f407-atk-explorer\project.uvprojx 專案檔案，可以看到 Project → Applications 下多了 tcp_client_task.c 檔案，如圖 7.8 所示。

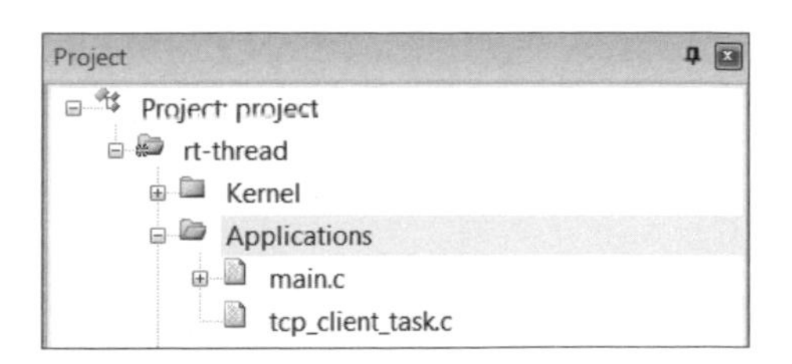


圖 7.8　TCP 用戶端專案

TCP 用戶端的程式和 TCP 伺服器的程式比較相似，其中比較重要的是 tcpclient_thread() 執行緒，程式如下：

```
struct netconn *conn;
static void tcpclient_thread(void *arg)
{
   err_t err,accept_err;
   struct netbuf *buf;
   void *data;
   u16_t len;
   err_t recv_err;
   ip_addr_t serverIpAddr;

   LWIP_UNUSED_ARG(arg);

     //rt_thread_delay(2000);

     // 創建一個 netconn
   conn = netconn_new(NETCONN_TCP);

   if (conn!=NULL)
   {
     // 綁定 IP 位址和通訊埠編號
     err = netconn_bind(conn,NULL,2040);

   if (err == ERR_OK)
   {

     // 伺服器 IP 位址
```

```
        IP4_ADDR(&serverIpAddr,192,168,1,13);
        //連接到伺服器
        err = netconn_connect(conn,&serverIpAddr,2041);

        //以下程式和 TCP 伺服器的程式相同，讀者可以參考 TCP 伺服器程式
        if(err == ERR_OK)
        {
            recv_err = netconn_recv(conn,&buf);
            while ( recv_err == ERR_OK)
            {
                do
                {
                  netbuf_data(buf,&data,&len);
                  netconn_write(conn,data,len,NETCONN_COPY);
                }
                while (netbuf_next(buf)>= 0);

                netbuf_delete(buf);
                recv_err = netconn_recv(conn,&buf);
            }

            /* Close connection and discard connection identifier*/
            netconn_close(conn);
            netconn_delete(conn);
          }
        }
        else
        {
          netconn_delete(conn);
          // printf("can not bind TCP netconn");
        }
      }
      else
      {
      //  printf("can not create TCP netconn");
      }
}
```

### 3. 實驗

（1）確保開發板和電腦使用網線連接到同一個路由器，並確保電腦可以 ping 通開發板的 IP。

（2）打開附錄 A\ 軟體 \ 序列埠工具 \sscom5.13.1.exe 程式，通訊埠編號選擇 TCPServer，本地一欄選擇電腦對應的 IP 位址，後面的方框填寫 2041，點擊「監聽」按鈕。

（3）編譯並下載程式。

（4）此時在輸入框輸入任意字串，點擊「發送」按鈕，可以看到接收框收到相同的字串，説明通訊成功，如圖 7.9 所示。

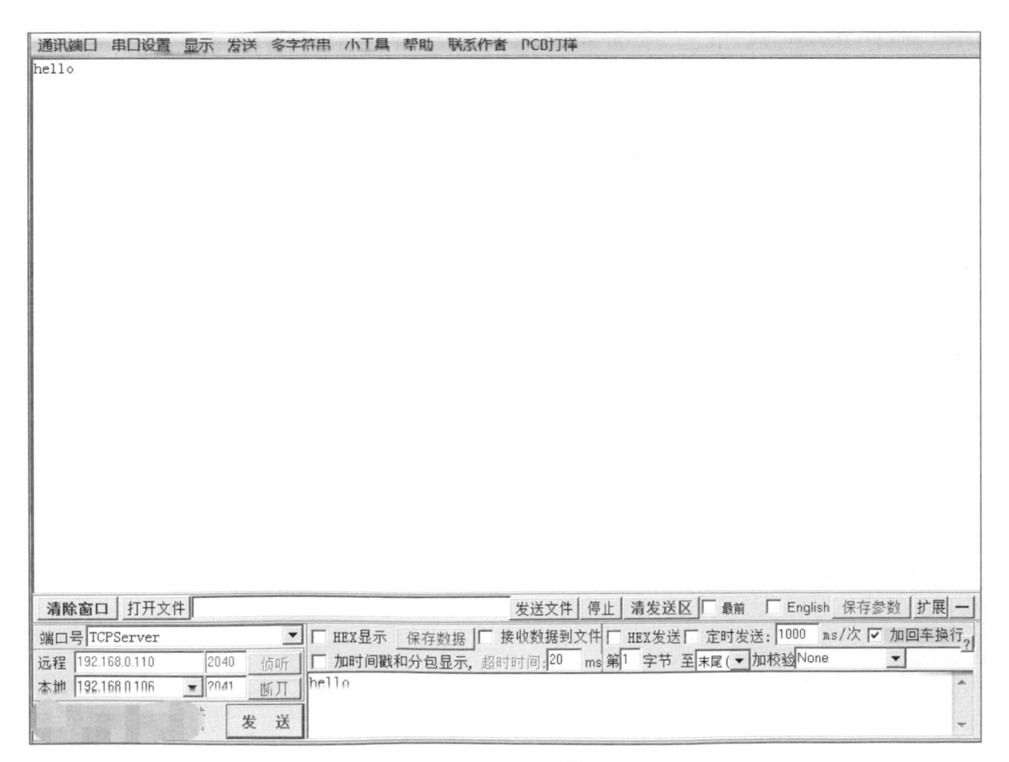


圖 7.9　TCP 用戶端實驗

## 7.2.4 UDP 實驗

### 1. 開發專案設定

（1）程式在Chapter7\03_udp 資料夾，把 udp_demo_task.c 和 udp_demo_task.h 複製到 Chapter7\rt-thread\bsp\stm32\stm32f407-atk-explorer\applications。

（2）修改 Chapter7\rt-thread\bsp\stm32\stm32f407-atk-explorer\applications\SConscript 檔案，增加以下程式：

```
if GetDepend(['BSP_USING_UDP_DEMO']):
    src += Glob('udp_demo_task.c')
```

本書也提供修改好的 SConscript 檔案，位於 Chapter7\03_udp 資料夾，但是推薦讀者自己修改並操作一遍，加深印象。修改後的檔案內容如下：

```
import rtconfig
from building import *

cwd     = GetCurrentDir()
CPPPATH = [cwd,str(Dir('#'))]
src     = Split("""
main.c
""")

if GetDepend(['BSP_USING_TCP_SERVER_DEMO']):
    src += Glob('tcp_server_task.c')

if GetDepend(['BSP_USING_TCP_CLIENT_DEMO']):
    src += Glob('tcp_client_task.c')

if GetDepend(['BSP_USING_UDP_DEMO']):
    src += Glob('udp_demo_task.c')

group = DefineGroup('Applications',src,depend = [''],CPPPATH = CPPPATH)

Return('group')
```

（3）修改 Chapter7\rt-thread\bsp\stm32\stm32f407-atk-explorer\board\Kconfig 檔案，在 menu "Board extended module Drivers" 後面增加以下程式：

```
config BSP_USING_UDP_DEMO
    bool "Enable UDP Demo"
    default n
```

同樣，本書也提供修改好的 Kconfig 檔案，讀者可以直接使用，但是推薦讀者按本書步驟修改。

（4）在 Chapter7\rt-thread\bsp\stm32\stm32f407-atk-explorer 路徑下執行 menuconfig，進入 Hardware Drivers Config → Board extended module Drivers，可以看到有 Enable UDP Demo 選項，按鍵盤上的空白鍵選中並退出，再使用 scons --target=mdk5 重新生成專案檔案。

## 2. 程式

打開 Chapter7\rt-thread\bsp\stm32\stm32f407-atk-explorer\project.uvprojx 專案檔案，可以看到 Project → Applications 下多了 udp_demo_task.c 檔案，如圖 7.10 所示。

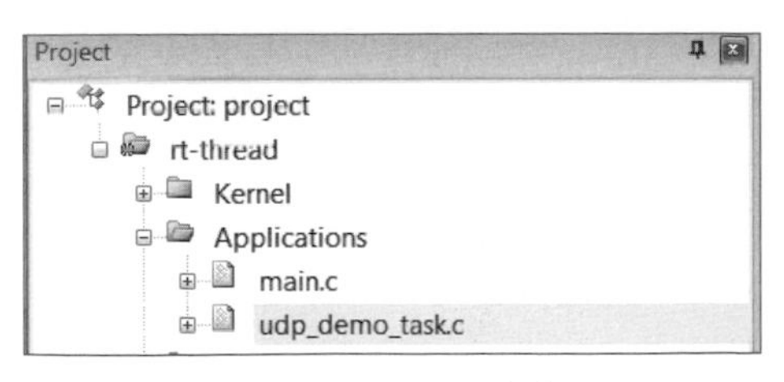


圖 7.10　UDP 專案

UDP 程式中最重要的是 tcpclient_thread() 執行緒，程式如下：

```
#include<rthw.h>
#include<rtthread.h>
#include<drivers/pin.h>

#include "lwip/opt.h"
```

```
#include "lwip/sys.h"
#include "lwip/api.h"

//UDP 接收資料緩衝區的資料
#define UDP_DEMO_RX_BUFSIZE 1024
u8_t udp_demo_recvbuf[UDP_DEMO_RX_BUFSIZE];
//UDP 發送資料內容
const u8_t *udp_demo_sendbuf="UDP demo send data\r\n";

//UDP 資料發送標示位元
u8_t udp_flag;

#define UDP_DEMO_PORT2041

//UDP 任務函數
static void tcpclient_thread(void *arg)
{
   err_t err;
   static struct netconn *udpconn;
   static struct netbuf  *recvbuf;
   static struct netbuf  *sentbuf;
   ip_addr_t destipaddr;
   u32_t data_len = 0;
   struct pbuf *q;
   LWIP_UNUSED_ARG(arg);
   udpconn = netconn_new(NETCONN_UDP);    // 創建一個 UDP 連接
   udpconn->recv_timeout = 10;

   if(udpconn != NULL)      // 創建 UDP 連接成功
   {
     err = netconn_bind(udpconn,IP_ADDR_ANY,UDP_DEMO_PORT);
     // 構造目的 IP 位址
     IP4_ADDR(&destipaddr,192,168,0,110);

     netconn_connect(udpconn,&destipaddr,UDP_DEMO_PORT);
     if(err == ERR_OK)// 綁定完成
```

```
{
  while(1)
  {

    sentbuf = netbuf_new();
    netbuf_alloc(sentbuf,strlen((char *)udp_demo_sendbuf));
    // 指 udp_demo_sendbuf 組
    sentbuf->p->payload = (char*)udp_demo_sendbuf;
    // 將 netbuf 中的資料發送出去
    err = netconn_send(udpconn,sentbuf);
    if(err != ERR_OK)
    {
      // 發送失敗
      // 刪除 buf
      netbuf_delete(sentbuf);
    }
    // 刪除 buf
    netbuf_delete(sentbuf);
    // 接收資料
    netconn_recv(udpconn,&recvbuf);
    // 接收到資料
    if(recvbuf != NULL)
    {
      // 資料接收緩衝區歸零
      memset(udp_demo_recvbuf,0,UDP_DEMO_RX_BUFSIZE);
      // 遍歷整個 pbuf 鏈結串列
      for(q=recvbuf->p;q!=NULL;q=q->next)
      {
        /* 判斷要複製到 UDP_DEMO_RX_BUFSIZE 中的資料是否大於
DP_DEMO_RX_BUFSIZE 的剩餘空間，如果大於，只複製 UDP_DEMO_RX_BUFSIZE 中剩餘長
度的資料，否則就複製所有的資料 */
        if(q->len>(UDP_DEMO_RX_BUFSIZE-data_len)) memcpy(udp_
demo_recvbuf+data_len,q->payload,(UDP_DEMO_RX_BUFSIZE-data_len));
        else memcpy(udp_demo_recvbuf+data_len,q->payload,q->len);
        data_len += q->len;
        // 超出 UDP 接收陣列，跳出
```

```
                if(data_len>UDP_DEMO_RX_BUFSIZE) break;
            }
            // 複製完成後 data_len 要歸零
            data_len=0;
            // 列印接收到的資料
            //printf("%s\r\n",udp_demo_recvbuf);
            // 刪除 buf
            netbuf_delete(recvbuf);
          }else{
            // 延遲時間 5ms
            rt_thread_mdelay(5);
          }
        }
      }else
      {
        //printf("UDP 綁定失敗 \r\n");
      }
    }else{
      //printf("UDP 連接創建失敗 \r\n");
    }
}

void udp_demo_init(void)
{
    sys_thread_new("tcpecho_thread",tcpclient_thread,NULL,5*UDP_DEMO_RX_
BUFSIZE,3);
}
```

（1）確保開發板和電腦使用網線連接到同一個路由器，並確保電腦可以ping 通開發板的 IP。

（2）編譯並下載程式。

（3）打開附錄 A\ 軟體 \ 序列埠工具 \sscom5.13.1.exe 程式，通訊埠編號選擇 UDP。遠端一欄填寫開發板 IP 位址和通訊埠編號，本地一欄選擇電腦對應的 IP 位址和通訊埠編號，點擊「連接」按鈕。

（4）此時在輸入框輸入任意字串，點擊「發送」按鈕，可以看到接收框收到相同的字串，説明通訊成功，如圖 7.11 所示。

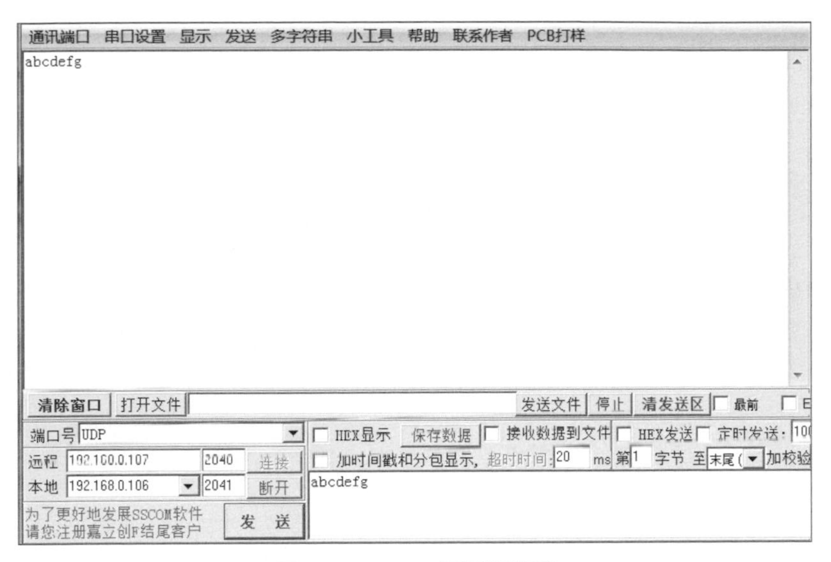


圖 7.11　UDP 伺服器實驗

## 7.3 BSD socket API 開發

LwIP 除了支持 NETCONN API 之外，還支持 BSD socket API。LwIP 的 BSD socket API 和 UNIX 平台的 socket API 一致，底層實現使用 LwIP 的 API 進行了封裝，程式如下：

```
//Chapter7\rt-thread\components\net\lwip-2.0.2\src\include\lwip\sockets.h

#if LWIP_COMPAT_SOCKETS
#define accept(a,b,c)           lwip_accept(a,b,c)
#define bind(a,b,c)             lwip_bind(a,b,c)
#define shutdown(a,b)           lwip_shutdown(a,b)
#define closesocket(s)          lwip_close(s)
```

```
#define connect(a,b,c)          lwip_connect(a,b,c)
#define getsockname(a,b,c)      lwip_getsockname(a,b,c)
#define getpeername(a,b,c)      lwip_getpeername(a,b,c)
#define setsockopt(a,b,c,d,e)   lwip_setsockopt(a,b,c,d,e)
#define getsockopt(a,b,c,d,e)   lwip_getsockopt(a,b,c,d,e)
#define listen(a,b)             lwip_listen(a,b)
#define recv(a,b,c,d)           lwip_recv(a,b,c,d)
#define recvfrom(a,b,c,d,e,f)   lwip_recvfrom(a,b,c,d,e,f)
#define send(a,b,c,d)           lwip_send(a,b,c,d)
#define sendto(a,b,c,d,e,f)     lwip_sendto(a,b,c,d,e,f)
#define socket(a,b,c)           lwip_socket(a,b,c)
#define select(a,b,c,d,e)       lwip_select(a,b,c,d,e)
#define ioctlsocket(a,b,c)      lwip_ioctl(a,b,c)

#if LWIP_POSIX_SOCKETS_IO_NAMES
#define read(a,b,c)             lwip_read(a,b,c)
#define write(a,b,c)            lwip_write(a,b,c)
#define close(s)                lwip_close(s)
#define fcntl(a,b,c)            lwip_fcntl(a,b,c)
#endif /* LWIP_POSIX_SOCKETS_IO_NAMES */

#endif /* LWIP_COMPAT_SOCKETS */
```

## 7.3.1 socket API 說明

socket 提供一套 API 方便應用程式使用。本書介紹幾個比較重要的函數。

### 1. socket

```
int socket(int protofamily, int type, int protocol);
```

函數返回：int 類型的數值，我們通常稱之為 socket 描述符號。它非常重要，後面所有的 socket 操作要以 socket 描述符號為基礎。

參數列表：

（1）protofamily：即協定域，又稱為協定簇 (family)。常用的協定簇有 AF_INET(IPV4)、AF_INET6(IPV6)、AF_LOCAL( 或 稱 AF_UNIX、UNIX 域 socket)、AF_ROUTE 等。協定簇決定了 socket 的網址類別型，在通訊中必須採用對應的位址，如 AF_INET 決定了要用 IPv4 位址 (32 位元的 ) 與通訊埠編號 (16 位元的 ) 的組合、AF_UNIX 決定了要用一個絕對路徑名稱作為位址。

（2）type：指定 socket 類型。常用的 socket 類型有 SOCK_STREAM、SOCK_DGRAM、SOCK_RAW、SOCK_PACKET、SOCK_SEQPACKET 等。

（3）protocol：指定協定。常用的協定有 IPPROTO_TCP、IPPTOTO_UDP、IPPROTO_SCTP、IPPROTO_TIPC 等， 它 們 分 別 對 應 TCP、UDP、SCTP、TIPC。

**注意**

上面的 type 和 protocol 並不可以隨意組合，如 SOCK_STREAM 不可以與 IPPROTO_UDP 組合。當 protocol 為 0 時，會自動選擇 type 類型對應的預設協定。當呼叫 socket 創建一個 socket 時，返回的 socket 描述字存在於協定簇 (address family，AF_XXX) 空間中，但沒有一個具體的位址。如果想要給它設定值一個位址，就必須呼叫 bind() 函數，否當呼叫 connect()、listen() 函數時系統會自動隨機分配一個通訊埠。

### 2. bind

正如第 3.2.2 小節所述，每個應用程式想要使用網路功能，都需要指定唯一的通訊埠編號。同樣，socket 通訊端也可以使用 bind() 函數來為 socket 通訊端綁定一個通訊埠編號。需要注意的是，bind() 函數不是必需的，當應用程式沒有使用 bind() 函數指定通訊埠編號時，系統會自動分配一個隨機通訊埠編號。

```
int bind(int sockfd, const struct sockaddr *addr, socklen_t addrlen);
```

函數返回：int 類型的數值。返回值為 0 則表示綁定成功。返回 EADDRINUSE 則表示通訊埠編號已經被其他應用程式佔用。

參數列表：

（1）sockfd：socket 描述符號，也就是上文創建 socket 通訊端時的返回值。

（2）addr：一個 const struct sockaddr* 指標，指向要綁定給 sockfd 的協定位址。這個位址結構根據位址創建 socket 時的位址協定簇的不同而不同，如 IPv4 對應的是：

```
struct sockaddr_in {
      sa_family_t      sin_family;    /* address family:AF_INET */
      in_port_t        sin_port;      /* port in network byte order */
      struct in_addr   sin_addr;      /* internet address */
};
/* Internet address*/
struct in_addr {
      uint32_t         s_addr;        /* address in network byte order */
};
```

IPv6 對應的是：

```
struct sockaddr_in6 {
   sa_family_t    sin6_family;         /* AF_INET6 */
   in_port_t      sin6_port;           /* port number */
   uint32_t       sin6_flowinfo;       /* IPv6 flow information */
   struct         in6_addrsin6_addr;   /* IPv6 address */
   uint32_t        sin6_scope_id;      /* Scope ID (new in 2.4) */
};
struct in6_addr {
```

```
    unsigned char   s6_addr[16];  /* IPv6 address */
};
```

UNIX 域對應的是：

```
#define UNIX_PATH_MAX108

struct sockaddr_un {
    sa_family_t    sun_family;               /* AF_UNIX */
    char           sun_path[UNIX_PATH_MAX];  /* pathname */
};
```

（3）addrlen：對應的是位址的長度。

### 3. connect

通常在使用 TCP 的時候，用戶端需要連接到 TCP 伺服器，連接成功後才能繼續通訊。連接函數的程式如下：

```
int connect(int sockfd, const struct sockaddr *addr, socklen_t addrlen);
```

函數返回：int 類型的數值。返回值為 0 則表示綁定成功，其中錯誤返回有以下幾種情況：

（1）ETIMEDOUT：TCP 用戶端沒有收到 SYN 分節回應。

（2）ECONNREFUSED：伺服器主機在我們指定的通訊埠上沒有處理程序在等待與之連接，屬於硬錯誤 (hard error)。

（3）EHOSTUNREACH 或 ENETUNREACH：用戶端發出的 SYN 在中間某個路由器上引發一個 destination unreachable( 目標地不可抵達 ) ICMP 錯誤，是一種軟錯誤 (soft error)。

參數列表：

（1）sockfd：socket 描述符號。

（2）addr：一個 const struct sockaddr* 指標，指向要綁定給 sockfd 的協定位址。

（3）addrlen：對應的是位址的長度。

### 4. listen

作為一個伺服器，在呼叫 socket()、bind() 後，它會呼叫 listen() 來監聽這個 socket，如果有用戶端呼叫 connect() 發起連接請求，伺服器就會接收到這個請求。

```
int listen(int sockfd, int backlog);
```

函數返回：int 類型的數值，0 則表示成功，-1 則表示出錯。

參數列表：

（1）sockfd：socket 描述符號。

（2）backlog：為了更進一步地瞭解 backlog，我們需要知道核心為任何一個指定的監聽 socket 通訊端維護兩個佇列。

未完成連接佇列：用戶端已經發出連接請求，而伺服器正在等待完成回應的 TCP 3 次握手過程。

已完成連接佇列：已經完成了 3 次握手並連接成功的用戶端。

backlog 通常表示這兩個佇列的總和的最大值。當伺服器一天需要處理幾百萬個連接時，backlog 則需要定義成一個較大的數值。指定一個比核心能夠支持的最大值還要大的數值也是允許的，因為核心會自動把指定的最大值修改成自身支持的最大值，而不返回錯誤。

### 5. accept()

accept() 函數由伺服器呼叫，用於處理從已完成連接佇列列首返回下一個已完成連接。如果已完成連接佇列為空，則處理程序會休眠。

```
int accept(int sockfd, struct sockaddr *addr, socklen_t *addrlen);
```

函數返回：int 類型的數值。如果伺服器與用戶端已經正確建立了連接，此時 accept 函數會返回一個全新的 socket 通訊端，伺服器透過這個新的通訊端來完成與客戶的通訊。

參數列表：

（1）sockfd：socket 描述符號。

（2）addr：一個 const struct sockaddr* 指標，指向要綁定給 sockfd 的協定位址。

（3）addrlen：對應的是位址的長度。

### 6. read()/write()

read() 函數負責從網路中接收資料，而 write() 函數負責把資料發送到網路中，通常有下面幾組。

```
ssize_t read(int fd,void *buf,size_t count);
ssize_t write(int fd,const void *buf,size_t count);

ssize_t send(int sockfd,const void *buf,size_t len,int flags);
ssize_t recv(int sockfd,void *buf,size_t len,int flags);

ssize_t sendto(int sockfd,const void *buf,size_t len,int flags,
const struct sockaddr *dest_addr,socklen_t addrlen);

ssize_t recvfrom(int sockfd,void *buf,size_t len,int flags,
struct sockaddr *src_addr,socklen_t *addrlen);

ssize_t sendmsg(int sockfd,const struct msghdr *msg,int flags);
ssize_t recvmsg(int sockfd,struct msghdr *msg,int flags);
```

read 函數負責從 fd 中讀取內容。當讀取成功時，read() 函數返回實際所讀取的位元組數，如果返回的值是 0 則表示已經讀到檔案的尾端了，如果返回的值小於 0 則表示出現了錯誤。如果錯誤為 EINTR 則說明讀取是由中斷引起的，如果錯誤是 ECONNREST 表示網路連接出了問題。

write() 函數將 buf 中的 nbytes 位元組內容寫入檔案描述符號 fd。成功時返回寫的位元組數。失敗時返回 -1，並設定 errno 變數。在網路程式中，當我們向通訊端檔案描述符號寫入時有兩種可能。① write 的返回值大於 0，表示寫了部分或全部的資料。②返回的值小於 0，此時出現了錯誤。我們要根據錯誤類型來處理。如果錯誤為 EINTR 表示在寫入的時候出現了中斷錯誤。如果錯誤為 EPIPE 表示網路連接出現了問題 ( 對方已經關閉了連接 )。

**7.** close()

通常使用 close() 函數來關閉通訊端，並終止 TCP 連接。

```
int close(int fd);
```

關閉一個 TCP socket 的預設行為時把該 socket 標記為已關閉，然後立即返回到呼叫處理程序。該描述字不能再由呼叫處理程序使用，也就是說不能再作為 read() 或 write() 的第一個參數。

**注意**

close() 操作只是使對應 socket 描述字的引用計數 -1，只有當引用計數為 0 的時候，才會觸發 TCP 用戶端向伺服器發送終止連接請求。

## 7.3.2 程式範例

使用 BSD socket API 編寫的程式，幾乎與在 UNIX 平台上使用 socket API 程式設計一樣。

這裡需要特別注意的是：STM32F407 通電後不能馬上進行網路連接，因為剛通電時網路介面還未初始化，此時進行 socket 操作會返回失敗。

BSD socket API 和 NETCONN API 的實驗步驟相同，僅程式部分有差異，本書直接提供程式給讀者參考。程式檔案位於 Chapter7\04_socket 資料夾下。

## 1. TCP 用戶端

```
//Chapter7\04_socket\socket_tcp_client_task.c

int sockfd;

#define SERVER_IP"180.97.81.180"
//#define SERVER_IP "127.0.0.1"

#define SERVER_PORT 51935
static void tcpclient_thread(void *arg)
{

    char *str;
    // 連接者的主機資訊
    struct sockaddr_in their_addr;

    // 創建 socket
    if ((sockfd = socket(AF_INET,SOCK_STREAM,0)) == -1)
    {
       // 如果 socket() 呼叫出現錯誤則顯示錯誤訊息並退出
       perror("socket");
       //exit(1);
    }

    memset(&their_addr,0,sizeof(their_addr));

    // 主機位元組順序
```

```
    their_addr.sin_family = AF_INET;
    // 網路位元組順序，短整數
    their_addr.sin_port = htons(SERVER_PORT);
    their_addr.sin_addr.s_addr = inet_addr(SERVER_IP);

    // 連接到伺服器
    if(connect(sockfd,(struct sockaddr *)&their_addr,sizeof(struct
sockaddr)) == -1)
    {
      /* 如果 connect() 建立連接錯誤，則顯示錯誤訊息並退出 */
      perror("connect");
      //exit(1);
    }


    int ret;
    char recvbuf[512];
    char *buf = "hello! I'm client!";

    while(1)
    {
        // 發送資料
        if((ret = send(sockfd,buf,strlen(buf) + 1,0)) == -1)
        {
            perror("send :");
        }

        rt_thread_mdelay(1000);
        // 接收資料
        if((ret = recv(sockfd,&recvbuf,sizeof(recvbuf),0)) == -1){
                return ;
        }

        printf("recv :\r\n");
        printf("%s",recvbuf);
        printf("\r\n");
```

```
        rt_thread_mdelay(2000);
    }
    close(sockfd);

    return ;
}

void tcpclient_init(void)
{
    sys_thread_new("tcpecho_thread",tcpclient_thread,NULL,5*1024,3);
}

MSH_CMD_EXPORT(tcpclient_init,tcpclient_init);
```

## 2. TCP 伺服器

```
//Chapter7\04_socket\socket_tcp_server_task.c

#define SERVER_PORT_TCP
#define TCP_BACKLOG 10

char recvbuf[512];
// 在 sock_fd 進行監聽，在 new_fd 接收新的連接
int sock_fd,new_fd;

static void tcpecho_thread(void *arg)
{
    char *str;

    // 自己的位址資訊
    struct sockaddr_in my_addr;
    // 連接者的位址資訊
    struct sockaddr_in their_addr;
    int sin_size;
```

```
    struct sockaddr_in *cli_addr;

    //1. 創建 socket
    if((sock_fd = socket(AF_INET,SOCK_STREAM,0)) == -1)
    {
        perror("socket is error\r\n");
        //exit(1);
    }

    memset(&my_addr,0,sizeof(their_addr));
    // 主機位元組順序
    // 協定
    my_addr.sin_family = AF_INET;
    my_addr.sin_port = htons(6666);
    // 當前 IP 位址寫入
    my_addr.sin_addr.s_addr = INADDR_ANY;

    // 綁定
    if(bind(sock_fd,(struct sockaddr *)&my_addr,sizeof(struct sockaddr))
== -1)
    {
        perror("bind is error\r\n");
        //exit(1);
    }

    // 開始監聽
    if(listen(sock_fd,TCP_BACKLOG) == -1)
    {
        perror("listen is error\r\n");
        //exit(1);
    }

    printf("start accept\n");

    //accept() 循環
    while(1)
```

```
    {
        sin_size = sizeof(struct sockaddr_in);
        if((new_fd = accept(sock_fd,(struct sockaddr *)&their_addr,
(socklen_t *)&sin_size)) == -1)
        {
            perror("accept");
            continue;
        }
        cli_addr = malloc(sizeof(struct sockaddr));
        printf("accept addr\r\n");
        if(cli_addr != NULL)
        {
            memcpy(cli_addr,&their_addr,sizeof(struct sockaddr));
        }

        //處理目標
        int ret;

        char *buf = "hello! I'm server!";

        while(1)
        {
            //接收資料
            if((ret = recv(new_fd,recvbuf,sizeof(recvbuf),0)) == -1){
                    printf("recv error \r\n");
            return ;
        }
        printf("recv :\r\n");
        printf("%s",recvbuf);
        printf("\r\n");
        rt_thread_mdelay(200);
        //發送資料
        if((ret = send(new_fd,buf,strlen(buf) + 1,0)) == -1)
        {
            perror("send :");
        }
```

```
            rt_thread_mdelay(200);
        }

        close(new_fd);
    }
    return ;
}

void tcpecho_init(void)
{
    sys_thread_new("tcpecho_thread",tcpecho_thread,NULL,5*1024,3);
}

MSH_CMD_EXPORT(tcpecho_init,tcpecho_init);
```

### 3. UDP 用戶端

```
//Chapter7\04_socket\socket_udp_demo_task.c

#define SERVER_IP"180.97.81.180"
//#define SERVER_IP "127.0.0.1"

#define SERVER_PORT 51935

char recvline[1024];

//UDP 任務函數
static void tcpclient_thread(void *arg)
{
    int ret;

    int sockfd = socket(PF_INET,SOCK_DGRAM,0);
    //server ip port
    struct sockaddr_in servaddr;
```

```
    struct sockaddr_in client_addr;
    char sendline[100] = "hello world!";

    memset(&servaddr,0,sizeof(servaddr));
    servaddr.sin_family = AF_INET;
    servaddr.sin_port = htons(SERVER_PORT);
    servaddr.sin_addr.s_addr = inet_addr(SERVER_IP);

    memset(&client_addr,0,sizeof(client_addr));
    client_addr.sin_family = AF_INET;
    client_addr.sin_port = htons(40001);
    client_addr.sin_addr.s_addr = htonl(INADDR_ANY);

    if(bind(sockfd,(struct sockaddr *)&client_addr,sizeof(client_addr))<0)
    {
        printf("video rtcp bind ret<0\n");
    }
    sendto(sockfd,sendline,strlen(sendline) + 1,0,(struct sockaddr *)
&servaddr,sizeof(servaddr));

    while(1)
    {
        struct sockaddr_in addrClient;
        int sizeClientAddr = sizeof(struct sockaddr_in);
        ret = recvfrom(sockfd,recvline,1024,0,(struct sockaddr*)
&addrClient,(socklen_t*)&sizeClientAddr);
        char *pClientIP =inet_ntoa(addrClient.sin_addr);

        printf("%s-%d(%d) says:%s\n",pClientIP,ntohs(addrClient.sin_
port),addrClient.sin_port,recvline);

        sendto(sockfd,recvline,ret,0,(struct sockaddr *)
&addrClient,sizeClientAddr);
    }

    close(sockfd);
```

```
    return ;
}

void udp_demo_init(void)
{
    sys_thread_new("tcpecho_thread",tcpclient_thread,NULL,5*1024,3);
}

MSH_CMD_EXPORT(udp_demo_init,udp_demo_init);
```

## 7.4 JSON

JSON(JavaScript Object Notation) 是一種羽量級的資料交換格式，具有易於閱讀和編寫、易於機器解析和生成、有效地提升網路傳輸效率等特點。

在物聯網通訊中，JSON 應用非常廣泛，許多物聯網通訊協定採用 JSON 來交換資料。

### 7.4.1 JSON 語法

JSON 語法是 JavaScript 語法的子集，包含以下內容：

（1）資料在鍵值對中。
（2）資料由逗點分隔。
（3）大括號保存物件。
（4）中括號保存陣列。

JSON 資料的格式是：鍵：值，例如：

```
"name" :" 物聯網專案實戰開發課程 "
```

JSON 的鍵值可以有多種類型：

（1）數字 ( 整數或浮點數 )，例如：

```
"age" : 25
```

（2）字串 ( 在雙引號中 )，例如：

```
"name" : " 物聯網專案實戰開發課程 "
```

（3）邏輯值 (true 或 false)，例如：

```
"flag" : false
```

（4）陣列 ( 在中括號中 )，例如：

```
"province" :[
{ "name" :" 黑龍江 " },
{ "name" :" 廣東 " }
]
```

（5）物件 ( 在大括號中 )，例如：

```
{
"name" :" 張三 ",
"agc" :15
}
```

（6）null( 沒有值 )，例如：

```
"id" : null
```

> **注意**
>
> 所有的標點符號都需要是英文格式下的標點符號。

## 7.4.2 cJSON

cJSON 是一個用 C 語言編寫的 JSON 編解碼函數庫，非常羽量級，適合物聯網產品。使用 cJSON 函數庫提供標準 API，開發人員可以快速地使用 JSON 進行資料互動，解析 JSON 字串。

cJSON 程式下載連結：https://github.com/DaveGamble/cJSON。

RT-Thread 已經內建 cJSON 函數庫，讀者只需要在 menuconfig 設定中選中 cJSON 即可，設定項目位於 RT-Thread online packages → IoT-internet of things → cJSON: Ultralightweight JSON parser in ANSI C，如圖 7.12 所示。

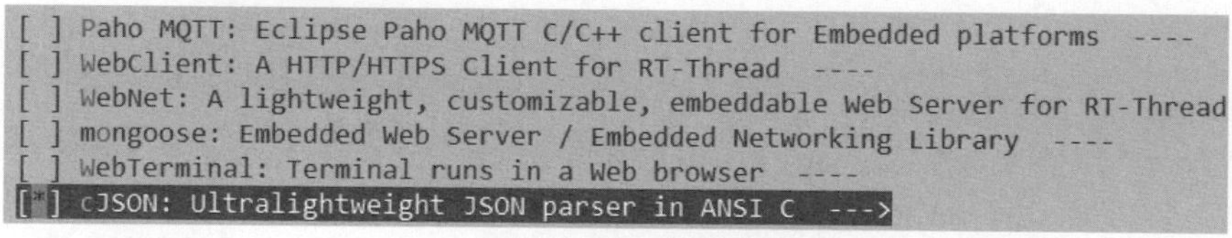

```
[ ] Paho MQTT: Eclipse Paho MQTT C/C++ client for Embedded platforms  ----
[ ] WebClient: A HTTP/HTTPS Client for RT-Thread  ----
[ ] WebNet: A lightweight, customizable, embeddable Web Server for RT-Thread
[ ] mongoose: Embedded Web Server / Embedded Networking Library  ----
[ ] WebTerminal: Terminal runs in a Web browser  ----
[*] cJSON: Ultralightweight JSON parser in ANSI C  --->
```

圖 7.12　cJSON 設定

選中 cJSON 後，退出 menuconfig，使用 pkgs --update 命令更新下載 cJSON 軟體套件，如圖 7.13 所示。

```
$ pkgs --update
==============================>  CJSON v1.0.2 is downloaded successfully.

Operation completed successfully.
```

圖 7.13　pkgs --update 下載 cJSON

下載成功後，輸入 scons --target=mdk5 命令，重新生成專案檔案，打開 Chapter7\rt-thread\bsp\stm32\stm32f407-atk-explorer\project.uvprojx 專案檔案，可以看到 Project 下多了一個 cJSON 子資料夾，裡面存放的是 cJSON 的原始程式，如圖 7.14 所示。

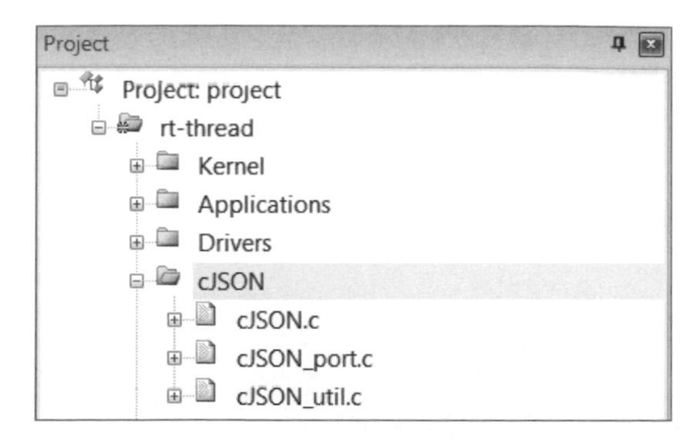


圖 7.14　Project 專案

## 7.4.3 cJSON API

cJSON 常用的 API 可以在 cJSON.h 檔案中找到：

### 1. cJSON 資料結構

cJSON 使用一個名為 cJSON 的資料結構來負責 JSON 資料的編解碼，cJSON 結構的程式如下：

```
typedef struct cJSON {
    // 指標，指向前後的 cJSON 結構
    struct cJSON *next,*prev;

    //cJSON 的子物件
    struct cJSON *child;

    // 類型
    int type;

    // 如果類型是字串，則指向值的字串
    char *valuestring;
    // 如果類型是整數，則存放整數值
    int valueint;
    // 如果類型是浮點數，則存放浮點數值
```

```
    double valuedouble;

    //cJSON 的鍵
    char *string;
} cJSON;
```

### 2. 將字串轉換成 cJSON 結構

cJSON_Parse() 函數用於將 1 串 JSON 格式的字串，轉換成 1 個 cJSON 結構，函數程式如下：

```
cJSON*cJSON_Parse(const char *value)
```

參數：

const char*value：JSON 格式的字串資料。

返回：

cJSON：cJSON 物件指標，注意使用完後需要釋放資源。如果返回 NULL 則表示解析錯誤。

### 3. 將 cJSON 結構轉換成帶格式的字串

cJSON_Print 函數用於將一個 cJSON 物件轉換成符合 JSON 資料格式的字串，函數程式如下：

```
char*cJSON_Print(cJSON *item)
```

參數：

item：cJSON 物件指標。

返回：

char*：JSON 格式的字串資料，注意使用完後需要釋放資源。返回 NULL 則表示解析失敗。

### 4. 將 cJSON 結構轉換成無格式的字串

cJSON_PrintUnformatted() 函數用於將一個 cJSON 物件轉換成無格式的 JSON 字串，函數程式如下：

```
char*cJSON_PrintUnformatted(cJSON *item)
```

參數：

item：cJSON 物件指標。

返回：

char*：JSON 格式的字串資料，注意使用完後需要釋放資源。返回 NULL 則表示解析失敗。

### 5. 刪除 cJSON 物件

cJSON_Delete 函數用於刪除 cJSON 物件，並釋放鏈結串列佔用的記憶體空間，函數程式如下：

```
voidcJSON_Delete(cJSON *c)
```

參數：

c：cJSON 物件指標。

返回：

無。

### 6. 獲取 cJSON 物件陣列成員個數

cJSON_GetArraySize 函數用於獲取 cJSON 物件陣列成員的個數，函數程式如下：

```
intcJSON_GetArraySize(cJSON *array)
```

參數：

array：cJSON 物件指標。

返回：

int：cJSON 物件陣列成員的個數。

**7. 獲取 cJSON 物件陣列中的物件**

cJSON_GetArrayItem() 函數會根據傳入的索引參數，返回 cJSON 物件陣列中的物件，函數程式如下：

```
cJSON *cJSON_GetArrayItem(cJSON *array,int item)
```

參數：

（1）array：cJSON 物件陣列指標。

（2）item：陣列索引。

返回：

cJSON：cJSON 物件指標，如果返回 NULL 則表示解析錯誤。

用法：

假如 cJSON 物件陣列的資料內容如下：

```
"province" :[
{ "name" :" 黑龍江 " },
{ "name" :" 廣東 " }
]
```

如果呼叫 cJSON_GetArrayItem 函數並傳入的陣列索引為 1，則返回的 cJSON 物件所對應的 JSON 資料內容是：

```
{ "name" :" 廣東 " }
```

**8. 根據鍵獲取對應的值**

cJSON_GetObjectItem() 函數可以根據傳入的鍵獲取對應的值，該值以一個 cJSON 的物件形式返回，函數程式如下：

```
extern cJSON *cJSON_GetObjectItem(cJSON *object,const char *string)
```

參數：

（1）object：cJSON 物件陣列指標。

（2）string：鍵。

返回：

char*：JSON 格式的字串資料，返回 NULL 則表示解析失敗。

用法：

假如名為 root 的 cJSON 物件的資料內容如下：

```
{
   "name" :"張三",
   "age" :15
}
```

呼叫程式如下：

```
cJSON *sub =cJSON_GetObjectItem(root, "age");
```

返回的 sub 的 cJSON 物件的資料內容如下：

```
{
"age" : 15
}
```

得到 sub 物件後，就可以透過 sub->valueint 獲設定值，可以得到數值 15。

同樣對於值是字串類型、浮點數類型的都可以獲取，因為 cJSON 結構中包含了鍵值對的資訊，程式如下：

```
typedef struct cJSON {
   …
   //類型
   int type;
```

```
    //如果類型是字串，則指向值的字串
    char *valuestring;
    //如果類型是整數，則存放整數型數值
    int valueint;
    //如果類型是浮點數，則存放浮點數值
    double valuedouble;
    //cJSON 的鍵
    char *string;
} cJSON;
```

### 9. 創建一個空的 cJSON 物件

cJSON_CreateObject() 函數用於創建一個空的 cJSON 物件，函數程式如下：

```
cJSON * cJSON_CreateObject(void)
```

### 10. 增加 cJSON 物件

cJSON 提供一系列 API，可以在一個 cJSON 物件中新增一個子物件，函數程式如下：

```
//增加空白物件
cJSON_AddNullToObject(cJSON * const object,const char * const name);

//增加布林值為 True 的物件
cJSON_AddTrueToObject(cJSON * const object,const char * const name);

//增加布林值為 False 的物件
cJSON_AddFalseToObject(cJSON * const object,const char * const name);

//增加布林類型的物件
cJSON_AddBoolToObject(cJSON * const object,const char * const name,
const cJSON_bool boolean);
```

```
// 增加整數類型的物件
cJSON_AddNumberToObject(cJSON * const object,const char * const name,
const double number);
// 增加字串類型的物件
cJSON_AddStringToObject(cJSON * const object,const char * const name,
const char * const string);
```

## 11. 範例

```
    cJSON *root;
    char *result;

    // 創建一個空的 cJSON 物件
    root=cJSON_CreateObject();

    // 增加鍵值對："name" :" 張三 "
    cJSON_AddStringToObject(root,"name"," 張三 ");

    // 增加鍵值對："age" :25
    cJSON_AddNumberToObject(root,"age",25);

    // 增加鍵值對："id" :null,
    cJSON_AddNullToObject(root,"id");

    // 增加鍵值對："student" :true,
    cJSON_AddTrueToObject(root,"student");

    // 增加鍵值對："teacher" :false,
    cJSON_AddFalseToObject(root,"teacher");

    // 增加鍵值對："flag" :false,
    cJSON_AddBoolToObject(root,"flag",0);

    // 轉換成 JSON 格式的字串
    result=cJSON_PrintUnformatted(root);
```

```
    printf("%s\r\n",result);
/*
列印結果應該是：
{
    "name" :" 張三 ",
    "age" :25,
    "id" :null,
    "student" :true,
    "teacher" :false,
    "flag" :false,
}

*/
    // 最後將 root 根節點刪除
    cJSON_Delete(root);

    // 釋放 result 的空間，必須釋放此空間，不然記憶體裡會失去一段空間，最後可
導致系統崩潰
    free(result);
```

# 7.5 MQTT

MQTT 英文全稱為 Message Queuing Telemetry Transport( 訊息佇列遙測傳輸 ) 是一種以發佈 / 訂閱範式為基礎的二進位「羽量級」訊息協定，由 IBM 公司發佈。針對網路受限和嵌入式裝置而設計的一種資料傳輸協定。MQTT 最大優點在於，可以以極少的程式和有限的頻寬，為連接遠端裝置提供即時可靠的訊息服務。

一般來說 MQTT 分為伺服器和用戶端兩種協定模式，嵌入式開發板一般充當用戶端，可訂閱和發佈訊息。

## 7.5.1 Paho MQTT

Paho MQTT 是 Eclipse 實現的 MQTT 協定的用戶端。RT-Thread 已經支援 Paho MQTT 元件，進入 Chapter7\rt-thread\bsp\stm32\stm32f407-atk-explorer 資料夾下執行 Env，輸入 menuconfig 進入設定介面。Paho MQTT 設定項目位於 RT-Thread online packages → IoT - internet of things，如圖 7.15 所示。

```
[*] Paho MQTT: Eclipse Paho MQTT C/C++ client for Embedded platforms  --->
[ ] WebClient: A HTTP/HTTPS Client for RT-Thread  ----
[ ] WebNet: A lightweight, customizable, embeddable Web Server for RT-Thread
[ ] mongoose: Embedded Web Server / Embedded Networking Library  ----
```

圖 7.15　Paho MQTT 設定

按空白鍵選中 Paho MQTT 後，按確認鍵進入 Paho MQTT 詳細設定介面，選取 Enable MQTT example，如圖 7.16 所示。

```
--- Paho MQTT: Eclipse Paho MQTT C/C++ client for Embedded platforms
      MQTT mode (Pipe mode: high performance and depends on DFS)  --->
[*]   Enable MQTT example
[ ]   Enable MQTT test (NEW)
[ ]   Enable support tls protocol (NEW)
(4096) Set MQTT thread stack size (NEW)
(1)   Max pahomqtt subscribe topic handlers (NEW)
[*]   Enable debug log output (NEW)
      version (latest)  --->
```

圖 7.16　Paho MQTT 詳細設定介面

退出 menuconfig，使用 pkgs --update 命令下載 Paho MQTT 軟體套件，如圖 7.17 所示。

```
Administrator@HOFH39AZ4YHFM5V F:\book\code\Chapter7\rt-thread\bsp\stm32\stm32f407-atk-explorer
$ pkgs --update
Cloning into 'F:\book\code\Chapter7\rt-thread\bsp\stm32\stm32f407-atk-explorer\packages\pahomqtt-latest'...
remote: Enumerating objects: 513, done.
remote: Counting objects: 100% (513/513), done.
remote: Compressing objects: 100% (328/328), done.
Receiving objects:  98% (503/513)   sed 293 (delta 166), pack-reused eceiving objects:  97% (498/513)
Receiving objects: 100% (513/513), 517.05 KiB | 1.03 MiB/s, done.
Resolving deltas: 100% (283/283), done.
==============================>  PAHOMQTT latest is downloaded successfully.

==============================>  pahomqtt update done

Operation completed successfully.
```

圖 7.17　Paho MQTT 下載

下載成功後，輸入 scons --target=mdk5 命令，重新生成專案檔案，打開 Chapter7\rt-thread\bsp\stm32\stm32f407-atk-explorer\project.uvprojx 專案檔案，可以看到 Project 下多了一個 paho-mqtt 資料夾，裡面存放的是 Paho MQTT 的原始程式，如圖 7.18 所示。

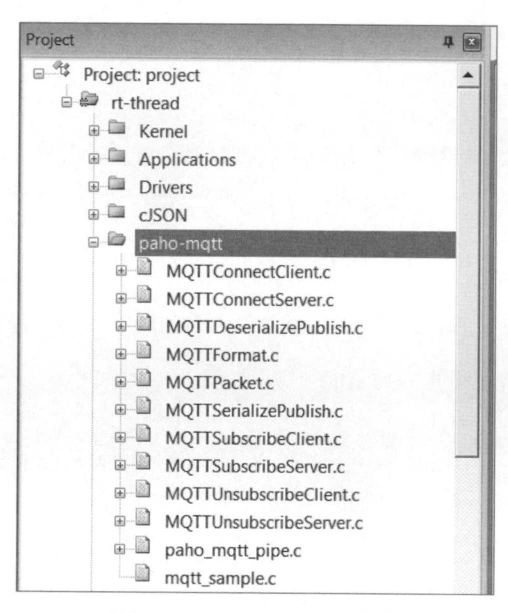


圖 7.18　Paho MQTT 專案

## 7.5.2 Paho MQTT 使用

打開 mqtt_sample.c 檔案，這是一個簡單的 mqtt 使用案例，讀者可以參考並修改。

### 1. 設定伺服器資訊

```
//mqtt_sample.c  28 行

//MQTT 伺服器的 IP 位址和通訊埠編號
#define MQTT_URI              "tcp://mq.tongxinmao.com:18831"
```

```
// 訂閱的主題
#define MQTT_SUBTOPIC        "/mqtt/test"

// 推送的主題
#define MQTT_PUBTOPIC        "/mqtt/test"

// 設定斷開通知資訊
#define MQTT_WILLMSG         "Goodbye!"
```

## 2. 設定斷開通知訊息

```
//mqtt_sample.c     103 行

client.condata.willFlag = 1;
client.condata.will.qos = 1;
client.condata.will.retained = 0;
// 斷開時推送的主題
client.condata.will.topicName.cstring = MQTT_PUBTOPIC;
// 推送的訊息為 MQTT_WILLMSG，上面已經定義為 "Goodbye!"
client.condata.will.message.cstring = MQTT_WILLMSG;
```

## 3. 設定回呼函數

```
//mqtt_sample.c     120 行

// 成功連接上伺服器時的回呼函數
client.connect_callback = mqtt_connect_callback;

// 上線的回呼函數
client.online_callback = mqtt_online_callback;

// 下線的回呼函數
client.offline_callback = mqtt_offline_callback;
```

實際上，這 3 個回呼函數在 mqtt_sample.c 中只是列印資訊而已，讀者可以根據自己的需求進行修改，程式如下：

```
//mqtt_sample.c     57 行

static void mqtt_connect_callback(MQTTClient *c)
{
   LOG_D("inter mqtt_connect_callback!");
}

static void mqtt_online_callback(MQTTClient *c)
{
   LOG_D("inter mqtt_online_callback!");
}

static void mqtt_offline_callback(MQTTClient *c)
{
   LOG_D("inter mqtt_offline_callback!");
}
```

### 4. 設定訂閱主題

```
//mqtt_sample.c     125 行

// 設定第一個訂閱的主題
client.messageHandlers[0].topicFilter = rt_strdup(MQTT_SUBTOPIC);
// 設定該訂閱的回呼函數
client.messageHandlers[0].callback = mqtt_sub_callback;
// 設定該訂閱的訊息等級
client.messageHandlers[0].qos = QOS1;

// 如果訂閱多個主題，其中有些主題沒有設定回呼函數，則使用預設的回呼函數
client.defaultMessageHandler = mqtt_sub_default_callback;
```

### 5. 訂閱主題回呼函數

設定好訂閱主題後，一旦伺服器有推送對應主題的訊息，則用戶端會呼叫設定好的回呼函數進行資料處理。mqtt_sample.c 列出了一個簡單的回呼函數的例子，讀者可以參考，程式如下：

```
static void mqtt_sub_default_callback(MQTTClient *c,MessageData *msg_data)
{
    // 最後置 0 ，增加字串結束符號
    *((char *)msg_data->message->payload + msg_data->message->payloadlen)
    = '\0';
    // 列印收到的訊息包括長度、訊息內容、主題等
    LOG_D("mqtt sub default callback:%.*s %.*s",
            msg_data->topicName->lenstring.len,
            msg_data->topicName->lenstring.data,
            msg_data->message->payloadlen,
            (char *)msg_data->message->payload);
}
```

### 6. 向指定的 Topic 推送訊息

Paho MQTT 提供了 paho_mqtt_publish() 函數用於向伺服器推送訊息，函數程式如下：

```
//Chapter7\rt-thread\bsp\stm32\stm32f407-atk-explorer\packages\pahomqtt-
latest\
//MQTTClient-RT\paho_mqtt_pipe.c

int paho_mqtt_publish(MQTTClient *client,enum QoS qos,const char
*topic,const char *msg_str)
{
    MQTTMessage message;

    // 只支持 QOS1
    if (qos != QOS1)
```

```
    {
        LOG_E("Not support Qos(%d) config,only support Qos(d).",qos,QOS1);
        return PAHO_FAILURE;
    }

    //QOS
    message.qos = qos;
    message.retained = 0;
    //訊息內容
    message.payload = (void *)msg_str;
     //訊息內容長度
    message.payloadlen = rt_strlen(message.payload);
    //呼叫 MQTTPublish 發送訊息
    return MQTTPublish(client,topic,&message);
}
```

參數：

（1）MQTTClient *client：MQTTClient 用戶端物件。

（2）enum QoS qos：MQTT QoS 類型，支援 QOS1。

（3）const char *topic：主題。

（4）const char *msg_str：訊息內容。

返回：

返回 0 表示發送成功，否則表示發送失敗。

### 7. FinSH 支持

mqtt_sample.c 檔案將 MQTT 的測試使用案例封裝成幾個 FinSH 命令，程式如下：

```
#ifdef FINSH_USING_MSH
MSH_CMD_EXPORT(mqtt_start,startup mqtt client);
MSH_CMD_EXPORT(mqtt_stop,stop mqtt client);
MSH_CMD_EXPORT(mqtt_publish,mqtt publish message to specified topic);
```

```
MSH_CMD_EXPORT(mqtt_subscribe, mqtt subscribe topic);
MSH_CMD_EXPORT(mqtt_unsubscribe,mqtt unsubscribe topic);
#endif /* FINSH_USING_MSH */
```

其中命令包括有：

（1）mqtt_start：連接 MQTT 伺服器。

（2）mqtt_stop：斷開 MQTT 伺服器連接。

（3）mqtt_publish：發佈訊息。

（4）mqtt_subscribe：訂閱訊息。

（5）mqtt_unsubscribe：取消訂閱。

**8. 測試**

（1）MQTT 需要使用網路功能，並確保開發板的 LwIP 設定正確，且能上網。按 7.4.1 小節增加 MQTT 相關功能元件後，編譯並下載程式。

打開序列埠工具，輸入 help 並發送，可以看到 FinSH 支援的命令中多了 MQTT 相關的命令，如圖 7.19 所示。

```
msh />help
RT-Thread shell commands:
reboot            - Reboot System
mqtt_start        - startup mqtt client
mqtt_stop         - stop mqtt client
mqtt_publish      - mqtt publish message to specified topic
mqtt_subscribe    - mqtt subscribe topic
mqtt_unsubscribe  - mqtt unsubscribe topic
list_fd           - list file descriptor
version           - show RT-Thread version information
```

圖 7.19　FinSH 支援的命令

（2）啟動 MQTT：輸入 mqtt_start 命令並按確認鍵。開發板開始連接 mq.tongxinmao.com 伺服器，有以下列印資訊則表示連接成功，否則需要檢測網路通訊是否正常。

```
msh />mqtt_start
[0m[D/mqtt.sample] inter mqtt_connect_callback!
[0m[D/mqtt] ipv4 address port:18831
[0m[D/mqtt] HOST = 'mq.tongxinmao.com'
msh />
msh />[32m[I/mqtt] MQTT server connect success.
[32m[I/mqtt] Subscribe #0 /mqtt/test OK!
[0m[D/mqtt.sample] inter mqtt_online_callback!
[0m[D/mqtt.sample] mqtt sub callback:/mqtt/test Goodbye!
```

（3）訂閱訊息：可以輸入 mqtt_subscribe 並發送，開發板將訂閱名為 /mqtt/test 的主題。該主題名已在程式中定義讀者可以根據自己的需求進行修改。如果訂閱成功就會有以下列印資訊：

```
msh />mqtt_subscribe
mqtt_subscribe [topic]  --send an mqtt subscribe packet and wait for
suback before returning.
```

（4）發佈訊息：可以輸入 mqtt_publish hello 並按確認鍵，開發板會發送主題為 /mqtt/test 和內容為 hello 的訊息到 MQTT 伺服器。由於開發板訂閱的主題也是 /mqtt/test，所以開發板應該會收到自己發送的訊息，有以下列印資訊則表示發佈訊息、訂閱訊息功能都正常。

```
msh />mqtt_publish hello
msh />
msh />[0m[D/mqtt.sample] mqtt sub callback:/mqtt/test hello
```

# 7.6 自己架設 MQTT 伺服器

上一節我們在開發板上實現了 MQTT 用戶端功能，連接的 MQTT 伺服器是 mq.tongxinmao.com，它是一個公共的 MQTT 伺服器。使用 MQTT 公共伺服器存在著可靠性、安全性等問題，本節主要講如何架設自己的私有 MQTT 伺服器。

## 7.6.1 阿里雲端服務器申請

MQTT 伺服器可以部署在區域網的某一台主機上，實現區域網的 MQTT 通訊。也可以部署在雲端服務器上，實現廣域網路的 MQTT 通訊。雲端服務器目前市場上有阿里雲、華為雲、騰訊雲等，本小節以阿里雲為例。如果讀者只想部署 MQTT 到本地電腦，可以跳過本小節。

### 1. 購買

（1）阿里雲的官網位址：https://www.aliyun.com/。讀者登入後，點擊左側的「雲端服務器 ECS」按鈕，如圖 7.20 所示。

圖 7.20 阿里雲首頁

（2）進入雲端服務器 ECS 後，點擊「立即購買」按鈕，如圖 7.21 所示。

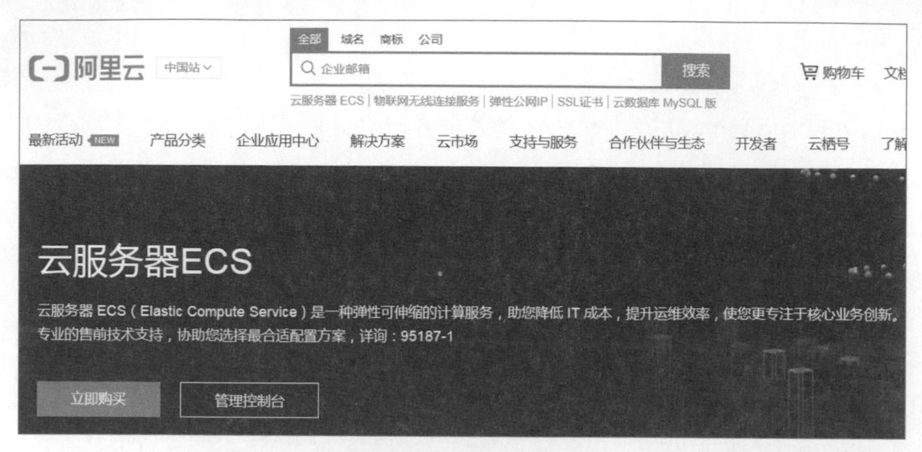


圖 7.21　雲端服務器 ECS

（3）地區選擇：讀者可以根據自己所在區域選擇對應地區的伺服器，如圖 7.22 所示。

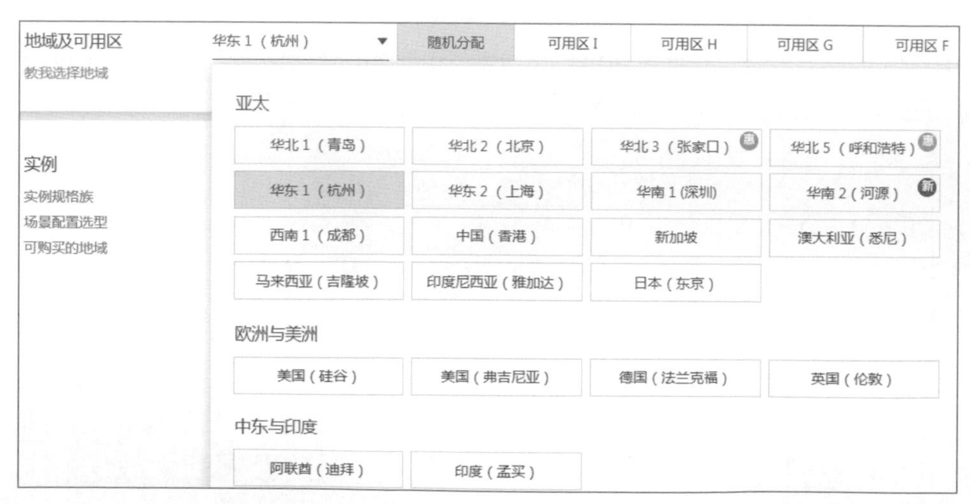


圖 7.22　國家和地區選擇

（4）架構選擇：讀者如果只是學習使用，推薦讀者選「x86 計算」架構，分類選擇「共用型」，規格選最便宜的設定即可，如圖 7.23 所示。

圖 7.23　架構選擇

（5）系統組態：映像檔推薦讀者選擇 Ubuntu 系統，版本編號為 18.04 64 位元，儲存預設設定即可，購買時長根據自己的需求選擇即可，點擊「下一步：網路和安全性群組」按鈕，如圖 7.24 所示。

圖 7.24　系統組態

（6）進入網路和安全性群組頁面後，直接點擊「下一步：系統組態」按鈕，進入系統組態選擇頁面。點擊「自訂密碼」按鈕，設定雲端服務器的登入密碼，點擊「確認訂單」按鈕，付款即可，如圖 7.25 所示。

圖 7.25　密碼設定

## 2. 設定阿里雲端服務器

（1）購買阿里雲端服務器後，可以在阿里雲首頁的右上角點擊「主控台」按鈕，進入主控台，如圖 7.26 所示。

圖 7.26　阿里雲首頁

（2）點擊「雲端服務器 ECS」按鈕，進入雲端服務器管理介面，如圖 7.27 所示。

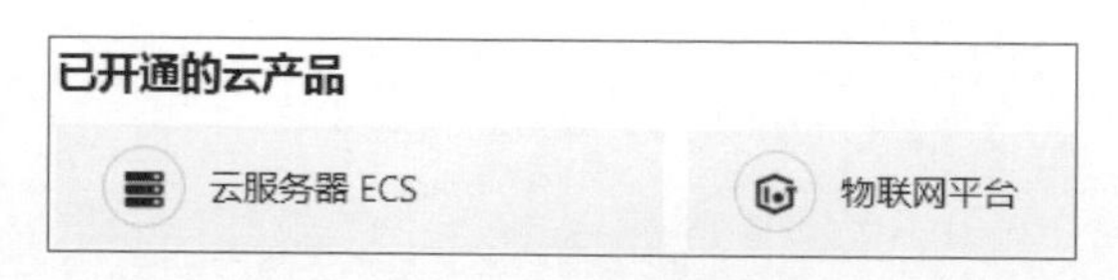


圖 7.27　已開通的雲產品

（3）點擊左側「實例」按鈕，進入實例清單後，選擇對應的雲端服務器，可以查看對應雲端服務器的公網 IP 位址，如圖 7.28 所示，本書購買的雲端服務器的公網 IP 位址是 47.75.32.118。

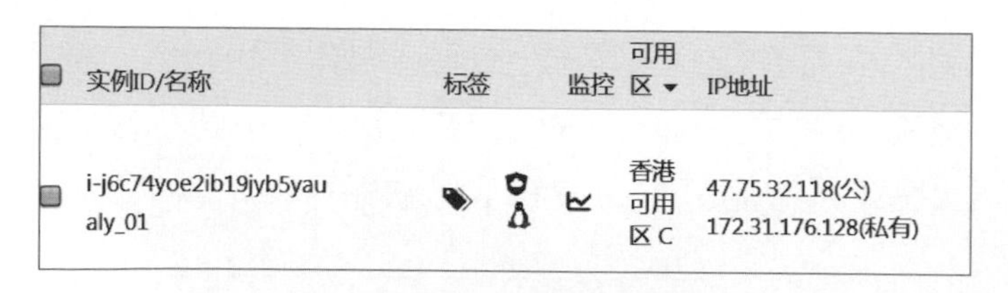


圖 7.28　雲端服務器 IP 位址

（4）在最右側的「更多」下拉視窗中選擇「網路和安全性群組」選項，點擊「安全性群組設定」按鈕，如圖 7.29 所示。

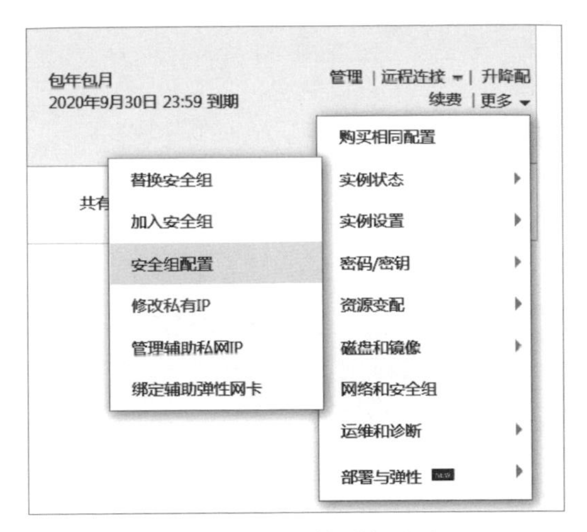


圖 7.29　安全性群組設定

（5）在對應的實例右側，點擊「設定規則」按鈕，如圖 7.30 所示。

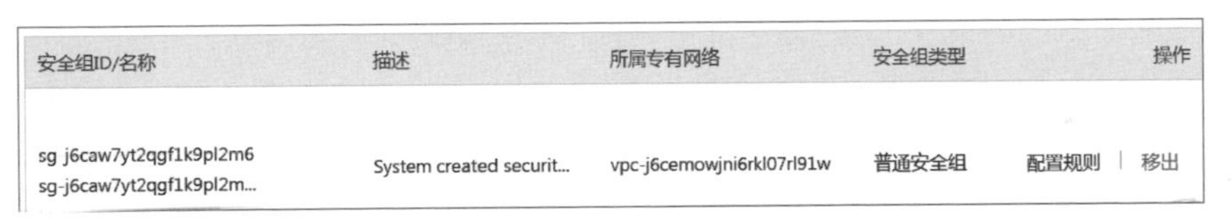


圖 7.30　設定規則

（6）點擊「增加安全性群組規則」按鈕，如圖 7.31 所示。

圖 7.31　增加安全性群組規則

（7）為了實驗方便，讀者可以簡單地修改任意通訊埠、任意 IP 都可以存取雲端服務器。如果讀者有安全性需求，可以只設定某些 IP 或某個通訊埠編號允許存取。本書實驗設定出、入不限制協定，不限制通訊埠編號，不限制 IP，如圖 7.32 和圖 7.33 所示。

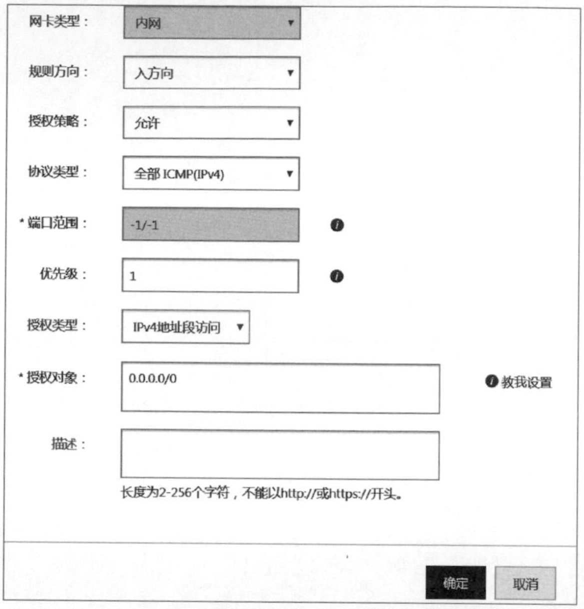

圖 7.32　入方向安全規則

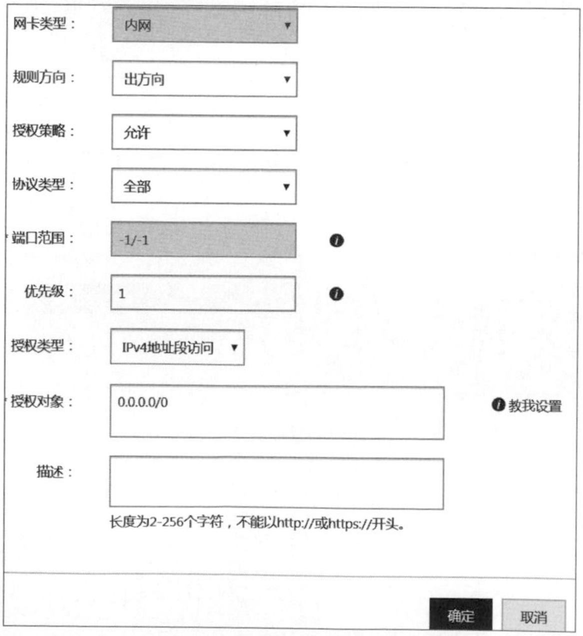

圖 7.33　出方向安全規則

## 7.6.2 SSH 登入

### 1. Xshell 軟體

SSH 可以使電腦透過網路存取阿里雲端服務器。通常使用 Xshell 軟體來實現 SSH 登入阿里雲端服務器。

Xshell 軟體位於附錄 A\ 軟體 \xshell 資料夾下，解壓 Xshell+6.zip 檔案，執行附錄 A\ 軟體 \xshell\Xshell 6\Xshell.exe 程式，如圖 7.34 所示。

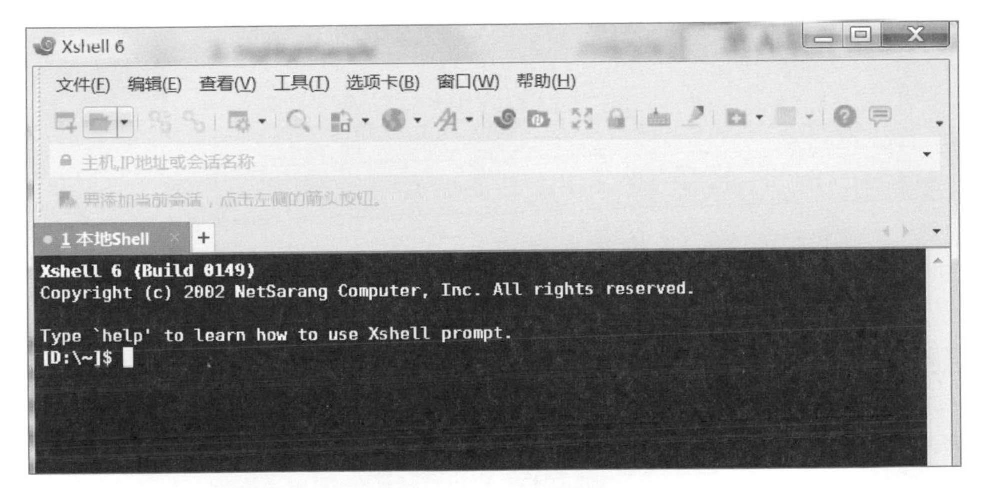


圖 7.34　Xshell 軟體

### 2. 登入雲端服務器

點擊工具列的 按鈕，打開「新建階段 (2) 屬性」視窗，在「名稱」一欄填入「阿里雲 118」，在「主機：」一欄填入申請的阿里雲端服務器的公網 IP 位址，本書對應的公網 IP 位址是 47.75.32.118，如圖 7.35 所示。

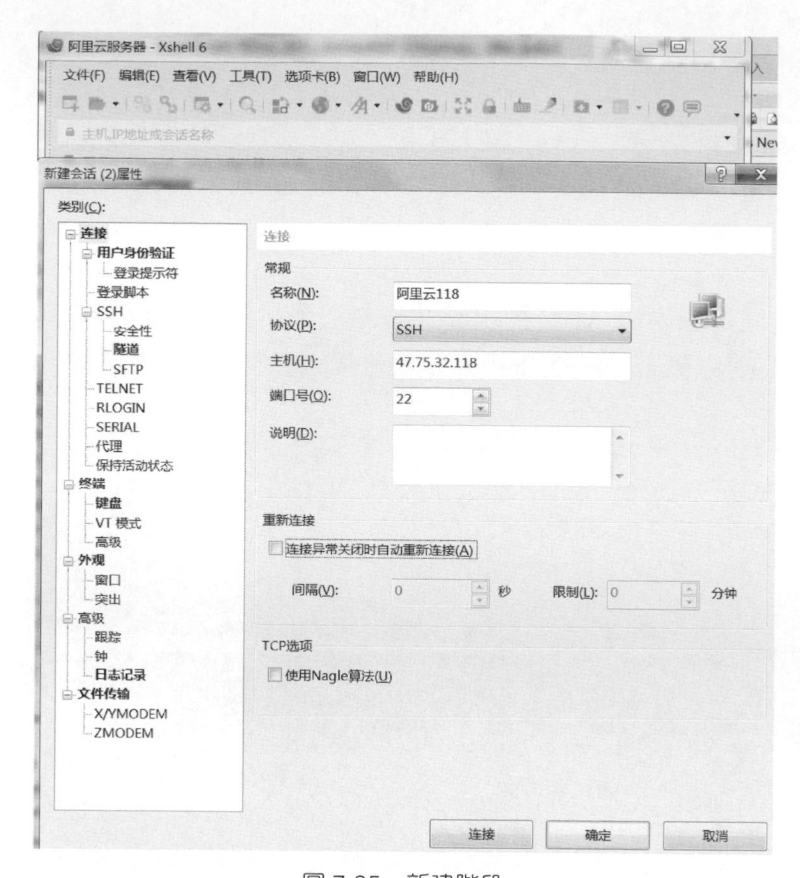


圖 7.35　新建階段

### 3. SSH 使用者身份驗證

點擊左側「使用者身份驗證」按鈕，在「用戶名：」中輸入 root，在「密碼：」中輸入之前購買阿里雲端服務器時的登入密碼，如果忘記密碼，可以在阿里雲端管理主控台中修改。輸入密碼後點擊「連接」按鈕，如圖 7.36 所示。

### 4. SSH 安全警告

SSH 連接的過程中會彈出「SSH 安全警告」，點擊「接受並保存」按鈕，如圖 7.37 所示。

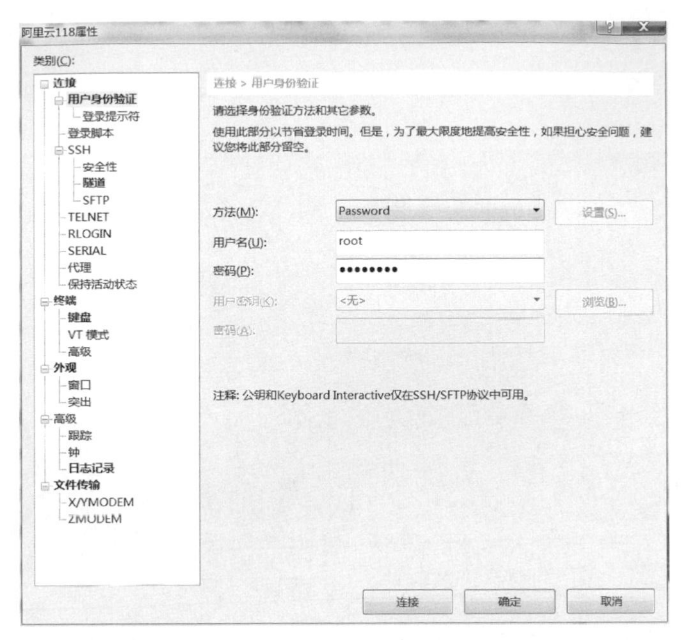


圖 7.36　SSH 使用者身份驗證

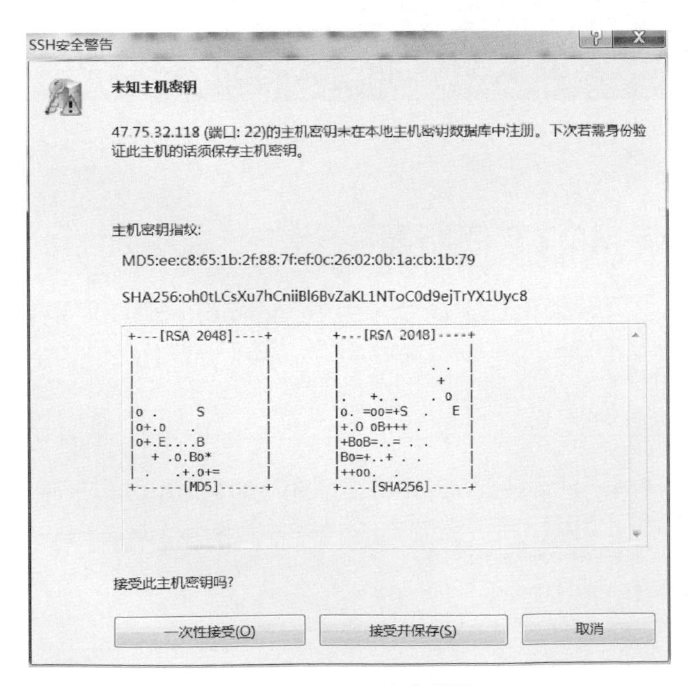


圖 7.37　SSH 安全警告

**5. Shell 介面**

成功連接雲端服務器後，會有以下相關列印提示訊息，如圖 7.38 所示。

```
Welcome to Ubuntu 18.04.4 LTS (GNU/Linux 4.15.0-88-generic x86_64)

 * Documentation:  https://help.ubuntu.com
 * Management:     https://landscape.canonical.com
 * Support:        https://ubuntu.com/advantage

 * Ubuntu 20.04 LTS is out, raising the bar on performance, security,
   and optimisation for Intel, AMD, Nvidia, ARM64 and Z15 as well as
   AWS, Azure and Google Cloud.

     https://ubuntu.com/blog/ubuntu-20-04-lts-arrives


 * Canonical Livepatch is available for installation.
   - Reduce system reboots and improve kernel security. Activate at:
     https://ubuntu.com/livepatch

Welcome to Alibaba Cloud Elastic Compute Service !

Last login: Tue May  5 15:26:46 2020 from 223.74.217.22
/usr/bin/xauth:  file /root/.Xauthority does not exist
root@iZj6c74yoe2ib19jyb5yauZ:~#
```

圖 7.38　Shell 介面

## 7.6.3 安裝 MQTT 伺服器

（1）在 Shell 主控台輸入以下命令，引入 mosquitto 倉庫並更新。

```
sudo apt-add-repository ppa:mosquitto-dev/mosquitto-ppa
sudo apt-get update
```

（2）輸入以下命令，安裝 mosquitto 套件和 mosquitto 用戶端。

```
sudo apt-get install mosquitto
sudo apt-get install mosquitto-dev
sudo apt-get install mosquitto-clients
```

(3) 輸入以下命令查詢 mosquitto 執行狀態，有 mosquitto start/running 相關列印資訊則表示 mosquitto 執行成功。

```
root@instance-81tu3o5q:~# sudo service mosquitto status
mosquitto start/running, process 31262
```

(4) 打開一個新 Shell 終端，輸入以下命令訂閱主題 mqtt。

```
mosquitto_sub -h localhost -t "mqtt" -v
```

(5) 打開另外一個 Shell 終端，輸入以下命令發佈 Hello MQTT 訊息到 mqtt 主題。

```
mosquitto_pub -h localhost -t "mqtt" -m "Hello MQTT"
```

(6) 在訂閱主題的終端會收到以下對應的資訊，MQTT 通訊成功。

```
root@instance-81tu3o5q:~# mosquitto_sub -h localhost -t "mqtt" -v
mqtt Hello MQTT
```

可以修改 mqtt_sample.c 檔案中的 MQTT_URI，換成自己的雲端服務器 IP 位址，本書對應的阿里雲端服務器 IP 位址是 47.75.32.118，mosquitto 預設的通訊埠編號是 1883，故而修改後的程式如下：

```
//MQTT 伺服器的 IP 位址和通訊埠編號
#define MQTT_URI"47.75.32.118:1883"
```

剩下的實驗步驟和第 7.4.2 小節一致，讀者可以自行完成實驗。

Chapter

# 08 物聯網雲端平台

物聯網雲端平台是整個物聯網的核心，所有裝置都需要透過網路連線物聯網雲端平台中，實現裝置的統一管理、資料整合、雲端運算等應用。

目前市場上已有許多功能強大、使用方便的物聯網雲端平台，借助這些物聯網雲端平台，中小企業不需要自己研發一套物聯網雲端平台系統，可以將更多的研發精力放在邊緣計算和應用程式開發上。

本章將介紹目前市場上主流的幾種物聯網雲端平台，以及如何在開發板上實現連線阿里雲物聯網平台、微軟 Azure IoT 物聯網平台。(編按：本章範例使用中國大陸網站，圖例維持簡體中文原文)

# 8.1 主流物聯網雲端平台介紹

目前國內外主流的物聯網雲端平台有：

(1) 阿里雲物聯網平台。
(2) 中國移動物聯網開發平台 (OneNET)。
(3) 亞馬遜物聯網平台 (AWS IoT)。
(4) 微軟物聯網雲端平台 (Microsoft Azure IoT Hub)。
(5) Oracle IoT 架構。
(6) 思科物聯網雲端連接。
(7) 日立 Lumada 物聯網。
(8) 三星 Artik 物聯網平台。
(9) 騰訊 QQ 物聯。

## 8.1.1 阿里雲物聯網平台 [4]

阿里雲物聯網平台為裝置提供安全可靠的連接及通訊能力，向下連接巨量裝置，支撐裝置資料獲取上雲端；向上提供雲端 API，服務端透過呼叫雲端 API 將指令下發至裝置端，實現遠端控制。

阿里雲物聯網平台官網：https://iot.aliyun.com。

官方文件：https://help.aliyun.com/product/30520.html。

物聯網平台也提供了其他加值功能，如裝置管理、規則引擎等，為各類 IoT 場景和產業開發者賦能。其系統框架如圖 8.1 所示。

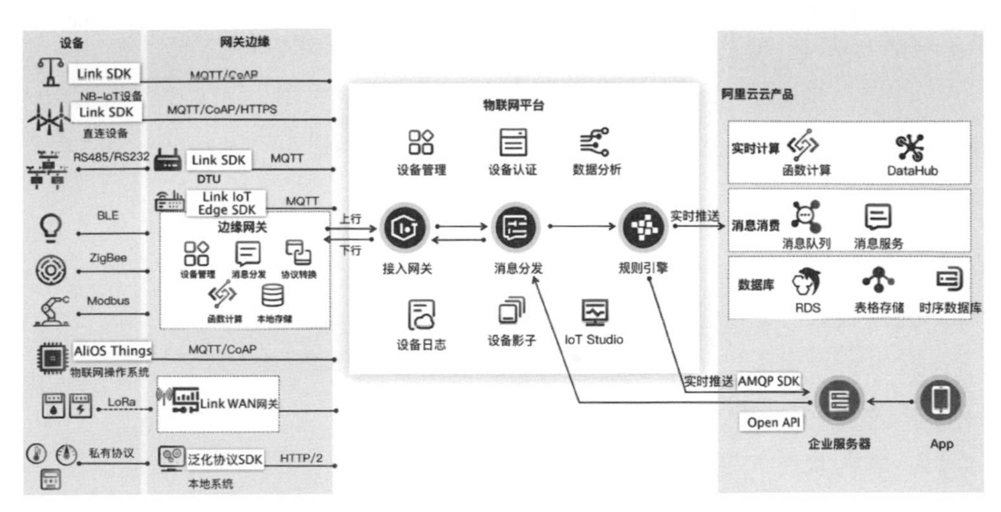


圖 8.1　阿里雲物聯網平台框架

物聯網平台主要提供以下功能：

### 1. 裝置連線

物聯網平台支持巨量裝置連接上雲端，裝置與雲端透過 IoT IIub 進行穩定可靠的雙向通訊。

(1) 提供裝置端 SDK、驅動、軟體套件等幫助不同裝置、閘道輕鬆連線阿里雲。

(2) 提供蜂巢 (2G/3G/4G/5G)、NB-IoT、LoRaWAN、WiFi 等不同網路裝置連線方案，解決企業異質網路裝置連線管理痛點。

(3) 提供 MQTT、CoAP、HTTP/HTTPS 等多種協定的裝置端 SDK，既滿足長連接的即時性需求，又滿足短連接的低功耗需求。

(4) 開放原始碼多種平台裝置端程式，提供跨平台移植指導，賦能企業以多種平台為基礎做裝置連線。

### 2. 裝置管理

物聯網平台提供完整的裝置生命週期管理功能，支援裝置註冊、功能定義、資料解析、線上偵錯、遠端設定、韌體升級、遠端維護、即時監控、分組管理、裝置刪除等功能。

（1）提供裝置物模型，簡化應用程式開發。

（2）提供裝置上下線變更通知服務，方便即時獲取裝置狀態。

（3）提供資料儲存能力，方便使用者巨量裝置資料的儲存及即時存取。

（4）支援 OTA 升級，賦能裝置遠端升級。

（5）提供裝置影子快取機制，將裝置與應用解耦，解決不穩定無線網路下的通訊不可靠痛點。

### 3. 規則引擎

物聯網平台規則引擎包含以下功能：

（1）服務端訂閱：訂閱某產品下所有裝置的某個或多個類型訊息，服務端可以透過 AMQP 用戶端或訊息服務 (MNS) 用戶端獲取訂閱的訊息。

（2）雲端產品流轉：物聯網平台根據設定的資料流程轉規則，將指定 Topic 訊息的指定欄位流轉到目的地，進行儲存和計算處理。

（3）將資料轉發到另一個裝置的 Topic 中，實現裝置與裝置之間的通訊。

（4）如果購買了實例，將資料轉發到實例內的時序資料儲存，實現裝置時序資料的高效寫入。

（5）將資料轉發到 AMQP 服務端訂閱消費組，服務端透過 AMQP 用戶端監聽消費組獲取訊息。

（6）將資料轉發到訊息服務 (MNS) 和訊息佇列 (RocketMQ) 中，確保應用消費裝置資料的穩定可靠。

（7）將資料轉發到表格儲存 (Table Store)，提供裝置資料獲取 + 結構化儲存的聯合方案。

(8) 將資料轉發到雲端資料庫 (RDS) 中，提供裝置資料獲取 + 關聯式資料庫儲存的聯合方案。
(9) 將資料轉發到 DataHub 中，提供裝置資料獲取 + 巨量資料計算的聯合方案。
(10) 將資料轉發到時序時空資料庫 (TSDB)，提供裝置資料獲取 + 時序資料儲存的聯合方案。
(11) 將資料轉發到函數計算中，提供裝置資料獲取 + 事件計算的聯合方案。
(12) 場景聯動：設定簡單規則，即可將裝置資料無縫流轉至其他裝置，實現裝置聯動。

### 8.1.2 中國移動物聯網開放平台 (OneNET)[5]

OneNET 是中國移動打造的高效、穩定、安全的物聯網開放平台。OneNET 支持轉換各種網路環境和協定類型，可實現各種感測器和智慧硬體的快速連線，提供豐富的 API 和應用範本以支撐各類產業應用和智慧硬體的開發，有效降低物聯網應用程式開發和部署成本，滿足物聯網領域裝置連接、協定轉換、資料儲存、資料安全及巨量資料分析等平台級服務需求。

OneNET 已建構「雲一網一邊一端」整體架構的物聯網能力，具備連線增強、邊緣計算、加值能力、AI、資料分析、整合式開發、產業能力、生態開放 8 大特點。整個系統框架如圖 8.2 所示。

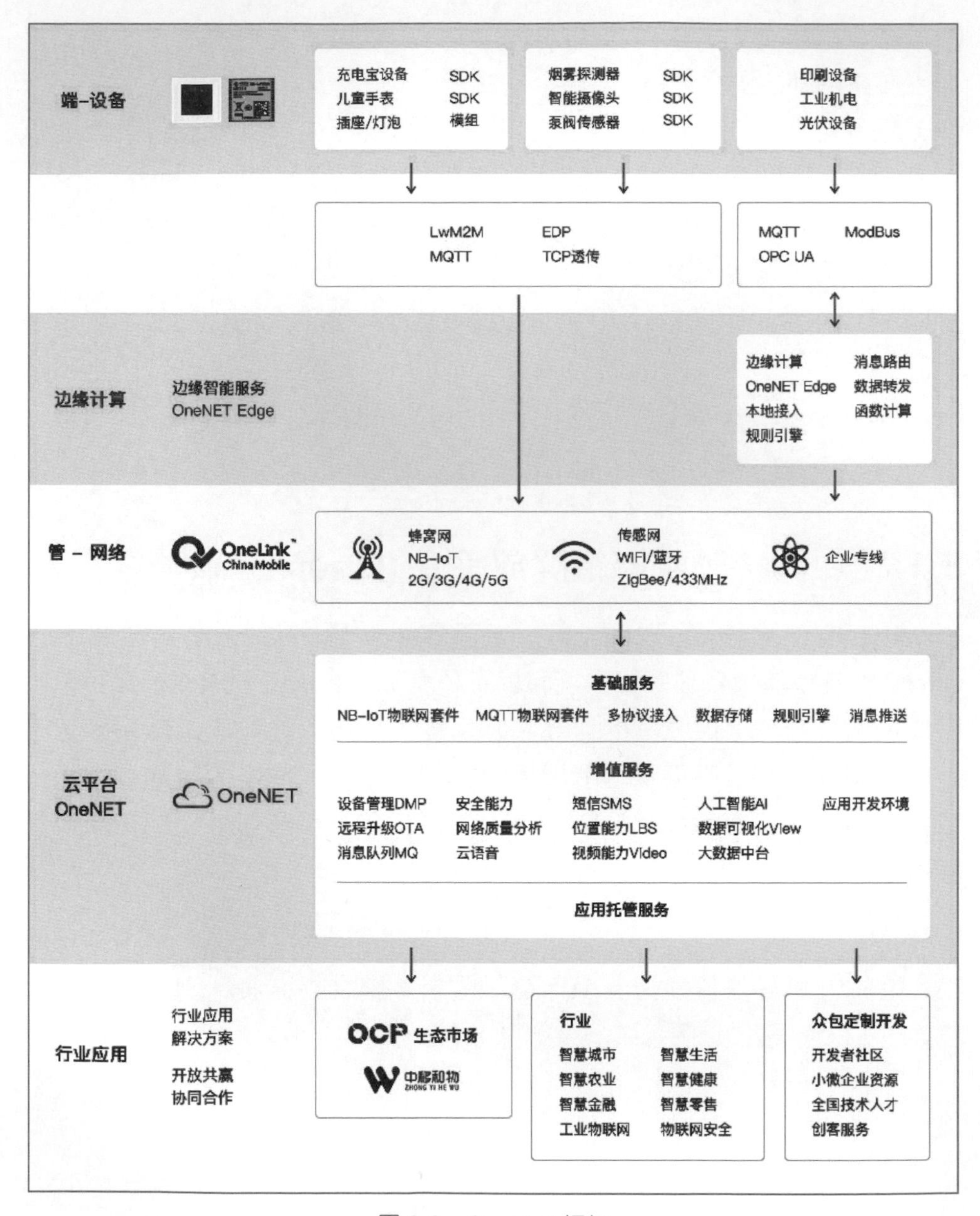


圖 8.2 OneNET 框架

OneNET 主要功能如下。

### 1. 裝置連線

（1）支援多種產業及主流標準協定的裝置連線，提供如 NB-IoT (LWM2M)、MQTT、EDP、JT808、Modbus、HTTP 等物聯網封包，滿足多種應用場景的使用需求。

（2）提供多種語言開發 SDK，幫助開發者快速實現裝置連線。

（3）支持使用者協定自訂，透過 TCP 透傳方式上傳解析指令稿來完成協定的解析。

### 2. 裝置管理

（1）提供裝置生命週期管理功能，支援使用者進行裝置註冊、裝置更新、裝置查詢、裝置刪除。

（2）提供裝置線上狀態管理功能，提供裝置上下線的訊息通知，方便使用者管理裝置的線上狀態。

（3）提供裝置資料儲存能力，便於使用者進行裝置巨量資料儲存及查詢。

（4）提供裝置偵錯工具及裝置日誌，便於使用者快速偵錯裝置及定位裝置問題。

### 3. 位置定位 LBS

（1）提供以基地台為基礎的定位能力，支援 2G/3G/4G 三網的基地台定位，覆蓋大陸及港澳地區。

（2）支援 NB-IoT 基地台定位，滿足 NB 裝置的位置定位場景。

（3）提供 7 天連續時間段位置查詢，可查詢在定位時間段內任意 7 天的歷史軌跡。

### 4. 遠端 OT

（1）提供對終端模組的遠端 FOTA 升級，支援 2G/3G/4G/NB-IoT/WiFi 等類型模組。

（2）提供對終端 MCU 的遠端 SOTA 升級，滿足使用者對應用軟體的疊代升級需求。

（3）支援升級群組及策略設定，支援完整套件和差分套件升級。

**5. 訊息佇列 MQ**

（1）以分散式技術架構為基礎，具有高可用性、高輸送量、高擴充性等特點。

（2）支援 TLS 加密傳輸，提高傳輸安全性。

（3）支援多個用戶端對同一佇列進行消費。

（4）支援業務快取功能，具有削峰去谷特性。

**6. 訊息視覺化**

（1）免程式設計，視覺化拖曳設定，10min 完成物聯網視覺化大螢幕開發。

（2）提供豐富的物聯網產業訂製範本和產業元件。

（3）支持對接 OneNET 內建資料、第三方資料庫、Excel 靜態檔案等多種資料來源。

（4）自動轉換多種解析度的螢幕，滿足多種場景應用。

**7. 人工智慧 AI**

（1）提供人臉比較、人臉檢測、圖型增強、圖型抄表、車牌辨識、運動檢測等多種人工智慧能力。

（2）透過 API 的方式提供給使用者功能整合和使用。

**8. 視訊能力 Video**

（1）提供視訊平台、直播及點對點解決方案等多種視訊功能。

（2）提供裝置側和應用側的 SDK，幫助快速實現視訊監控、直播等裝置及應用功能。

（3）支援 Onvif 視訊的裝置透過視訊閘道盒子可連線平台。

**9. 邊緣計算 Edge**

（1）支援私有化協定轉換、協定轉換功能，滿足各類裝置連線平台需求。
（2）支援裝置側就近部署，提供低延遲、高安全、本地自治的閘道功能。
（3）支持「雲一邊」協作，可實現例如 AI 能力雲端側推理，以及在邊緣側執行。

**10. 應用程式開發環境**

（1）提供全雲端線上應用建構功能，幫助使用者快速訂製雲端上應用。
（2）支援 SaaS 應用託管於雲端，提供開發、測試、打包、一鍵部署等功能。
（3）提供通用領域服務沉澱至環境，如支付、地圖等領域服務功能。
（4）提供產業業務建模基礎模型，視覺化 UI 拖曳流程編排。

## 8.1.3 微軟物聯網平台 Azure

Azure 物聯網 (IoT) 是 Microsoft 託管的雲端服務的集合，這些服務用於連接、監視和控制數十億項 IoT 資產。更簡單地講，IoT 解決方案由一個或多個 IoT 裝置組成，這些裝置與雲端中託管的或多個後端服務通訊。

Azure IoT 官網：https://azure.microsoft.com/zh-cn/overview/iot/。
Azure IoT 官方文件：https://docs.microsoft.com/zh-cn/azure。

AzureIoT 中心託管服務在雲端中進行託管，充當中央訊息中心，用於 IoT 應用程式與其管理的裝置之間的雙向通訊。可以使用 Azure IoT 中心，將數百萬 IoT 裝置和雲端託管解決方案後端之間建立可靠又安全的通訊，生成 IoT 解決方案。幾乎可以將任何裝置連接到 IoT 中心。

AzureIoT 中心支持裝置與雲端之間的雙向通訊。IoT 中心支援多種訊息傳遞模式，例如裝置到雲端的遙測、從裝置上傳檔案及從雲端控制裝置的請求－回覆方式。IoT 中心的監視功能可追蹤各種事件 ( 例如裝置創建、裝置故障和裝置連接 )，有助維持解決方案的良好執行。

AzureIoT 中心的功能有助生成可縮放且功能完整的 IoT 解決方案，例如管理製造業中使用的工業裝置、追蹤醫療保健中寶貴的資產及監視辦公大樓使用情況。

### 8.1.4 亞馬遜物聯網平台 (AWS IoT)

AWS IoT 官網：https://amazonaws-china.com/cn/iot。

AWS IoT 是針對工業、消費者和商業解決方案的 IoT 平台。它有以下優勢：

**1. 廣泛而深入**

AWS 擁有從邊緣到雲端的廣泛而深入的 IoT 服務。裝置軟體、Amazon FreeRTOS 和 AWS IoT Greengrass 提供本地資料收集和分析功能。在雲端中，AWS IoT 是唯一一家將資料管理和豐富分析整合在易用的服務中的供應商，這些服務專為繁雜的 IoT 資料而設計。

**2. 多層安全性**

AWS IoT 提供適用於所有安全層的服務。AWS IoT 包括預防性安全機制，如裝置資料的加密和存取控制。AWS IoT 還提供持續監控和審核安全設定的服務。使用者可以收到警示，以便緩解潛在的安全問題，例如將安全修復程式推送到裝置。

**3. 卓越的 AI 整合**

AWS 將 AI 和 IoT 結合在一起，使裝置更加智慧化。使用者可以在雲端創建模型，然後將它們部署到執行速度達到其他產品 2 倍的裝置。AWS IoT 將資料發回至雲端，以持續改進模型。與其他產品相比，AWS IoT 還支援更多的機器學習框架。

**4. 大規模得到驗證**

AWS IoT 建構於可擴充、安全且經過驗證的雲基礎設施之上，可擴充到數十億種不同的裝置和數兆筆訊息。AWS IoT 還與 AWS Lambda、Amazon S3 和 Amazon SageMaker 等服務整合，從而讓使用者可以建構完整的解決方案，例如使用 AWS IoT 管理攝影機並使用 Amazon Kines 進行機器學習的應用程式。

## 8.2 阿里雲物聯網平台開發

阿里雲物聯網平台的使用主要分兩部分：雲端平台、嵌入式裝置。讀者需要先註冊阿里雲物聯網平台，並設定好裝置連線，之後在嵌入式裝置上整合阿里雲提供的 SKD 套件，實現裝置連線阿里雲物聯網平台。

阿里雲物聯網平台包含 LinkDevelop 和 LinkPlatform 平台。本節將以 LinkDevelop 為例進行講解。

LinkDevelop 又稱作物聯網應用程式開發 (IoT Studio，原 Link Develop)，是阿里雲針對物聯網場景提供的生產力工具，可覆蓋各個物聯網產業核心應用場景，幫助開發人員高效而經濟地完成裝置、服務及應用程式開發。物聯網開發服務提供了移動視覺化開發、Web 視覺化開發、服務開發與裝置開發等一系列便捷的物聯網開發工具，解決物聯網開發領域發送鏈路長、技術堆疊複雜、協作成本高、方案移植困難等問題，重新定義物聯網應用程式開發。

LinkDevelop 有以下特點。

**1. 視覺化架設**

因為 IoT 產品鏈路長，使用者很難同時兼備裝置端、服務端、應用端開發能力，在絕大多數場景下，透過拖曳、設定的方式，即可完成與裝置資料監控相關的 Web 頁面、行動應用程式和 API 服務的開發，開發者只需關注核心業務，無須關注傳統開發中的種種煩瑣細節，大大降低物聯網開發的成本。

**2. 與裝置管理無縫整合**

裝置相關的屬性狀態、事件、警告等資料均可從阿里雲物聯網平台裝置連線和管理模組中直接獲取，無縫整合，大大降低了物聯網開發的成本。

**3. 豐富的開發資源**

無論是 Web 視覺化開發，還是服務開發工作環境，均提供了數量眾多的元件和豐富的 API，元件庫隨著產品的疊代升級也越來越豐富，大大提升開發效率。

**4. 無須部署**

使用者無須額外購買伺服器等服務，產品開發完畢即可完全託管在雲端，開發完畢無須部署即可立即發表及使用。

**5. 整合式開發環境**

物聯網開發服務提供了移動視覺化開發、Web 視覺化開發、服務開發與裝置開發等一系列便捷的物聯網開發工具，使用者可以在 IoT Studio 中體驗軟硬一條龍的開發過程。

## 8.2.1 LinkDevelop 平台使用

**1. 註冊**

打開 LinkDevelop 官網：https://iot.aliyun.com/products/linkdevelop。點擊「立即使用」按鈕，如圖 8.3 所示。

圖 8.3　LinkDevelop 官網

## 2. 新建專案

點擊左側的「專案管理」按鈕，隨後再點擊「新建專案」按鈕，進入新建專案介面，如圖 8.4 所示。

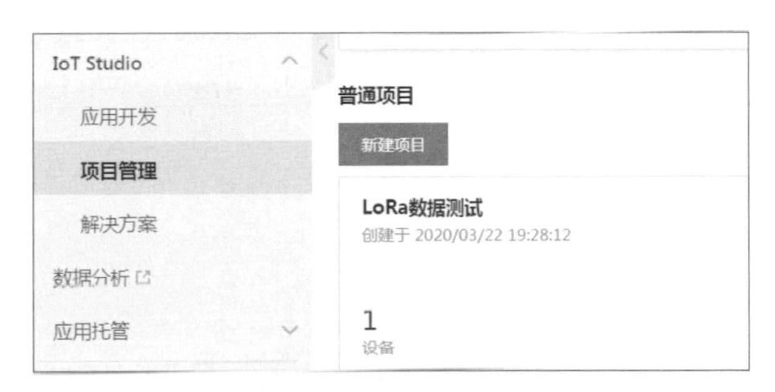


圖 8.4　專案管理介面

隨後在彈出來的新建專案介面上，點擊「新建空白專案」按鈕，如圖 8.5 所示。

圖 8.5　新建專案介面

彈出新建空白專案介面後，在「專案名稱」中輸入 test，在「描述」中輸入「這是一個測試專案」，點擊「確認」按鈕，如圖 8.6 所示。

圖 8.6　新建空白專案介面

### 3. 創建產品

點擊左側的「產品」按鈕，在彈出的介面中，點擊「創建產品」按鈕，如圖 8.7 所示。

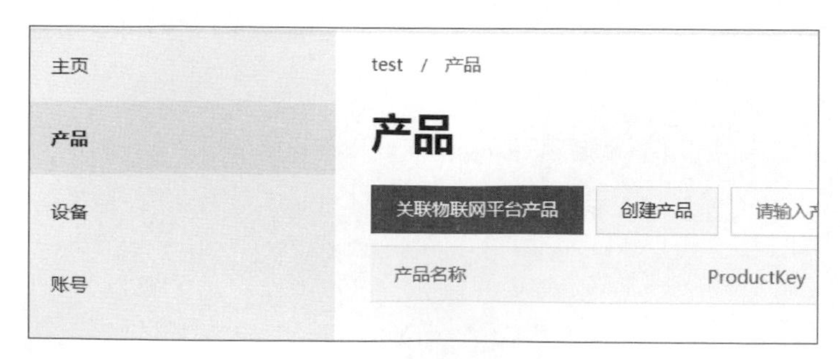


圖 8.7　產品介面

在「產品名稱」中輸入 sensor，如圖 8.8 所示。

圖 8.8 創建產品

點擊「請選擇標準品類」下拉式選單，彈出「選擇品類」選擇框，阿里雲物聯網平台預置了許多產品類型，讀者可以根據自己的需求選擇對應的產品類型，本書選擇「地磁檢測器」選項，如圖 8.9 所示。

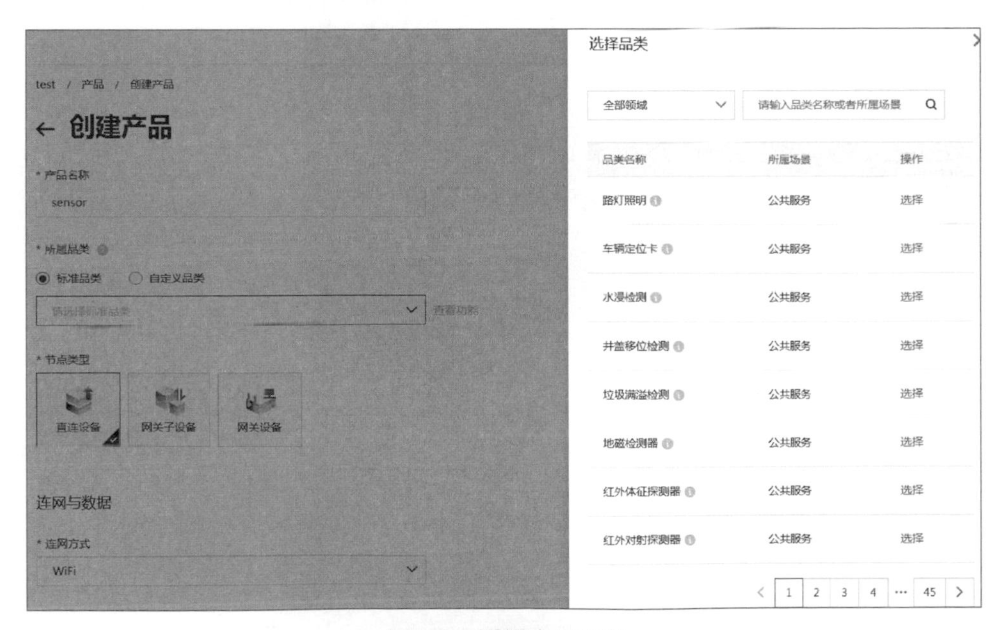


圖 8.9 選擇產品種類

其他選項保留預設值即可，點擊「保存」按鈕，如圖 8.10 所示。

连网与数据

* 连网方式

WiFi

* 数据格式

ICA 标准数据格式 (Alink JSON)

认证方式

更多信息

产品描述

保存 取消

圖 8.10　保存產品

### 4. 創建裝置

頁面左上角有個三角形下拉清單，可以選擇專案，選擇我們剛才創建的 test 專案，再點擊「裝置」按鈕，最後點擊「新增裝置」按鈕，如圖 8.11 所示。

圖 8.11　裝置介面

在「產品」選擇下拉式選單中，選擇剛才創建的產品 sensor，點擊「提交」按鈕，如圖 8.12 所示。

圖 8.12　新增裝置

在彈出的新介面中，點擊「下載啟動憑證」按鈕，即可下載 sheet.xlsx 檔案，如圖 8.13 所示。保存 sheet.xlsx 檔案，裡面的內容後續會用到。

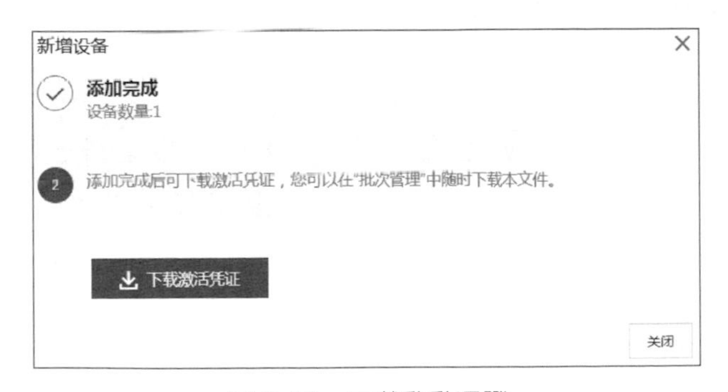


圖 8.13　下載啟動憑證

創建完裝置後，可以在裝置列表中看到我們剛才創建的裝置，如圖 8.14 所示。

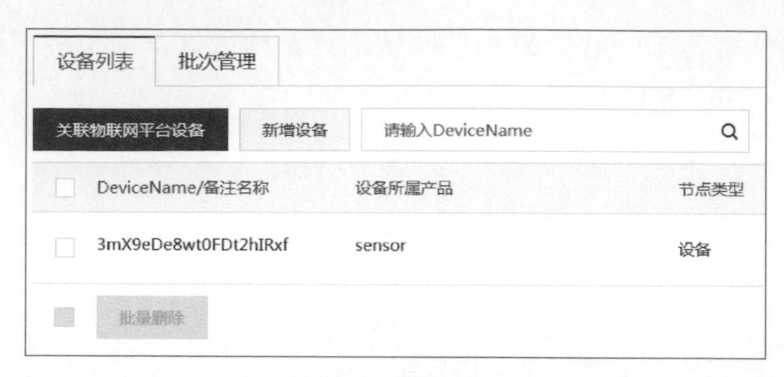


圖 8.14　裝置列表

至此，已經成功在 LinkDevelop 上創建了一個裝置，接下來，需要在開發板上整合阿里雲物聯網平台提供的 SDK，將開發板和剛才註冊的裝置進行綁定，並實現開發板和 LinkDevelop 通訊功能。

## 8.2.2 iotkit-embedded

iotkit-embedded 是阿里雲物聯網平台提供的一套用 C 語言編寫的 SDK 套件。透過該 SDK 套件，我們可以使嵌入式裝置連線阿里雲物聯網平台。

SDK 使用 MQTT/HTTP 連接物聯網平台，因此要求裝置支持 TCP/IP 協定簇；對於 ZigBee、ZWave 之類不支持 TCP/IP 協定簇的裝置，需要透過閘道連線物聯網平台，在這種情況下閘道需要整合 SDK。

iotkit-embedded 下載網址：https://github.com/aliyun/iotkit-embedded。

SDK 提供了 API 供裝置廠商呼叫，用於實現與阿里雲 IoT 平台通訊及一些其他的協助工具，例如 WiFi 配網、本地控制等。

另外，C 語言版本的 SDK 被設計為可以在不同的作業系統上執行，例如 Linux、FreeRTOS、Windows，因此 SDK 需要 OS 或硬體支援的操作被定義為一些 HAL 函數，在使用 SDK 開發產品時需要將這些 HAL 函數進行實現。

產品的業務邏輯、SDK、HAL 的關係如圖 8.15 所示。

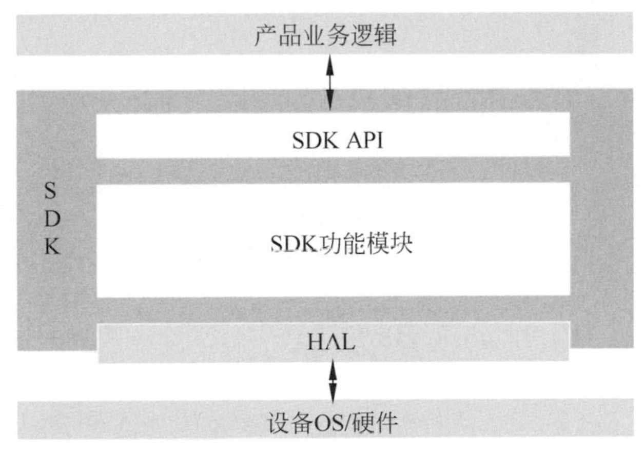


圖 8.15 SDK 框架

表 8.1 列出了 SDK 套件的相關功能。

表 8.1 SDK 套件

| 功能模組 | 功能點 |
| --- | --- |
| 裝置連雲端 | MQTT 連雲端，裝置可透過 MQTT 與阿里雲 IoT 物聯網平台通訊<br>CoAP 連雲端，裝置可透過 CoAP 與阿里雲 IoT 物聯網平台通訊，用於裝置主動上報資訊的場景<br>HTTPS 連雲端，裝置可透過 HTTPS 與阿里雲 IoT 物聯網平台通訊，用於裝置主動上報資訊的場景 |
| 裝置身份認證 | 一機一密<br>一型一密 |
| 物模型 | 使用屬性、服務、事件對裝置進行描述及實現，包括：<br>(1) 屬性上報、設定<br>(2) 服務呼叫<br>(3) 事件上報 |
| OTA | 裝置韌體升級 |
| 遠端設定 | 裝置設定檔獲取 |
| 子裝置管理 | 用於讓閘道裝置增加、刪除子裝置，以及對子裝置進行控制 |

| 功能模組 | 功能點 |
|---|---|
| WiFi 配網 | 將 WiFi 熱點的 SSID/ 密碼傳輸給 WiFi 裝置，包括：<br>（1）一鍵配網<br>（2）手機熱點配網<br>（3）裝置熱點配網<br>（4）零配 |
| 裝置本地控制 | 區域網內，透過 CoAP 對裝置進行控制，包括：ALCS Server，被控端實現 ALCS Client，控制端實現通常被希望透過本地控制裝置的閘道使用 |
| 裝置綁定支持 | 裝置綁定 token 維護，裝置透過 WiFi、乙太網連線，並且透過阿里雲開放智慧生活平台管理時使用 |
| 裝置影子 | 在雲端存放裝置指定資訊供 App 查詢，避免總是從裝置獲取資訊引入的延遲時間 |
| Reset 支持 | 當裝置執行 Factory Reset 時，通知雲端清除記錄。例如清除裝置與使用者的綁定關係，清除閘道與子裝置的連結關係等 |
| 時間獲取 | 從阿里雲物聯網平台獲取當前最新的時間 |
| 檔案上傳 | 透過 HTTP/2 上傳檔案 |

## 8.2.3 ali-iotkit

### 1. 簡介

ali-iotkit 是 RT-Thread 移植的用於連接阿里雲 IoT 平台的軟體套件。基礎 SDK 是阿里提供的 iotkit-embedded。

iotkit SDK 為了方便裝置上雲端封裝了豐富的連線協定，如 MQTT、CoAP、HTTP、TLS，並且對硬體平台進行了抽象，使其不受具體的硬體平台限制而更加靈活。在程式架構方面，iotkit SDK 分為三層，如圖 8.16 所示。

硬體平台抽象層：簡稱 HAL 層 (Hardware Abstract Layer)，抽象不同的嵌入式目標板，以及作業系統對 SDK 的支撐函數，包括網路收發、TLS/DTLS 通道建立和讀寫、記憶體申請是否和互斥量加鎖解鎖等。

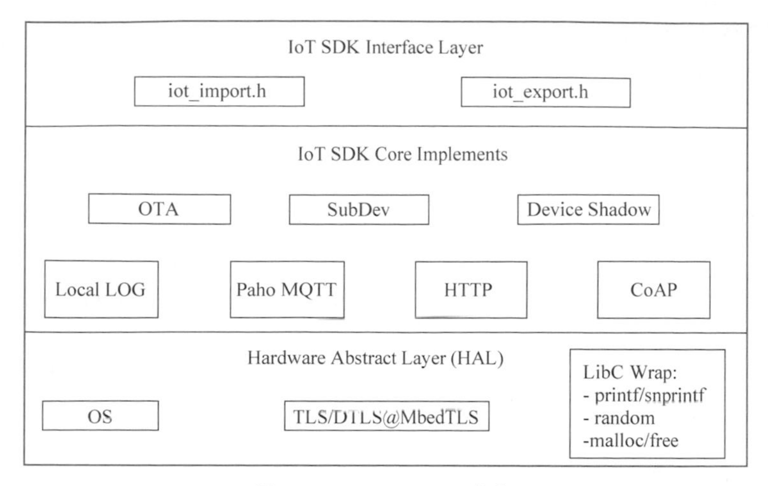


圖 8.16　iotkit SDK 框架

中間層稱為 SDK 核心實現層 (IoT SDK Core Implements)：物聯網平台 C-SDK 的核心實現部分，它以 HAL 層介面為基礎完成了 MQTT/CoAP 通道等的功能封裝，包括 MQTT 的連接建立、封包收發、CoAP 的連接建立、封包收發、OTA 的韌體狀態查詢和 OTA 的韌體下載等。中間層的封裝使得使用者無須關心內部實現邏輯，可以不經修改地應用。

最上層稱為 SDK 介面宣告層 (IoT SDK Interface Layer)：最上層為應用提供 API，使用者使用該層的 API 完成具體的業務邏輯。

## 2. 設定

RT-Thread 已經整合了 Ali-iotkit 軟體，透過簡單的 menuconfig 設定即可使用。設定項目位於：RT-Thread online packages → IoT-internet of things → IoT Cloud，如圖 8.17 所示。

```
[ ] OneNET: China Mobile OneNet cloud SDK for RT-Thread  ----
[ ] GAgent: GAgent of Gizwits in RT-Thread  ----
[*] Ali-iotkit:  Ali Cloud SDK for IoT platform  --->
[ ] Azure IoT SDK: Microsoft azure cloud SDK for RT-Thread  ----
[ ] Tencent-iotkit:  Tencent Cloud SDK for IoT platform  ----
```

圖 8.17　Ali-iotkit 設定項目

按空白鍵選中 Ali-iotkit：Ali Cloud SDK for IoT platform 後，再按確認鍵進入詳細設定項目。

（1）版本選擇 v2.0.3。

（2）Config Product Key (NEW) 填寫我們之前下載的啟動憑證 sheet.xlsx 檔案中的 Productkey 項的內容。

（3）Config Device Name (NEW) 填寫 sheet.xlsx 檔案中的 DeviceName 項的內容。

（4）Config Device Secret (NEW) 填寫 sheet.xlsx 檔案中的 DeviceSecret 項的內容。

其他設定項目如圖 8.18 所示。

```
--- Ali-iotkit:  Ali Cloud SDK for IoT platform
      Select Aliyun platform (LinkDevelop Platform)  --->
(a1dSQSGZ77X) Config Product Key (NEW)
(RGB-LED-DEV-1) Config Device Name (NEW)
(Ghuiyd9nmGowdZzjPqFtxhm3WUHEbIlI) Config Device Secret (NEW)
-*-   Enable MQTT
[*]     Enable MQTT sample (NEW)
[*]     Enable MQTT direct connect (NEW)
-*-     Enable SSL
[ ]   Enable COAP (NEW)
[*]   Enable OTA
        Select OTA channel (Use MQTT OTA channel)  --->
      Version (v2.0.3)  --->
```

圖 8.18　Ali-iotkit 詳細設定

在阿里 TLS 認證過程中資料封包較大，這裡需要增加 TLS 幀大小，OTA 的時候至少需要 8KB 大小，修改 menuconfig 設定項目：RT-Thread online packages → security packages → mbedtls：An portable and flexible SSL/TLS library，把 Maxium fragment length in bytes 的數值改成 8192，如圖 8.19 所示。

```
--- mbedtls: An portable and flexible SSL/TLS library
        Select Root Certificate  --->
[*]     Store the AES tables in ROM
(2)     Maximum window size used
(8192) Maxium fragment length in bytes
[ ]     Enable a mbedtls client example
[ ]     Enable Debug log output
        version (v2.6.0)  --->
```

圖 8.19　mbedtls 設定

退出 menuconfig，輸入 pkgs --update 更新 ali-iotkit 軟體套件，更新軟體套件後，輸入 scons --target=mdk5 重新生成專案檔案。

需要注意的是，ali-iotkit 附帶 MQTT 相關功能，如果在之前程式設定時選擇了 Paho MQTT，需要把 Paho MQTT 軟體套件去掉，否則編譯時會顯示出錯。

軟體套件位於 Chapter8\rt-thread\bsp\stm32\stm32f407-atk-explorer\packages\ali-iotkit-v2.0.3，軟體套件目錄如圖 8.20 所示。

| | | |
|---|---|---|
| docs | 2020/5/13 18:38 | 文件夹 |
| iotkit-embedded | 2020/5/13 18:38 | 文件夹 |
| ports | 2020/5/13 18:39 | 文件夹 |
| samples | 2020/5/13 18:39 | 文件夹 |
| .gitignore | 2020/5/13 18:38 | 文本文档 |
| LICENSE | 2020/5/13 18:38 | 文件 |
| README.md | 2020/5/13 18:38 | MD 文件 |
| SConscript | 2020/5/13 18:38 | 文件 |

圖 8.20　Ali-iotkit 軟體套件目錄

其中各資料夾說明如下：

- docs：軟體套件說明文件。
- iotkit-embedded：阿里雲物聯網平台提供的 SDK 套件。
- ports：RT-Thread 相關移植檔案。
- samples：RT-Thread 提供的簡單測試程式。

## 8.2.4 實驗

### 1. 上傳訊息到雲端

（1）打開 Chapter8\rt-thread\bsp\stm32\stm32f407-atk-explorer\project.uvprojx 專案檔案，其中 SDK 套件相關的程式檔案包含在 ali-iotkit 子資料夾下，如圖 8.21 所示。

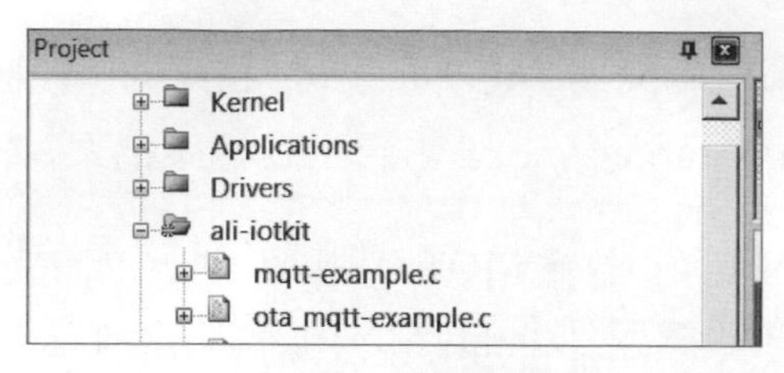


圖 8.21　開發專案

（2）編譯並下載程式到開發板，先確保開發板能 ping 通阿里雲端服務器。輸入 ping iot.aliyun.com 並發送，如果看到以下列印資訊則代表網路正常。

```
msh />ping iot.aliyun.com
60 bytes from 42.120.219.14 icmp_seq=0 ttl=230 time=42 ms
60 bytes from 42.120.219.14 icmp_seq=1 ttl=230 time=41 ms
60 bytes from 42.120.219.14 icmp_seq=2 ttl=230 time=41 ms
60 bytes from 42.120.219.14 icmp_seq=3 ttl=230 time=41 ms
```

（3）打開 LinkDevelop 的裝置管理介面，此時可以看到之前創建的裝置的狀態是「未啟動」，如圖 8.22 所示。

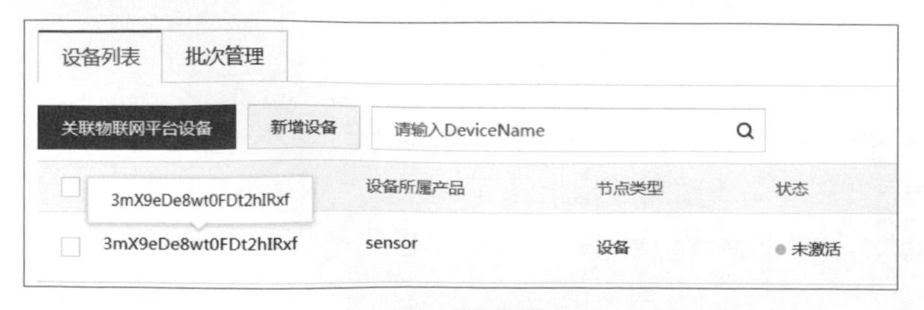


圖 8.22　裝置列表

（4）打開序列埠工具，發送 ali_mqtt_test start 命令給開發板，可以看到開發板有以下列印資訊：

```
msh />ali_mqtt_test start
[inf] iotx_device_info_init(40):device_info created successfully!
[dbg] iotx_device_info_set(50):start to set device info!
[dbg] iotx_device_info_set(64):device_info set successfully!
[dbg] guider_print_dev_guider_info(271):..................................................
..........................................................................................

[dbg] guider_print_dev_guider_info(272): ProductKey :a1wUxrR2Xd4
[dbg] guider_print_dev_guider_info(273): DeviceName :3mX9eDe8wt0FDt2hIRxf
[dbg] guider_print_dev_guider_info(274): DeviceID :a1wUxrR2Xd4.3mX9eDe8w
t0FDt2hIRxf
host:a1wuxrr2xd4.iot-as-mqtt.cn-shanghai.aliyuncs.com
[inf] iotx_mc_init(1703):MQTT init success!
[inf] _ssl_client_init(175):Loading the CA root certificate ...
[inf] iotx_mc_connect(2035):mqtt connect success!
[dbg] iotx_mc_report_mid(2259):MID Report:started in MQTT
[dbg] iotx_mc_report_mid(2276):MID Report:json data = '{"id":"a1wUxr
R2Xd4_3mX9eDe8wt0FDt2hIRxf_mid","params":{"_sys_device_mid":"example.
demo.module-id","_sys_device_pid":"example.demo.partner-id"}}'
```

（5）如果看到 [inf] iotx_mc_connect(2035)：mqtt connect success! 則表示成功連接上 LinkDevelop 了。重新查看 LinkDevelop 的裝置管理介面，此時可以看到之前創建的裝置的狀態變為「線上」，說明裝置和 LinkDevelop 通訊正常，如圖 8.23 所示。

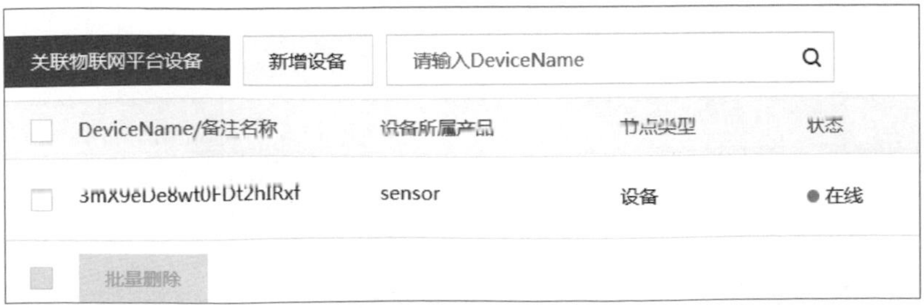

关联物联网平台设备　新增设备　请输入DeviceName

| DeviceName/备注名称 | 设备所属产品 | 节点类型 | 状态 |
| --- | --- | --- | --- |
| 3mX9eDe8wt0FDt2hIRxf | sensor | 设备 | ● 在线 |

批量删除

圖 8.23　裝置列表

（6）輸入 ali_mqtt_test pub open 並發送，開發板將推送資料到雲端，如果序列埠列印資訊顯示 code 值為 200，則表示推送資料成功。

```
_demo_message_arrive|203 ::Payload:
'{"code":200,"data":{"LightSwitch":"tsl parse:params not exist",
"RGBColor":"tsl parse:params not exist"},"id":"1","\0
```

（7）在裝置列表中點擊「查看」按鈕，如圖 8.24 所示。

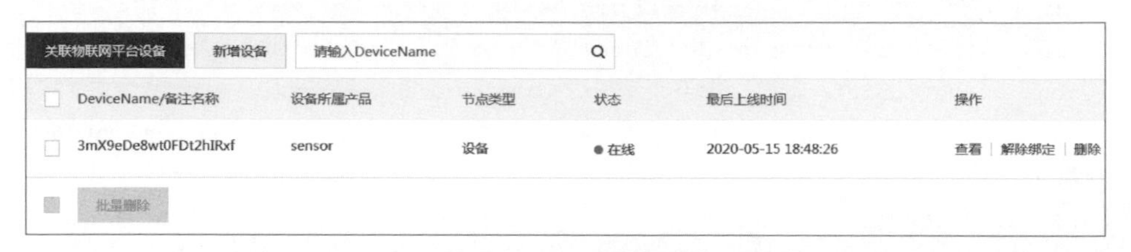


圖 8.24　裝置列表

（8）在彈出來的裝置詳情頁中，點擊「日誌服務」按鈕，再點擊「上行訊息分析」按鈕，可以看到開發板總共發送了 2 筆訊息，其中時間較早的訊息是開發板登入時發送的，最新的資訊是剛才發送的 ali_mqtt_test pub open 命令所發送的訊息，如圖 8.25 所示。

圖 8.25　裝置詳情

（9）點擊對應訊息的 MessageID，可以查看訊息的具體內容，如圖 8.26 所示。

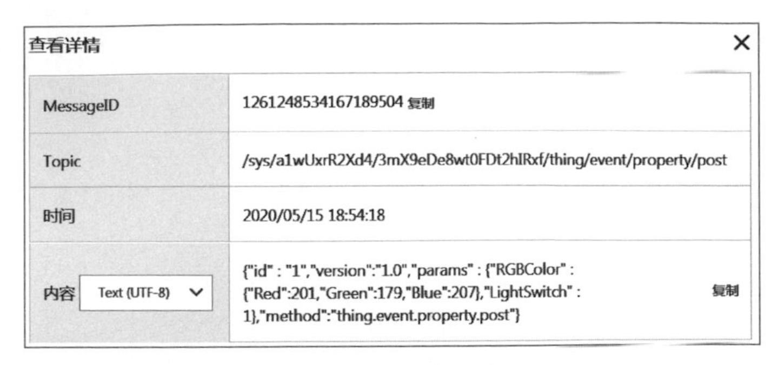


圖 8.26　訊息內容

## 2. 雲端發佈訊息

（1）點擊左上角的小三角形，選擇 test，然後點擊「產品」按鈕，點擊 sensor 對應的「查看」按鈕，如圖 8.27 所示。

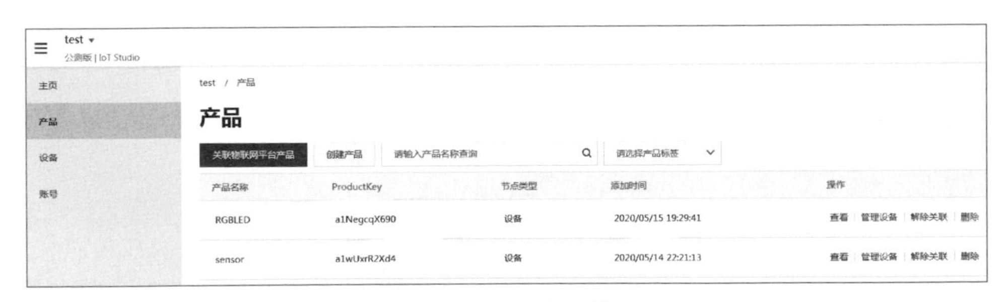


圖 8.27　產品清單

（2）點擊「功能定義」按鈕，隨後點擊「自訂功能」按鈕，最後點擊「增加自訂功能」按鈕，如圖 8.28 所示。

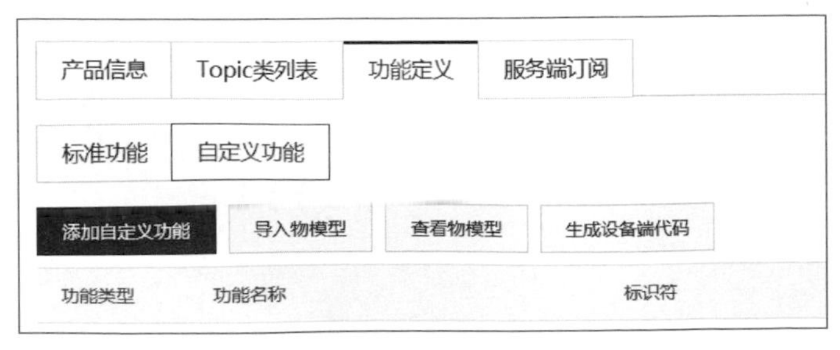


圖 8.28　功能定義

（3）功能名稱欄填寫「測試 001」，其他選擇預設即可，點擊「確認」按鈕，如圖 8.29 所示。

圖 8.29　自訂功能

（4）點擊右上角的「發佈」按鈕，發佈新功能，如圖 8.30 所示。

圖 8.30　發佈功能

（5）在彈出來的介面中，把所有的「請確認」按鈕後面的✔都選上，點擊「發佈」按鈕，如圖 8.31 所示。

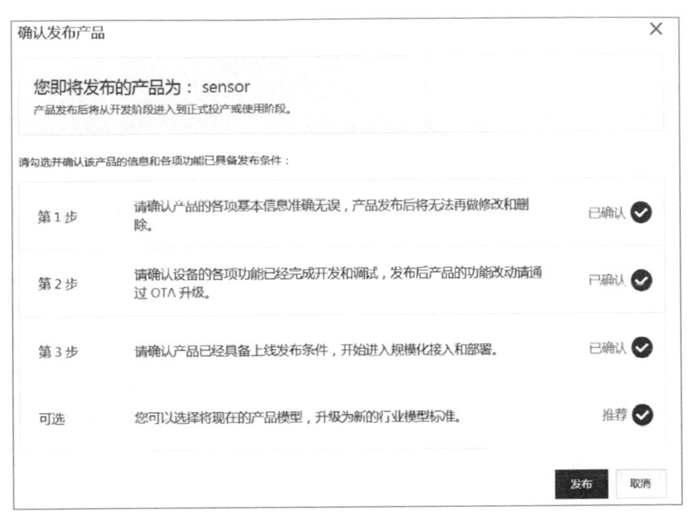


圖 8.31　確認發佈

（6）回到剛才的裝置詳情頁，點擊「線上偵錯」按鈕，點擊「偵錯真實裝置」按鈕，點擊「屬性偵錯」按鈕，偵錯功能選擇「測試 001(Test001)」，方法選擇「設定」，如圖 8.32 所示。

圖 8.32　線上偵錯

修改偵錯資訊的內容為 { "Test001": "1"}，如圖 8.33 所示，點擊「發送指令」按鈕。

圖 8.33　發送指令

（7）可以看到開發板有以下列印資訊：

```
'/sys/a1NegcqX690/AwpDLCcqeb7TSbNevNAr/thing/service/property/set'
(Length:64)
_demo_message_arrive|203 ::Payload:'{"method":"thing.service.property.
set","id":
"1302514310","params":{"Test001":"1"},"version":"1.0.0"}' (Length:100)
_demo_message_arrive|207 ::----
```

可以看到接收到 LinkDevelop 發送的 {"Test001": "1"} 訊息，通訊成功。

## 8.2.5 ali-iotkit 指南

ali-iotkit 軟體套件封裝了 HTTP、MQTT、CoAP 和 OTA 等應用層協定，方便使用者裝置連線雲端平台，本小節做一些簡單介紹。

### 1. MQTT 連接

目前阿里雲支援 MQTT 標準協定連線，相容 3.1.1 和 3.1 版本協定，具體的協定參考 MQTT 3.1.1 和 MQTT 3.1 協定文件。

MQTT3.1.1 網址：http://mqtt.org/。

MQTT 3.1 協定文件：http://public.dhe.ibm.com/software/dw/webservices/ws-mqtt/mqtt-v3r1.html。

阿里雲的 MQTT 特徵如下：

（1）支持 MQTT 的 PUB、SUB、PING、PONG、CONNECT、DISCONNECT 和 UNSUB 等封包。
（2）支持 cleanSession。
（3）不支持 will、retain msg。
（4）不支持 QOS2。
（5）以原生的 MQTT topic 為基礎支援 RRPC 同步模式，伺服器可以同步呼叫裝置並獲取裝置回執結果。

### 2. 安全等級

（1）支持 TLSV1、TLSV1.1 和 TLSV1.2 版本的協定建立安全連接。
（2）TCP 通道基礎＋晶片級加密 (ID2 硬體整合 )：安全等級高。
（3）TCP 通道基礎＋對稱加密 ( 使用裝置私密金鑰做對稱加密 )：安全等級中。
（4）TCP 方式 ( 資料不加密 )：安全等級低。

### 3. 連接域名

華東 2 節點：productKey.iot-as-mqtt.cn-shanghai.aliyuncs.com:1883。
美西節點：productKey.iot-as-mqtt.us-west-1.aliyuncs.com:1883。
新加坡節點：productKey.iot-as-mqtt.ap-southeast-1.aliyuncs.com:1883。

#### 4. Topic 規範

預設情況下創建一個產品後，產品下的所有裝置都擁有以下 Topic 類別的許可權：

```
/productKey/deviceName/update pub
/productKey/deviceName/update/error pub
/productKey/deviceName/get sub
/sys/productKey/deviceName/thing/# pub&sub
/sys/productKey/deviceName/rrpc/# pub&sub
/broadcast/productKey/# pub&sub
```

每個 Topic 規則稱為 Topic 類別，Topic 類別實行裝置維度隔離。每個裝置發送訊息時，將 deviceName 替換為自己裝置的 deviceName，防止 Topic 被跨裝置越權，Topic 說明如下：

(1) pub：表示資料上報到 Topic 的許可權。

(2) sub：表示訂閱 Ttopic 的許可權。

(3) /productKey/deviceName/xxx 類型的 Topic 類別：可以在物聯網平台的主控台擴充和自訂。

(4) /sys 開頭的 Topic 類別：屬於系統約定的應用協定通訊標準，不允許使用者自訂，約定的 Topic 需要符合阿里雲 ALink 資料標準。

(5) /sys/productKey/deviceName/thing/xxx 類型的 Topic 類別：閘道主、子裝置使用的 Topic 類別，用於閘道場景。

(6) /broadcast 開頭的 Topic 類別：廣播類別特定 Topic。

(7) /sys/productKey/deviceName/rrpc/request/${messageId}：用於同步請求，伺服器會對訊息 Id 動態生成 Topic，裝置端可以訂閱萬用字元。

(8) /sys/productKey/deviceName/rrpc/request/+：收到訊息後，發送 pub 訊息到 /sys/productKey/deviceName/rrpc/response/${messageId}，伺服器可以在發送請求時同步收到結果。

### 5. MQTT 相關操作

（1）使用 IoT_MQTT_Construct 介面與雲端建立 MQTT 連接。

如果要實現裝置長期線上，需要在程式碼中去掉 IoT_MQTT_Unregister 和 IoT_MQTT_Destroy 部分，使用 while 保持長連接狀態。範例程式如下：

```
while(1)
{
IoT_MQTT_Yield(pclient,200);
   HAL_SleepMs(100);
}
```

訂閱 Topic 主題。

（2）使用 IoT_MQTT_Subscribe 介面訂閱某個 Topic。程式如下：

```
/* Subscribe the specific topic */
rc = IoT_MQTT_Subscribe(pclient,TOPIC_DATA,IoTX_MQTT_QOS1,
                        _demo_message_arrive,NULL);
if (rc<0) {
IoT_MQTT_Destroy(&pclient);
   EXAMPLE_TRACE("IoT_MQTT_Subscribe() failed,rc = %d",rc);
   rc = -1;
   goto do_exit;
}
```

（3）發佈訊息。使用 IoT_MQTT_Publish 介面發佈資訊到雲端。程式如下：

```
/* Initialize topic information */
memset(&topic_msg,0x0,sizeof(iotx_mqtt topic_info_t));
strcpy(msg_pub,"message:hello! start!");
topic_msg.qos = IoTX_MQTT_QOS1;
topic_msg.retain = 0;
```

```
topic_msg.dup = 0;
topic_msg.payload = (void *)msg_pub;
topic_msg.payload_len = strlen(msg_pub);
rc = IoT_MQTT_Publish(pclient,TOPIC_DATA,&topic_msg);
EXAMPLE_TRACE("rc = IoT_MQTT_Publish() = %d",rc);
```

（4）取消訂閱。使用 IoT_MQTT_Unsubscribe 介面取消訂閱雲端訊息。

（5）下行資料接收。使用 IoT_MQTT_Yield 資料接收函數接收來自雲端的訊息。請在任何需要接收資料的地方呼叫這個 API。如果系統允許，啟動 1 個單獨的執行緒，執行該介面。程式如下：

```
/* handle the MQTT packet received from TCP or SSL connection */
IoT_MQTT_Yield(pclient, 200);
```

（6）銷毀 MQTT 連接。使用 IoT_MQTT_Destroy 介面銷毀 MQTT 連接，釋放記憶體。程式如下：

```
IoT_MQTT_Destroy(&pclient);
```

（7）檢查連接狀態。使用 IoT_MQTT_CheckStateNormal 介面查看當前的連接狀態。該介面用於查詢 MQTT 的連接狀態。但是，該介面並不能立刻檢測到裝置斷網，只會在有資料發送或是 keepalive 時才能偵測到斷網。

（8）MQTT 保持連接。

裝置端在 keepalive_interval_ms 時間間隔內，至少需要發送 1 次封包，包括 ping 請求。

如果服務端在 keepalive_interval_ms 時間內無法收到任何封包，物聯網平台會斷開連接，裝置端需要進行重連。

在 IoT_MQTT_Construct 函數中可以設定 keepalive_interval_ms 的設定值，物聯網平台透過該設定值作為心跳間隔時間。keepalive_interval_ms 的設定值範圍是 60000~300000。範例程式如下：

```
iotx_mqtt_param_t mqtt_params;

memset(&mqtt_params,0x0,sizeof(mqtt_params));
mqtt_params.keepalive_interval_ms = 60000;
mqtt_params.request_timeout_ms = 2000;

/* Construct a MQTT client with specify parameter */
pclient = IoT_MQTT_Construct(&mqtt_params);
```

### 6. CoAP

(1) 支持 RFC 7252 Constrained Application Protocol 協定，具體參考：RFC 7252。

(2) 使用 DTLS v1.2 保證通道安全，具體參考：DTLS v1.2。

(3) 伺服器位址 endpoint = productKey.iot-as-coap.cn-shanghai.aliyuncs.com:5684。

其中 productKey 替換為所申請的產品 Key。

### 7. CoAP 約定

(1) 不支持 " ? " 號形式傳參數。

(2) 暫時不支持資源發現。

(3) 僅支持 UDP，並且目前必須透過 DTLS。

(4) URI 規範，CoAP 的 URI 資源和 MQTT TOPIC 保持一致，參考 MQTT 規範。

### 8. CoAP 應用場景

CoAP 協定適用於資源受限的低功耗裝置上，尤其是 NB-IoT 的裝置使用，以 CoAP 協定為基礎將 NB-IoT 裝置連線物聯網平台的流程如圖 8.34 所示。

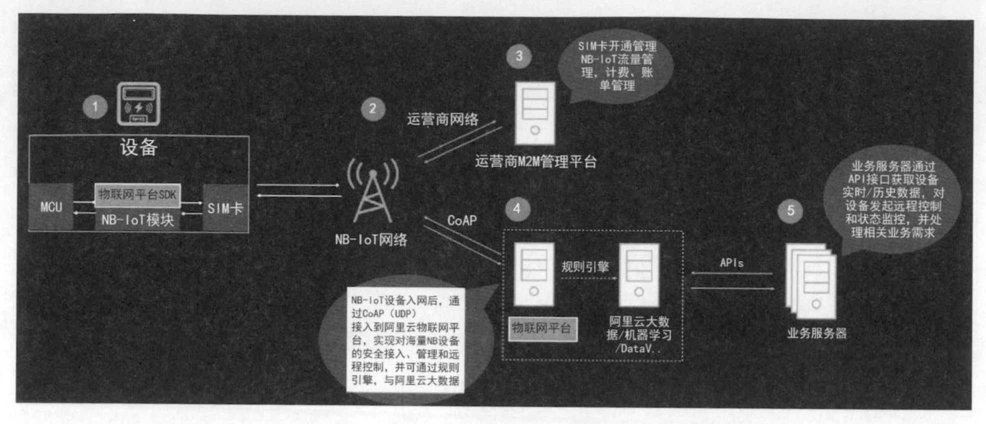


圖 8.34　應用場景

## 9. CoAP 相關操作

（1）建立連接

使用 IoT_CoAP_Init 和 IoT_CoAP_DeviceNameAuth 介面與雲端建立 CoAP 認證連接。範例程式如下：

```
iotx_coap_context_t *p_ctx = NULL;
p_ctx = IoT_CoAP_Init(&config);
if (NULL != p_ctx) {
IoT_CoAP_DeviceNameAuth(p_ctx);
   do {
        count ++;
        if (count == 11) {
           count = 1;
      }
IoT_CoAP_Yield(p_ctx);
   } while (m_coap_client_running);
IoT_CoAP_Deinit(&p_ctx);
} else {
   HAL_Printf("IoTx CoAP init failed\r\n");
}
```

（2）收發資料

SDK 使用介面 IoT_CoAP_SendMessage 發送資料，使用 IoT_CoAP_GetMessagePayload 和 IoT_CoAP_GetMessageCode 接收資料。範例程式如下：

```
/* send data */
static void iotx_post_data_to_server(void *param)
{
    char path[IoTX_URI_MAX_LEN + 1] = {0};
    iotx_message_t message;
    iotx_deviceinfo_t devinfo;
    message.p_payload = (unsigned char *)"{\"name\":\"hello world\"}";
    message.payload_len = strlen("{\"name\":\"hello world\"}");
    message.resp_callback = iotx_response_handler;
    message.msg_type = IoTX_MESSAGE_CON;
    message.content_type = IoTX_CONTENT_TYPE_JSON;
    iotx_coap_context_t *p_ctx = (iotx_coap_context_t *)param;
    iotx_set_devinfo(&devinfo);
    snprintf(path,IoTX_URI_MAX_LEN,"/topic/%s/%s/update/",
            (char *)devinfo.product_key,
            (char *)devinfo.device_name);
IoT_CoAP_SendMessage(p_ctx,path,&message);
}

/* receive data */
static void iotx_response_handler(void *arg,void *p_response)
{
    int len = 0;
    unsigned char *p_payload = NULL;
    iotx_coap_resp_code_t resp_code;
IoT_CoAP_GetMessageCode(p_response,&resp_code);
IoT_CoAP_GetMessagePayload(p_response,&p_payload,&len);
    HAL_Printf("[APPL]:Message response code:0x%x\r\n",resp_code);
    HAL_Printf("[APPL]:Len:%d,Payload:%s,\r\n",len,p_payload);
}
```

（3）下行資料接收

使用 IoT_CoAP_Yield 介面接收來自雲端的下行資料。可以在任何需要接收資料的地方呼叫這個 API，如果系統允許，啟動一個單獨的執行緒，執行該介面。

（4）銷毀 CoAP 連接

使用 IoT_CoAP_Deinit 介面銷毀 CoAP 連接並釋放記憶體。

## 8.2.6 OTA 升級

### 1. 軔體升級 Topic

裝置端上報軔體版本給雲端：/ota/device/inform/productKey/deviceName。

裝置端訂閱該 Topic 接收雲端軔體升級通知：/ota/device/upgrade/productKey/deviceName。

裝置端上報軔體升級進度：/ota/device/progress/productKey/deviceName。

裝置端請求是否軔體升級：/ota/device/request/productKey/deviceName。

### 2. 軔體升級說明

（1）裝置軔體版本編號只需要在系統啟動過程中上報一次即可，不需要週期性循環上報。

（2）根據版本編號來判斷裝置端 OTA 是否升級成功。

（3）從 OTA 服務端主控台發起批次升級，裝置升級操作記錄狀態是待升級，實際升級以 OTA 系統接收到裝置上報的升級進度開始，裝置升級操作記錄狀態是升級中。

（4）裝置離線時，接收不到服務端推送的升級訊息，當裝置上線後，其主動通知服務端上線訊息，OTA 服務端收到裝置上線訊息後，驗證該裝置是否需要升級，如果需要，再次推送升級訊息給裝置，否則不推送訊息。

### 3. OTA 程式說明

1) 初始化

OTA 模組的初始化依賴於 MQTT 連接，即先獲得的 MQTT 用戶端控制碼 pclient。

```
h_ota = IoT_OTA_Init(PRODUCT_KEY,DEVICE_NAME,pclient);
if (NULL == h_ota) {
    rc = -1;
    printf("initialize OTA failed\n");
}
```

2) 上報版本編號。

在 OTA 模組初始化之後，呼叫 IoT_OTA_ReportVersion 介面上報當前韌體的版本編號，升級成功後重新啟動並執行新韌體，使用該介面上報新韌體版本編號，雲端與 OTA 升級任務的版本編號比較成功後，提示 OTA 升級成功。範例程式如下：

```
if (0 != IoT_OTA_ReportVersion(h_ota,"version2.0")) {
    rc = -1;
    printf("report OTA version failed\n");
}
```

3) 下載韌體

MQTT 通道獲取 OTA 韌體下載的 URL 後，使用 HTTPS 下載韌體，邊下載邊儲存到 Flash OTA 分區。

```
IoT_OTA_IsFetching()        // 介面：用於判斷是否有韌體可下載
IoT_OTA_FetchYield()        // 介面：用於下載一個韌體區塊
IoT_OTA_IsFetchFinish()     // 介面：用於判斷是否已下載完成
```

範例程式如下：

```
// 判斷是否有韌體可下載
if (IoT_OTA_IsFetching(h_ota)) {
```

```
    unsigned char buf_ota[OTA_BUF_LEN];
    uint32_t len,size_downloaded,size_file;
    do {
      // 循環下載韌體
      len = IoT_OTA_FetchYield(h_ota,buf_ota,OTA_BUF_LEN,1);
      if (len>0) {
        // 寫入 Flash 等記憶體中（邊下載邊儲存）
      }
    } while (!IoT_OTA_IsFetchFinish(h_ota));// 判斷韌體是否下載完畢
}
```

4) 上報下載狀態

使用 IoT_OTA_ReportProgress 介面上報韌體下載進度。

```
if (percent - last_percent>0) {
IoT_OTA_ReportProgress(h_ota,percent,NULL);
}
IoT_MQTT_Yield(pclient,100);
```

5) 判斷下載韌體是否完整

韌體下載完成後，使用 IoT_OTA_Ioctl 介面驗證韌體的完整性。

```
int32_t firmware_valid;
IoT_OTA_Ioctl(h_ota,IoT_OTAG_CHECK_FIRMWARE,&firmware_valid,4);
if (0 == firmware_valid) {
   printf("The firmware is invalid\n");
} else {
   printf("The firmware is valid\n");
}
```

6) 銷毀 OTA 連接

使用 IoT_OTA_Deinit 銷毀 OTA 連接並釋放記憶體。

### 8.2.7 API 說明

本小節介紹幾個重要的 iotkit-embedded API 使用說明，相關 API 描述資訊來自阿里雲，更多詳細內容參閱 iotkit-embedded wiki。

網址：https://github.com/aliyun/iotkit-embedded/wiki。

### 1. 基礎 API

1) IoT_OpenLog

函數程式如下：

```
voidIoT_OpenLog(const char *ident);
```

介面説明：

日誌系統的初始化函數，本介面被呼叫後，SDK 才有可能向終端列印日誌文字，但列印的文字詳細程度還是由 IoT_SetLogLevel() 確定，預設情況下無日誌輸出。

參數説明

const char*ident：日誌的識別符號字串，例如：IoT_OpenLog("linkkit")。

返回值：

無返回值。

2) IoT_CloseLog

函數程式如下：

```
void IoT_CloseLog(void);
```

介面説明：

日誌系統的銷毀函數，本介面被呼叫後，SDK 停止向終端列印任何日誌文字，但之後可以呼叫 IoT_OpenLog() 介面重新啟動日誌輸出，關閉和重新啟動日誌系統之後，需要重新呼叫 IoT_SetLogLevel() 介面設定日誌等級，否則日誌系統雖然啟動了，但也不會輸出文字。

3) IoT_SetLogLevel

函數程式如下：

```
voidIoT_SetLogLevel(IoT_LogLevel level);
```

介面說明：

日誌系統的日誌等級設定函數，本介面用於設定 SDK 的日誌顯示等級，需要在呼叫 IoT_OpenLog() 後被呼叫。

參數說明：

IoT_LogLevel level：需要顯示的日誌等級。

返回值說明：

無返回值。

參數附加說明：

```
typedef enum _IoT_LogLevel {
IoT_LOG_EMERG = 0,
IoT_LOG_CRIT,
IoT_LOG_ERROR,
IoT_LOG_WARNING,
IoT_LOG_INFO,
IoT_LOG_DEBUG,
} IoT_LogLevel;
```

4) IoT_DumpMemoryStats

函數程式如下：

```
void IoT_DumpMemoryStats(IoT_LogLevel level);
```

介面說明：

該介面可顯示出 SDK 各模組的記憶體使用情況，當 WITH_MEM_STATS=1 時生效，顯示等級設定得越高，顯示的資訊就越多。

參數說明：

IoT_LogLevel level：需要顯示的日誌等級。

返回值說明：

無返回值。

5) IoT_SetupConnInfo

函數程式如下：

```
int IoT_SetupConnInfo(const char *product_key,
                      const char *device_name,
                      const char *device_secret,
                      void **info_ptr);
```

介面說明：

在連接雲端之前，需要做一些認證流程，如一型一密獲取 DeviceSecret 或根據當前所選認證模式向雲端進行認證。

該介面在 SDK 基礎版中需要在連接雲端之前由使用者顯性呼叫，而在進階版中 SDK 會自動進行呼叫，不需要使用者顯性呼叫。

參數說明：

const char *product_key：裝置三元組的 ProductKey。

const char *device_name：裝置三元組的 DeviceName。

const char *device_secret：裝置三元組的 DeviceSecret。

void **info_ptr：該 void** 資料類型為 iotx_conn_info_t，在認證流程透過後，會得到雲端的相關資訊，用於建立與雲端連接時使用。

返回值說明：

0：成功。

<0：失敗。

參數附加說明：

```
typedef struct {
    uint16_t port;
    char            host_name[HOST_ADDRESS_LEN + 1];
    char            client_id[CLIENT_ID_LEN + 1];
    char            username[USER_NAME_LEN + 1];
    char            password[PASSWORD_LEN + 1];
```

```
    const char      *pub_key;
} iotx_conn_info_t,*iotx_conn_info_pt;
```

6) IoT_Ioctl

函數程式如下：

```
int IoT_Ioctl(int option, void *data);
```

介面説明：

在 SDK 連接雲端之前，使用者可用此介面進行 SDK 部分參數的設定或獲取，如連接的 region 是否使用一型一密等。

該介面在基礎版和進階版中均適用，需要注意的是，該介面需要在 SDK 建立網路連接之前呼叫關於一型一密。

參數説明：

int option：選擇需要設定或獲取的參數。

void *data：在設定或獲取參數時需要的 buffer，依據 option 而定。

返回值説明：

0：成功。

<0：失敗。

參數附加説明：

```
typedef enum {
IoTX_IOCTL_SET_DOMAIN,         /* value(int*):iotx_cloud_domain_types_t */
IoTX_IOCTL_GET_DOMAIN,              /* value(int*) */
IoTX_IOCTL_SET_DYNAMIC_REGISTER,  /* value(int*):0 - Disable Dynamic
                                  Register,1 - Enable Dynamic Register */
IoTX_IOCTL_GET_DYNAMIC_REGISTER   /* value(int*) */
} iotx_ioctl_option_t;
```

IoTX_IOCTL_SET_DOMAIN：設定需要存取的 region，data 為 int * 類型，設定值如下：

```
IoTX_CLOUD_DOMAIN_SH, 華東 2(上海)
IoTX_CLOUD_DOMAIN_SG, 新加坡
IoTX_CLOUD_DOMAIN_JP, 日本(東京)
IoTX_CLOUD_DOMAIN_US, 美國(矽谷)
IoTX_CLOUD_DOMAIN_GER, 德國(法蘭克福)
IoTX_IOCTL_GET_DOMAIN: 獲取當前的 region,data 為 int * 類型
```

IoTX_IOCTL_SET_DYNAMIC_REGISTER：設定是否需要直連裝置動態註冊(一型一密)，data 為 int * 類型，設定值如下：

0：不使用自連裝置動態註冊。
1：使用直連裝置動態註冊。

IoTX_IOCTL_GET_DYNAMIC_REGISTER：獲取當前裝置註冊方式，data 為 int * 類型。

## 2. MQTT API

1) IoT_MQTT_Construct
函數程式如下：

```
void *IoT_MQTT_Construct(iotx_mqtt_param_t *pInitParams)
```

介面說明：
與雲端建立 MQTT 連接，入參 pInitParams 為 NULL 時將使用預設參數建立連接。

參數說明：
iotx_mqtt_param_t *pInitParams：MQTT 初始化參數，填寫 NULL 時將以預設參數建立連接。

返回值說明：
NULL：失敗。
非 NULLMQTT：控制碼。

參數附加說明：

```
typedef struct {
uint16_tport;
const char                   *host;
const char                   *client_id;
const char                   *username;
const char                   *password;
const char                   *pub_key;
const char                   *customize_info;
uint8_t                      clean_session;
uint32_t                     request_timeout_ms;
uint32_t                     keepalive_interval_ms;
uint32_t                     write_buf_size;
uint32_t                     read_buf_size;
iotx_mqtt_event_handle_t     handle_event;
} iotx_mqtt_param_t,*iotx_mqtt_param_pt;

port:雲端伺服器通訊埠
host:雲端伺服器位址
client_id:MQTT 用戶端 ID
username:登入 MQTT 伺服器用戶名
password:登入 MQTT 伺服器密碼
pub_key:MQTT 連接加密方式及金鑰
clean_session:選擇是否使用 MQTT 的 clean session 特性
request_timeout_ms:MQTT 訊息發送的逾時
keepalive_interval_ms:MQTT 心跳逾時
write_buf_size:MQTT 訊息發送 buffer 最大長度
read_buf_size:MQTT 訊息接收 buffer 最大長度
handle_event:使用者回呼函數，用於接收 MQTT 模組的事件資訊
customize_info:使用者自訂上報資訊，是以逗點為分隔符號 kv 字串，如使用者的
廠商資訊，模組資訊自訂字串為 "pid=123456,mid=abcd";
pInitParams 結構的成員設定為 0 或 NULL 時將使用內部預設參數
```

2) IoT_MQTT_Destroy

函數程式如下：

```
int IoT_MQTT_Destroy(void **phandle);
```

介面說明：

銷毀指定 MQTT 連接並釋放資源。

參數說明：

void **phandle：MQTT 控制碼，可為 NULL。

返回值說明：

0：成功。

<0：失敗。

3) IoT_MQTT_Yield

函數程式如下：

```
int IoT_MQTT_Yield(void *handle, int timeout_ms);
```

介面說明：

用於接收網路封包並將訊息分發到使用者的回呼函數中。

參數說明：

void *handle：MQTT 控制碼，可為 NULL。

int timeout_ms：嘗試接收封包的逾時。

返回值說明：

0：成功。

4) IoT_MQTT_CheckStateNormal

函數程式如下：

```
int IoT_MQTT_CheckStateNormal(void *handle);
```

介面說明：

獲取當前 MQTT 連接狀態。

參數說明：

void *handle：MQTT 控制碼，可為 NULL。

返回值說明：

0：未連接。

1：已連接。

5) IoT_MQTT_Subscribe

函數程式如下：

```
int IoT_MQTT_Subscribe(void *handle,
                       const char *topic_filter,
                       iotx_mqtt_qos_t qos,
                       iotx_mqtt_event_handle_func_fpt topic_handle_func,
                       void *pcontext);
```

介面說明：

向雲端訂閱指定的 MQTT Topic。

參數說明：

void *handle：MQTT 控制碼，可為 NULL。

const char *topic_filter：需要訂閱的 topic。

iotx_mqtt_qos_t qos：採用的 QoS 策略。

iotx_mqtt_event_handle_func_fpttopic_handle_func：用於接收 MQTT 訊息的回呼函數。

void *pcontext：使用者 Context，會透過回呼函數送回。

返回值說明：

0：成功。

<0：失敗。

6) IoT_MQTT_Subscribe_Sync

函數程式如下：

```
int IoT_MQTT_Subscribe_Sync(void *handle,
                      const char *topic_filter,
                      iotx_mqtt_qos_t qos,
                      iotx_mqtt_event_handle_func_fpt topic_handle_func,
                      void *pcontext,
                      int timeout_ms);
```

介面說明：

向雲端訂閱指定的 MQTT Topic，該介面為同步介面。

參數說明：

void *handle：MQTT 控制碼，可為 NULL。

const char *topic_filter：需要訂閱的 Topic。

iotx_mqtt_qos_t qos：採用的 QoS 策略。

iotx_mqtt_event_handle_func_fpttopic_handle_func：用於接收 MQTT 訊息的回呼函數。

void *pcontext：使用者 Context，會透過回呼函數送回。

int timeout_ms：該同步介面的逾時。

返回值說明：

0：成功。

<0：失敗。

7) IoT_MQTT_Unsubscribe

函數程式如下：

```
int IoT_MQTT_Unsubscribe(void *handle, const char *topic_filter);
```

介面說明：

向雲端取消訂閱指定的 Topic。

參數說明：

void *handle：MQTT 控制碼，可為 NULL。

const char *topic_filter：需要取消訂閱的 Topic。

返回值說明：

0：成功。

<0：失敗。

8) IoT_MQTT_Publish

函數程式如下：

```
int IoT_MQTT_Publish(void *handle, const char *topic_name,
iotx_mqtt_topic_info_pt topic_msg);
```

介面說明：

向指定 topic 推送訊息。

參數說明：

void *handle：MQTT 控制碼，可為 NULL。

const char *topic_name：接收此推送訊息的目標 topic。

iotx_mqtt_topic_info_pt topic_msg：需要推送的訊息。

返回值說明：

>0：成功 ( 當訊息是 QoS1 時，返回值就是這個上報封包的 MQTT 訊息 ID 對應協定裡的 messageId)。

0：成功 ( 當訊息是 QoS0 時 )。

<0：失敗。

9) IoT_MQTT_Publish_Simple

函數程式如下：

```
int IoT_MQTT_Publish_Simple(void *handle, const char *topic_name, int
qos, void *data, int len)
```

介面說明：

向指定 Topic 推送訊息。

參數說明：

void *handle：MQTT 控制碼，可為 NULL。

const char *topic_name：接收此推送訊息的目標 Topic。

int qos：採用的 QoS 策略。

void *data：需要發送的資料。

int len：資料長度。

返回值說明：

>0：成功 ( 當訊息是 QoS1 時，返回值就是這個上報封包的 MQTT 訊息 ID 對應協定裡的 messageId)。

0：成功 ( 當訊息是 QoS0 時 )。

<0：失敗。

## 8.3 中國移動物聯網開放平台 OneNET 開發

OneNET 是中國移動打造的高效、穩定、安全的物聯網開放平台。OneNET 的官網位址是 https://open.iot.10086.cn。讀者可以先登入 OneNET 官網並註冊帳號。

### 8.3.1 資源模型

OneNET 資源模型主要分為 3 層：使用者、產品、裝置。模型框架如圖 8.35 所示。

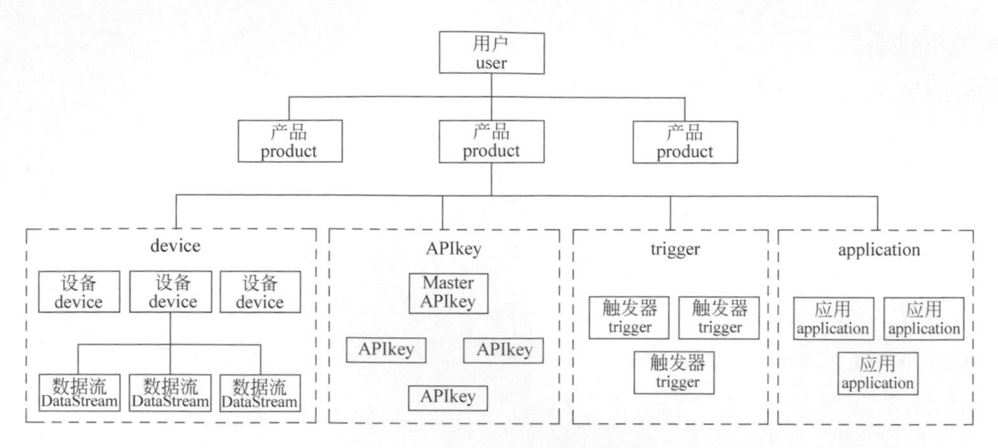


圖 8.35 OneNET 資源模型

### 1. 產品 (product)

使用者的最大資源集為產品，產品下資源包括裝置、裝置資料、裝置許可權、資料觸發服務及以裝置資料為基礎的應用等多種資源，使用者可以創建多個產品。

### 2. 裝置 (device)

裝置為真實終端在平台的映射，真實終端連接平台時，需要與平台裝置建立一一對應關係，終端上傳的資料被儲存在資料流程中，裝置可以擁有一個或多個資料流程。

### 3. 資料流程與資料點

資料流程用於存放裝置的某一類屬性資料，例如溫度、濕度、座標等資訊；平台要求裝置上傳並儲存資料時，必須以 key-value 的格式上傳資料，其中 key 為資料流程名稱，value 為實際儲存的資料點，value 格式可以為 int、float、string、json 等多種自訂格式。

### 4. APIkey

APIkey 為使用者進行 API 呼叫時的金鑰，使用者存取產品資源時，必須使用該產品目錄下對應的 APIkey。

**5. 觸發器 (trigger)**

觸發器為產品目錄下的訊息服務，可以進行以資料流程為基礎的簡單邏輯判斷並觸發 HTTP 請求或郵件。

**6. 應用 (application)**

應用編輯服務，支援使用者以拖曳控制項並連結裝置資料流程的方式生成簡易網頁展示等應用。

## 8.3.2 創建產品

(1) 登入 OneNET 官網，註冊完帳號後，點擊右上角的「開發者中心」按鈕，如圖 8.36 所示。

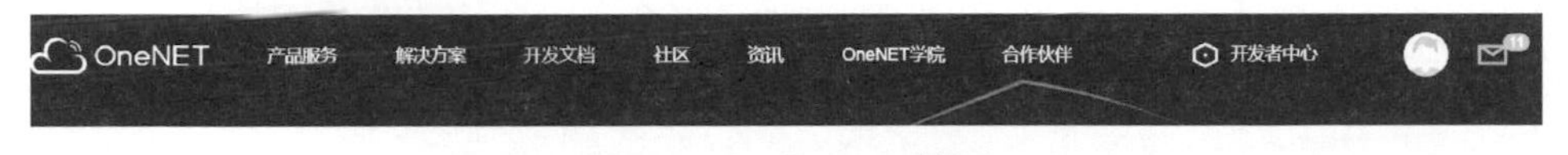


圖 8.36　OneNET 首頁

(2) 將滑鼠移到左上角的圖示，網站會自動彈出 OneNET 支援的全部產品，點擊「多協定連線」按鈕，如圖 8.37 所示。

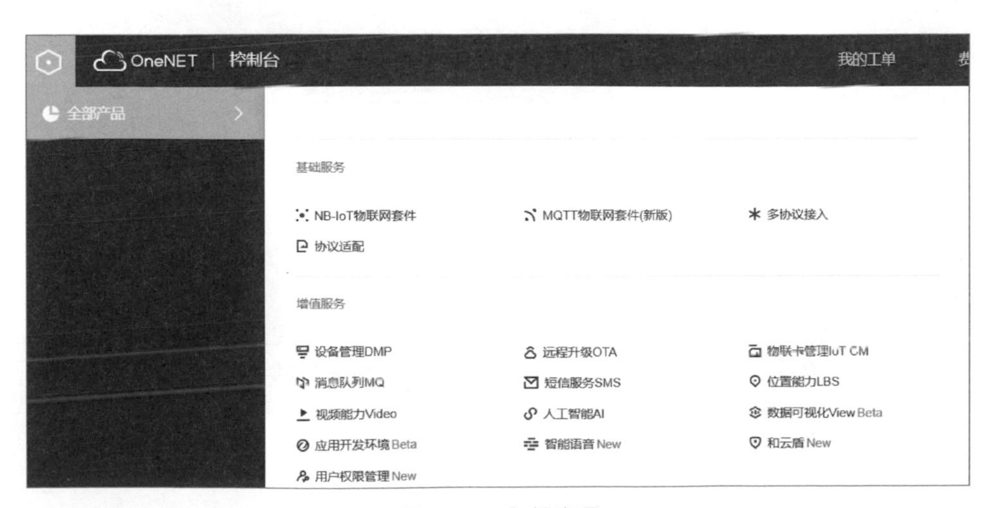


圖 8.37　全部產品

（3）點擊「MQTT( 舊版 )」按鈕，再點擊「增加產品」按鈕，如圖 8.38 所示。

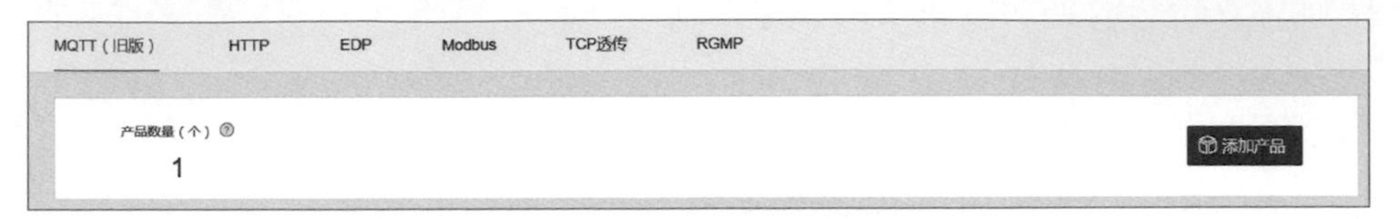


圖 8.38　多協定連線介面

（4）輸入「產品名稱」，選擇「產品產業」和「產品類別」，如圖 8.39 所示。

产品信息
*产品名称：
test_mqtt
*产品行业：
智能家居
*产品类别：
家用电器
生活电器
家用机器人
产品简介：
1-200个字符

圖 8.39　產品資訊

（5）繼續填寫技術參數部分。如果開發的產品使用行動網路 (2G、4G、5G、NB-IoT) 連線 OneNET，則聯網方式選擇「移動蜂巢網路」，否則選 WiFi。

裝置連線協定選擇「MQTT( 舊版 )」，作業系統選「無」。

網路電信業者可以根據自己的寬頻情況選擇，如果不知道如何選擇則選擇「其他」。

填寫完畢後點擊「確定」按鈕，如圖 8.40 所示。

圖 8.40　設定技術參數

（6）創建完畢後，可以在產品清單中看到我們剛才創建的 test_mqtt 產品，如圖 8.41 所示。

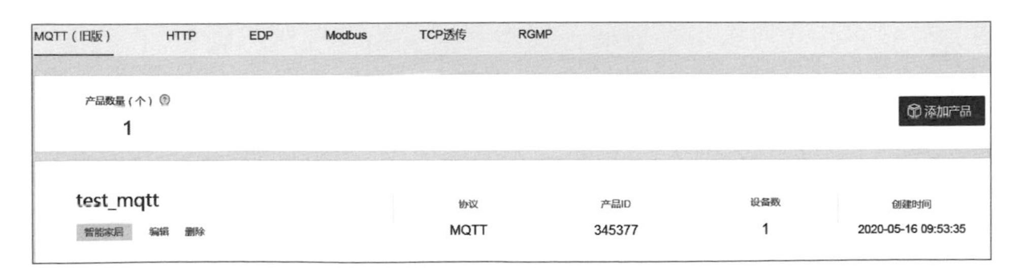


圖 8.41　產品清單

## 8.3.3 創建裝置

（1）在產品清單中點擊產品名 ( 例如本書創建的是 test_mqtt)，進入產品概述頁面，在這裡我們可以查看產品 ID 和 Master-APIkey。這兩個資料我們要記錄下來，後面會用到。如圖 8.42 所示。

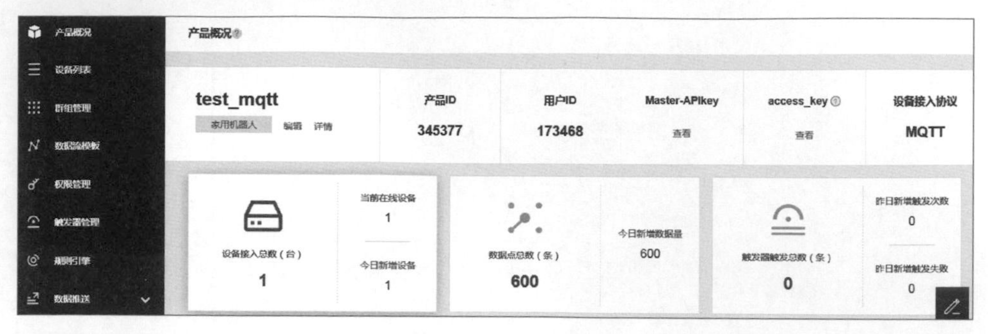


圖 8.42　產品概述

（2）點擊左側的「裝置清單」按鈕，進入裝置清單後，點擊右側的「增加裝置」按鈕，如圖 8.43 所示。

圖 8.43　裝置列表 1

（3）在增加裝置列表中，填寫「裝置名稱」和「身份驗證資訊」，如圖 8.44 所示。

圖 8.44　增加新裝置

(4) 創建完裝置後，可以在裝置列表中看到我們剛才創建的裝置，點擊「詳情」按鈕，如圖 8.45 所示。

圖 8.45 裝置列表 2

(5) 點擊「增加 APIKey」按鈕，如圖 8.46 所示。

test001 离线 编辑

设备ID 597952816 复制

创建时间 2020-05-16 11:16:50 复制

鉴权信息 202005160951 复制

接入方式 MQTT

数据保密性 私密

API地址 http://api.heclouds.com/devices/597952816 复制

APIKey 添加APIKey

设备描述

设备标签

设备位置

圖 8.46 裝置詳情 1

（6）根據自己的需求，可以自由填寫 APIkey，如圖 8.47 所示。

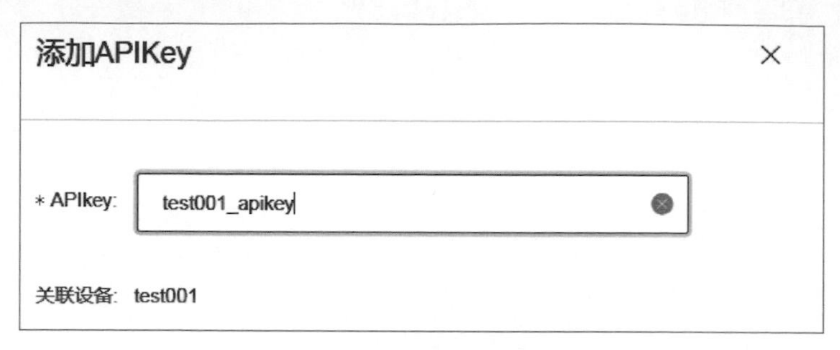


圖 8.47　增加 APIKey

（7）填寫完 APIkey 後，可以看到裝置詳情頁中已經有了 APIkey 內容了。記錄下裝置 ID、身份驗證資訊、APIKey 三項內容，後面需要用到。如圖 8.48 所示。

test001　离线　编辑

| | | | |
|---|---|---|---|
| 设备ID | 597952816 | 复制 | |
| 创建时间 | 2020-05-16 11:16:50 | 复制 | |
| 鉴权信息 | 202005160951 | 复制? | |
| 接入方式 | MQTT | | |
| 数据保密性 | 私密? | | |
| API地址 | http://api.heclouds.com/devices/597952816 | 复制? | |
| APIKey | zgQdlB5y3Bi9pNd2bUYmS8TJHIY= | 添加APIKey | 复制? |
| 设备描述 | | | |
| 设备标签 | ? | | |
| 设备位置 | ? | | |

圖 8.48　裝置詳情 2

## 8.3.4 裝置連線 OneNET

### 1. 簡介

RT-Thread 提供一套 OneNET 軟體套件，透過該軟體套件，裝置可以非常方便地連接上 OneNET 平台，完成資料的發送、接收、裝置註冊和控制等功能。

RT-Thread OneNET 軟體套件功能特點如下：

（1）斷線重連

RT-Thread OneNET 軟體套件實現了斷線重連機制，在斷網或網路不穩定導致連接斷開時，軟體會維護登入狀態，重新連接，並自動登入 OneNET 平台。提高連接的可靠性，增加了軟體套件的便利性。

（2）自動註冊

RT-Thread OneNET 軟體套件實現了裝置自動註冊功能。不需要在 Web 頁面上手動地一個一個創建裝置、輸入裝置名稱和身份驗證資訊。當開啟裝置註冊功能後，裝置在第一次登入 OneNET 平台時，會自動呼叫註冊函數向 OneNET 平台註冊裝置，並將返回的裝置資訊保存下來，用於下次登入。

（3）自訂回應函數

RT-Thread OneNET 軟體套件提供了一個命令回應回呼函數，當 OneNET 平台下發命令後，RT-Thread 會自動呼叫命令回應回呼函數，使用者處理完命令後，返回要發送的回應內容，RT-Thread 會自動將回應發回 OneNET 平台。

（4）自訂 Topic 和回呼函數

RT-Thread OneNET 軟體套件除了可以回應 OneNET 官方 Topic 下發的命令外，還可以訂閱使用者自訂的 Topic，並為每個 Topic 單獨設定一個命令處理回呼函數。方便使用者開發自訂功能。

（5）上傳二進位資料

RT-Thread OneNET 軟體套件除了支援上傳數字和字串外，還支援二進位檔案上傳。當啟用了 RT-Thread 的檔案系統後，可以直接將檔案系統內的檔案以二進位的方式上傳至雲端。

### 2. 設定

打開 Env 工具，輸入 menuconfig 開啟 OneNET，設定項目位於：RT-Thread online packages → IoT - internet of things → IoT Cloud → OneNET，如圖 8.49 所示。

```
[*] OneNET: China Mobile OneNet cloud SDK for RT-Thread  --->
[ ] GAgent: GAgent of Gizwits in RT-Thread  ----
[ ] Ali-iotkit:  Ali Cloud SDK for IoT platform  ----
[ ] Azure IoT SDK: Microsoft azure cloud SDK for RT-Thread  ----
[ ] Tencent-iotkit:  Tencent Cloud SDK for IoT platform  ----
```

圖 8.49　menuconfig 設定

建議在開啟 OneNET 的同時，把 ali-iotkit 軟體套件去掉，避免衝突。

按空格選中 OneNET 之後，按確認鍵進入 OneNET 詳細設定項目，填寫裝置相關資訊，如圖 8.50 所示。

```
--- OneNET: China Mobile OneNet cloud SDK for RT-Thread
[*]    Enable OneNET sample
[*]    Enable support MQTT protocol
[ ]    Enable OneNET automatic register device
(597939283) device id
(202005160951) auth info
(O7RyWS2=CnKA4eA2OYdtudW8hR8=) api key
(345377) product id
(gwaK2wJT5wgnSbJYz67CVRGvwkI=) master/product apikey
       version (latest)  --->
```

圖 8.50　OneNET 詳細設定項目

（1）device id：填寫圖 8.48 的裝置 ID。

（2）auth info：填寫圖 8.48 的身份驗證資訊。

（3）api key：填寫圖 8.48 的 APIKey。

（4）product id：填寫圖 8.42 的產品 ID。

（5）master/product apikey 填寫圖 8.42 的 Master-APIkey。

設定完畢後退出 menuconfig，輸入 pkgs --update 下載並更新 OneNET 軟體套件。再輸入 scons --target=mdk5 建構開發專案。

打開 Chapter8\rt-thread\bsp\stm32\stm32f407-atk-explorer\projcct.uvprojx 專案檔案，可以看到 Project 中多了 onenet 資料夾，此資料夾裡面存放了 OneNET 軟體套件的程式，如圖 8.51 所示。

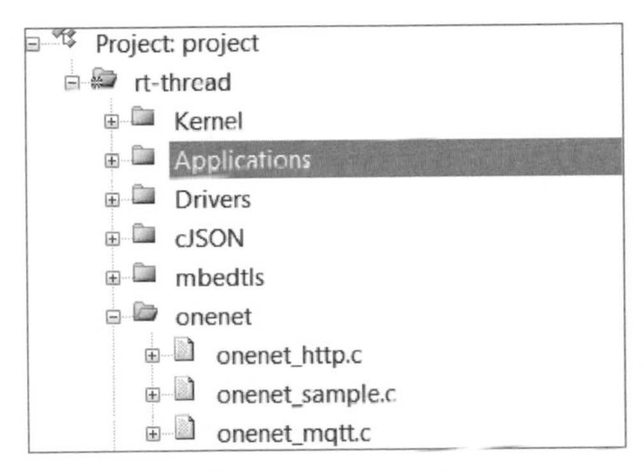


圖 8.51　開發專案

### 3. 上傳實驗

（1）先查看裝置列表，此時可以注意到裝置是處於離線狀態，如圖 8.52 所示。

圖 8.52　裝置狀態

（2）編譯並下載程式，打開序列埠工具，輸入 onenet_mqtt_init 命令並發送，開發板會自動連接 OneNET 平台，有以下列印資訊則表示開發板連接成功，否則需要檢查一下網路狀態和裝置資訊是否正確。

```
msh />
msh />[32m[I/mqtt] MQTT server connect success.
[0m[D/onenet.mqtt] Enter mqtt_online_callback!
```

（3）成功連接上 OneNET 平台之後，我們可以查看 OneNET 的裝置清單頁面，可以看到裝置此時是線上狀態，如圖 8.53 所示。

| 设备ID | 设备名称 | 设备状态 |
|---|---|---|
| 597952816 | test001 | 在线 |

圖 8.53　裝置列表

（4）讀者可以輸入 onenet_upload_cycle 命令並發送，此時開發板會每隔 5s 向資料流程 temperature 上傳一個隨機值，並將上傳的資料列印到序列埠，列印資訊如下：

```
[D/onenet.sample] buffer :{"temperature":60}
[D/onenet.sample] buffer :{"temperature":67}
[D/onenet.sample] buffer :{"temperature":7}
[D/onenet.sample] buffer :{"temperature":64}
[D/onenet.sample] buffer :{"temperature":48}
```

（5）在 OneNET 的裝置列表中，點擊「資料流程」按鈕，進入資料流程頁面，如圖 8.54 所示。

| 设备ID | 设备名称 | 设备状态 | 最后在线时间 | 操作 |
|---|---|---|---|---|
| 597952816 | test001 | 在线 | 2020-05-16 17:33:07 | 详情　数据流　更多操作 ∨ |

圖 8.54　裝置列表

（6）點擊「即時刷新」開關按鈕，開啟資料流程即時刷新功能，可以看到 temperature 項資料和開發板上傳的資料一致，如圖 8.55 所示。

圖 8.55　資料流程展示

（7）點擊 temperature 資料項目，可以打開資料圖表，可以用聚合線圖的方式展示資料的變化情況。同樣，可以把「即時刷新」開關按鈕打開，如圖 8.56 所示。

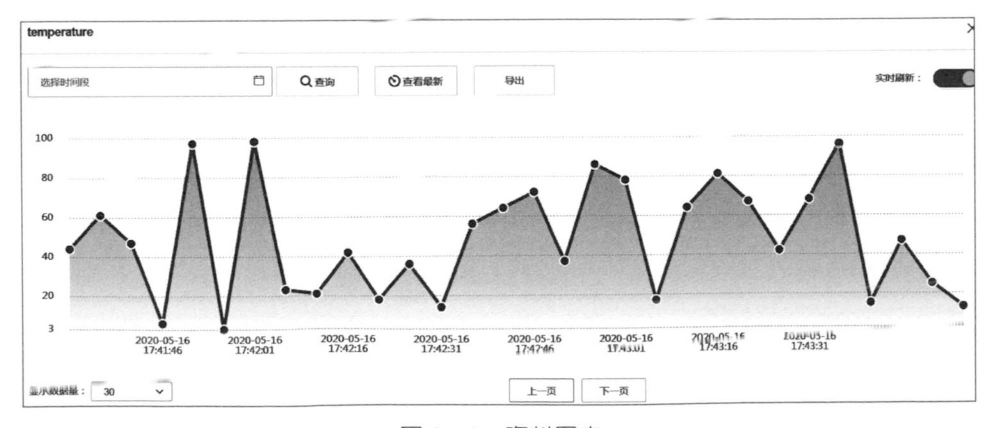


圖 8.56　資料圖表

#### 4. 接收實驗

（1）在輸入 onenet_mqtt_init 命令初始化時，回應回呼函數預設指向了空，想要接收命令，必須設定命令回應回呼函數，在序列埠中輸入命令 onenet_set_cmd_rsp，這個回應函數在接收到命令後會把命令列印出來。

```
msh />onenet_set_cmd_rsp
```

（2）在 OneNET 的裝置清單頁面，點擊「下發命令」按鈕，如圖 8.57 所示。

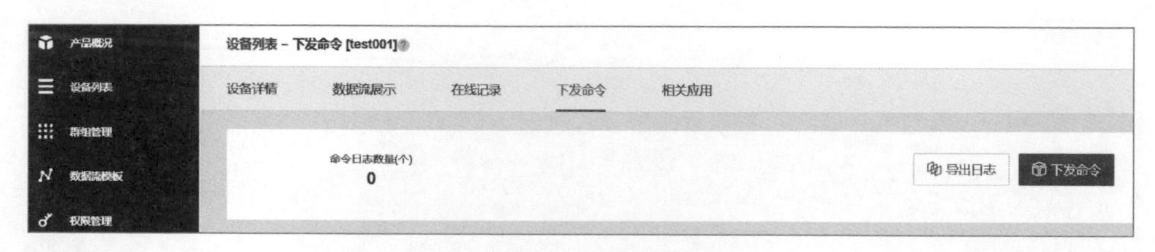


圖 8.57　裝置列表

（3）選中「字串」選項按鈕，輸入 hello stm32f407 內容，點擊「發送」按鈕，如圖 8.58 所示。

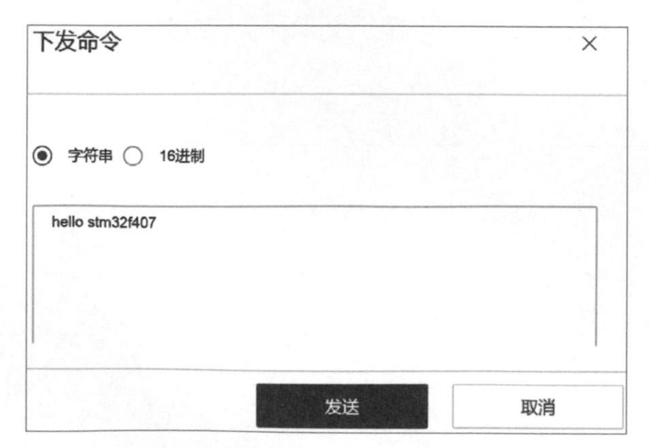


圖 8.58　下發命令

（4）查看序列埠資料，可以看到以下列印資訊，說明開發板可以成功接收到 OneNET 的下發內容。

```
 [D/onenet.mqtt] topic $creq/9314b94e-cf9a-54c0-ab2e-5cd8fa6fb8bf
receive a message
 [D/onenet.mqtt] message length is 15
 [D/onenet.sample] recv data is hello stm32f407
```

## 8.3.5 OneNET 軟體套件指南

### 1. OneNET 初始化

在 Env 裡面已經設定好了連接雲端平台需要的各種資訊，直接呼叫 onenet_mqtt_init 函數進行初始化即可，裝置會自動連接到 OneNET 平台。

### 2. 推送資料

當需要上傳資料時，可以按照資料類型選擇對應的 API 來上傳資料。範例程式如下：

```
char str[] = { "hello world" };

/* 獲得溫度值 */
temp = get_temperature_value();
/* 將溫度值上傳到 temperature 資料流程 */
onenet_mqtt_upload_digit("temperature",temp);

/* 將 hello world 上傳到 string 資料流程 */
onenet_mqtt_upload_string("string",str);
```

除了支援上傳數字和字串外，軟體套件還支援上傳二進位檔案。

可以透過 onenet_mqtt_upload_bin 或 onenet_mqtt_upload_bin_by_path 來上傳二進位檔案。範例程式如下：

```
uint8_t buf[] = {0x01,0x02,0x03};

/* 將根目錄下的 1.bin 檔案上傳到 bin 資料流程 */
onenet_mqtt_upload_bin_by_path("bin","/1.bin");
```

```
/* 將 buf 中的資料上傳到 bin 資料流程 */
onenet_mqtt_upload_bin(("bin",buf,3);
```

### 3. 命令接收

OneNET 支援下發命令，命令是使用者自訂的。使用者需要自己實現命令回應回呼函數，然後利用 onenet_set_cmd_rsp_cb 將回呼函數載入。當裝置收到平台下發的命令後，會呼叫使用者實現的命令回應回呼函數，等待回呼函數執行完成後，將回呼函數返回的回應內容再發給雲端平台。保存回應的記憶體必須是動態申請出來的，在發送完回應後，程式會自動釋放申請的記憶體。範例程式如下：

```
static void onenet_cmd_rsp_cb(uint8_t *recv_data,size_t recv_size,
uint8_t **resp_data,
size_t *resp_size)
{
    /* 申請記憶體 */
    /* 解析命令 */
    /* 執行動作 */
    /* 返回回應 */
}

int main()
{
    /* 使用者程式 */
    onenet_mqtt_init();
    onenet_set_cmd_rsp_cb(onenet_cmd_rsp_cb);
    /* 使用者程式 */
}
```

### 4. 資訊獲取

（1）資料流程資訊獲取

使用者可以透過 onenet_http_get_datastream 來獲取資料流程的資訊，包括資料流程 id、資料流程最後更新時間、資料流程單位、資料流程當前值等，獲取的資料流程資訊會保存在傳入的 datastream 結構指標所指向的結構中。範例程式如下：

```
struct rt_onenet_ds_info ds_temp;

/* 獲取 temperature 資料流程的資訊後保存到 ds_temp 結構中 */
onenet_http_get_datastream("temperature",ds_temp);
```

（2）資料點資訊獲取

資料點資訊可以透過以下 3 個 API 來獲取：

```
cJSON *onenet_get_dp_by_limit(char *ds_name,size_t limit);
cJSON *onenet_get_dp_by_start_end(char *ds_name,uint32_t start,uint32_t
end,size_t limit);
cJSON *onenet_get_dp_by_start_duration(char *ds_name,uint32_t start,
size_t duration,size_t limit);
```

這 3 個 API 返回的都是 cJSON 格式的資料點資訊，其區別只是查詢的方法不一樣，下面透過範例來講解如何使用這 3 個 API。

```
/* 獲取 temperature 資料流程的最後 10 個資料點資訊 */
dp = onenet_get_dp_by_limit("temperature",10);

/* 獲取 temperature 資料流程 2018 年 7 月 19 日 14 點 50 分 0 秒到 2018 年 7 月 19
日 14 點 55 分 20s 的前 10 個資料點資訊 */
/* 第二、第三個參數是 UNIX 時間戳記 */
dp = onenet_get_dp_by_start_end("temperature",1531983000，1531983320，10);

/* 獲取 temperature 資料流程 2018 年 7 月 19 日 14 點 50 分 0 秒往後 50s 內的前 10
個資料點資訊 */
/* 第二個參數是 UNIX 時間戳記 */
dp = onenet_get_dp_by_start_end("temperature",1531983000，50，10);
```

**注意**

設定命令回應回呼函數之前必須先呼叫 onenet_mqtt_init() 函數，在初始化函數裡會將回呼函數指向 RT_NULL。

命令回應回呼函數裡存放回應內容的 buffer 必須是 malloc 出來的，在發送完回應內容後，程式會將這個 buffer 釋放掉。

## 8.3.6 OneNET 軟體套件移植說明

OneNET 軟體套件已經將硬體平台相關的特性剝離了出去，因此 OneNET 本身需要移植的工作非常少，如果不啟用自動註冊功能就不需要移植任何介面。

如果啟用了自動註冊，使用者需要新建 onenet_port.c，並將檔案增加至專案。onenet_port.c 主要在實現開啟自動註冊後，獲取註冊資訊、獲取裝置資訊和保存裝置資訊等功能。介面定義程式如下：

```
/* 檢查是否已經註冊 */
rt_bool_t onenet_port_is_registed(void);
/* 獲取註冊資訊 */
rt_err_t onenet_port_get_register_info(char *dev_name,char *auth_info);
/* 保存裝置資訊 */
rt_err_t onenet_port_save_device_info(char *dev_id,char *api_key);
/* 獲取裝置資訊 */
rt_err_t onenet_port_get_device_info(char *dev_id,char *api_key,char
*auth_info);
```

### 1. 獲取註冊資訊

獲取註冊資訊的函數程式如下：

```
rt_err_t onenet_port_get_register_info(char *ds_name, char *auth_info);
```

開發者只需要在該介面內，實現註冊資訊的讀取和複製即可。範例程式如下：

```
onenet_port_get_register_info(char *dev_name,char *auth_info)
{
    /* 讀取或生成裝置名稱和身份驗證資訊 */

    /* 將裝置名稱和身份驗證資訊分別複製到 dev_name 和 auth_info 中 */
}
```

## 2. 保存裝置資訊

保存裝置資訊的函數程式如下：

```
rt_err_t onenet_port_save_device_info(char *dev_id, char *api_key);
```

開發者只需要在該介面內，將註冊返回的裝置資訊保存在裝置裡即可，範例程式如下：

```
onenet_port_save_device_info(char *dev_id,char *api_key)
{
    /* 保存返回的 dev_id 和 api_key */

    /* 保存裝置狀態為已註冊狀態 */
}
```

## 3. 檢查是否已註冊

檢查是否已經註冊的函數程式如下：

```
rt_bool_t onenet_port_is_registed(void);
```

開發者只需要在該介面內，判斷返回本裝置是否已經在 OneNET 平台註冊即可，範例程式如下：

```
onenet_port_is_registed(void)
{
    /* 讀取並判斷裝置的註冊狀態 */

    /* 返回裝置是否已經註冊 */
}
```

### 4. 獲取裝置資訊

獲取裝置資訊的函數程式如下：

```
rt_err_t onenet_port_get_device_info(char *dev_id, char *api_key, char
*auth_info);
```

開發者只需要在該介面內，讀取並返回裝置資訊即可，範例程式如下：

```
onenet_port_get_device_info(char *dev_id,char *api_key,char *auth_info)
{
    /* 讀取裝置 id、api_key 和身份驗證資訊 */

    /* 將裝置 id、api_key 和身份驗證資訊分別複製到 dev_id、api_key 和
auth_info 中 */
}
```

Chapter

# 09

# IoT 模組開發

前幾章我們都是使用 STM32F407 的有線網路卡來連線網路，而實際應用中更多的是採用無線網路。

本章將介紹目前市場上應用比較多的幾種 IoT 模組，並在 STM32F407 開發板實現這些 IoT 模組的開發。主要用到的 IoT 模組有：

（1）WiFi 模組：ESP8266。

（2）2G 模組：SIM800A。

（3）4G 模組：移遠 EC20。

（4）NB-IoT 模組：移遠 BC20。

(編按：本章範例使用中國大陸網站，圖例維持簡體中文原文)

# 9.1 AT 指令

AT 指令是應用於終端裝置與 PC 應用之間的連接與通訊的指令，AT 即 Attention。

AT 指令在物聯網中應用得非常廣泛，無論是 WiFi 晶片，還是 2G、4G、NB-IoT，它們的通訊方式都是透過 AT 指令。故而本小節先簡單介紹一下 AT 指令。需要注意的是，不同的晶片之間的具體指令會有差異，讀者需要以對應晶片的 AT 指令說明文件為準。

AT 指令的優點如下：

（1）命令簡單易懂，並且採用標準序列埠來收發 AT 命令，這樣就對裝置控制大大簡化了，轉換成簡單序列埠程式設計了。

（2）AT 命令提供了一組標準的硬體介面──序列埠。較新的電信網路模組，幾乎採用序列埠硬體介面。

（3）AT 命令功能較全，可以透過一組命令完成裝置的控制，如完成呼叫、簡訊、電話簿、資料業務、傳真等。

## 9.1.1 發展歷史

AT 指令最早是由賀氏公司 (Hayes) 為了控制 Modem 而開發的控制協定。協定本身採用文字形式，每個命令都以 AT 開頭。

賀氏公司破產後，行動電話生產廠商諾基亞、易立信、摩托羅拉和 HP 共同為 GSM 研製了一整套 AT 指令，用來控制手機 GSM 模組。其中就包括對 SMS 的控制。AT 指令在此基礎上演化並被加入 GSM 07.05 標準及現在的 GSM07.07 標準。

在隨後的 GPRS 控制、3G 模組，以及工業上常用的 PDU，均採用 AT 指令集來控制，這樣 AT 指令在這一些產品上成為事實的標準。

現在 AT 指令已經廣泛應用在各種通訊模組，包括本章涉及的 WiFi、2G、4G、NB-IoT 模組等。

## 9.1.2 指令格式

AT 指令格式：AT 指令都以 "AT" 開頭，以 ( 即 "\r" 確認符號 ) 結束，模組執行後，序列埠預設的設定為：8 位元資料位元、1 位元停止位元、無同位檢查位元、無硬體流量控制 (CTS/RTS)。

> **注意**
>
> 發送 AT 指令 , 最後還要加上 "\n" 分行符號，這是序列埠終端要求。有一些命令後面可以加額外資訊，如電話號碼。

每個 AT 指令執行後，通常 DCE 都給狀態值，用於判斷指令執行的結果。

AT 返回狀態包括三種情況 OK、ERROR 和命令相關的錯誤原因字串，返回狀態前後都有一個字元。

(1) OK 表示 AT 指令執行成功。
(2) ERROR 表示 AT 指令執行失敗。
(3) NO DIAL TONE 只出現在 AT 指令返回狀態中，表示沒有撥號聲，這類返回狀態要查指令手冊。

還有一些指令本身是向 DCE 查詢資料，資料返回時，一般是 + 開頭指令。返回格式：

+ 指令：指令結果。

如．AT+CMGR=8( 獲取第 8 筆資訊 )

返回 +CMGR："REC UNREAD"，"+8613508485560"，"01/07/16，15:37:28+32"，Once more。

# 9.2 WiFi 模組 ESP8266

## 9.2.1 ESP8266 晶片簡介

ESP8266 晶片是樂鑫公司推出的一款針對物聯網應用的高性價比、高整合度的 WiFi MCU。目前在物聯網產業中應用廣泛，絕大多數低成本的 WiFi 方案使用的是 ESP8266 晶片，特別是行動裝置、可穿戴電子產品等。樂鑫官網：https://www.espressif.com/。

圖 9.1　ESP8266 晶片

ESP8266 晶片實物如圖 9.1 所示。

ESP8266 晶片的優點如下。

### 1. 超高性價比

ESP8266 晶片的價格為 5 元左右，模組為 10 元左右，性價比極高。特別是在物聯網的應用中，對價格特別敏感。ESP8266 晶片具有超強的性能，又具有極具性價比的價格，可以說是物聯網產品中最受歡迎的晶片之一。

### 2. 高性能

ESP8266EX 晶片內建超低功耗 Tensilica L10632 位元 RISC 處理器，CPU 時鐘頻率最高可達 160 MHz，支援即時作業系統 (RTOS) 和 WiFi 協定層，可將高達 80% 的處理能力留給應用程式設計和開發。

### 3. 高度整合

ESP8266EX 晶片整合了 32 位元 Tensilica 處理器、標準數位外接裝置介面、天線開關、射頻 Balun、功率放大器、低雜訊放大器、篩檢程式和電源管理模組等，僅需很少的週邊電路，可將 PCB 所佔空間降低。外接裝置包括 UART、GPIO、$I^2S$、$I^2C$、SDIO、PWM、ADC 和 SPI。

#### 4. 低功耗

ESP8266EX 晶片專為行動裝置、可穿戴電子產品和物聯網應用而設計，透過多項專有技術實現了超低功耗。ESP8266EX 晶片具有的省電模式適用於各種低功耗應用場景。

## 9.2.2 ESP8266 晶片開發模式

#### 1. MCU 開發模式

ESP8266 晶片內建 32 位元 RISC 處理器，屬於 MCU( 微處理器 )。讀者完全可以直接在 ESP8266 晶片上編寫程式和開發應用，具體資訊讀者可以參考本書提供的「附錄 A\學習資料 \2 ESP8266\ESP8266 程式設計指南 .pdf」檔案。

當 ESP8266 晶片作為 MCU 開發時，整個嵌入式硬體框架如圖 9.2 所示。

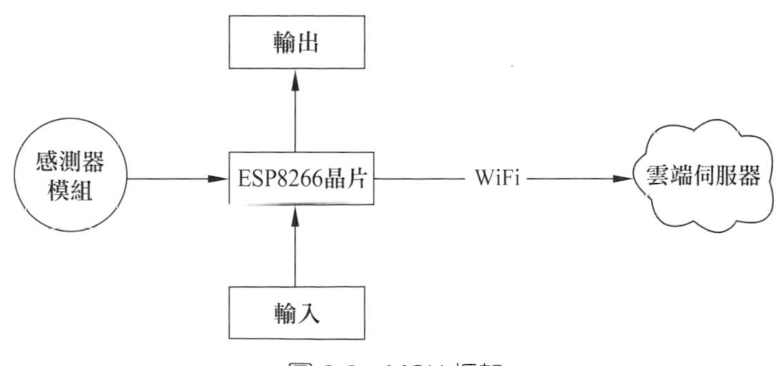


圖 9.2　MCU 框架

ESP8266 晶片可接收感測器模組的資料和其他資料登錄裝置的資料，並透過 ESP8266 晶片本身的 WiFi 功能和雲端服務器進行通訊；同時 ESP8266 晶片也具有資料輸出的能力。

這種方式在一些小型的物聯網產品中應用非常廣泛，一方面將 ESP8266 晶片當作 MCU 可以省去額外增加 MCU 的費用；另外一方面減少了系統硬體的複雜度，從而降低了功耗。

ESP8266 晶片的 MCU 開發方式比較複雜，本書暫不詳細介紹，讀者感興趣可以閱讀樂鑫官網相關資料。

### 2. WiFi 晶片模式

ESP8266 晶片雖然本身也是一顆 MCU 晶片，但是由於其外接裝置資源較少，在一些比較複雜的物聯網應用場合中，單獨使用 ESP8266 晶片當作 MCU 已經無法滿足系統需求。通常這個時候會把 ESP866 晶片當作一顆 WiFi 晶片，系統另外增加一顆 MCU 做主控晶片，整個系統的框架如圖 9.3 所示。

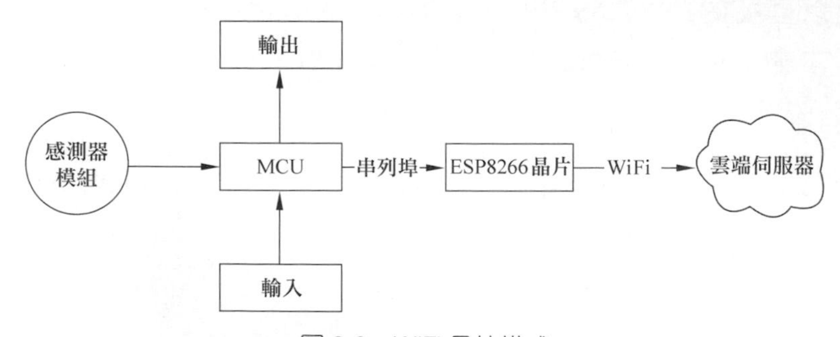


圖 9.3　WiFi 晶片模式

MCU 晶片透過序列埠和 ESP8266 晶片通訊，其通訊指令為 AT 指令。感測器模組、輸入、輸出均由 MCU 處理。ESP8266 晶片只負責把 MCU 的序列埠資料轉換成 WiFi 網路資料，同時將 WiFi 網路資料透過序列埠發送給 MCU。

這種開發方式適合一些比較複雜的應用場合，同時降低了系統的耦合性。如果整個系統設計合理，後續就可以隨時把 ESP8266 晶片更換成其他通訊晶片，而不需要對整套系統重新開發。同樣，這種開發方式的缺點也很明顯：多了 MCU 的成本和功耗。

## 9.2.3 AT 指令

當我們把 ESP8266 晶片當作 WiFi 晶片使用時，通常 MCU 和 ESP8266 晶片之間採用 AT 指令進行通訊。本節介紹 ESP8266 晶片常用的 AT 指令。讀者可以使用 USB 轉序列埠工具連接電腦和 ESP8266 模組，如圖 9.4 所示。

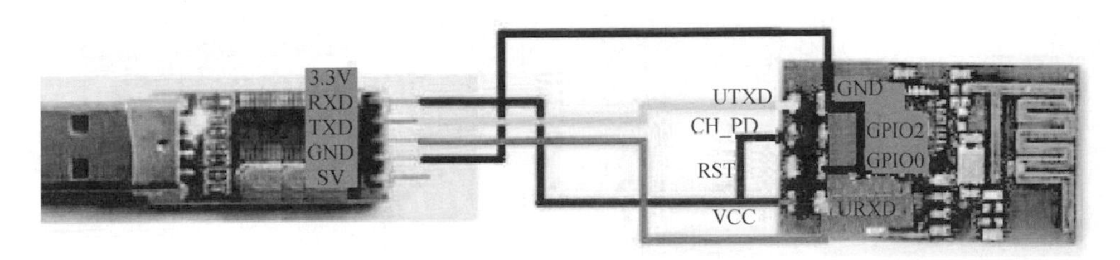


圖 9.4　硬體連接圖

電腦成功連接上 ESP8266 模組後，可以打開電腦序列埠軟體，設定串列傳輸速率為 115200，選取「加回車換行」，發送 AT 指令後可以看到 ESP8266 返回 AT OK，說明通訊成功。如圖 9.5 所示。

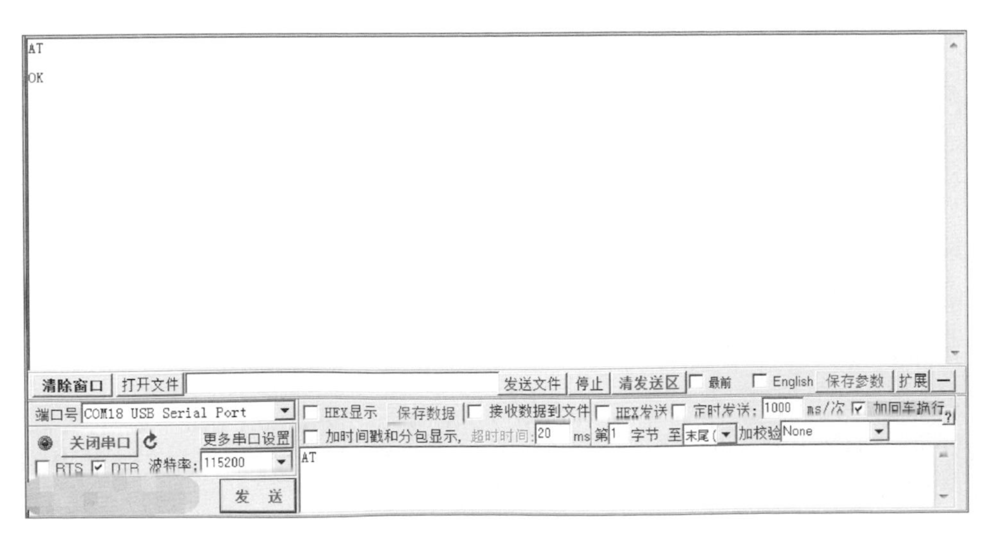


圖 9.5　序列埠通訊

**1.** AT+RST

功能：重新啟動 ESP8266 模組。

發送此指令後，ESP8266 模組將重新啟動，通常作為通電後發的第一行指令。

**2.** AT+CWMODE=<mode>

功能：設定 ESP8266 模組的工作模式。ESP8266 模組有 3 種工作模式：

（1）mode=1：Station 模式。在此模式下，ESP8266 模組將作為終端節點，可以連接路由器。通常我們採用此模式。

（2）mode=2：AP 模式。在此模式下，ESP8266 模組將作為 WiFi 熱點功能使用，其他裝置 ( 手機、電腦 ) 可以掃描到 ESP8266 模組的熱點資訊，並連接到 ESP8266 模組的 WiFi 熱點。一般在區域網下，在沒有其他熱點時，才會使用此模式。

（3）mode=3：AP+Station 模式。ESP8266 模組作為終端節點使用，可以連接到其他熱點；模組本身也可以作為發射熱點發射訊號，供其他裝置連接。

例如發送 "AT+CWMODE=1" 將設定 ESP8266 模組為 Station 模式。

**3.** AT+CWSAP=<ssid>,<pwd>,<chl>,<ecn>

功能：設定 AP 參數 ( 指令只有在 AP 模式開啟後才有效 )。

<ssid>：存取點名稱。

<pwd>：密碼。

<chl>：通道號。

<ecn>：加密方式。0：OPEN，1：WEP，2：WPA_PSK，3：WPA2_PSK，4：WPA_WPA2_PSK。

## 4. AT+CWLAP

功能：發送此指令之前，需先發送 "AT+CWMODE=1"，設定 ESP8266 模組為 Station 模式。此指令用於查看當前無線路由器清單，發送此指令後，通常需要等待一會，ESP8266 模組掃描完附近的無線路由器列表後，會返回無線路由器的熱點資訊，返回格式如下：

（1）正確：( 終端返回 AP 清單 )。

```
+ CWLAP:<ecn>,<ssid>,<rssi>
OK
```

說明：

<ecn>：0:OPEN，1:WEP，2:WPA_PSK，3:WPA2_PSK，4:WPA_WPA2_PSK。

<ssid>：字串參數，存取點名稱。

<rssi>：訊號強度。

例如：

```
AT+CWMODE=1

OK
AT+CWLAP
+CWLAP:(4,"15919500",-31,"0c:d8:6c:f8:db:6b",1,-6,0,4,4,7,0)
+CWLAP:(4,"Netcore_FD55A7",-67,"70:af:6a:fd:55:a7",1,-29,0,4,4,7,0)

OK
```

（2）錯誤：ERROR。

## 5. AT+CWJAP=<ssid>,<pwd>

功能：發送此指令之前，需先發送 AT+CWMODE=1，設定 ESP8266 模組為 Station 模式。此指令用於加入當前無線網路。

說明：

（1）<ssid>: 字串參數，存取點名稱。

（2）<pwd>：字串參數，密碼，最長 64 位元組的 ASCII 碼。

回應：

（1）正確：OK。

（2）錯誤：ERROR。

例如發送 AT+CWJAP_DEF="15919500"，"11206582488" 指令。注意要用英文的雙引號。發送此指令後，ESP8266 模組將嘗試連接名為 "15919500" 的熱點，密碼是 "11206582488"。序列埠返回的結果如下：

```
AT+CWJAP_DEF="15919500","11206582488"
WIFI CONNECTED
WIFI GOT IP

OK
```

### 6. AT+CIPMUX=<mode>

功能：設定 ESP8266 模組的連接狀態。mode 的設定值如下：

- 0：單連接，ESP8266 模組只會維護一個 TCP 或 UDP 連接。適用於一些簡單的應用場合或不需要 ESP8266 模組連接多個伺服器的場合。推薦讀者優先使用此模式，程式設計相對簡單。
- 1：多連接，ESP8266 模組會維護多個連接。

### 7. AT+CIPSTART

功能：連接到伺服器。

指令：

（1）單路連接時 (+CIPMUX=0)，指令為：AT+CIPSTART=<type>,<addr>,<port>。

（2）多路連接時 (+CIPMUX=1)，指令為 AT+CIPSTART=<id>,<type>,
<addr>,<port>。

回應：如果格式正確且連接成功，返回 OK，否則返回 ERROR。
如果連接已經存在，返回 ALREAY CONNECT。

說明：
<id>：0~4，連接的 id 號。
<type>：字串參數，表明連接類型，"TCP"── 建立 TCP 連接，"UDP" ── 建立 UDP 連接。
<addr>：字串參數，遠端伺服器 IP 位址。
<port>：遠端伺服器通訊埠編號。

以單連接為例，實驗步驟如下：
（1）安裝附錄 A\ 軟體 \TCPUDP 測試工具 \TCPUDPDebug102_Setup.exe 軟體，然後打開安裝好的「TCP&UDP 測試工具」軟體，點擊「創建伺服器」按鈕，輸入本機通訊埠編號 8888，點擊「確定」按鈕，如圖 9.6 所示。

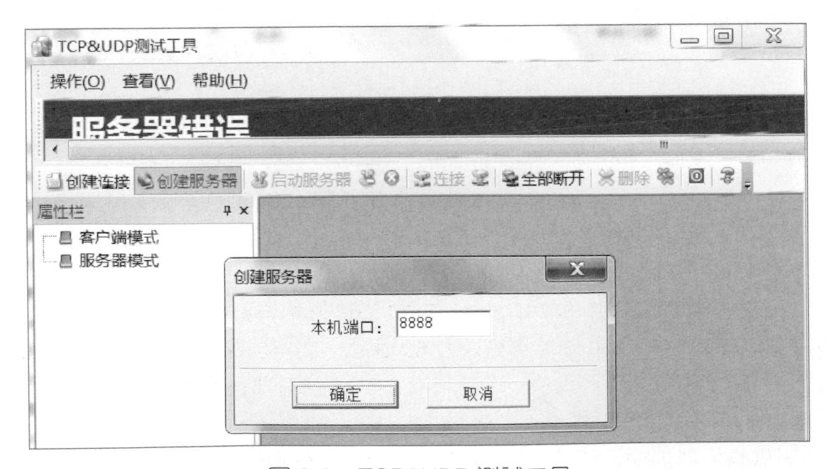


圖 9.6 TCP&UDP 測試工具

（2）點擊左側「伺服器模式」下的「本機 (192.168.0.103):8888」，再點擊「啟動伺服器」按鈕，如圖 9.7 所示。

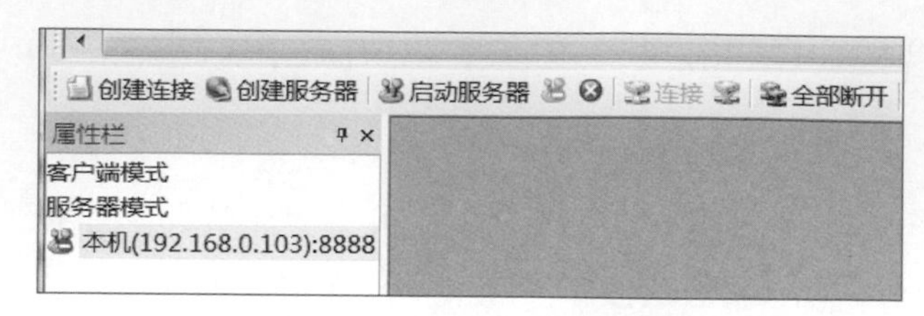


圖 9.7　TCP&UDP 測試工具

（3）使用 SSCOM 序列埠軟體，發送 AT+CIPSTART="TCP"，"192.168.0.103"，8888 指令，可以看到序列埠回應資料，說明 ESP8266 模組已經成功連接上剛剛由 TCP&UDP 測試工具創建的 TCP 伺服器了。

```
AT+CIPSTART="TCP","192.168.0.103",8888
CONNECT

OK
```

（4）查看 TCP&UDP 測試工具，可以看到 ESP8266 模組的連接資訊，包括 ESP8266 模組的目標 IP 位址和目標通訊埠等，如圖 9.8 所示。

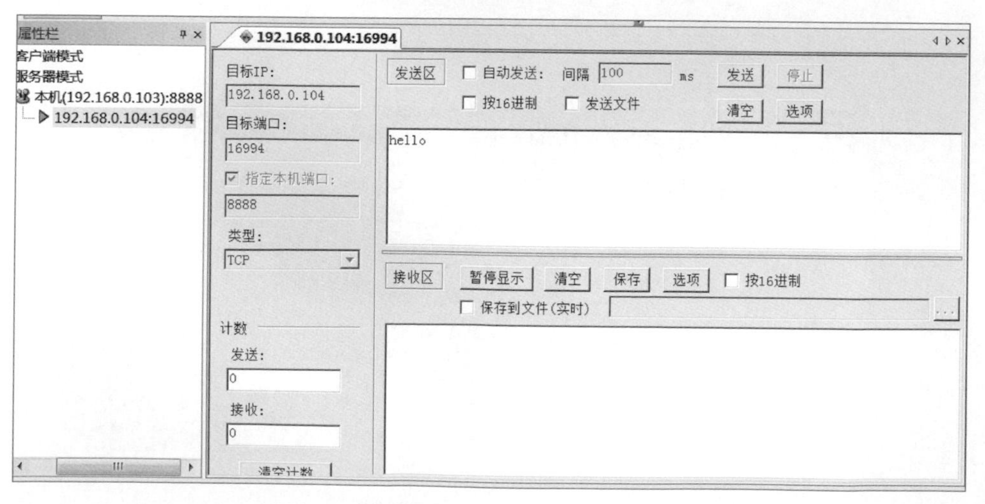


圖 9.8　用戶端連接資訊

### 8. AT+CIPSEND

功能：發送網路資料。

指令：

（1）單路連接時 (+CIPMUX=0)，指令為：AT+CIPSEND=<length>。

（2）多路連接時 (+CIPMUX=1)，指令為：AT+CIPSEND=<id>，<length>。

回應：收到此指令後先換行返回 ">"，然後開始接收序列埠資料。當資料長度等於 length 的長度時發送資料。

如果未建立連接或連接被斷開，返回 ERROR。

如果資料發送成功，返回 SEND OK。

說明：

<id>: 需要用於傳輸連接的 ID 號。

<length>：數字參數，表明發送資料的長度，最大長度為 2048。

以單連接為例，實驗如下：

（1）成功連接上伺服器後，發送指令 AT+CIPSEND=5，此時序列埠列印資訊如下：

```
>
```

（2）再發送字串 hello，此時序列埠列印以下資料，表示發送成功：

```
Recv 5 bytes
SEND OK
```

（3）查看 TCP&UDP 測試工具，可以看到接收區已經收到了 hello 字串，通訊成功，如圖 9.9 所示。

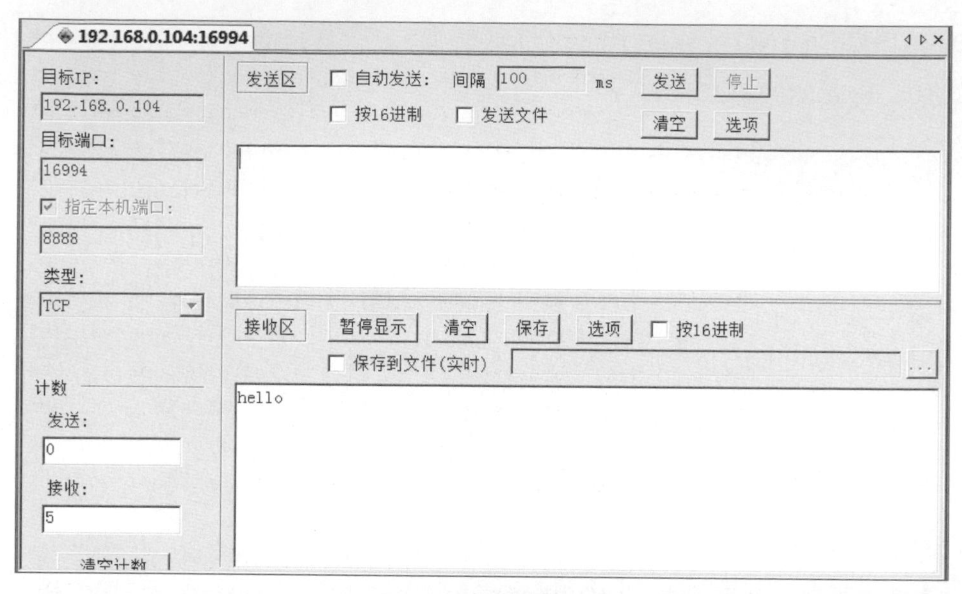


圖 9.9　用戶端視窗

## 9. 接收資料

在 TCP&UDP 測試工具的發送區中輸入 test，點擊「發送」按鈕，如圖 9.10 所示。

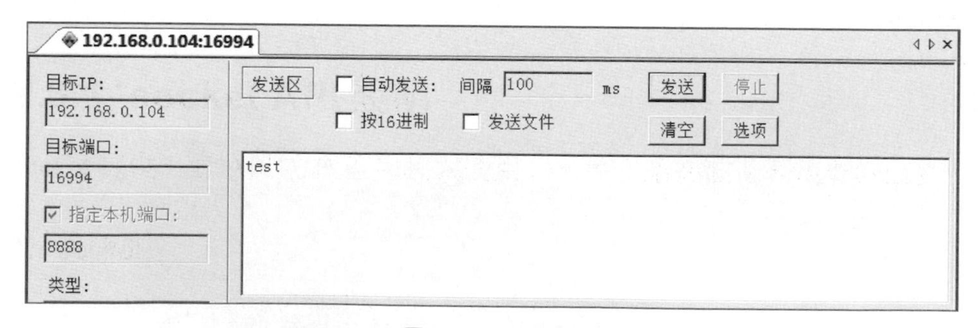


圖 9.10　發送區

查看 SSCOM 序列埠軟體，可以看到序列埠列印資料如下：

```
+IPD,4:test
```

當 ESP8266 模組主動發送 "+IPD" 指令時，表示接收到了網路資料。指令格式如下：

```
+IPD,<len>:<data>
```

<len>：表示資料長度。

<data>：表示資料內容。

#### 10. 透傳模式

ESP8266 模組支援透傳模式，具體操作如下：

（1）發送 AT+CIPMODE=1 指令後，ESP8266 模組將進入透傳模式。

（2）發送 AT+CIPSEND 指令後開始透傳，ESP8266 模組回應 ">"。此時，往 ESP8266 模組序列埠發送的資料都會透傳到伺服器。

退出透傳方法：發送單獨一組資料 "+++"，則退出透傳模式。

本小節介紹了 ESP8266 模組常用的 AT 指令，其他 AT 指令讀者可以參考樂鑫官方文件，該文件位於本書提供的資料中，路徑是「附錄 A\ 學習資料 \2 ESP8266\AT 指令集 018.pdf」。

### 9.2.4 程式分析

本節實驗的硬體平台是 STM32F407 開發板 +ESP8266 模組。其中 STM32F407 實現主控晶片功能，ESP8266 模組實現 WiFi 晶片功能。STM32F407 透過序列埠 3 和 ESP8266 模組通訊。

#### 1. 程式框架

打開 Chapter9\01 ESP8266\Project\ESP8266.uvprojx 專案檔案，ESP8266 模組和 AT 指令的相關程式檔案位於 network 資料夾下，如圖 9.11 所示。

整個程式框架分為以下 5 層。

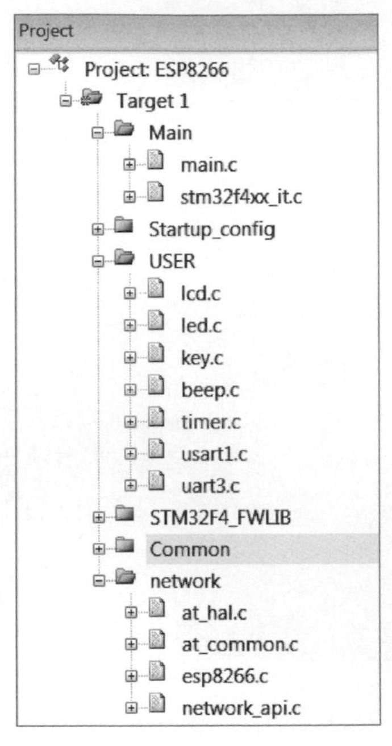


圖 9.11　開發專案檔案

（1）序列埠驅動層：該層對應的檔案是 uart3.c，主要實現 STM32F407 的序列埠 3 的相關驅動程式，是整個程式最底層的部分。

（2）AT HAL 層：該層對應的檔案是 at_hal.c，屬於硬體抽象層，隱藏了序列埠 3 驅動的細節，為 AT 上層提供封裝介面，使 AT 和序列埠分離，減少程式的耦合性。

（3）AT common 層：該層對應的檔案是 at_common.c，是 AT 指令的核心部分，使應用層具備了 AT 發送的能力。通常我們編寫程式只需要使用 AT common 層的介面即可，並且該層通常不需要改動。

（4）晶片驅動層：該層對應的檔案是 esp8266.c，是 ESP8266 模組驅動的核心程式。該層呼叫 AT common 層的介面，實現向 ESP8266 模組發送 AT 指令的功能。

（5）network API 層：該層對應的檔案是 network_api.c。network API 層在 ESP8266 模組驅動層的基礎上，在此封裝出與具體晶片驅動無關的 API，使得應用程式可以不關心底層晶片驅動細節，從而可以直接使用 network API 程式設計。

系統框架分為 5 層的最大的作用在於把 ESP8266 晶片驅動剝離出來，成為獨立的晶片驅動層。在我們需要增加 2G、4G、NB-IoT 等晶片時，只需要增加對應的晶片驅動即可，AT HAL 層、AT common 層程式可以重複使用，同時應用層呼叫統一的 network API，不管晶片如何更改，應用層的程式幾乎可以不用修改。

系統框架如圖 9.12 所示。

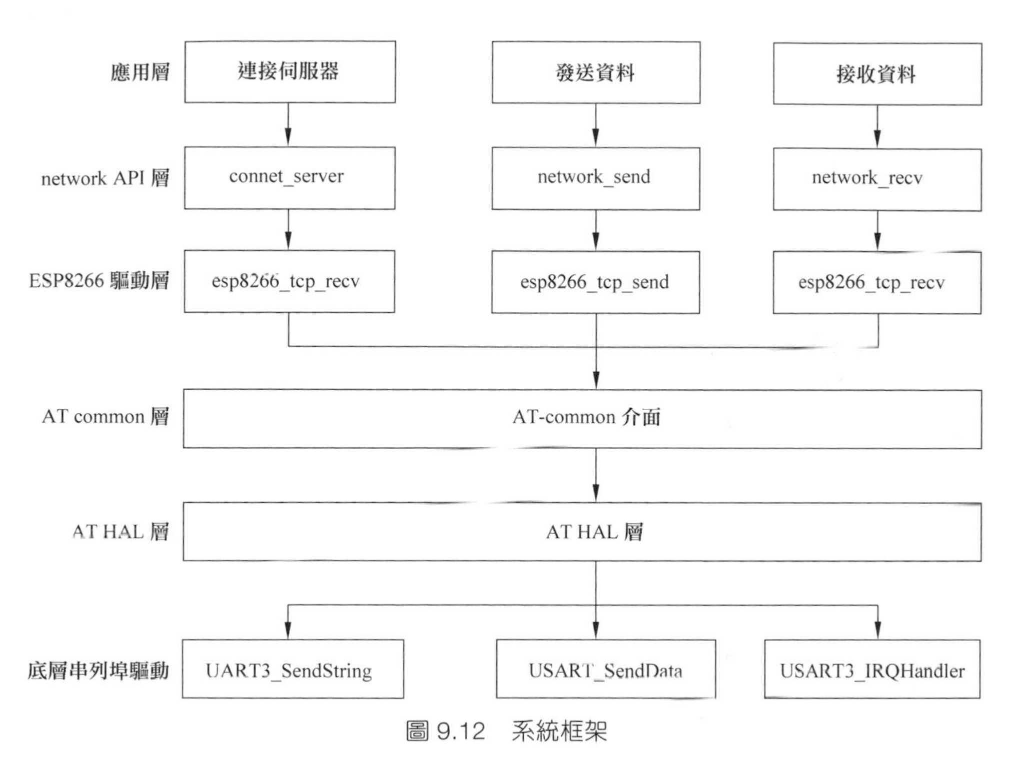


圖 9.12　系統框架

## 2. 序列埠驅動層

打開 uart3.c 檔案，該檔案主要實現序列埠 3 的初始化、發送和接收程式。

1) 初始化

序列埠 3 得到初始化流程跟本書的第 4 章第 4.7 節相似。唯一不同的是序列埠 3 對應的接腳是 PB10 和 PB11，讀者需要正確設定，程式如下：

```
//Chapter9\01 ESP8266\USER\UART3\uart3.c    19 行

void UART3_Init(u32 bound)
{
   GPIO_InitTypeDef GPIO_InitStructure;
```

```
USART_InitTypeDef USART_InitStructure;
NVIC_InitTypeDef NVIC_InitStructure;

// 啟動 GPIOB 時鐘
RCC_AHB1PeriphClockCmd(RCC_AHB1Periph_GPIOB,ENABLE);
// 啟動序列埠 3 時鐘
RCC_APB1PeriphClockCmd(RCC_APB1Periph_USART3,ENABLE);

// 設定 PB10 接腳重複使用成 USART3 接腳
GPIO_PinAFConfig(GPIOB,GPIO_PinSource10,GPIO_AF_USART3);
// 設定 PB11 接腳重複使用成 USART3 接腳
GPIO_PinAFConfig(GPIOB,GPIO_PinSource11,GPIO_AF_USART3);

// 設定序列埠 3 相關接腳 (PB10 PB11)
GPIO_InitStructure.GPIO_Pin = GPIO_Pin_10 | GPIO_Pin_11;
GPIO_InitStructure.GPIO_Mode = GPIO_Mode_AF;  // 重複使用功能
GPIO_InitStructure.GPIO_Speed = GPIO_Speed_100MHz;
GPIO_InitStructure.GPIO_OType = GPIO_OType_PP;
GPIO_InitStructure.GPIO_PuPd = GPIO_PuPd_UP;
GPIO_Init(GPIOB,&GPIO_InitStructure);

// 設定串列傳輸速率
USART_InitStructure.USART_BaudRate = bound;
USART_InitStructure.USART_WordLength = USART_WordLength_8b;
USART_InitStructure.USART_StopBits = USART_StopBits_1;
USART_InitStructure.USART_Parity = USART_Parity_No;
USART_InitStructure.USART_HardwareFlowControl =
                                        USART_HardwareFlowControl_None;
USART_InitStructure.USART_Mode = USART_Mode_Rx | USART_Mode_Tx;
USART_Init(USART3,&USART_InitStructure);

// 啟動序列埠 3
USART_Cmd(USART3,ENABLE);
USART_ClearFlag(USART3,USART_FLAG_TC);
USART_ITConfig(USART3,USART_IT_RXNE,ENABLE);
```

```
    //設定序列埠 3 中斷
    NVIC_InitStructure.NVIC_IRQChannel = USART3_IRQn;
    NVIC_InitStructure.NVIC_IRQChannelPreemptionPriority=3;
    NVIC_InitStructure.NVIC_IRQChannelSubPriority =3;
    NVIC_InitStructure.NVIC_IRQChannelCmd = ENABLE;
    NVIC_Init(&NVIC_InitStructure);
}
```

2) 發送函數

序列埠 3 的發送函數程式比較簡單，呼叫標準函數庫的函數即可，程式如下：

```
//Chapter9\01 ESP8266\USER\UART3\uart3.c    93 行

//發送陣列，傳入的參數有指標和資料長度
void UART_Send_Data(u8 *buf,u8 len)
{
    u8 t;
    for(t=0;t<len;t++)
    {
        while(USART_GetFlagStatus(USART3,USART_FLAG_TC)==RESET);
        USART_SendData(USART3,buf[t]);
    }
    while(USART_GetFlagStatus(USART3,USART_FLAG_TC)==RESET);
}

//發送字串，遇到字串結束符號時，停止發送
void UART3_SendString(char* s)
{
    while(*s)
    {
        while(USART_GetFlagStatus(USART3,USART_FLAG_TC)==RESET);
        USART_SendData(USART3 ,*s++);
    }
}
```

3) 中斷接收函數

當 STM32F407 收到 ESP8266 晶片發過來的資料時，會產生序列埠中斷。由於每次中斷只會接收 1 個字元，故而我們需要把接收到的字元存放到 Uart3_Buf 陣列中。同時需要有一個變數 First_Int 來記錄當前存放到 Uart3_Buf 陣列的哪個位置。

同時，我們需要把 __delay_uart3 變數設定為 50，該變數在計時器 2 中斷處理函數 TIM2_IRQHandler 中進行自減。最後把 _uart3_data_flg 變數設定為 1，表示有序列埠資料。

序列埠 3 接收中斷服務函數程式如下：

```
//Chapter9\01 ESP8266\USER\UART3\uart3.c    63 行

void USART3_IRQHandler(void)
{
    u8 rec_data;
    if(USART_GetITStatus(USART3,USART_IT_RXNE) != RESET)
    {
       // 獲取接收到的字元
       rec_data =(u8)USART_ReceiveData(USART3);
       // 將接收到的字元存放到 Uart3_Buf 陣列，位置為 First_Int
       Uart3_Buf[First_Int] = rec_data;
       //First_Int 快取指標向後移動
       First_Int++;
       // 如果快取滿了，將快取指標指向快取啟始位址
       if(First_Int>Buf3_Max)
       {
          First_Int = 0;
       }
       //__delay_uart3 設定為 50，該變數在計時器中斷中自減
       __delay_uart3 = 50;
       //uart3_data_flg 標示設定為 1，表示有序列埠資料。
       _uart3_data_flg = 1;
```

```
        USART_ClearFlag(USART3,USART_FLAG_RXNE);
    USART_ClearITPendingBit(USART3,USART_IT_RXNE);
    }
}
```

4) 序列埠接收函數

USART3_IRQHandler 序列埠中斷接收函數 1 次只會接收 1 個字元，並將字元存到 Uart3_Buf 陣列中，並將 _uart3_data_flg 標示設定為 1，表示有序列埠資料，同時對 __delay_uart3 設定值 50。

接下來考慮以下兩種情況：

（1）如果一直有序列埠資料，則 __delay_uart3 會一直被設定值成 50。

（2）如果序列埠已經發送完資料了，則不會再產生序列埠中斷，也不會重新對 __delay_uart3 進行設定值。而 TIM2_IRQHandler 中斷函數每次產生中斷則會對 __delay_uart3 進行自減。

綜上所述，我們可以得出一個結論：如果序列埠資料已經接收完整，則 __delay_uart3 最終會自減到 0，同時 _uart3_data_flg 會在序列埠中斷中被設定為 1。

故而，我們可以用 __delay_uart3 是否等於 0 並且 _uart3_data_flg 是否等於 1 來判斷是否有完整的一幀序列埠資料。

TIM2_IRQHandler 計時器中斷函數程式如下：

```
//Chapter9\01 ESP8266\USER\TIMER\timer.c    40 行

void TIM2_IRQHandler(void)
{
    if(TIM_GetITStatus(TIM2,TIM_IT_Update)==SET)
    {
        if(__delay_uart3>0)
        {
```

```
            __delay_uart3 -- ;
        }
    }
    TIM_ClearITPendingBit(TIM2,TIM_IT_Update);
}
```

序列埠接收函數程式如下：

```
//Chapter9\01 ESP8266\USER\UART3\uart3.c   114 行
u16 recv_uart3_data(u8 *buf,u16 size)
{
    // 如果 __delay_uart3 等於 0 並且 _uart3_data_flg 等於 1 說明有完整的一幀
序列埠資料
    if((__delay_uart3 == 0) && (_uart3_data_flg == 1))
    {
        u32 len = min(First_Int,size);
        _uart3_data_flg = 0;
        memcpy(buf ,Uart3_Buf,len);
        return len;
    }
    return 0;
}
```

### 3. AT HAL 層

AT HAL 層的程式比較簡單，主要是對序列埠 3 的函數進行再次封裝，使其晶片驅動和序列埠驅動分離，造成解耦的作用。相關程式如下：

```
//Chapter9\01 ESP8266\network\at_hal.c

#include "stdio.h"
#include "string.h"

#include "uart3.h"

// 發送單一字元功能
```

```
void at_hal_send_char(char b)
{
   while(USART_GetFlagStatus(USART3,USART_FLAG_TC)==RESET);
   USART_SendData(USART3,b);   //UART2_SendData(*b);
}

//發送字串功能
void at_hal_send_string(char* s)
{
   UART3_SendString(s);
}

//發送確認分行符號
void at_hal_send_lr(void)
{
   UART3_SendString("\r\n");
}

//清除序列埠接收快取
void clean_delay_uart(void)
{
   u16 k;
   for(k=0;k<Buf3_Max;k++)       //將快取內容歸零
   {
     Uart3_Buf[k] = 0x00;
   }
   First_Int = 0;                //接收字串的起始儲存位置

   __delay_uart3 = 0;
   _uart3_data_flg = 0;
}


/***********************************************************************
* 函數名稱 :Find
* 描    述 : 判斷快取中是否含有指定的字串
```

```
 * 輸    入:
 * 輸    出:
 * 返    回:unsigned char:1 找到指定字元,0 未找到指定字元
 * 注    意:
*****************************************************************************/
u8 Find(char *a)
{
   if(strstr(Uart3_Buf,a)!=NULL)
       return 1;
     else
         return 0;
}

//獲取快取
char *get_at_recv_data(void)
{
   return Uart3_Buf;
}

//獲取快取最大值
u16 get_at_buff_len(void)
{
   return Buf3_Max;
}

//獲取完整的一幀序列埠資料
u16 recv_at_data(u8 *buf,u16 len)
{
   return recv_uart3_data(buf,len);
}
```

### 4. AT common 層

AT common 封裝了幾個常用的 AT 發送函數，提供給應用層、晶片驅動層使用。通常 AT common 相關的程式不需要修改，與平台無關。相關程式如下：

```
//Chapter9\01 ESP8266\network\at_common.c

/**********************************************************************
* 函數名稱 :CLR_Buf2
* 描    述：清除序列埠 2 快取資料
* 輸    入：
* 輸    出：
* 返    回：
* 注    意：
**********************************************************************/
void CLR_Buf2(void)
{
   clean_delay_uart();
}

/**********************************************************************
* 函數名稱 :Second_AT_Command
* 描    述：發送 AT 指令函數
* 輸    入：發送資料的指標、發送等待時間（單位：s）
* 輸    出：
* 返    回：
* 注    意：
**********************************************************************/

void AT_Command(char *b)
{
   CLR_Buf2();

   for (;*b!='\0';b++)
   {
     at_hal_send_char(*b);  //UART2_SendData(*b);
   }
   at_hal_send_lr();
}

u8 AT_Command_Try(char *b,char *a,u8 wait_cnt)
```

```
{
    u8 cnt = 0;

    CLR_Buf2();

    while(!Find(a))
    {
      AT_Command(b);
      delay_ms(500);
      cnt ++;
      if(cnt>wait_cnt)
      {
        return 1;
      }
    }

    return 0;
}


/***********************************************************************
* 函數名稱：Second_AT_Data
* 描    述：發送 AT 指令函數
* 輸    入：發送資料的指標、長度
* 輸    出：
* 返    回：
* 注    意：
***********************************************************************/
void AT_Data(char *b,u32 len)
{
    u32 j;

    CLR_Buf2();

    for (j = 0;j<len;j++)
    {
```

```
        at_hal_send_char(*b);
        b++;
    }
    at_hal_send_char(0x1A);  //UART2_SendData(*b);
}


//發送資料
void AT_send_data(char *buf,u32 len)
{
    char *b = buf;
    u32 j;

    CLR_Buf2();

    for (j = 0;j<len;j++)
    {
        at_hal_send_char(*b);  //UART2_SendData(*b);
        b++;
    }
}
```

### 5. 晶片驅動層

晶片驅動層使用 AT common 提供的介面，實現具體晶片的驅動。目前的晶片驅動層只有 ESP8266 一款晶片，對應的檔案是 esp8266.c。ESP8266 驅動最終會連接到一個名為 15919500 的熱點，密碼是 11206582488。讀者需要根據自己的實際情況修改。程式如下：

```
//Chapter9\01 ESP8266\network\esp8266.c

/***********************************************************************
* 函數名稱 :Connect_Server
* 描述 :GPRS 連接伺服器函數
* 輸    入 :
```

```
* 輸    出：
* 返    回：
* 注    意：
*******************************************************************/
void esp8266_Connect_Server(char *ip,u16 port)
{
   u8 connect_str[100];
   u32 ret;

   AT_Command("AT+CWMODE=1");
   delay_ms(10);

   Set_ATE0();
   printf(" 掃描 WiFi\r\n");

   AT_Command("AT+CWLAP");
   delay_ms(2000);

   // 將掃描到的 WiFi 熱點都透過序列埠 1 列印出來
   ret = recv_at_data(connect_str,sizeof(connect_str));
   uart1SendChars((u8 *)connect_str,ret);

   // 連接到熱點名為 15919500，密碼是 11206582488
   ret = AT_Command_Try("AT+CWJAP_DEF=\"15919500\",\"11206582488\"",
"OK",20);
   if(ret != 0)
   {
        printf("\r\n 無法連接到 WiFi \r\n");
   }else{
        printf("\r\n 連接 WiFi 成功 \r\n");
   }

   // 單連接
   AT_Command("AT+CIPMUX=0");
   delay_ms(50);
```

```
  memset(connect_str,0,100);
  sprintf(connect_str,"AT+CIPSTART=\"TCP\",\"%s\",%d",ip,port);

  //TCP 連接到伺服器
  if(connect_str != NULL)
  {
       ret = AT_Command_Try((char*)connect_str,"OK",10);
  }
  else
  {
       ret = AT_Command_Try((char*)__string,"OK",10);
  }

  if(ret != 0)
  {
       printf("\r\n 無法連接到伺服器 \r\n");
  }else{
       printf("\r\n 連接伺服器成功 \r\n");
  }

  //Connect_Server(NULL);

  // 進入透傳模式
  AT_Command("AT+CIPMODE=1");
  delay_ms(50);
  AT_Command("AT+CIPSEND");
  delay_ms(100);
  CLR_Buf2();
}

void Send_OK(void)
{
   AT_Command_Try("AT+CIPSEND",">",2);
   AT_Command_Try("OK\32\0","SEND OK",8);;          // 回覆 OK
}
```

```
void esp8266_tcp_send(char *buf,int len)
{
   AT_send_data(buf,len);
}

int esp8266_tcp_recv(u8 *buf,u32 size)
{
   int ret = recv_at_data(buf,size);
   if(ret != 0)
   {
       CLR_Buf2();
   }
   return ret;
}
```

### 6. network API 層

network API 層封裝了晶片驅動，並為應用層提供了統一的 API，程式如下：

```
//Chapter9\01 ESP8266\network\network_api.c

#define __NETWORK_API_C__

#include "esp8266.h"
#include "common.h"
#include "network_api.h"


/* 初始化網路 API，傳入的參數設定值範圍：

   NETWORD_TYPE_BC26     : BC26 模組 NB-IoT
   NETWORD_TYPE_EC20     : EC20 模組 4G
   NETWORD_TYPE_ESP8266  : ESP8266 模組 WiFi
```

```
*/
void network_init(u8 type)
{
   sys_config.network_type = type;
}

/*
連接到伺服器
char *ip   :  伺服器 IP 位址
u16 port   :  通訊埠編號

*/
void connect_server(char *ip,u16 port)
{
   switch(sys_config.network_type)
   {
        case NETWORK_TYPE_ESP8266:
              esp8266_Connect_Server(ip,port);
              break;

        case NETWORK_TYPE_BC26:

              break;
   }
}

/*
發送網路資料
u8 *buf      :  要發送的資料
int len      :  長度
*/
void network_send(u8 *buf,int len)
{
   switch(sys_config.network_type)
   {
        case NETWORK_TYPE_ESP8266:
```

```
            esp8266_tcp_send(buf,len);
            break;

        case NETWORK_TYPE_BC26:

            break;
    }
}

/*
接收網路資料
u8 *buf : 接收快取
int len: 最大接收長度

返回值 : 收到的網路資料長度
*/

int network_recv(u8 *buf,u32 size)
{
    switch(sys_config.netword_type)
    {
        case NETWORK_TYPE_ESP8266:
            return esp8266_tcp_recv(buf,size);
            break;
        case NETWORD_TYPE_BC26:
            break;
    }

    return 0;
}

//將陣列轉成字串
u16 byte_to_string(u8 *buf,u16 len)
{
    u16 i;
    u16 size = min(len,sizeof(network_sendbuff));
```

```
    memset(network_sendbuff,0,sizeof(network_sendbuff));
    for(i = 0;i<size;i++)
    {
      sprintf(network_sendbuff + (i * 2),"%x",buf[i]);
    }

    return (size * 2);
}
```

### 7. main 函數

main 函數主要做一些初始化工作，並連接到伺服器，以及發送 hello 字串給伺服器，之後一直等待網路資料的到來，程式如下：

```
//Chapter9\01 ESP8266\Main\main.c

int main(void)
{
    u16 ret;
    // 設定系統中斷優先順序分組 2
    NVIC_PriorityGroupConfig(NVIC_PriorityGroup_2);
    // 初始化延遲時間函數
    delay_init();

    // 計時器初始化
    TIM2 Init(9,8399);
    // 序列埠 1 初始化
    uart1_init(115200);
    // 序列埠 3 初始化
    UART3_Init(115200);

    // 設定網路介面類別型為 ESP8266
    network_init(NETWORD_TYPE_ESP8266);
```

```
    // 連接到 192.168.0.103, 通訊埠編號是 8888
    connect_server("192.168.0.103",8888);

    // 發送 hello 資料
    network_send("hello",5);

    while(1)
    {
        // 先將接收快取清空
        memset(recv_buf,0,sizeof(recv_buf));
        // 從網路中接收資料
        ret = network_recv(recv_buf,sizeof(recv_buf));
        // 如果接收到的資料長度不等於 0，說明有資料
        if(ret != 0)
        {
            // 列印資料
            printf("recv data is [%s]\r\n",recv_buf);
        // 將資料返回伺服器
        network_send(recv_buf,ret);
      }
    }
}
```

## 9.2.5 實驗

(1) 打開 TCP&UDP 測試工具，創建通訊埠編號為 8888 的伺服器並啟動。

(2) 將 ESP8266 模組連接到 STM32F407 開發的 UART3 通訊埠上。STM32F407 的 UART3 通訊埠在網路介面附近。

(3) 打開 SSCOM 序列埠軟體，並連接到 STM3232F407 開發的序列埠 1。

(4) 打開 Chapter9\01 ESP8266\Project\ESP8266.uvprojx 專案檔案，編譯並下載程式。

(5) 下載程式後，需要斷掉 ESP8266 模組的 VCC，然後重新給 ESP8266 模組的 VCC 接腳供電，同時重置或重新啟動一下 STM32F407 開發板。

(6) 查看序列埠列印資訊，有以下資訊則代表成功連接上 15919500 熱點，並且成功連接上 IP 位址為 192.168.0.104，通訊埠編號為 8888 的伺服器。讀者需要根據自己的實驗環境修改這些熱點資訊和伺服器 IP 位址通訊埠編號。成功連接的序列埠列印資訊如下：

```
掃描 WiFi
K
+CWLAP:(4,"15919500",-32,"0c:d8:6c:f8:db:6b",1,-9,0,4,4,7,0)
+CWLAP:(4,"Netcore_FD55A7",-62,"70:
連接 WiFi 成功
TCP 連接成功
```

(7) 查看 TCP&UDP 測試工具，可以看到接收到 STM32F407 透過 ESP8266 模組發送過來的網路資料 hello，開發板的 IP 位址是 192.168.0.102，如圖 9.13 所示。

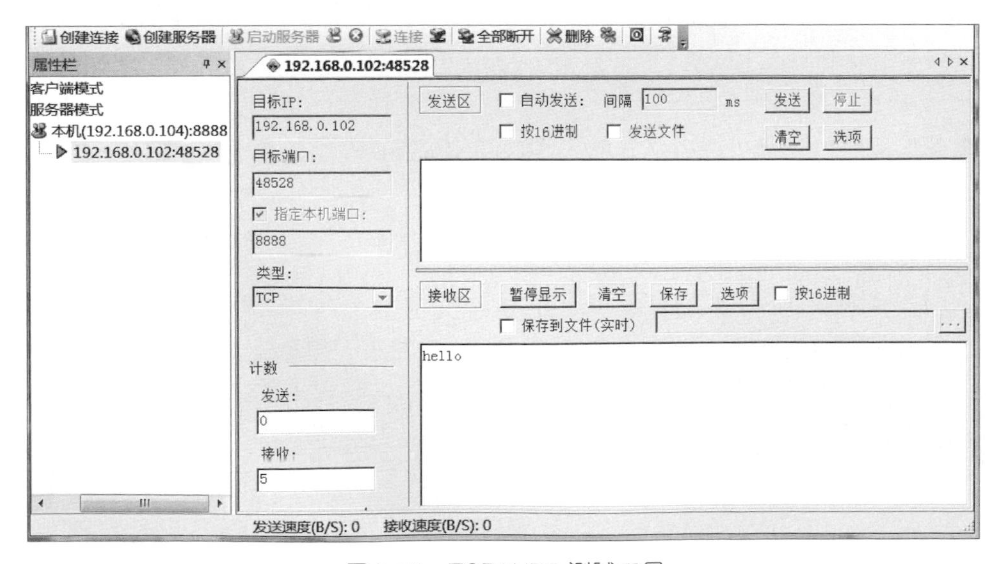


圖 9.13　TCP&UDP 測試工具

(8) 在發送區輸入任意字元，例如 ABCDEF，點擊「發送」按鈕，可以看到接收區也會收到同樣的字串，如圖 9.14 所示。

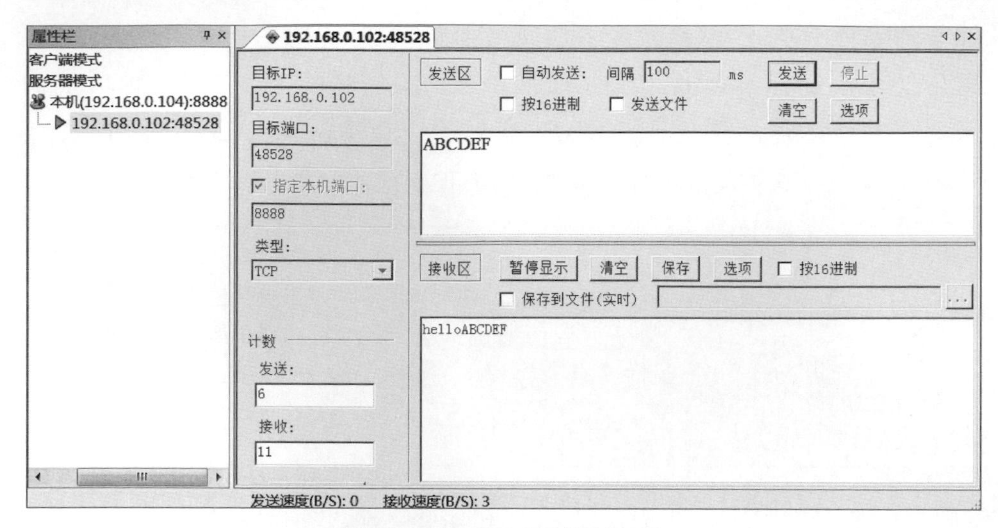


圖 9.14　TCP&UDP 測試工具

(9) 查看 SSCOM 序列埠軟體，可以看到開發板也成功接收到了字串 ABCDEF，列印資訊如下：

```
recv data is [ABCDEF]
```

至此，STM32F407 透過 AT 指令控制 ESP8266 模組的實驗已成功。

**注意**

(1) 實驗時，一定先要斷開 ESP8266 模組的 VCC 電源，然後重新給 ESP8266 模組的 VCC 重新通電，同時重置一下開發板。

(2) 需要根據自己的實驗環境，修改程式中的熱點資訊和伺服器 IP 位址通訊埠編號。

# 9.3 2G/4G 模組

在室外沒有 WiFi 熱點的情況下，通常會使用 2G/4G 模組來實現裝置上網的功能，例如共用單車。

2G 模組一般使用 SIM800C 模組，而 4G 模組一般使用 EC20 模組。不過對 STM32F407 晶片來說，2G 模組和 4G 模組的開發流程基本一致，程式也相似，故而本節將 2G 模組和 4G 模組放在一起講解。

2G 模組和 4G 模組的相同點：

（1）硬體上都可以使用序列埠和 STM32F407 通訊。
（2）都需要使用對應電信業者的手機卡。
（3）都支援 AT 指令。

## 9.3.1 AT 指令

不同的晶片模組之間的 AT 指令會有一些差異，讀者需要查閱對應晶片模組的官方文件。本書附錄提供了 SIM800C 和 EC20 的 AT 指令文件。

- SIM800C：附錄 A\ 學習資料 \3 SIM800C 晶片資料 \SIM900A_AT 命令手冊 _V1.05.pdf。
- EC20：附錄 A\ 學習資料 \44G EC20\EC20_R2.1_AT_Commands_Manual.pdf。

本節以 SIM800C 為例。SIM800C 的 AT 指令主要分為 GSM 指令集、GPRS 指令集、SIMCOM 廠商指令集。

（1）GSM 指令集：國際電信聯盟標準 AT 指令集，包括語音通話、簡訊等相關的 AT 指令。

（2）GPRS 指令集：GPRS 英文全稱為 General Packet Radio Service，中文名稱為通用無線分組業務，是一種以 GSM 系統為基礎的無線封包交換技術，提供點對點的、廣域的無線 IP 連接。SIM800C 提供了標準的 GPRS AT 指令，讀者可以透過這些 AT 指令實現上網功能。

（3）SIMCOM 廠商指令集：是 SIMCOM 公司自身特有的 AT 指令集，包括 HTTP、FTP 等功能。

本節重點介紹 GPRS 相關指令。

### 1. AT+CGREG?

該指令用於查詢 SIM800C 網路註冊狀態，只有 SIM800C 返回 "+CREG: 0,1" 後，才能進行其他操作。

### 2. AT+CGDCONT

該指令用於定義 PDP 移動場景，例如：AT+CGDCONT=1,"IP","CMNET"。該指令定義了 PDP 的網際網路協定為 IP，存取點為 CMNET。

### 3. AT+CGATT

發送 AT+CGATT=1 指令，啟動 PDP，從而獲取 IP 位址。

### 4. AT+CIPCSGP

發送 AT+CIPCSGP=1,"CMNET" 指令，設定模組連接方式為 GPRS 連結方式，存取點為 CMNET( 對於移動和聯通一樣 )。

### 5. AT+CIPSTART

發送 AT+CIPSTART="TCP","47.75.32.118","38149" 指令，SIM800C 使用 TCP 連接到伺服器，伺服器的 IP 位址是 47.75.32.118，通訊埠編號是 38149。

需要注意的是，SIM800C 模組只能連接到公網 IP。

**6. AT+CIPSEND**

發送 AT+CIPSEND 指令後，SIM800C 會返回 ">"，之後輸入要傳輸的資料，在發送 CTRL+Z( 或以十六進位的方式發送 0x1a)，即可將所要發送的資料發送到指定 IP 或域名的伺服器上。

**7. AT+CIPCLOSE**

發送 AT+CIPCLOSE 指令，關閉 TCP 連接。

**8. AT+CIPSHUT**

發送 AT+CIPSHUT 指令，關閉移動場景。

**9. AT+CIPHEAD**

發送 AT+CIPHEAD=1 指令，設定接收資料顯示 IP 表頭，方便判斷資料來源。

**10. 接收資料**

當收到 SIM800C 主動發送的資料封包中帶有 "+IPD" 字串標識，則表示這是一個網路資料封包。

## 9.3.2 程式分析

我們在 9.2.4 節中已經將系統分為 5 層：序列埠驅動層、AT HAL 層、AT common 層、晶片驅動層、network API 層。SIM800C 屬於晶片驅動層，我們只需要在 9.2.4 節的程式中增加 sim800c.c 檔案，實現 SIM800C 的相關 AT 設定，並在 network API 中增加 SIM800C 的驅動介面即可。

sim800c.c 程式如下：

```
//Chapter9\02 SIM800C\network\sim800c.c
```

```
#include "stdio.h"
#include "string.h"

#include "usart1.h"

#include "at_hal.h"
#include "at_common.h"
#include "common.h"

//TCP 連接
const char *__string = "AT+CIPSTART=\"UDP\",\"106.13.62.194\",8000";
//IP 登入伺服器



/*************************************************************************
* 函數名稱 :Connect_Server
* 描述 :GPRS 連接伺服器函數
* 輸　　入：
* 輸　　出：
* 返　　回：
* 注　　意：
*************************************************************************/
void SIM800C_Connect_Server(char *ip,u16 port)
{
   u8 connect_str[100];
   u16 ret;

   // 等待網路註冊
   Wait_CREG();

   // 關閉連接
   at_hal_send_string("AT+CIPCLOSE=1");
   delay_ms(100);
   // 關閉移動場景
   AT_Command("AT+CIPSHUT");
   // 設定 GPRS 基地台類別為 B，支援封包交換和資料交換
```

```
    AT_Command("AT+CGCLASS=\"B\"");
    // 設定 PDP 上下文、網際網路接協定、存取點等資訊
    AT_Command("AT+CGDCONT=1,\"IP\",\"CMNET\"");
    // 附著 GPRS 業務
    AT_Command("AT+CGATT=1");
    // 設定 GPRS 連接模式
    AT_Command("AT+CIPCSGP=1,\"CMNET\"");
    // 設定接收資料顯示 IP 表頭（方便判斷資料來源，僅在單路連接有效）
    AT_Command("AT+CIPHEAD=1");

    memset(connect_str,0,100);
    sprintf(connect_str,"AT+CIPSTART=\"UDP\",\"%s\",%d",ip,port);

    if(connect_str != NULL)
    {
        ret = AT_Command_Try((char*)connect_str,"OK",5);
    }
    else
    {
        ret = AT_Command_Try((char*)__string,"OK",5);
    }

    if(ret != 0)
    {
        printf("\r\n 連接伺服器失敗 !!!\r\n");
    }else{
        printf("\r\n 連接伺服器成功 !!!\r\n");
    }

    delay_ms(100);
    CLR_Buf2();
    }



static u8 send_buf[1024];
```

```
void SIM800C_tcp_send(u8 *buf,int len)
{
   u8 ret;

   memset(send_buf,0,sizeof(send_buf));
   sprintf(send_buf,"AT+CIPSEND=%d",len);

   printf("%s\r\n",send_buf);
   // 判斷 SIM 模組是否返回 ">"
   ret = AT_Command_Try(send_buf,">",4);

   if(ret == 1)
   {
        //printf("%s %d %d \r\n",__FILE__,__LINE__,len);
        AT_Data((char *)buf,len);;// 回覆 OK
   }else{
        at_hal_send_char(0x1A);
   }

   /*
   測試用的函數
   */
}



u32 SIM800C_tcp_recv(u8 * buf)
{
   u32 ret = 0;
   u8 offset = 0;
   char *p;

   char *p_data = get_at_recv_data();

   if(strstr(p_data,"+IPD")!=NULL)          // 若快取字串中含有 ^SISR
   {
```

```
        delay_ms(100);
        /*
        printf_s(" 收到新資訊：\r\n");

        printf_s(Uart2_Buf);
        printf_s("\r\n");
        */
        p = p_data;
        while(1)
        {
            offset ++;
            if(*p == ':')
            {
                break;
            }
            p ++;
        }

        memcpy(buf,p_data + offset,get_at_data_index());
        ret = get_at_data_index() - offset;

        CLR_Buf2();
    }

    return ret;
    /*
    測試用的函數
    */
}
```

network_api.c 檔案中增加對 SIM800C 驅動的支援，程式如下：

```
//Chapter9\02 SIM800C\network\network_api.c


/*
連接到伺服器
```

```
char *ip   : 伺服器 IP 位址
u16 port   : 通訊埠編號

*/
void connect_server(char *ip,u16 port)
{
   switch(sys_config.network_type)
   {
        case NETWORD_TYPE_ESP8266:
               esp8266_Connect_Server(ip,port);
               break;

        case NETWORD_TYPE_BC26:
               break;

        case NETWORD_TYPE_SIM800C:
               SIM800C_Connect_Server(ip,port);
               break;
   }
}

/*
發送網路資料
u8 *buf : 要發的資料
int len : 長度
*/

void network_send(u8 *buf,int len)
{
   switch(sys_config.network_type)
   {
        case NETWORK_TYPE_ESP8266:
               esp8266_tcp_send(buf,len);
               break;

        case NETWORK_TYPE_BC26:
```

```
            break;

        case NETWORK_TYPE_SIM800C:
            SIM800C_tcp_send(buf,len);
            break;
    }
}

/*
接收網路資料
u8 *buf      :  接收快取
int len      :  最大接收長度

返回值：收到的網路資料長度
*/

int network_recv(u8 *buf,u32 size)
{
    switch(sys_config.network_type)
    {
        case NETWORK_TYPE_ESP8266:
            return esp8266_tcp_recv(buf,size);
            break;

        case NETWORK_TYPE_BC26:
            break;

        case NETWORK_TYPE_SIM800C:
            SIM800C_tcp_recv(buf,size);
            break;
    }

    return 0;
}
```

## 9.3.3 實驗

本實驗 SIM800C 是透過中國移動或中國聯通的基地台實現網路功能，整個系統框架如圖 9.15 所示。

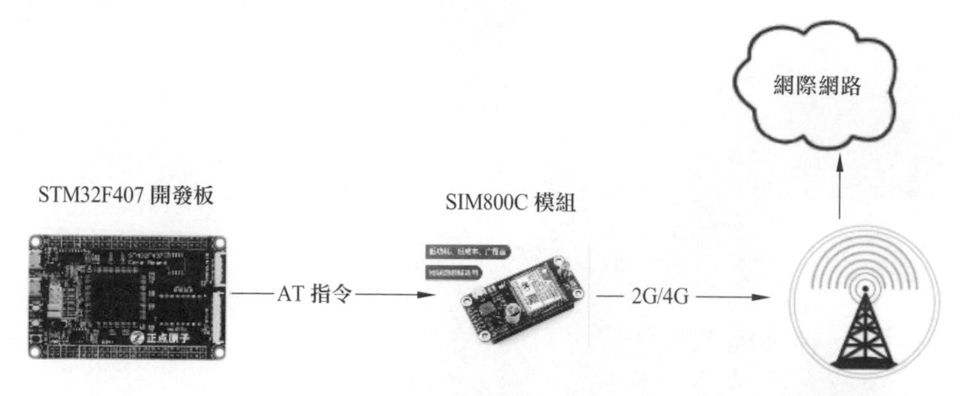


圖 9.15　系統框架

本實驗 SIM800C 只能連接到公網 IP，沒辦法直接發送資料到電腦做實驗。

讀者可以使用 http://tcplab.openluat.com/ 網站提供的 TCP 測試工具。該網站會提供一個伺服器 ( 公網 IP 和通訊埠編號 )，讀者只需要設定 SIM800C 模組連接到這個公網伺服器，然後發送資料即可，實驗如下：

（1）打開 http://tcplab.openluat.com/ 網站，可以看到網站已經分配了一個公網伺服器供我們做實驗，本次實驗的 IP 位址是 180.91.81.180，通訊埠是 54712，如圖 9.16 所示。

圖 9.16　公網伺服器 IP 位址

（2）修改程式，讓 SIM800C 模組連接到該公網伺服器，並發送 hello 資料。

（3）查看 http://tcplab.openluat.com/ 網站，可以看到 SIM800C 模組已經成功連接並發送資料 hello，如圖 9.17 所示。

```
Openluat TCP Lab

223.74.217.52:8906 已接入 2020/5/18 下午4:19:18

来自 223.74.217.52:8906 2020/5/18 下午4:19:21
hello
```

圖 9.17　TCP 連接資訊

## 9.4 NB-IoT 模組

NB-IoT 即窄頻物聯網 (Narrow Band Internet of Things, NB-IoT)，NB-IoT 支援低功耗裝置在廣域網路的蜂巢資料連接，也被叫作低功耗廣域網路 (LPWAN)。是萬物互聯網路的重要分支。

目前市場上有很多不同廠商的 NB-IoT 模組，例如移遠的 BC26，中移物聯的 M5311 等。如果讀者想要連線中移物聯的 OneNET 平台，推薦使用 M5311。一般情況下，BC26 足以滿足讀者的應用需求，本書也將以 BC26 為例，介紹 NB-IoT 模組的開發。

### 9.4.1 BC26 簡介

BC26 是移遠通訊於 2017 年 12 月推出的一款以 MTK 平台為基礎的 NB-IoT 模組。其模組外觀如圖 9.18 所示。

移遠通訊是上海一家物聯網模組設計研發製造商，旗下產品包含 2G、3G、4G、5G、NB-IoT 等，官網是：https://www.quectel.com/cn/。

圖 9.18　BC26 模組

BC26 是一款高性能、低功耗、多頻段、支援 GNSS 定位功能的 NB-IoT 無線通訊模組。其尺寸僅為 18.7 mm×16.0 mm×2.1 mm，能最大限度地滿足終端裝置對小尺寸模組產品的要求，同時有效幫助客戶減小產品尺寸並降低產品成本。它有以下優點：

（1）支援北斗和 GPS 雙衛星導航系統，定位更加精準、抗多路徑干擾能力更強。
（2）支援 AGPS 技術。
（3）支援低電壓供電：2.1~3.63 V。
（4）LCC 封裝，超低功耗、超高靈敏度。
（5）支援豐富的外部介面和多種網路服務協定層，同時支援中國移動 OneNET、中國電信 IoT、華為 OceanConnect 及阿里雲等物聯網雲端平台，應用廣泛。
（6）封裝設計相容移遠通訊 GSM/GPRS/GNSS 模組，易於產品升級。
（7）支援 QuecOpen ，可省去週邊 MCU。

## 9.4.2 AT 指令

BC26 的 AT 指令和 2G 模組的 SIM800C 有些不同，讀者可以翻閱本書提供的官方 AT 指令文件：附錄 A\ 學習資料 \5 BC26 資料 \1 文件 \BC26_AT_Manual.pdf。

本小節介紹 BC26 常用的 AT 指令。

### 1. AT+CGREG?

該指令用於查詢 SIM800C 網路註冊狀態，只有 BC26 返回 "+CREG:0,1" 後，才能進行其他操作。

### 2. AT+CESQ

發送 AT+CESQ 指令，查詢訊號強度 (CESQ 值範圍為 0~63)，BC26 將返回類似以下敘述：

```
+CESQ: 42,0,255,255,2,54
OK
```

其中：42 為 CESQ 值，近似於 CSQ 值 21，訊號較好。

### 3. AT+QGACT

該指令用於設定 PDN 上下文。例如發送 AT+QGACT=1,1,"iot"，啟動 PDN 上下文，並使用 IPv4，存取點名稱為 iot。

### 4. AT+CGPADDR

該指令用於顯示 BC26 分配到的 IP 位址，例如發送 AT+CGPADDR=1。

### 5. AT+QSOC

該指令用於創建 socket，例如發送 AT+QSOC=1,1,1，將創建一個 TCP 的 socket id。

### 6. AT+QSOCON

該指令用於在已創建的 socket 上進行網路連接，例如發送 AT+QSOCON =1,8888,"47.75.32.118" 將使用 TCP 連接到 IP 位址為 47.75.32.118，通訊埠編號為 8888 的伺服器。

### 7. AT+QSOSEND

該指令用於向網路中發送資料，指令的格式如下：

```
AT+QSOSEND=<socketid>,<len>
```

參數如下：

<socketid>：socket id，必須先發送 AT+QSOC 指令創建 socket id。

<len>：要發送的資料長度。

發送該指令後，即可向 BC26 發送序列埠資料，資料將透過網路發送到伺服器。

> **注意**
>
> 發送的資料必須是 16 進位的字串。例如要發送的資料是 0x120x34，則應該轉換成字串 1234，且發送的資料長度為 4。

### 8. 接收資料

當收到 BC26 主動發送 "+QSONMI" 指令時，代表接收到了網路資料封包，例如 "+QSONMI=0,4" 代表 socket id 為 0 的連接收到了長度為 4 的資料封包。

此時，我們需要向 BC26 發送 "AT+QSORF=0,4" 指令，從 socket id 為 0 的連接讀取 4 位元組長度的資料。之後 BC26 會返回資料，例如返回 0,123.57.41.13,1002,4,31323334,0。其中：

（1）0：表示 socket id 為 0。

（2）123.57.41.13：資料發送方的 IP 位址。

（3）1002：資料發送方的通訊埠編號。

（4）4：資料長度。

（5）31323334：資料內容，該資料內容屬於 16 進位的字串，對應的資料應該是 0x31，0x32,0x33，0x34 也就是 ASCII 碼表的 1234。

### 9.4.3 程式分析

我們在 9.2.4 節中已經將系統分為 5 層：序列埠驅動層、AT HAL 層、AT common 層、晶片驅動層、network API 層。BC26 屬於晶片驅動層，我們只需要在 9.2.4 節的程式中增加 nbiot_bc26.c 檔案，實現 BC26 的相關 AT 設定，並在 network API 中增加 BC26 的驅動介面即可。

nbiot_bc26.c 程式如下：

```
//Chapter9\03 bc26\network\nbiot_bc26.c

#include "stdio.h"
#include "string.h"

#include "usart1.h"

#include "at_hal.h"
#include "at_common.h"
#include "network_api.h"

#include "common.h"

//TCP 連接
static const char *__string = "AT+QSOCON=1,6666,\"106.13.62.194\"";
//IP 登入伺服器
/**********************************************************************
* 函數名稱 :Connect_Server
* 描    述 :GPRS 連接伺服器函數
* 輸    入 :
* 輸    出 :
* 返    回 :
* 注    意 :
**********************************************************************/
void bc26_Connect_Server(char *ip,u16 port)
{
    char connect_str[100];
```

```
u32 ret;

Wait_CREG();// 等待網路註冊

printf(" 網路註冊成功 \r\n");

AT_Command("AT+CESQ");
delay_ms(10);

Set_ATE0();

AT_Command("AT+QGACT=1,1,\"iot\"");
delay_ms(10);

AT_Command("AT+CGPADDR=1");
delay_ms(10);

AT_Command("AT+QSOC=1,1,1");
delay_ms(10);

memset(connect_str,0,100);
sprintf(connect_str,"AT+QSOCON=1,%d,\"%s\"",port,ip);

//TCP 連接到伺服器
if(connect_str != NULL)
{
    AT_Command_Try((char*)connect_str,"OK",10);
}
else
{
    AT_Command_Try((char*)__string,"OK",10);
}

printf(" 連接成功 \r\n");
//Connect_Server(NULL);
CLR_Buf2();
```

```
}

/*********************************************************************
* 函數名稱 :tcp_heart_beat
* 描    述：發送資料回應伺服器的指令，該函數有兩功能
             1：接收到伺服器的資料後，回應伺服器
             2：伺服器無下發資料時，每隔 10 秒發送一幀心跳，保持與伺服器連接
* 輸    入：
* 輸    出：
* 返    回：
* 注    意：
*********************************************************************/
void bc26_Send_OK(void)
{
   AT_Command_Try("AT+CIPSEND",">",2);
   AT_Command_Try("OK\32\0","SEND OK",8);;        // 回覆 OK
}


void bc26_tcp_send(u8 *buf,int len)
{
   u8 send_head[30];
   u8 ret ;

   ret = byte_to_string(buf,len);
   memset(send_head,0,sizeof(send_head));
   sprintf(send_head,"AT+QSOSEND=1,%d",ret);
   AT_send_data(send_head,strlen(send_head));

   AT_send_data(network_sendbuff,ret);

   at_hal_send_lr();
}

u8 bc26_recv_data[1024];
```

```
int bc26_tcp_recv(u8 *buf,u32 size)
{
  u32 ret = 0;
  u8 offset = 0;
  char *p;
  char send_head[50];
  char len_str[10];
  int i = 0;
  int index = 0;
  int j = 0;
  u8 cnt = 0;

  char *p_data = get_at_recv_data();

  // 收到了 +QSONMI
  if(strstr(p_data,"+QSONMI")!=NULL)
  {
    delay_ms(100);

    // 獲取資料長度和 socket id
    p_data = p_data + 8;
    memset(len_str,0,sizeof(len_str));
    while(*p_data)
    {
         len_str[i] = *p_data;
         i++;
         p_data ++;
    }

    CLR_Buf2();

    // 發送
    sprintf(send_head,"AT+QSORF=%s",len_str);
    AT_send_data(send_head,strlen(send_head));

    // 等待資料接收完整
```

```
delay_ms(100);

int ret = recv_at_data(network_recvbuff,sizeof(network_recvbuff));
if(ret != 0)
{
    // 找到資料內容，由於資料內容的格式是
    //0,123.57.41.13,1002,4,31323334,0
    // 所以我們只要找第 4 個逗點和第 5 個逗點之間的內容即可
    p = network_recvbuff;
    index = 0;
    for(i = 0;i<sizeof(network_recvbuff);i ++)
    {
        if(*p == ',')
        {
            // 找到了逗點，cnt++
            cnt ++;
            // 位址再偏移
            p++;
        }

        // 找到第 5 個逗點，說明資料已經結束了
        if(cnt == 5)
        {
            break;
        }
        if(cnt == 4)
        {
            // 記錄資料
            bc26_recv_data[index ++] = *p;
        }
        p ++;
    }
    // 不等於 0, 說明接收到資料
    if(index != 0)
    {
        j = 0;
```

```
                // 需要對資料再轉換
                for(i = 0;i<index;)
                {
                    if(j>= size)
                          return size;
                    buf[j] = bc26_recv_data[i] * 16 + bc26_recv_data
                    [i + 1];
                    i += 2;
                    j++;
                }
                return j;
            }
            CLR_Buf2();
        }
        return 0;

    }

    return ret;
    /*
    測試用的函數
    */
}
```

network_api.c 增加對 BC26 的支持，程式如下：

```
//Chapter9\03 bc26\network\network_api.c


/*
連接到伺服器
char *ip   :  伺服器 IP 位址
u16 port   :  通訊埠編號

*/
void connect_server(char *ip,u16 port)
{
```

```
    switch(sys_config.network_type)
    {
        case NETWORK_TYPE_ESP8266:
                esp8266_Connect_Server(ip,port);
                break;
        case NETWORK_TYPE_BC26:
                bc26_Connect_Server(ip,port);
                break;

        case NETWORK_TYPE_SIM800C:
                SIM800C_Connect_Server(ip,port);
                break;
    }
}


/*
發送網路資料
u8 *buf    : 要發送的資料
int len    : 長度
*/

void network_send(u8 *buf,int len)
{
    switch(sys_config.network_type)
    {
        case NETWORK_TYPE_ESP8266:
                esp8266_tcp_send(buf,len);
                break;

        case NETWORK_TYPE_BC26:
                bc26_tcp_send(buf,len);
                break;

        case NETWORK_TYPE_SIM800C:
                SIM800C_tcp_send(buf,len);
```

```
                break;
        }
}

/*
接收網路資料
u8 *buf    :  接收快取
int len    :  最大接收長度

返回值：收到的網路資料長度
*/

int network_recv(u8 *buf,u32 size)
{
    switch(sys_config.network_type)
    {
        case NETWORK_TYPE_ESP8266:
            return esp8266_tcp_recv(buf,size);
            break;

        case NETWORK_TYPE_BC26:
            return bc26_tcp_recv(buf,size);
            break;

        case NETWORK_TYPE_SIM800C:
            SIM800C_tcp_recv(buf,size);
            break;
    }

    return 0;
}
```

## 9.4.4 實驗

BC26 的實驗和 SIM800C 一樣，讀者可以參考 9.3.3 節的內容。

（1）打開 http://tcplab.openluat.com/ 網站，可以看到網站已經分配一個公網伺服器給我們做實驗，IP 位址是 180.91.81.180，通訊埠是 54712，如圖 9.19 所示。

圖 9.19　公網伺服器 IP 位址

（2）修改程式，讓 BC26 模組連接到該公網伺服器，並發送 hello 資料。

（3）查看 http://tcplab.openluat.com/ 網站，可以看到 BC26 模組已經成功連接並發送資料 hello，如圖 9.20 所示。

Openluat TCP Lab

223.74.217.52:8906 已接入 2020/5/18 下午4:19:18

来自 223.74.217.52:8906 2020/5/18 下午4:19:21
hello

圖 9.20　TCP 連接資訊

Chapter

# 10

# 實戰專案：環境資訊擷取系統

本章將從零開始架設一個環境資訊擷取系統，並透過這個實戰專案，帶領讀者實現第一個物聯網專案。

## 10.1 系統框架

該專案硬體上採用 STM32F407 晶片作為主控晶片，網路卡採用 DP83848 晶片，環境檢測感測器採用 DHT11 溫濕度感測器。

軟體系統框架上，STM32F407 晶片執行 RT-Thread 系統，並透過 OneNET 軟體套件連線 OneNET 平台，同時，讀者可以在手機 App 上查看資料。

系統軟硬體框架如圖 10.1 所示。

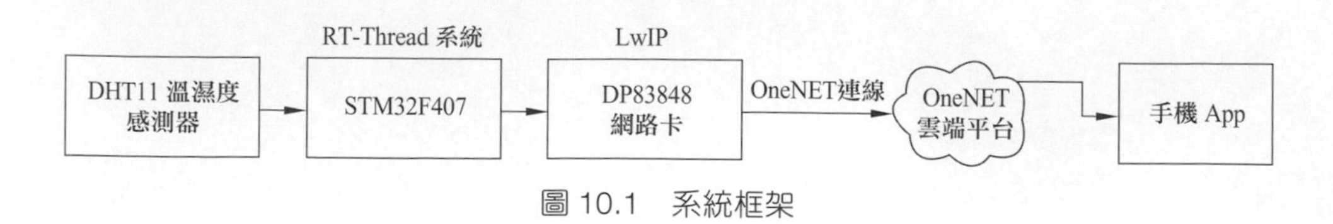


圖 10.1　系統框架

該系統主要分 3 大部分：

（1）嵌入式：也稱為邊緣計算，主要以 STM32F407、DP83848、DHT11 溫濕度感測器為主，實現節點資料獲取、資料上傳等功能。

（2）雲端平台：在 OneNET 的基礎上，建構一套 Web 介面，用來顯示感測器的資料。Web 介面提供一個儀表板用來即時顯示資料，同時提供一個聚合線圖，用來顯示資料的變化趨勢，如圖 10.2 所示。

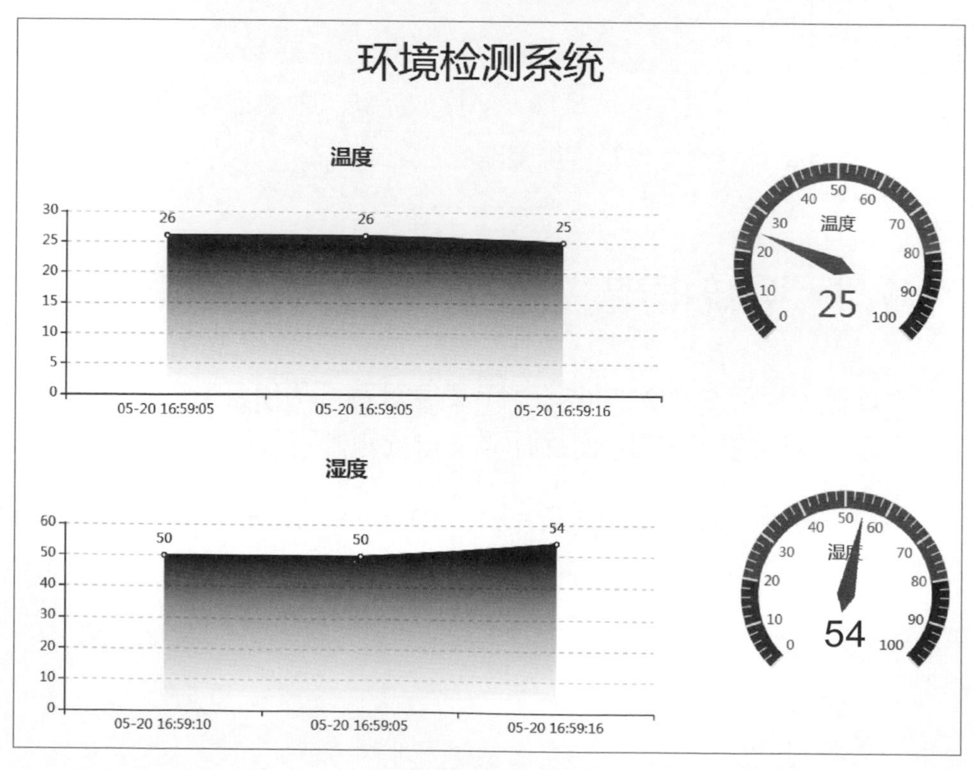


圖 10.2　Web 介面

（3）手機 App：在 OneNET 基礎上開發一套手機 App 應用，使用者可以直接在手機上即時查看資料。手機 App 的介面如圖 10.3 所示。

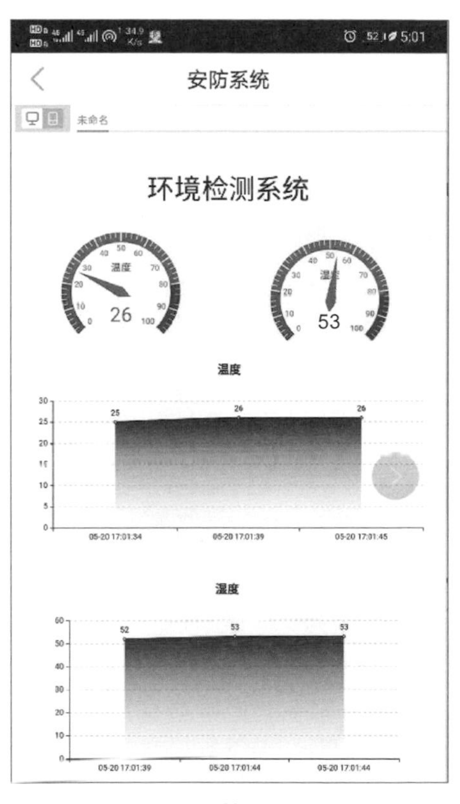


圖 10.3　手機 App 介面

## 10.2 嵌入式開發

嵌入式硬體開發的主要工作是：

（1）驅動 DHT11 感測器，讀取溫度、濕度數值。

（2）DP83848 網路卡驅動、LwIP 實現。

（3）OneNET 資料上傳。

其中，RT-Thread 已經整合了 DP83848 驅動、LwIP、OneNET 軟體套件。我們只需要實現 DHT11 的資料獲取並透過 OneNET 上傳到雲端即可。

## 10.2.1 DHT11 感測器介紹

DHT11 是一款已校準數位訊號輸出的溫濕度感測器。其濕度精度 ±5%RH，溫度精度 ±2℃，量程濕度 20~90%RH，量程溫度 0~50℃。廣泛應用在氣象站、家電、除濕器等。

### 1. 硬體原理圖

DHT11 實物如圖 10.4 所示。

接腳說明如表 10.1 所示。

表 10.1 接腳說明

| Pin | 名稱 | 備註 |
|---|---|---|
| 1 | VDD | 供電，3~5.5V DC |
| 2 | DATA | 串列資料，單匯流排。使用上拉電阻拉高，上拉電阻推薦阻值範圍：4.7~5.1kΩ |
| 3 | NC | 空腳，需懸空 |
| 4 | GND | 接地 |

DHT11 和微處理器連接原理圖如圖 10.5 所示。

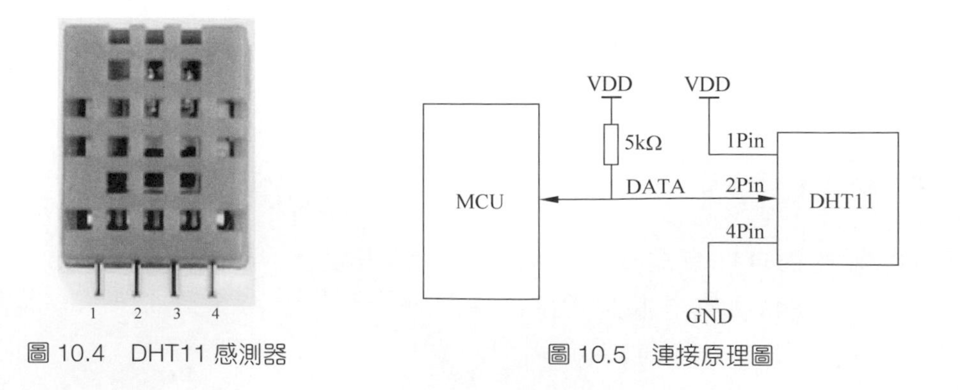


圖 10.4　DHT11 感測器

圖 10.5　連接原理圖

### 2. 工作原理

DHT11 使用單一匯流排通訊，即 DATA 接腳和微處理器連接。DATA 匯流排不是處於空閒狀態，就是處於通訊狀態。

空閒狀態：當微處理器沒有與 DHT11 通訊時，匯流排處於空閒狀態，在上拉電阻的作用下，DATA 接腳處於高電位。

通訊狀態：當微處理器和 DHT11 正在通訊時，匯流排處於通訊狀態。

一次完整的通訊過程如下：

（1）微處理器將驅動匯流排的 IO 設定為輸出模式，準備向 DHT11 發送資料。

（2）微處理器將匯流排拉低至少 18ms，以此來發送起始訊號。再將匯流排拉高並延遲時間 20~40μs，以此表示起始訊號結束。

（3）微處理器將驅動匯流排的 IO 設定成輸入模式，準備接收 DHT11 的資料。

（4）當 DHT11 檢測到微處理器發送的起始訊號後，就開始回應，回傳擷取到的感測器資料。DHT11 先將匯流排拉低 80μs 作為對微處理器的回應 (ACK)，然後將匯流排拉高 80μs。起始訊號和回應訊號時序圖如圖 10.6 所示。

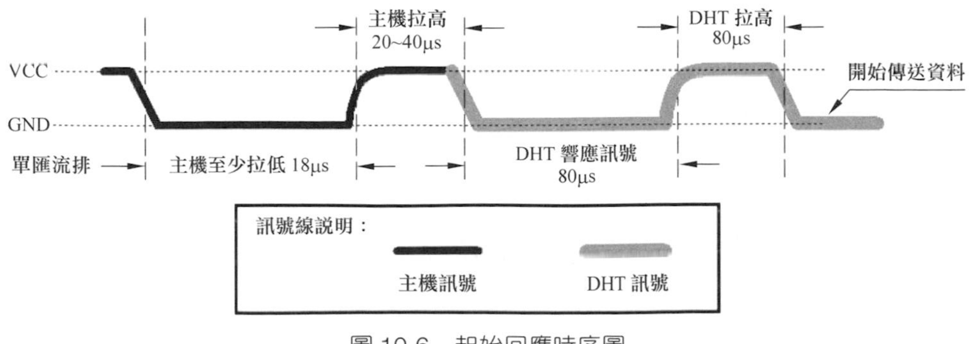


圖 10.6　起始回應時序圖

（5）DHT11 回應微處理器後，接下來回傳溫濕度資料，以固定的框架格式發送，格式如圖 10.7 所示。

| 8b 濕度整數值 | | | | | 8b 濕度小數值 | 8b 溫度整數值 | 8b 溫度小數值 | 8b 校正碼 |
|---|---|---|---|---|---|---|---|---|
| B7 | B6 | B5 | … | B0 | B7~B0 | B7~B0 | B7~B0 | B7~B0 |

圖 10.7　框架格式

（6）當一幀資料傳輸完成後，DHT11 釋放匯流排。

整個通訊的時序圖如圖 10.8 所示。

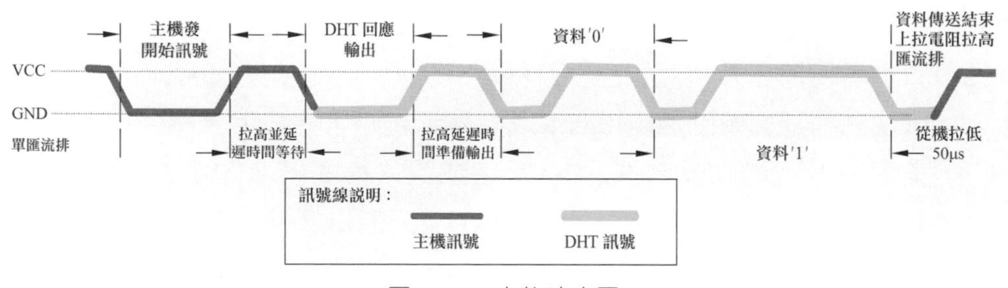


圖 10.8　完整時序圖

一幀為 40 位元，而每位元的傳輸時序邏輯為：每位元都以 50μs 的低電位 (DHT11 將匯流排拉低 ) 為先導，然後緊接著 DHT11 拉高匯流排，如果這個高電位持續時間為 26~28μs，則代表邏輯 0，如果持續 70μs 則代表邏輯 1。

邏輯 0 訊號時序圖如圖 10.9 所示。

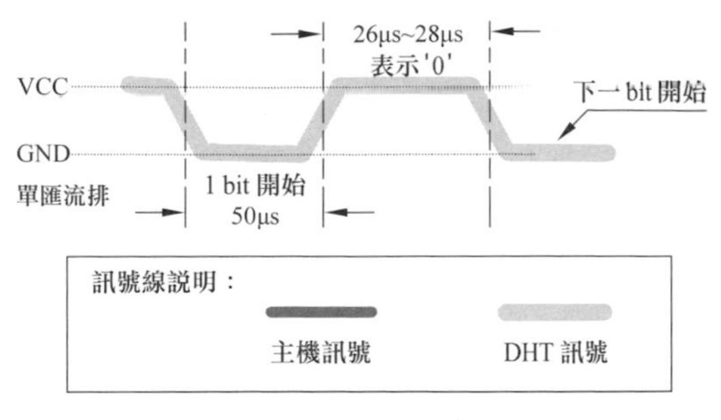


圖 10.9 邏輯 0 時序圖

邏輯 1 訊號時序圖如圖 10.10 所示。

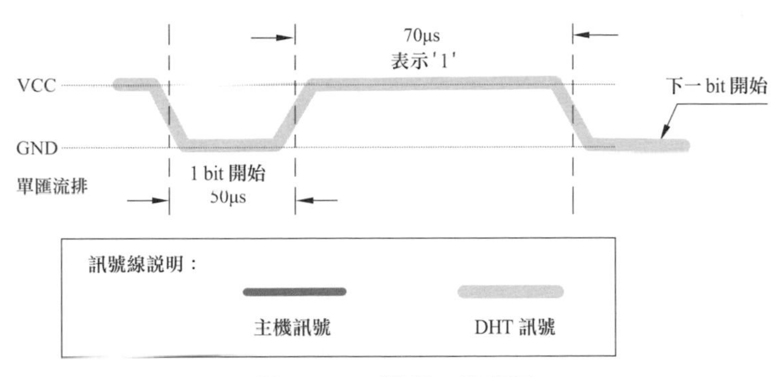


圖 10.10 邏輯 1 時序圖

## 10.2.2 DHT11 驅動

打開 Chapter10\01_stm32f407_dht11\Project\DHT11.uvprojx 專案檔案，DHT11 驅動檔案位於 Project → Devices → dht11.c，如圖 10.11 所示。

圖 10.11 開發專案

本書提供的 STM32F407 晶片用來驅動 DHT11 DATA 的 IO 接腳為 GPIOG_1，讀者可以根據自己的實際情況修改。

### 1. 設定 IO 接腳輸出模式

微處理器發送起始訊號時，需要設定驅動 DATA 的 IO 接腳為輸出模式，程式如下：

```
//Chapter10\01_stm32f407_dht11\USER\DHT11\dht11.c30 行

void Dht11_OutputMode(void)
{
   GPIO_InitTypeDef GPIO_InitStruct;

   GPIO_DeInit(GPIOG);

   RCC_AHB1PeriphClockCmd(RCC_AHB1Periph_GPIOG,ENABLE);
   GPIO_InitStruct.GPIO_Pin     = GPIO_Pin_1;
   GPIO_InitStruct.GPIO_Mode    = GPIO_Mode_OUT;
   GPIO_InitStruct.GPIO_Speed   = GPIO_Speed_50MHz;
   GPIO_InitStruct.GPIO_OType   = GPIO_OType_PP;
   GPIO_InitStruct.GPIO_PuPd    = GPIO_PuPd_UP;
   GPIO_Init(GPIOG,&GPIO_InitStruct);
}
```

### 2. 設定 IO 接腳輸入模式

微處理器發送完起始訊號後，需要把驅動 DATA 的 IO 接腳設定成輸入模式，等待 DHT11 傳輸資料，程式如下：

```
//Chapter10\01_stm32f407_dht11\USER\DHT11\dht11.c41 行

void Dht11_InputMode(void)
{
   GPIO_InitTypeDef GPIO_InitStruct;

   GPIO_DeInit(GPIOG);
```

```
    RCC_AHB1PeriphClockCmd(RCC_AHB1Periph_GPIOG,ENABLE);

    GPIO_InitStruct.GPIO_Pin     = GPIO_Pin_1;
    GPIO_InitStruct.GPIO_Mode    = GPIO_Mode_IN;
    GPIO_InitStruct.GPIO_Speed   = GPIO_Speed_50MHz;
    GPIO_InitStruct.GPIO_PuPd    = GPIO_PuPd_NOPULL;
    GPIO_Init(GPIOG,&GPIO_InitStruct);
}
```

### 3. 讀取 8 位元資料

根據 DHT11 資料傳輸的格式，每位元都以 50μs 的低電位 (DHT11 將匯流排拉低 ) 為先導，然後緊接著 DHT11 拉高匯流排，如果這個高電位持續時間為 26~28μs，則代表邏輯 0，如果持續 70μs 則代表邏輯 1。

故而我們可以在檢測到 DHT11 拉高匯流排後，等待 50μs，檢測匯流排的電位狀態，如果此時電位已經被拉低，說明資料位元是 0；如果此時電位還處於高電位，說明資料位元是 1。

讀取 8 位元資料的程式如下：

```
/Chapter10\01_stm32f407_dht11\USER\DHT11\dht11.c 74 行

u8 DHT11_ReadByte(void)
{
    u8 bit_value;
    u8 value=0;
    u8 count;

    for(count=0;count<8;count++)
    {
        if(!PGin(1))
        {
            while(!PGin(1)); // 等待 50μs
            // 判斷是 0 還是 1
            delay_us(50);
            if(PGin(1))
```

```
            bit_value = 1;
        else
            bit_value = 0;
      }
      value<<= 1;
      value |=  bit_value;
      while(PGin(1));
   }
   return value;
}
```

## 4. 讀取溫度和濕度

DHT11 一次傳輸 40 位元資料，包括溫度整數、溫度小數、濕度整數、濕度小數、校正碼。其中只有溫度整數、濕度整數有意義。讀取溫度和濕度的程式如下：

```
//Chapter10\01_stm32f407_dht11\USER\DHT11\dht11.c110 行

void DHT11_Read(u8 *pTemp,u8 *pHum)
{
   //設定為輸出模式
   Dht11_OutputMode();

   //主機啟動讀寫訊號
   PGout(1) = 0;        //拉低
   delay_ms(19);        //保持 19ms
   PGout(1) = 1;        //拉高

   //設定為輸入模式
   Dht11_InputMode();

   //等待 DHT11 回應
   while(PGin(1));

   //DHT11 回應
   if(!PGin(1))
```

```
    {
      //DHT11 回應訊號
      while(!PGin(1));    //等待低週期結束
      while(PGin(1));     //等待低週期結束

      //讀取 40 位元資料

      //讀取濕度的整數值
      *pHum = DHT11_ReadByte();

      //讀取濕度的小數值，暫不支持
      DHT11_ReadBytc();

      //讀取溫度的整數值
      *pTemp = DHT11_ReadByte();

      //讀取溫度的小數值，暫不支持
      DHT11_ReadByte();

      //讀取驗證值，忽略
      DHT11_ReadByte();

      PGout(1) = 1;
    }
}
```

### 5. main 函數

main 函數對 DHT11、序列埠等進行初始化，之後讀取 DHT11 感測器的資料並列印出來，程式如下：

```
//Chapter10\01_stm32f407_dht11\main\main.c12 行

int main(void)
{
    //設定系統中斷優先順序分組 2
    NVIC_PriorityGroupConfig(NVIC_PriorityGroup_2);
```

```
    //初始化延遲時間函數
    delay_init();

    //序列埠 1 初始化
    uart1_init(115200);

    //DHT11 感測器初始化
    DHT11_Init();

    while(1)
    {
      //溫度
      Temp = 0;
      //濕度
      Hum = 0;
      DHT11_Read(&Temp,&Hum);
      snprintf(Info_Buf,50,"Temperature:%d   Humidity:%d\r\n",Temp,Hum);
      printf("%s",Info_Buf);
      delay_ms(500);
      delay_ms(500);
      delay_ms(500);
      delay_ms(500);
    }
}
```

### 6. 實驗

（1）將 DHT11 感測器的 DATA 接腳接到 STM32F407 的 GPIOC_5 接腳上，VCC 接腳連接 3.3V。

（2）編譯並下載程式。

（3）打開序列埠軟體，查看序列埠資料，可以看到序列埠每隔 2s 列印以下資訊：

```
read temp :27.0 hump: 56.0
read temp :27.0 hump: 56.0
```

## 10.2.3 RT-Thread 移植 DHT11 驅動

10.2.2 節我們在裸機上使用 ST 的標準函數庫實現了對 DHT11 的資料讀取。由於最後我們的 STM32F407 開發板需要在 RT-Thread 系統上執行，故而我們需要把 DHT11 驅動移植到 RT-Thread 上。

驅動的移植主要是對 GPIO 通訊埠和精準延遲時間函數的操作。

### 1. GPIO 移植

RT-Thread 提供了一套 GPIO 操作的 API 函數，我們只需要把 DHT11 程式中所有使用標準函數庫的 GPIO 操作替換成 RT-Thread 提供的 GPIO 操作 API 即可。

(1) 定義 DATA 接腳，程式如下：

```
//Chapter10\02_rtt_dht11\dht11.h     19 行

/* 定義 DHT11 接腳 */
#define DHT11_DATA_PIN     GET_PIN(G,1)
```

(2) 設定輸入、輸出模式及讀取溫度、濕度等程式修改如下：

```
//Chapter10\02_rtt_dht11\dht11.c18 行
void Dht11_OutputMode(void)
{
   rt_pin_mode(DHT11_DATA_PIN,PIN_MODE_OUTPUT);
}

void Dht11_InputMode(void)
{
   rt_pin_mode(DHT11_DATA_PIN,PIN_MODE_INPUT_PULLUP);
}
u8 DHT11_ReadByte(void)
{
   u8 bit_value;
```

```
    u8 value=0;
    u8 count;

    for(count=0;count<8;count++)
    {
        if(!rt_pin_read(DHT11_DATA_PIN))
        {
            while(!rt_pin_read(DHT11_DATA_PIN)); // 等待 50µs
            // 判斷是 0 還是 1
            delay_us(50);
            if(rt_pin_read(DHT11_DATA_PIN))
            bit_value = 1;
            else
            bit_value = 0;
        }
        value<<= 1;
        value |=  bit_value;
        while(rt_pin_read(DHT11_DATA_PIN));
    }
    return value;
}

void DHT11_Read(u8 *pTemp,u8 *pHum)
{
    // 設定為輸出模式
    Dht11_OutputMode();

    // 主機啟動讀寫訊號
    rt_pin_write(DHT11_DATA_PIN ,0);        // 拉低

    delay_ms(19);                           // 保持 19ms
    rt_pin_write(DHT11_DATA_PIN ,1);        // 拉高

    // 設定為輸入模式
    Dht11_InputMode();

    // 等待 DHT11 回應
    while(rt_pin_read(DHT11_DATA_PIN));
```

```
    //DHT11 回應
    if(!rt_pin_read(DHT11_DATA_PIN))
    {
        //DHT11 回應訊號
        while(!rt_pin_read(DHT11_DATA_PIN));    // 等待低週期結束
        while(rt_pin_read(DHT11_DATA_PIN));     // 等待低週期結束

        // 讀取 40 位元資料

        // 讀取濕度的整數值
        *pHum = DHT11_ReadByte();

        // 讀取濕度的小數值，暫不支持
        DHT11_ReadByte();

        // 讀取溫度的整數值
        *pTemp = DHT11_ReadByte();

        // 讀取溫度的小數值，暫不支持
        DHT11_ReadByte();

        // 讀取驗證值，忽略
        DHT11_ReadByte();

        rt_pin_write(DHT11_DATA_PIN ,1);
    }
}
```

### 2. 精準延遲時間函數

在裸機開發中，我們使用 delay_us 和 delay_ms 函數，但是 RT-Thread 並沒有這兩個函數。而且 RT-Thread 提供的 rt_thread_mdelay 函數會產生執行緒切換，不適合在驅動中使用。故而我們需要重新實現 delay_us 和 delay_ms 函數。

(1) delay_us 函數

對於 STM32，RT-Thread 已經實現了一個類似 delay_us 功能的函數，其函數名稱是 rt_hw_us_delay，程式如下：

```
//Chapter10\rt-thread\bsp\stm32\libraries\HAL_Drivers\drv_common.c  99 行

void rt_hw_us_delay(rt_uint32_t us)
{
   rt_uint32_t start,now,delta,reload,us_tick;
   start = SysTick->VAL;
   reload = SysTick->LOAD;
   us_tick = SystemCoreClock / 1000000UL;
   do {
        now = SysTick->VAL;
        delta = start>now ? start - now :reload + start - now;
   } while(delta<us_tick * us);
}
```

這是一個精確到 μs 的延遲時間函數，而且不會產生執行緒切換，適合在驅動開發中使用。但是需要注意：rt_hw_us_delay 延遲時間不能超過 1000μs。

(2) delay_ms 函數

在 rt_hw_us_delay 精準的 μs 等級延遲時間基礎上，我們可以透過 for 循環來實現 ms 等級的延遲時間，程式如下：

```
void rt_hw_ms_delay(rt_uint32_t ms)
{
   rt_uint32_t i;

     for(i = 0;i<ms;i ++)
     {
          rt_hw_us_delay(500);
          rt_hw_us_delay(500);
     }
}
```

### 3. menuconfig 設定

本書已提供移植好的驅動檔案，程式位於 Chapter10\02_rtt_dht11 資料夾下。把該資料夾下所有的程式檔案複製到 Chapter10\rt-thread\bsp\stm32\stm32f407-atk-explorer\applications。

修改 Chapter10\rt-thread\bsp\stm32\stm32f407-atk-explorer\applications\SConscript 檔案，增加以下程式：

```
import rtconfig
from building import *

cwd     = GetCurrentDir()
CPPPATH = [cwd,str(Dir('#'))]
src     = Split("""
main.c
""")

if GetDepend(['BSP_USING_DTH11']):
   src += Glob('dht11.c')
   src += Glob('stm32_delay.c')

group = DefineGroup('Applications',src,depend = [''],CPPPATH = CPPPATH)

Return('group')
```

修改 Chapter10\rt-thread\bsp\stm32\stm32f407-atk-explorer\board\Kconfig 檔案，在 menu "Board extended module Drivers" 後面增加以下程式：

```
config BSP_USING_DTH11
   bool "Enable DTH11 Demo"
   default n
```

本書提供的隨附原始程式碼已經修改好，讀者可以直接使用。

執行 menuconfig，把 DHT11 的選項打開即可，DHT11 選項位於 Hardware Drivers Config → Board extended module Drivers → Enable DTH11 Demo，如圖 10.12 所示。

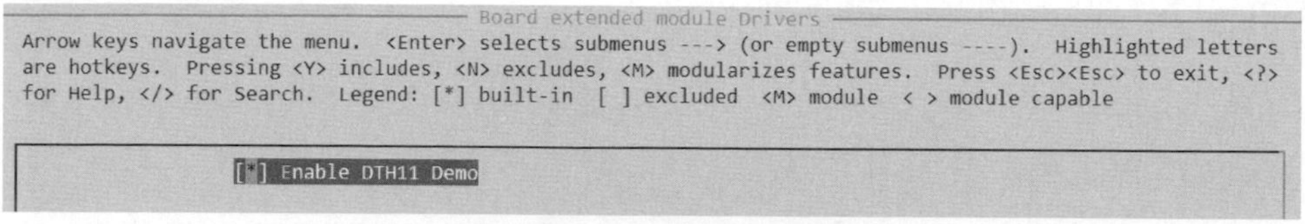

```
Board extended module Drivers
Arrow keys navigate the menu.  <Enter> selects submenus ---> (or empty submenus ----).  Highlighted letters
are hotkeys.  Pressing <Y> includes, <N> excludes, <M> modularizes features.  Press <Esc><Esc> to exit, <?>
for Help, </> for Search.  Legend: [*] built-in  [ ] excluded  <M> module  < > module capable

            [*] Enable DTH11 Demo
```

圖 10.12　menuconfig 選項

按空白鍵選取 Enable DTH11 Demo 選項後，退出 menuconfig，輸入 scons --target=mdk5 重新建構專案。

打開 Chapter10\rt-thread\bsp\stm32\stm32f407-atk-explorer\project.uvprojx 專案檔案，可以看到 Applications 下多了 dht11.c 和 stm32_delay.c 兩個檔案。

## 10.2.4 OneNET 上傳資料

第 8 章第 3 節已經實現了如何設定 OneNET 軟體套件，並上傳資料到 OneNET 平台。在該基礎上，我們只需要修改程式，呼叫 OneNET 相關介面實現溫度、濕度資料的上傳即可。

### 1. 設定 OneNET 軟體套件

OneNET 軟體套件的設定參考本書 8.3 節。

### 2. OneNET 資料上傳

使用 RT-Thread 的 FinSH 功能，增加 onenet_upload_dht11_cycle 命令。該命令創建一個最高優先順序任務，該任務用於獲取 DHT11 感測器資料，並上傳到 OneNET 雲端平台，程式如下：

```
#include<stdlib.h>

#include<onenet.h>

#define DBG_ENABLE
#define DBG_COLOR
#define DBG_SECTION_NAME   "onenet.sample"
#if ONENET_DEBUG
#define DBG_LEVEL      DBG_LOG
#else
#define DBG_LEVEL      DBG_INFO
#endif /* ONENET_DEBUG */

#include<rtdbg.h>

#include "dht11.h"

/* upload random value to temperature*/
static void onenet_upload_dht11_entry(void *parameter)
{
   u8 Temp,Hum;
   int ret;

   ret = onenet_mqtt_init();
   if(ret != 0)
   {
     LOG_E("RT-Thread OneNET package(V%s) initialize failed.",
     ONENET_SW_VERSION);
     return ;
   }

   // 通電後先延遲 2s，等 DHT11 穩定功能和 OneNET 連接成功
   rt_thread_delay(rt_tick_from_millisecond(2 * 1000));
   while (1)
   {
   // 獲取濕度和溫度資料
```

```
        DHT11_Read(&Temp,&Hum);

        if (onenet_mqtt_upload_digit("humidity",Hum)<0)
        {
          LOG_E("upload has an error,stop uploading");
          break;
        }
        else
        {
          LOG_D("buffer :{\"humidity\":%d}",Hum);
        }

            rt_thread_delay(rt_tick_from_millisecond(500));

        if (onenet_mqtt_upload_digit("temperature",Temp)<0)
        {
          LOG_E("upload has an error,stop uploading");
          break;
        }
        else
        {
          LOG_D("buffer :{\"temperature\":%d}",Temp);
        }

        rt_thread_delay(rt_tick_from_millisecond(5 * 1000));
    }
}

int onenet_upload_dht11_cycle(void)
{
    rt_thread_t tid;
    //創建任務
    tid = rt_thread_create("onenet_send",
                            onenet_upload_dht11_entry,
                            RT_NULL,
                            2 * 1024,
```

```
                                1,
                                5);
    if (tid)
    {
    rt_thread_startup(tid);
    }

    return 0;
}

#ifdef FINSH_USING_MSH
#include<finsh.h>
// 增加 onenet_upload_dht11_cycle 命令
MSH_CMD_EXPORT(onenet_upload_dht11_cycle,send data to OneNET cloud cycle
for dht11);

#endif
```

編譯並下載程式，在序列埠中發送 onenet_upload_dht11_cycle 命令即可上傳溫度、濕度資料到 OneNET 雲端平台。

### 3. OneNET 雲端平台屬性增加

之前創建的 OneNET 平台，裝置只有 temperature( 溫度 ) 屬性，我們需要增加 humidity( 濕度 ) 屬性。

(1) 登入 OneNET 平台，點擊左側的「資料流程範本」按鈕，再點擊右側的「增加資料流程範本」按鈕，如圖 10.13 所示。

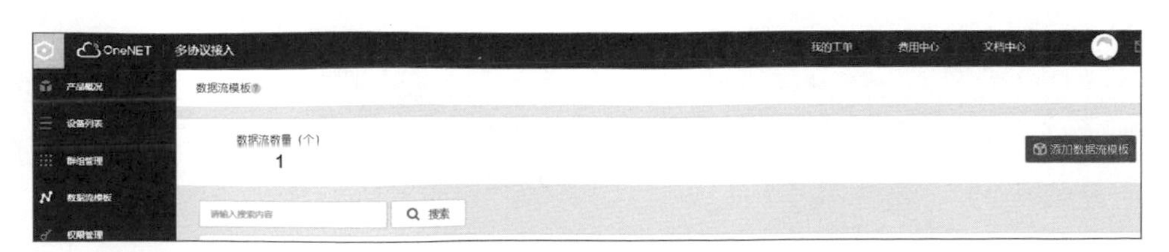


圖 10.13 資料流程範本

（2）在資料流程名稱中填入 humidity，點擊「增加」按鈕，如圖 10.14 所示。

圖 10.14　增加資料流程

（3）進入裝置列表→資料流程，可以查看到 humidity( 濕度 ) 和 temperature ( 溫度 ) 的資料，如圖 10.15 所示。

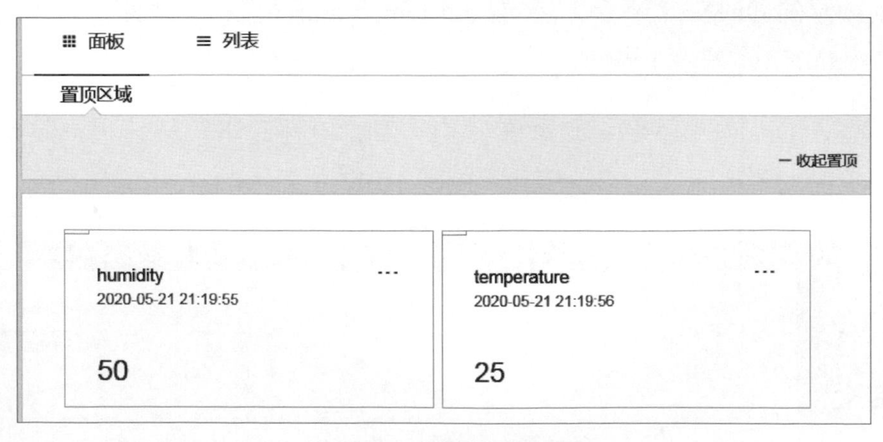


圖 10.15　資料流程展示

## 10.3 OneNET View 視覺化開發

OneNET 提供 OneNET View 視覺化開發功能，利用該功能，我們可以快速建構一套 Web 介面。

OneNET View 支援創建 3D 專案，免程式設計、視覺化拖曳設定，整合整理、轉換功能的資料層，支援多種資料來源連線，功能強大的資料篩檢程式可對雜亂資料進行多種邏輯加工，靈活地嵌入架設，讓 2D/3D 結合成為可能。

10min 快速、靈活完成物聯網視覺化大螢幕開發，輕鬆滿足智慧家居、智慧城市、水利水電、智慧醫療等資料視覺化需求。

### 1. 產品能力

（1）拖曳式編輯：免程式設計、10min 可快速架設應用介面。

（2）多資料來源對接：支援 OneNET 內建資料、第三方資料庫、Excel 靜態檔案等多種資料來源。

（3）產業範本：提供物聯網產業視覺化範本，可快速創建視覺化應用，自動轉換多種解析度的螢幕，滿足多種場景應用。

（4）自動螢幕轉換：自動轉換多種解析度的螢幕，滿足多種場景應用。

（5）3D 專案：支持 3D 專案，可透過拖曳 3D 元件快速完成場景架設，並支持 2D/3D 混合。

（6）資料過濾：可透過程式編輯器對資料進行快速過濾篩選或邏輯加工。

### 2. 產品優勢

（1）豐富的元件：提供多種地圖、錶碟、圖表等多種分類的 2D/3D 元件，總數超過 100 個。

（2）資料無縫對接：免程式設計、免運行維護，10min 快速生成物聯網展示應用。

（3）快速開發：支援 OneNET 內建資料、第三方資料庫、Excel 靜態檔案多種資料來源。

（4）資料過濾：可透過程式編輯器對資料進行快速過濾篩選或邏輯加工。

## 10.3.1 Web 視覺化

（1）點擊左側的「應用管理」按鈕，再點擊右側的「增加應用」按鈕，如圖 10.16 所示。

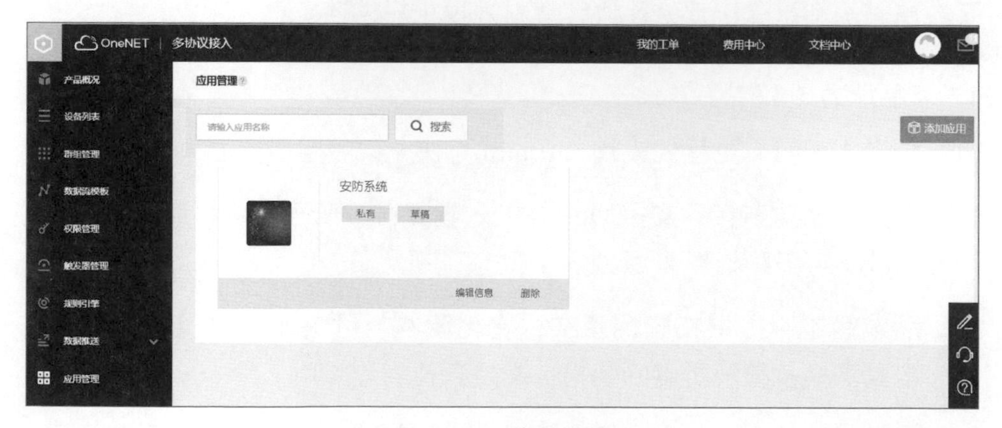


圖 10.16　應用管理

（2）在應用名稱框內輸入「環境檢測系統」，應用閱覽許可權選擇「私有」，上傳應用 LOGO 後，點擊「新增」按鈕，如圖 10.17 所示。

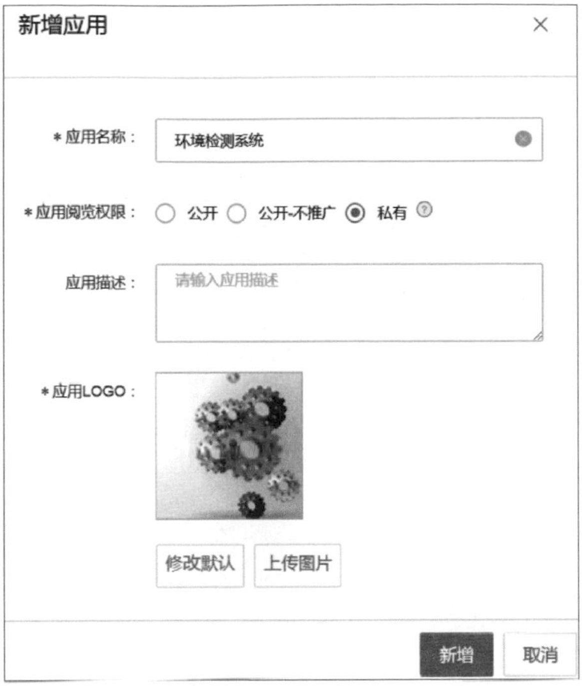

圖 10.17　新增應用

（3）點擊應用管理中新建的環境檢測系統，如圖 10.18 所示。

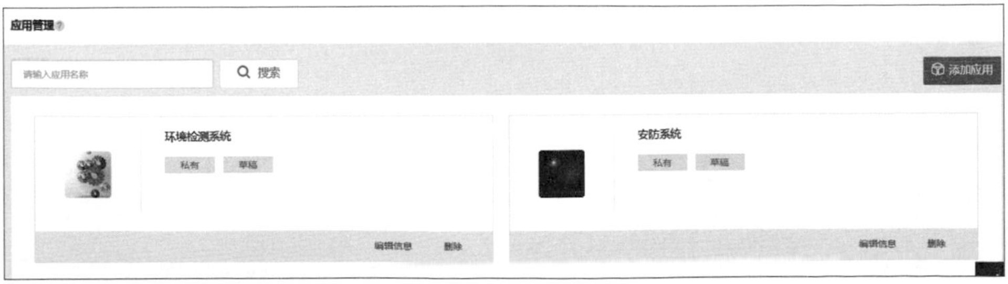

圖 10.18　環境檢測系統

（4）在應用詳情中點擊「編輯應用」按鈕，如圖 10.19 所示。

圖 10.19　應用詳情

（5）進入應用編輯介面，如圖 10.20 所示。

圖 10.20　應用編輯

（6）OneNET 提供了非常多的元件，本書使用到聚合線圖、儀表板，每種元件的使用可以參考官方文件：https://open.iot.10086.cn/doc/view/。

（7）點擊左側「元件庫」下的「聚合線圖」，即可在中間區域出現對應的聚合線圖元件，如圖 10.21 所示。

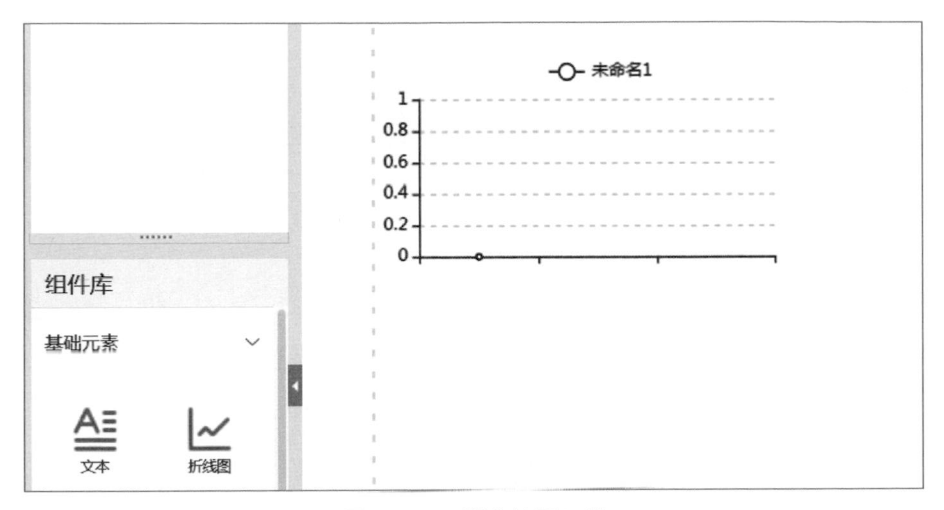


圖 10.21　聚合線圖元件

（8）點擊剛才新建的聚合線圖元件，右側會顯示該元件的相關屬性設定，點擊「樣式」按鈕，在標題中輸入「溫度」，如圖 10.22 所示。

属性　样式

标题

标题

温度

圖 10.22　標題

（9）點擊「屬性」按鈕，不選取「顯示圖例」按鈕。裝置選擇我們之前創建的 test001，資料流程選擇 temperature，如圖 10.23 所示。

圖 10.23　屬性設定

（10）設定完後，可以看到此時聚合線圖已經能顯示溫度資料了，如圖 10.24 所示。

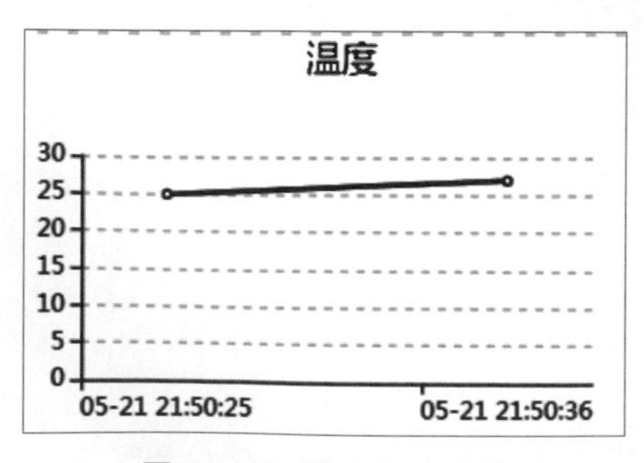


圖 10.24　溫度聚合線圖

（11）點擊元件庫下的「儀表板」按鈕，中間區域即可出現一個儀表板，如圖 10.25 所示。

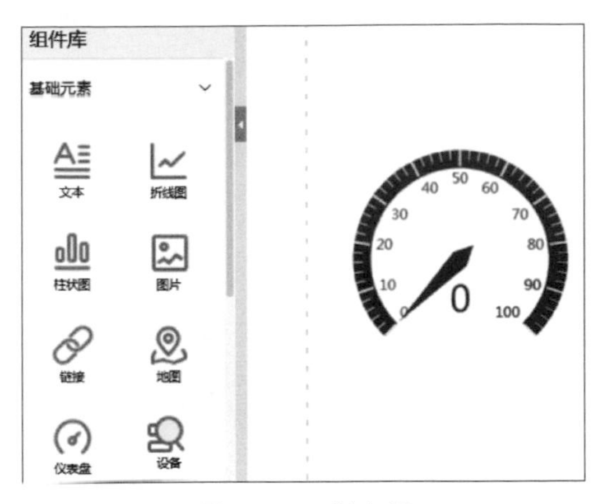


圖 10.25　儀表板

（12）點擊儀表板，在右側出現的屬性一欄中點擊「樣式」按鈕，標題輸入溫度，如圖 10.26 所示。

圖 10.26　標題

（13）點擊「屬性」按鈕，裝置選擇 test001，資料流程選擇 temperature。如圖 10.27 所示。

圖 10.27　屬性設定

(14) 設定完後，儀表板此時可以顯示溫度資料，如圖 10.28 所示。

圖 10.28　儀表板

(15) 對於濕度而言，也是相同的操作，只是資料流程要選擇 humidity。增加濕度後，調整佈局，如圖 10.29 所示。

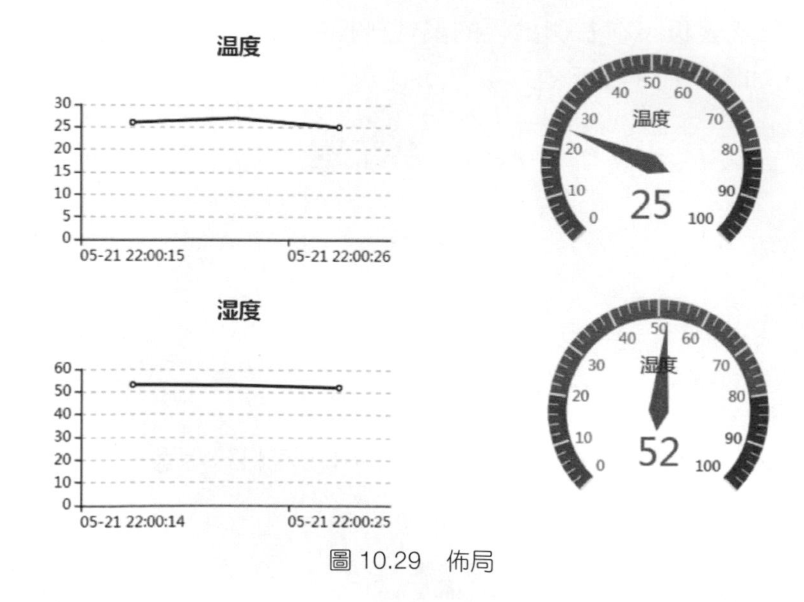


圖 10.29　佈局

(16) 上面只是對 Web 頁面進行了佈局，還需要對手機 App 的佈局進行處理，點擊左上角的按鈕，如圖 10.30 所示。手機 App 的佈局和元件增加與上面增加聚合線圖、儀表板操作相同。

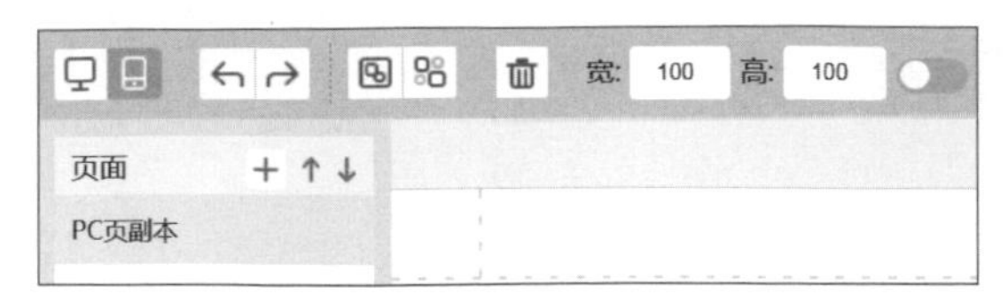


圖 10.30　手機 App 佈局

（17）完成佈局後，點擊右上角的「保存」按鈕，退出應用編輯介面。

（18）在應用詳情頁中，點擊「全螢幕觀看」按鈕，即可看到我們創建好的 Web 資料視覺化介面，如圖 10.31 所示。

圖 10.31　應用詳情

## 10.3.2 手機 App

OneNET 提供一款名為「裝置雲端」的 App，透過該 App，可以在手機上看到上面建構的資料視覺化內容。

裝置雲端 App 下載連結：https://open.iot.10086.cn/doc/art656.html#118。

下載並安裝裝置雲端 App 後，在應用一欄即可查看上面創建的環境檢測系統。

# 10.4 複習

本專案在 OneNET 平台基礎上，實現了一個環境資訊擷取系統。該系統具有一定的商用實戰價值，其系統框架和目前市場上的資料獲取系統非常相似。

讀者需要加強練習，特別是 OneNET 資料視覺化這一部分。同時也建議讀者在學習完本章後，在阿里雲物聯網平台上重新實現本專案，做到融會貫通。

Chapter 11

# 實戰專案：智慧保全系統

本章將從零開始架設一個智慧保全系統，並透過這個實戰專案，帶領讀者實現第 2 個物聯網專案。

## 11.1 系統介紹

智慧保全系統使用無線 315/433MHz 技術，搭配無線門磁、無線紅外、無線煙感、無線瓦斯感測器等，可以實現遠端警告、遠端操控等功能。整個系統的框架如圖 11.1 所示。

整個系統可以分為 4 大部分：

（1）無線感測器部分：無線門磁、無線煙感等感測器安裝在家中的各個角落，透過無線 433MHz 技術，可以將感測器的資料傳輸到無線 433MHz 接收模組，並由接收模組透過序列埠傳輸給 STM32F407 開發板。

（2）輸出部分：由馬達和蜂鳴器組成。馬達採用步進馬達、ULN2003 驅動板，實現手機 App 遠端操作馬達的功能。蜂鳴器可實現警告功能。

（3）OneNET 資料上傳接收部分：STM32F407 開發板執行 RT-Thread 系統，並透過 OneNET 軟體套件實現資料上傳和接收。

（4）OneNET 平台開發部分：OneNET 平台實現資料的視覺化，手機 App 控制引擎轉動等功能。

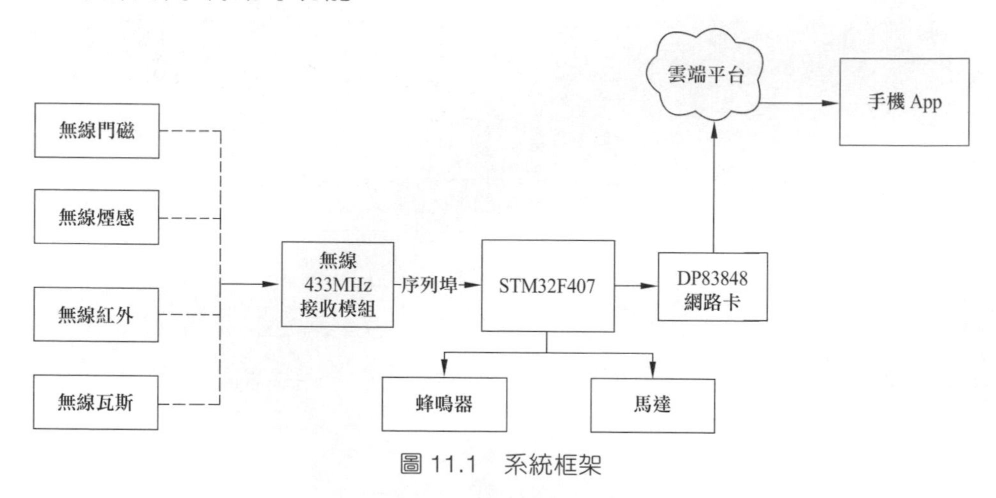


圖 11.1　系統框架

# 11.2 無線 433MHz 技術

## 11.2.1 無線技術簡介

市場上常見的無線模組可以分為三類，分別是 ASK 超外差模組、無線收發模組、無線數傳模組。

（1）ASK 超外差模組：主要用在簡單的遙控和資料傳送。

（2）無線收發模組：主要用來透過微處理器控制無線收發資料，一般為 FSK 和 GFSK 調解模式。

（3）無線數傳模組，主要用來直接透過序列埠來收發資料，使用簡單。

如果按工作頻率分，市場上常見的有 230MHz、315MHz、433MHz、2.4GHz 等。

如果按資料編碼格式，又可分為 2262 編碼、1527 編碼。

2262 編碼即 PT-2262 晶片編碼，位址碼 ( 或發射 / 接收間系統密碼 ) 可自設，可設位址碼數量較小，接收端解碼配對 PT-2272 晶片。

1527 編碼即 EV1527 晶片編碼，位址碼已預先燒錄，因此不可自設，解碼需要有解碼功能的晶片如 TDH6300 晶片。

無線模組廣泛地運用在無人機通訊控制、工業自動化、油田資料獲取、鐵路無線通訊、煤礦安全監控系統、管網監控、水文監測系統、汙水處理監控、PLC、車輛監控、遙控、遙測、小型無線網路、無線抄表、智慧家居、非接觸 RF 智慧卡、樓宇自動化、安全防火系統、無線遙控系統、生物訊號擷取、機器人控制、無線 232 資料通訊、無線 485/422 資料通訊傳輸等領域中。

## 11.2.2 無線接收模組

本書所選無線接收模組支援 2262、1527 編碼格式，頻率可選 315MHz 和 433MHz。需要注意，如果接收模組選擇了 433MHz，則對應的無線感測器的頻率也必須是 433MHz。

模組外觀如圖 11.2 所示。

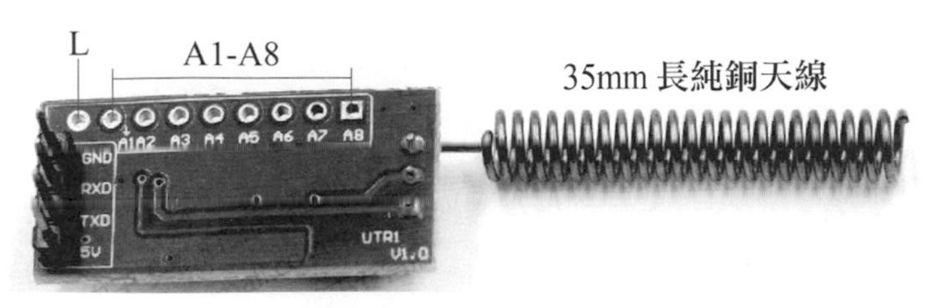


圖 11.2　無線接收模組

接腳定義如下：

（1）VCC：電源正極，4.5~5.5V。
（2）GND：電源負極。
（3）TXD：序列埠發送接腳。
（4）RXD：序列埠接收接腳。

無線接收模組可以將接收到的無線資料透過序列埠發送給 STM32F407 微處理器，方便開發。序列埠串列傳輸速率固定為 9600b/s。其解碼輸出格式如圖 11.3 所示。

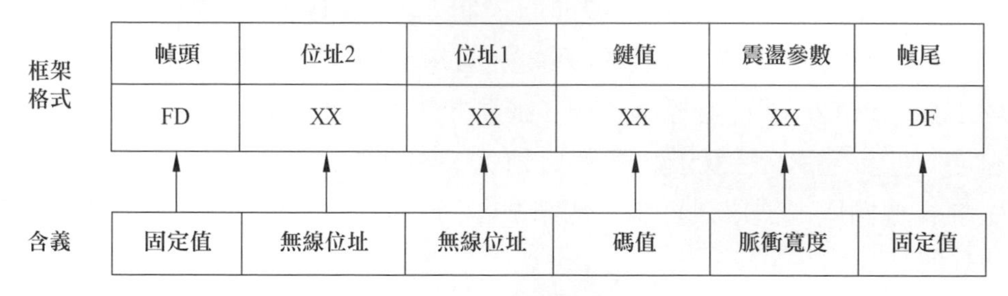


圖 11.3　資料格式

1 幀無線資料由 6 位元組的資料組成，第 1 位元為幀頭部固定為 0xFD，最後 1 位元幀尾固定為 0xDF。

無線位址總共 2 位元組，每個無線模組的位址都不相同，我們可以透過無線位址來區分無線感測器的類型。

## 11.2.3 無線感測器

### 1. 無線門磁

無線門磁是一種在保安監控、安全防範系統中非常常見的一種元件，無線門磁是用來監控門的開關狀態的，當門不管在任何情況下被打開後，無線門磁則會發射特定的無線電波，遠距離向主機警告，從而造成一個警示作用，無線門磁的無線警告訊號在開闊的地方能傳輸 100m，傳輸的距離和週邊環境具有密切的關係。

無線門磁工作原理：
門磁是由無線發射模組和磁塊組成的，無線發射模組有兩個箭頭，其中一個是「鋼簧管」的元件，磁體與鋼簧管的距離保持在 1.5cm，鋼簧管一直處於斷開狀態，一旦磁體與鋼簧管分離的距離超過了 1.5cm，鋼簧管則會處於閉合狀態，從而造成短路，警告指示燈也會亮起而後主機會發射警告訊號。實物如圖 11.4 所示。

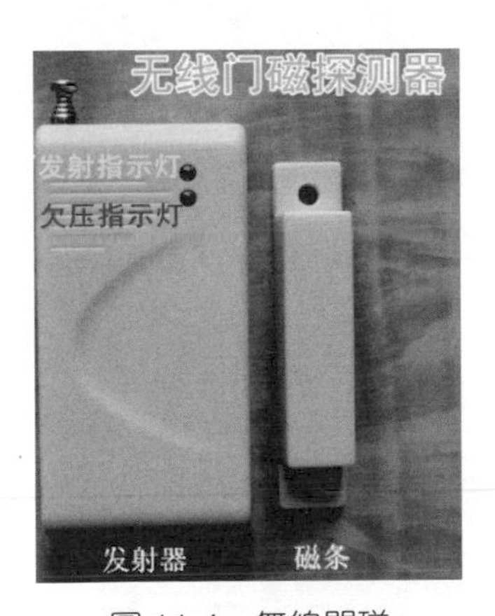


圖 11.4　無線門磁

防範位置：門、抽屜、保險櫃、窗戶等。

**2.** 無線紅外

無線紅外感測器是一種將入射的紅外輻射訊號轉變成電訊號，然後再透過無線技術發送無線資料的元件。

通常用來檢測是否有人體經過。當住戶離家時，如果無線紅外感測器探測到有人體，則會發送無線資料給無線接收模組，STM32F407 會將資料通知到住戶，從而讓住戶知道家裡有不明身份的人進入。無線紅外感測器實物如圖 11.5 所示。

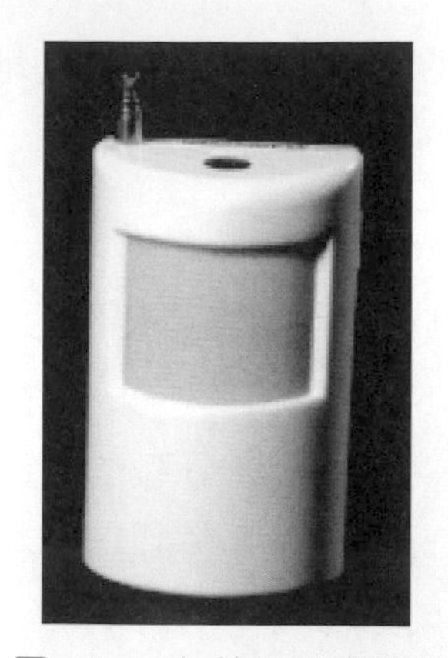

圖 11.5　無線紅外感測器

### 3. 無線煙感

無線煙感全稱無線煙霧探測器，是一種煙霧探測器，適用於安裝在少煙、禁煙場所探測煙霧離子，透過 168A 能夠準確地檢測煙霧，煙霧濃度超過限量時，感測器會發出無線資料。無線接收模組收到資料後交由 STM32F407 進行處理。無線煙感實物如圖 11.6 所示。

圖 11.6　無線煙感

## 11.2.4 程式實現

無線接收模組的程式原始檔案位於 Chapter11\01_433mhz\uart_433mhz.c。

### 1. 序列埠初始化

序列埠初始化的程式主要實現以下幾個功能：

(1) 初始化序列埠 3，串列傳輸速率設定為 9600b/s。

(2) 初始化號誌，設定接收回呼函數。

(3) 創建接收執行緒。

程式如下：

```
//Chapter11\01_433mhz\uart_433mhz.c

int uart3_433mhz_init(int argc,char *argv[])
{
    rt_err_t ret = RT_EOK;
    char uart_name[RT_NAME_MAX];
    char str[] = "hello RT-Thread!\r\n";
      struct serial_configure config = RT_SERIAL_CONFIG_DEFAULT;
      /* 初始化設定參數 */

    if (argc == 2)
    {
      rt_strncpy(uart_name,argv[1],RT_NAME_MAX);
    }
    else
    {
      rt_strncpy(uart_name,SAMPLE_UART_NAME,RT_NAME_MAX);
    }

    /* 尋找系統中的序列埠裝置 */
    serial = rt_device_find(uart_name);
    if (!serial)
    {
      rt_kprintf("find %s failed!\n",uart_name);
      return RT_ERROR;
    }

    /* 修改序列埠設定參數 */
```

```
    // 修改串列傳輸速率為 9600b/s
    config.baud_rate = BAUD_RATE_9600;
    // 資料位元 8
    config.data_bits = DATA_BITS_8;
    // 停止位元 1
    config.stop_bits = STOP_BITS_1;
    // 修改緩衝區 buff size 為 128
    config.bufsz     = 128;
    // 無同位檢查位元
    config.parity    = PARITY_NONE;

    /* 控制序列埠裝置。透過控制介面傳入命令控制字與控制參數 */
    rt_device_control(serial,RT_DEVICE_CTRL_CONFIG,&config);
    /* 初始化號誌 */
    rt_sem_init(&rx_sem,"rx_sem",0,RT_IPC_FLAG_FIFO);
    /* 以中斷接收及輪詢發送模式打開序列埠裝置 */
    rt_device_open(serial,RT_DEVICE_FLAG_INT_RX);
    /* 設定接收回呼函數 */
    rt_device_set_rx_indicate(serial,uart_rx_ind);
    /* 發送字串 */
    rt_device_write(serial,0,str,(sizeof(str) - 1));

    /* 創建 serial 執行緒 */
    rt_thread_t thread = rt_thread_create("serial",(void (*)(void
*parameter))data_parsing,RT_NULL,1024,25,10);
    /* 創建成功則啟動執行緒 */
    if (thread != RT_NULL)
    {
      rt_thread_startup(thread);
    }
    else
    {
      ret = RT_ERROR;
    }

    return ret;
}
```

## 2. 接收回呼函數

當序列埠接收到 1 個字元時，會呼叫接收回呼函數。接收回呼函數的程式如下：

```
//Chapter11\01_433mhz\uart_433mhz.c

/* 接收資料回呼函數 */
static rt_err_t uart_rx_ind(rt_device_t dev,rt_size_t size)
{
   /* 序列埠接收到資料後產生中斷，呼叫此回呼函數，然後發送接收號誌 */
   if (size>0)
   {
     rt_sem_release(&rx_sem);
   }
   return RT_EOK;
}
```

## 3. 接收 1 個字元

可以使用 rt_device_read 從序列埠裝置中讀取 1 個字串。本書提供了一個通用的讀取 1 個字元的函數，程式如下：

```
//Chapter11\01_433mhz\uart_433mhz.c

static char uart_sample_get_char(void)
{
   char ch;

   while (rt_device_read(serial,0,&ch,1) == 0)
   {
     rt_sem_control(&rx_sem,RT_IPC_CMD_RESET,RT_NULL);
     rt_sem_take(&rx_sem,RT_WAITING_FOREVER);
   }
   return ch;
}
```

### 4. 接收序列埠資料

在 uart_sample_get_char 接收 1 個字元的基礎上，使用 while 循環，可以讀取任意長度的序列埠資料，程式如下：

```
//Chapter11\01_433mhz\uart_433mhz.c

rt_size_t recv_data_uart3(char *buf,rt_size_t size)
{
   char ch;
   int i = 0;
   while (1)
   {
      ch = uart_sample_get_char();
      //rt_device_write(serial,0,&ch,1);

      buf[i++] = ch;

            if(i>= size)
            {
                  return i;
            }
   }
}
```

### 5. 處理序列埠資料

當接收到無線模組的資料後，需要對資料進行處理。由於無線模組的序列埠資料就是無線感測器發送的資料。故而我們可以先做實驗，查看每個感測器發送的資料內容，然後記錄到程式中。本書所使用的感測器的資料內容如下：

```
// 門磁
char rf_Gate_sensor[6] = {0xFD,0xB0,0x43,0x12,0x63,0xDF};
// 煙感
char rf_smoke_sensor[6] = {0xFD,0x8F,0x57,0x12,0x63,0xDF};
```

```
//紅外
char rf_Infrared_sensor[6] = {0xFD,0x6A,0x1B,0x12,0x63,0xDF};
```

記錄下感測器的資料後，我們就可以和序列埠接收到的資料做比較，判斷究竟是哪個感測器被觸發，從而上傳資料到 OneNET 雲端平台。程式如下：

```
//Chapter11\01_433mhz\uart_433mhz.c

/* 資料解析執行緒 */
static void data_parsing(void)
{
    while (1)
    {
    //接收序列埠資料
        recv_data_uart3(recv_buf_uart3,6);

            if(memcmp(recv_buf_uart3,rf_Gate_sensor,6) == 0)
            {
                //向 OneNET 發送無線門磁的資料
            }

            if(memcmp(recv_buf_uart3,rf_smoke_sensor,6) == 0)
            {
                //向 OneNET 發送無線煙感的資料
            }

            if(memcmp(recv_buf_uart3,rf_Infrared_sensor,6) == 0)
            {
                //向 OneNET 發送無線紅外的資料
            }

            //rt_device_write(serial,0,recv_buf_uart3,6);
    }
}
```

# 11.3 輸出裝置

輸出裝置由馬達、蜂鳴器組成。馬達可用來控制門的閉合，也可以用來控制物體的轉動。蜂鳴器主要是實現警告功能。

## 11.3.1 步進馬達

### 1. 步進馬達

步進馬達是一種將 PWM 脈衝訊號轉換成轉子轉動的馬達。每輸入一個脈衝訊號，轉子就轉動一定的角度。常見的步進馬達如圖 11.7 所示。

步進馬達的特點：

（1）步進馬達需要驅動才能運轉，轉動的速度和脈衝的頻率成正比。

（2）步進馬達具有瞬間啟動和急速停止的特點。

（3）改變脈衝順序，可以改變轉動的方向。

本書選用的步進馬達型號是 28BYJ-48，它是一款 5V4 相 5 線步進馬達。其中，5V 代表該馬達的工作電壓是 5V，而 4 相 5 線則表示馬達有 4 段線圈和 5 根線。

4 相 5 線步進馬達內部構造如圖 11.8 所示。

圖 11.7　步進馬達

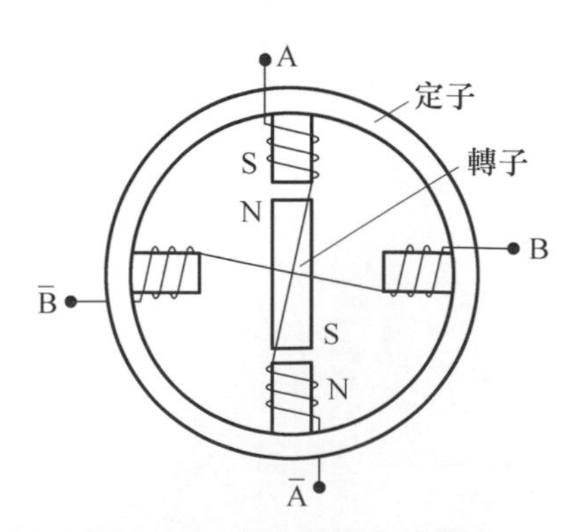


圖 11.8　步進馬達內部構造

其中 4 根線分別是繞排著 4 個線圈，還有 1 根線是馬達共用的 VCC，如圖 11.9 所示。

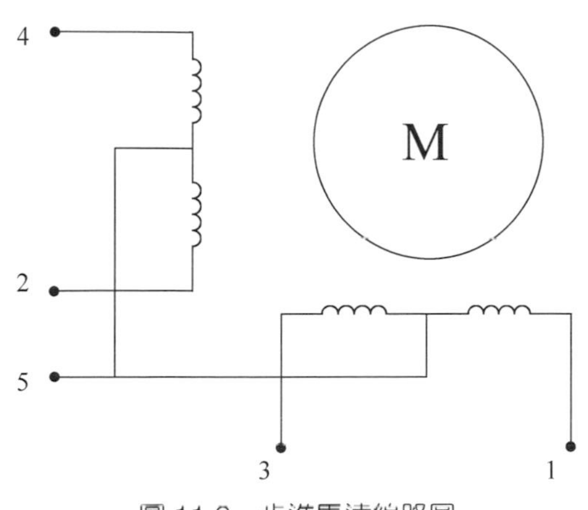


圖 11.9　步進馬達線路圖

驅動步進馬達時，只需輪流驅動 1、2、3、4 線即可，如表 11.1 所示。

表 11.1　馬達驅動流程

| 導線 | 節拍 1 | 節拍 2 | 節拍 3 | 節拍 4 | 節拍 5 | 節拍 6 | 節拍 7 | 節拍 8 |
|---|---|---|---|---|---|---|---|---|
| 5 | + | + | + | + | + | + | + | + |
| 4 | – | – |  |  |  |  |  | – |
| 3 |  | – | – | – |  |  |  |  |
| 2 |  |  |  | – | – | – |  |  |
| 1 |  |  |  |  |  | – | – | – |

## 2. ULN2003 驅動晶片

通常步進馬達的工作電壓比較高，傳統微處理器的 PWM 無法滿足馬達驅動脈衝電壓，故而需要專門的馬達驅動晶片來驅動馬達轉動。常見的步進馬達驅動晶片有 ULN2003。

ULN2003 晶片工作電壓高，工作電流大，灌電流可達 500mA，並且能夠在關態時承受 50V 的電壓，輸出還可以在高負載電流平行執行。

ULN2003 晶片是由高耐壓、大電流達林頓陣列而成，由七個矽 NPN 達林頓管組成。該電路的特點如下：ULN2003 晶片的每一對達林頓都串聯一個 2.7kΩ 的基極電阻，在 5V 的工作電壓下它能與 TTL 和 CMOS 電路直接相連，可以直接處理原先需要標準邏輯緩衝器來處理的資料。

ULN2003 晶片接腳如圖 11.10 所示。

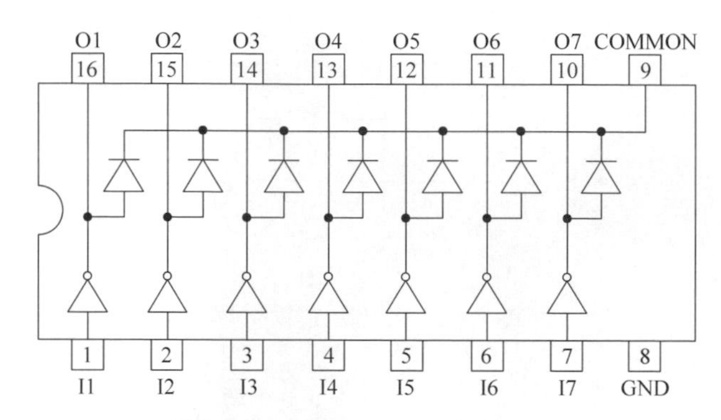


圖 11.10　ULN2003 晶片接腳圖

接腳功能如下：

- 接腳 1：CPU 脈衝輸入端，通訊埠對應一個訊號輸出端。
- 接腳 2：CPU 脈衝輸入端。
- 接腳 3：CPU 脈衝輸入端。
- 接腳 4：CPU 脈衝輸入端。
- 接腳 5：CPU 脈衝輸入端。
- 接腳 6：CPU 脈衝輸入端。
- 接腳 7：CPU 脈衝輸入端。
- 接腳 8：接地。
- 接腳 9：該接腳是內部 7 個續流二極體負極的公共端，各二極體的正極分別接各達林頓管的集電極。當用於感性負載時，該接腳接負載電源正極，實現續流作用。如果該腳接地，實際上就是達林頓管的集電極對地接通。

- 接腳 10：脈衝訊號輸出端，對應接腳 7 訊號輸入端。
- 接腳 11：脈衝訊號輸出端，對應接腳 6 訊號輸入端。
- 接腳 12：脈衝訊號輸出端，對應接腳 5 訊號輸入端。
- 接腳 13：脈衝訊號輸出端，對應接腳 4 訊號輸入端。
- 接腳 14：脈衝訊號輸出端，對應接腳 3 訊號輸入端。
- 接腳 15：脈衝訊號輸出端，對應接腳 2 訊號輸入端。
- 接腳 16：脈衝訊號輸出端，對應接腳 1 訊號輸入端。

根據 ULN2003 晶片的特性，我們可以使用 ULN2003 晶片來驅動步進馬達，如線路連接圖 11.11 所示。

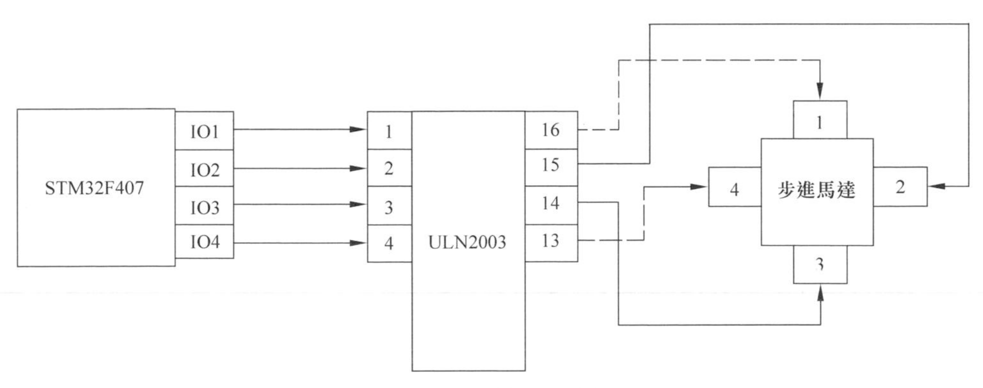


圖 11.11　線路連接圖

STM32F407 透過 4 個 IO 通訊埠和 ULN2003 晶片的 4 個輸入接腳相連，ULN2003 晶片對應的輸出接腳連接到步進馬達的 4 個線圈上。STM32F407 透過驅動 ULN2003 晶片，從而實現驅動馬達的功能。

### 3. ULN2003 晶片驅動程式

這裡使用 4 節拍的方式驅動 ULN2003 晶片，即輪流讓每個 IO 通訊埠都通電，從而實現馬達轉動，如圖 11.12 所示。

一開始只有線圈 1 通電，線圈 1 通電產生磁場，將轉子吸附到線圈 1 的方向上。

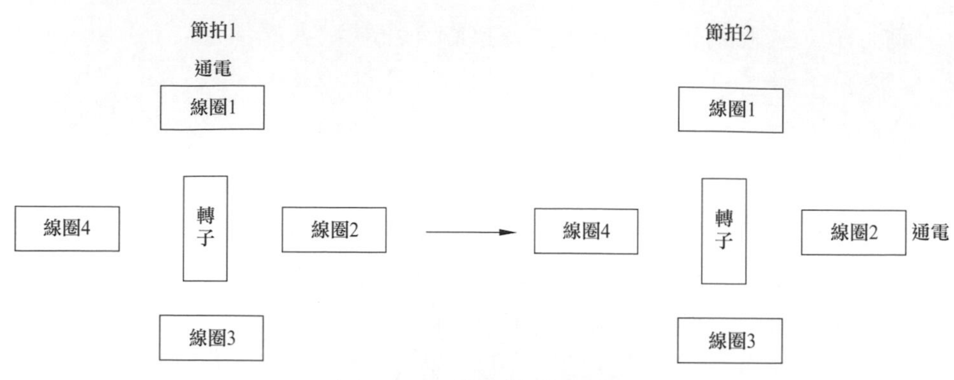


圖 11.12　馬達轉動示意圖

隨後只有線圈 2 通電，此時線圈 2 產生的磁場會使轉子轉向線圈 2，從而實現轉子 90° 旋轉。

依此類推，每個線圈輪流通電，可以使轉子順時鐘旋轉 1 圈。逆時鐘旋轉則改變線圈的通電順序即可。

（1）ULN2003 晶片初始化

ULN2003 晶片初始化部分主要設定對應的 4 個 IO 接腳為輸出模式，程式如下：

```
//Chapter11\02_uln2003\uln2003.c    7行

// 定義驅動 ULN2003 晶片的接腳

#define ULN2003_PIN_1GET_PIN(D,0)
#define ULN2003_PIN_2GET_PIN(D,1)
#define ULN2003_PIN_3GET_PIN(D,14)
#define ULN2003_PIN_4GET_PIN(D,15)

// 初始化 ULN2003 晶片相關接腳為輸出模式
void uln2003_init(void)
{
    rt_pin_mode(ULN2003_PIN_1,PIN_MODE_OUTPUT);
    rt_pin_mode(ULN2003_PIN_2,PIN_MODE_OUTPUT);
```

```
    rt_pin_mode(ULN2003_PIN_3,PIN_MODE_OUTPUT);
    rt_pin_mode(ULN2003_PIN_4,PIN_MODE_OUTPUT);
}
```

(2) 馬達正轉

馬達正轉只需要輪流設定接腳的高低電位即可，程式如下：

```
//Chapter11\02_uln2003\uln2003.c    23 行

// 正轉
void uln2003_forwards(void)
{
    rt_pin_write(ULN2003_PIN_1,PIN_HIGH);
    rt_pin_write(ULN2003_PIN_2,PIN_LOW);
    rt_pin_write(ULN2003_PIN_3,PIN_LOW);
    rt_pin_write(ULN2003_PIN_4,PIN_LOW);
    rt_thread_mdelay(10);

    rt_pin_write(ULN2003_PIN_1,PIN_LOW);
    rt_pin_write(ULN2003_PIN_2,PIN_HIGH);
    rt_pin_write(ULN2003_PIN_3,PIN_LOW);
    rt_pin_write(ULN2003_PIN_4,PIN_LOW);
    rt_thread_mdelay(10);

    rt_pin_write(ULN2003_PIN_1,PIN_LOW);
    rt_pin_write(ULN2003_PIN_2,PIN_LOW);
    rt_pin_write(ULN2003_PIN_3,PIN_HIGH);
    rt_pin_write(ULN2003_PIN_4,PIN_LOW);
    rt_thread_mdelay(10);

    rt_pin_write(ULN2003_PIN_1,PIN_LOW);
    rt_pin_write(ULN2003_PIN_2,PIN_LOW);
    rt_pin_write(ULN2003_PIN_3,PIN_LOW);
    rt_pin_write(ULN2003_PIN_4,PIN_HIGH);
    rt_thread_mdelay(10);
}
```

（3）馬達反轉

馬達反轉只需要反方向輪流驅動 ULN2003 晶片的 4 個 IO 通訊埠即可，程式如下：

```
//Chapter11\02_uln2003\uln2003.c    50 行

//反轉
void uln2003_backwards(void)
{
    rt_pin_write(ULN2003_PIN_1,PIN_LOW);
    rt_pin_write(ULN2003_PIN_2,PIN_LOW);
    rt_pin_write(ULN2003_PIN_3,PIN_LOW);
    rt_pin_write(ULN2003_PIN_4,PIN_HIGH);
    rt_thread_mdelay(10);

    rt_pin_write(ULN2003_PIN_1,PIN_LOW);
    rt_pin_write(ULN2003_PIN_2,PIN_LOW);
    rt_pin_write(ULN2003_PIN_3,PIN_HIGH);
    rt_pin_write(ULN2003_PIN_4,PIN_LOW);
    rt_thread_mdelay(10);

    rt_pin_write(ULN2003_PIN_1,PIN_LOW);
    rt_pin_write(ULN2003_PIN_2,PIN_HIGH);
    rt_pin_write(ULN2003_PIN_3,PIN_LOW);
    rt_pin_write(ULN2003_PIN_4,PIN_LOW);
    rt_thread_mdelay(10);

    rt_pin_write(ULN2003_PIN_1,PIN_HIGH);
    rt_pin_write(ULN2003_PIN_2,PIN_LOW);
    rt_pin_write(ULN2003_PIN_3,PIN_LOW);
    rt_pin_write(ULN2003_PIN_4,PIN_LOW);
    rt_thread_mdelay(10);
}
```

## 11.3.2 蜂鳴器

蜂鳴器是一種電子訊響器，在通電的情況下可以發出蜂鳴聲，可用於煙霧警告、入侵警告等。蜂鳴器的實物如圖 11.13 所示。

圖 11.13　蜂鳴器

蜂鳴器只有 2 個接腳，分別是 VCC 和 GND。

STM32F407 驅動蜂鳴器只需要 IO 通訊埠連接到蜂鳴器的 VCC 接腳，透過控制 IO 通訊埠輸出高低電位即可。程式如下：

```
//

// 蜂鳴器
#define BEEP_PIN  GET_PIN(G,7)

// 初始化蜂鳴器
void beep_init(void)
{
   rt_pin_mode(BEEP_PIN,PIN_MODE_OUTPUT);
}

// 蜂鳴器響
void beep_open(void)
{
   rt_pin_write(BEEP_PIN,PIN_HIGH);
}

// 蜂鳴器關
void beep_close(void)
{
   rt_pin_write(BEEP_PIN,PIN_LOW);
}
```

# 11.4 OneNET 開發

OneNET 相關程式原始檔案位於 Chapter11\04_onenet 資料夾。

## 11.4.1 初始化

STM32F407 通電後，需要進行網路卡初始化，此時是無法使用網路的。所以 OneNET 的初始化程式需要先延遲時間等待 5s，之後再嘗試連接 OneNET 平台。

連接上 OneNET 平台之後，設定資料接收回呼函數，用來處理 OneNET 的下發指令。程式如下：

```
//Chapter11\04_onenet\oneNET_task.c    50 行

// 初始化
void onenet_init(void)
{
    int ret = -1;

    // 通電後先延遲 5s，等網路通訊成功
    rt_thread_delay(rt_tick_from_millisecond(2 * 1000));

    while(1)
{
        // 一直嘗試重新連接 OneNET，直到連接上為止
        ret = onenet_mqtt_init();

        if(ret == 0)
        {
            // 連接上了，退出
            break;
        }
```

```
        //沒連接上，再等 2s
        rt_thread_delay(rt_tick_from_millisecond(2 * 1000));
    }

    //設定為 1 表明已經連接上了 OneNET
    onenet_init_flg = 1;

    //設定我們的資料接收函數，用來處理 OneNET 的資料
    onenet_set_cmd_rsp_cb(onenet_rsp_cb);
}
```

## 11.4.2 接收回呼函數

接收回呼函數主要處理 OneNET 的下發指令，在本系統中，OneNET 的下發指令有 4 個：馬達正轉、馬達反轉、蜂鳴器響、蜂鳴器關。程式如下：

```
//Chapter11\04_onenet\oneNET_task.c    19 行

void onenet_rsp_cb(uint8_t *recv_data,size_t recv_size,uint8_t **resp_
data,size_t *resp_size)
{
    printf("recv msg is %s\r\n",recv_data);

    //馬達正轉
    if(strcmp(recv_data,"forward") == 0)
    {
        uln2003_forwards();
    }

    //馬達反轉
    if(strcmp(recv_data,"backward") == 0)
    {
        uln2003_backwards();
    }
```

```
    //蜂鳴器響
    if(strcmp(recv_data,"beepopen") == 0)
    {
        beep_open();
    }

    //蜂鳴器關
    if(strcmp(recv_data,"beepclose") == 0)
    {
      beep_close();
    }
}
```

### 11.4.3 感測器上傳

當 STM32F407 收到無線感測器的資料後，需要向 OneNET 平台發送資料，程式如下：

```
//Chapter11\04_onenet\oneNET_task.c    80 行

//上傳門磁資料
void upload_Gate_sensor(void)
{
    static int value = 1;

    if(onenet_init_flg != 1)
    {
        //沒有連接上 OneNET，退出
        return ;
    }

    value ++;

    if (onenet_mqtt_upload_digit("gate",value)<0)
    {
        LOG_E("upload has an error,stop uploading");
```

```
        return;
    }
    else
    {
        LOG_D("buffer :{\"gate\":%d}",value);
    }
}

// 上傳煙感資料
void upload_smoke_sensor(void)
{
    static int value = 1;

    if(onenet_init_flg != 1)
    {
        // 沒有連接上 OneNET，退出
        return ;
    }

    value ++;

    if (onenet_mqtt_upload_digit("smoke",value)<0)
    {
        LOG_E("upload has an error,stop uploading");
        return;
    }
    else
    {
      LOG_D("buffer :{\"smoke\":%d}",value);
    }
}

// 上傳紅外資料
void upload_Infrared_sensor(void)
{
    static int value = 1;

    if(onenet_init_flg != 1)
```

```
    {
        // 沒有連接上 OneNET，退出
        return ;
    }

    value ++;

    if (onenet_mqtt_upload_digit("infrared",value)<0)
    {
        LOG_E("upload has an error,stop uploading");
        return;
    }
    else
    {
        LOG_D("buffer :{\"infrared\":%d}",value);
    }
}
```

## 11.4.4 實驗

(1) 在 OneNET 平台增加 3 個資料流程範本：gate、smoke、infrared，查看裝置的資料流程展示頁面，可以看到這 3 個資料流程，如圖 11.14 所示。

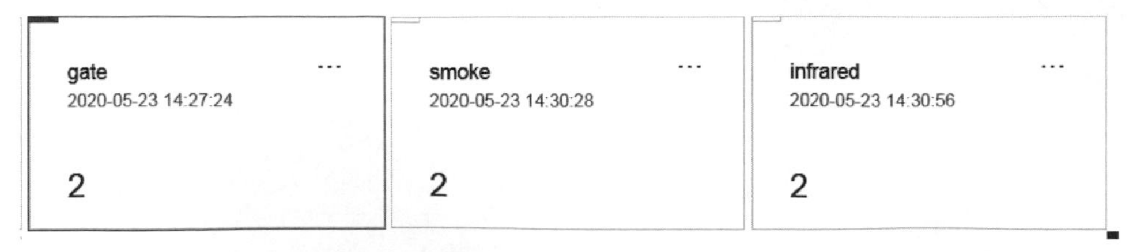


圖 11.14　資料流程展示頁面

(2) 觸發門磁、紅外、煙感警告後，STM32F407 會上傳對應感測器的資料，讀者可以在資料流程頁面看到對應感測器的資料，以及資料上傳的時間。

（3）在下發命令頁，讀者可以發送命令控制 STM32F407 的馬達正反轉、蜂鳴器鳴響。如圖 11.15 所示。

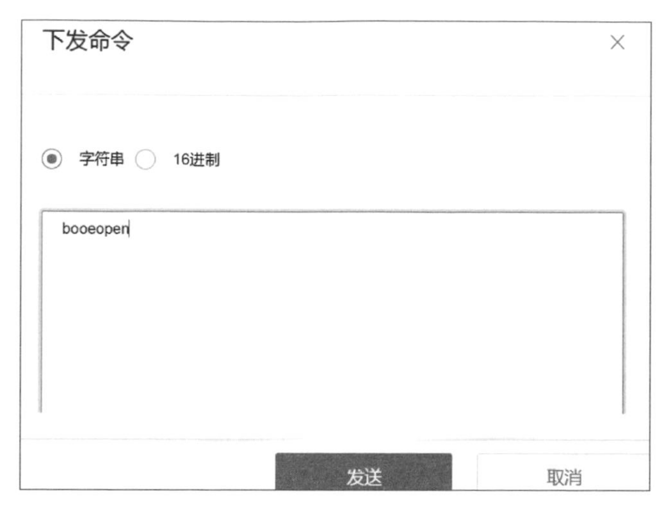


圖 11.15　下發命令

## 11.5 複習

本專案利用無線 433MIIz 網路拓樸技術，建構了一個智慧保全系統，可實現門磁、紅外、煙霧警告。同時支援 OneNET 雲端平台下發指令控制馬達、蜂鳴器。

該系統具有一定的實戰價值，讀者需要加強練習，特別是 OneNET 資料上傳和接收，MQTT 的使用等。

# 參考文獻

[1] 中國產業資訊網 .2019 年中國物聯網產業發展現狀及發展前景分析 [EB/OL].[2019-03-27]. http://www.chyxx.com/industry/201903/725096.html.

[2] 意法半導體 (ST).STM32F4xx 中文參考手冊 [DB/CD].

[3] RT-Thread 官網 .RT-Thread 簡介 [EB/OL]. https://www.rt-thread.org/document/site/tuto rial/ququi-start/introduction/introduction.

[4] 阿里雲官網 . 什麼是物聯網平台 [EB/OL].[2020-04-29]. https://help.aliyun.com/document_detail/30522.html?spm=5176.cniot.0.0.1f3011fa84UdoL.

[5] OneNET 官網 .OneNET 物聯網平台 [EB/OL]. https://open.iot.10086.cn/doc/introduce.